Empfehlungen des Arbeitskreises
Versuchstechnik Fels

Empfehlungen des Arbeitskreises Versuchstechnik Fels

Herausgegeben von der
Deutschen Gesellschaft für Geotechnik e. V. (DGGT)

Ernst & Sohn
A Wiley Brand

Herausgegeben von

Deutsche Gesellschaft für Geotechnik e. V. (DGGT)
Hollestr. 1g
45127 Essen

Redaktionelle Bearbeitung durch

Dipl.-Ing. Thomas Mutschler
(Ehemaliger Obmann AK 3.3)

Dr. Ralf Plinninger
(Obmann AK 3.3)

Dr. Thomas Frühwirt
(Stellvertretender Obmann AK 3.3)

Titelbild
links oben: Plinninger (PG)
links unten: Frühwirt (TU BAF)
rechts: Mutschler (KIT Karlsruhe)

Bibliografische Information der Deutschen Nationalbibliothek
Die Deutsche Nationalbibliothek verzeichnet diese Publikation in der Deutschen Nationalbibliografie; detaillierte bibliografische Daten sind im Internet über http://dnb.d-nb.de abrufbar.

Umschlaggestaltung Design pur GmbH, Berlin
Satz le-tex publishing services GmbH, Leipzig
Druck und Bindung CPI books GmbH, Leck

Print ISBN 978-3-433-03350-0
ePDF ISBN 978-3-433-61092-3
ePub ISBN 978-3-527-61091-6
oBook ISBN 978-3-527-61090-9

Gedruckt auf säurefreiem Papier

Vorwort

Der Arbeitskreis 3.3 „Versuchstechnik Fels“ der Deutschen Gesellschaft für Geotechnik e. V. (DGGT) hat innerhalb der Fachsektion „Felsmechanik“ die Aufgabe, Empfehlungen für die Durchführung von felsmechanischen Labor- und Feldversuchen sowie Messungen im Gebirge und an geotechnischen Bauwerken zu erarbeiten. In diesen Dokumenten werden Messprinzipien, die Anforderungen an Geräte sowie Vorgehensweisen für die Durchführung und Auswertung solcher Versuche und Messungen festgelegt. Damit soll erreicht werden, dass Versuchs- und Messergebnisse miteinander vergleichbar sind.

Der Arbeitskreis wurde im Jahr 1976 als Arbeitskreis 19 „Versuchstechnik Fels“ der Deutschen Gesellschaft für Erd- und Grundbau e. V. (DGEG) gegründet. In der Folge der Umbenennung der DGEG in DGGT im Jahre 1994 wurden die Arbeitskreise neu gegliedert und zugeordnet. Seit 1995 ist der Arbeitskreis mit AK 3.3 „Versuchstechnik Fels“ der DGGT benannt und gehört zur Fachsektion 3 „Felsmechanik“.

Der Arbeitskreis wird gemäß der Geschäftsordnung für Arbeitskreise der DGGT von einem Obmann geleitet. Bis zum Zeitpunkt der Veröffentlichung dieser Sammlung haben folgende Herren den Arbeitskreis geleitet:

1976–1993	Prof. Dr. Arno Pahl,
1993–1998	Prof. Dipl.-Ing. Axel Paul,
1998–2020	Dipl.-Ing. Thomas Mutschler,
seit 2020	Dr. Ralf J. Plinninger (Stellvertreter Dr. Thomas Frühwirt).

Die Mitglieder des Arbeitskreises bilden ein Kompetenzteam, das hinsichtlich seiner fachlichen Expertise ebenso wie bezüglich seiner beruflichen Erfahrung das Anwendungsgebiet des felsmechanischen Versuchswesens sehr weit abdeckt. Sie kommen aus den Ingenieur- und Naturwissenschaften und sind in Forschung und Lehre, in Fachbehörden sowie in Firmen, die mit der praktischen Umsetzung von geotechnischen Projekten sowie der Herstellung von Versuchs- und Messeinrichtungen befasst sind, tätig.

Der Dank der Herausgeber dieses Buches gilt den ehemaligen und aktuellen Mitgliedern und Gästen des Arbeitskreises (Mitgliederliste in alphabetischer Reihung).

Dr.-Ing. Lars Baumgarten
Prof. Dr. Helmut Bock
Dipl.-Ing. Winfried Bork
Dr.-Ing. Horst Düllmann
Dr. Jan Düllmann
Dr. Mandy Duda
Dr.-Ing. Georg Everling
Prof. Dr. Edwin Fecker
Dipl.-Ing. Martin Feinendegen
Prof. Dr.-Ing. Bernhard Fröhlich
Dr.-Ing. Erwin Gartung
Prof. Dr.-Ing. Karl F. Henke
Dipl.-Ing. Peter Herzel
Dr.-Ing. Jürgen Hesser
Prof. Dr. Stefan Heusermann
Dr. Udo Hunsche
Dr. Eberhard Jahns
Dr. Heiko Käsling
Dr.-Ing. Werner Kaiser
Dr. Johannes R. Kiehl
Dipl.-Ing. Ekkehard König
Dipl.-Geophys. Eberhard Kunz
Dr.-Ing. Wolfhard Leichnitz
Dr.-Ing. Michael Lepique
Dr.-Ing. Julia Leuthold
Dr.-Ing. Gerhard Lögters
Dr.-Ing. Wolfgang Minkley
Dr. Gerhard Müller
Dr.-Ing. Hans Neuber
Dr. Till Popp
Dipl.-Ing. Ulrich Priesnitz
Prof. Dr. Gerhard Reik
Dr.-Ing. Peter Rißler
Dipl.-Min. Götz-Peter Rosetz
Prof. Dr.-Ing. Fritz Rummel
Dipl.-Ing. Michael Schlebusch
Dr.-Ing. Hans-Joachim Schneider
Dipl.-Ing. Jürgen Schneider-Glötzl
Dr. Otto Schulze
Dipl.-Ing. Ulrich Sieler
Prof. Dr. Kurosch Thuro
Dr. Fritz Walter
Prof. Dr.-Ing. Lutz Wichter

Gäste des Arbeitskreises:

Dr. Benedikt Ahrens
Dr. Alexandra Amann
Prof. Dr. Manfred Blümel
Dr.-Ing. Manfred Haupt
Dr.-Ing. Maximiliano Vergara
Dr. Ulrich Völter
Prof. Dr. Gerhard Zenz

Über dieses Buch

Die Ursprünge der Empfehlungen des Arbeitskreises 3.3 liegen meist in den Empfehlungen der Kommission für Versuchsmethoden der Internationalen Gesellschaft für Felsmechanik (Suggested Methods of the Commission on Testing Methods, International Society for Rock Mechanics – ISRM). Dabei werden Themen, für die ein praktischer Bedarf im Bereich der DGGT gesehen wird, herausgegriffen und Inhalte, die mit den nationalen Erfahrungen übereinstimmen, in die deutsche Sprache übersetzt. Abweichungen zu den Suggested Methods der ISRM rühren daher, dass dort entweder im nationalen Kontext unübliche Prozeduren beschrieben werden oder Vorgehensweisen, die im deutschsprachigen Raum den Stand der Technik repräsentieren, fehlen. Die Empfehlungen des Arbeitskreis 3.3 enthalten zudem in der Regel detailliertere Angaben als die ISRM Suggested Methods. Zahlreiche Empfehlungen wurden auch auf Basis der spezifischen Expertise im Arbeitskreis neu entwickelt und haben (noch) keine Entsprechung im internationalen Kontext.

Ein Teil der Empfehlungen wurde bereits vom DIN-Arbeitsausschuss NABau 05.03.00 „Baugrund; Laborversuche" aufgegriffen und in DIN-Normen überführt. Die Empfehlungen der DGGT zum gleichen Thema bieten dem Nutzer über die DIN-Normen hinaus ergänzende praktische Hinweise zur Umsetzung der jeweiligen Versuche und werden vom Arbeitskreis daher in einem solchen Fall nicht formal zurückgezogen.

Neben der Erarbeitung von neuen Empfehlungen ist der Arbeitskreis auch zunehmend damit befasst, ältere Fassungen von Empfehlungen zu überarbeiten und an den aktuellen Stand der Technik anzupassen.

Dieses Buch enthält erstmals eine vollständige Sammlung der vom Arbeitskreis 3.3 der DGGT (bzw. seinem Vorgänger, dem Arbeitskreis 19 der DGEG) im 45-jährigen Zeitraum des Bestehens von 1976 bis 2021 erarbeiteten Empfehlungen Nummer 1 bis Nummer 25. Die Empfehlungen sind in der jeweils letzten veröffentlichten Version wiedergegeben und wurden lediglich der neuen deutschen Rechtschreibung angepasst. Normenverweise wurden nicht angepasst und entsprechen der Referenzierung zum Zeitpunkt der jeweiligen Veröffentlichung.

Um den Charakter einer „Loseblattsammlung" beizubehalten, wurde ebenfalls darauf verzichtet, im Original getrennt publizierte Empfehlungsteile zu einem – redaktionell stark überarbeiteten – Kapitel zusammenzufassen. Dies trifft u. a. auf die Neufassung der Empfehlung Nr. 14 zu, deren getrennt publizierte Teile 1 (Triaxialmesssonden) und 2 (Weggebersonden) sich auch in diesem Buch in separaten Kapiteln wiederfinden.

Für den versierten Anwender stellt dieses Kompendium damit erstmals ein kompaktes Nachschlagewerk zur Verfügung. Darüber hinaus verbinden die Herausgeber mit der vorliegenden Buchveröffentlichung aber auch die Hoffnung, die Empfehlungsarbeit des Arbeitskreises „Versuchstechnik Fels" einem noch breiteren Fachpublikum zugänglich zu machen und damit einen Beitrag zur interdisziplinären Zusammenarbeit in der Geotechnik und zur Lösung geotechnischer Aufgabenstellungen zu leisten.

Pfinztal/Bernried/Freiberg, im Februar 2022

Thomas Mutschler
Ralf Plinninger
Thomas Frühwirt

Inhaltsverzeichnis

Übersicht über die bisher veröffentlichten Empfehlungen des Arbeitskreis 3.3 „Versuchstechnik Fels“ der Deutschen Gesellschaft für Geotechnik e. V.

Stand: 04/2022

- Mutschler, T. (2004): Neufassung der Empfehlung Nr. 1 des Arbeitskreises „Versuchstechnik Fels“ der Deutschen Gesellschaft für Geotechnik e. V.: Einaxiale Druckversuche an zylindrischen Gesteinsprüfkörpern, Bautechnik, 81, Heft 10: S. 825–834, Berlin: Ernst & Sohn.
- Rißler, P. (1979): Empfehlung Nr. 2 des Arbeitskreis 19 „Versuchstechnik Fels“ der Deutschen Gesellschaft für Erd- und Grundbau e. V.: Dreiaxiale Druckversuche an Gesteinsproben, Bautechnik, 56, Heft 7: S. 221–224, Berlin: Ernst & Sohn.
- Wichter, L. (1979): Empfehlung Nr. 3 des Arbeitskreis 19 „Versuchstechnik Fels“ der Deutschen Gesellschaft für Erd- und Grundbau e. V.: Dreiaxiale Druckversuche an geklüfteten Großbohrkernen im Labor, Bautechnik, 56, Heft 7: S. 225–228, Berlin: Ernst & Sohn.
- Henke, K.F. und Kaiser, W. (1980): Empfehlung Nr. 4 des Arbeitskreis 19 „Versuchstechnik Fels“ der Deutschen Gesellschaft für Erd- und Grundbau e. V.: Scherversuch in situ, Bautechnik, 57, Heft 10: S. 325–32, Berlin: Ernst & Sohn.
- Thuro, K. (2010): Empfehlung Nr. 5 des Arbeitskreises 3.3 „Versuchstechnik Fels“ der Deutschen Gesellschaft für Geotechnik e.V.: Punktlastversuche an Gesteinsproben, Bautechnik, 87, Heft 6: S. 322–330, Berlin: Ernst & Sohn.
- Müller, G., Neuber, H. und Paul, A. (1980): Empfehlung Nr. 6 des Arbeitskreis 19 „Versuchstechnik Fels“ der Deutschen Gesellschaft für Erd- und Grundbau e. V.: Doppel-Lastplattenversuch in Fels, Bautechnik, 62, Heft 3: S. 102–106, Berlin: Ernst & Sohn.
- Leichnitz, W. und Müller, G. (1984): Empfehlung Nr. 7 des Arbeitskreises 19 „Versuchstechnik Fels“ der Deutschen Gesellschaft für Erd- und Grundbau e. V.: Schlitzentlastungs- und Druckkissenbelastungsversuche, Bautechnik, 61, Heft 3: S. 89–93, Berlin: Ernst & Sohn.
- Pahl, A. (1984): Empfehlung Nr. 8 des Arbeitskreises 19 „Versuchstechnik Fels“ der Deutschen Gesellschaft für Erd- und Grundbau e. V.: Dilatometerversuche in Felsbohrungen, Bautechnik, 61, Heft 4: S. 109–111, Berlin: Ernst & Sohn.
- Rißler, P. (1984): Empfehlung Nr. 9 des Arbeitskreises 19 „Versuchstechnik Fels“ der Deutschen Gesellschaft für Erd- und Grundbau e. V.: Wasserdruckversuch im Fels, Bautechnik, 61, Heft 4: S. 112–117, Berlin: Ernst & Sohn.

- Lepique, M. (2008): Neufassung der Empfehlung Nr. 10 des Arbeitskreises 3.3 „Versuchstechnik Fels“ der Deutschen Gesellschaft für Geotechnik e.V.: Indirekter Zugversuch an Gesteinsproben – Spaltzugversuch, Bautechnik, 62, Heft 6: S. 197–199, Berlin: Ernst & Sohn.
- Paul, A. (1986): Empfehlung Nr. 11 des Arbeitskreises 19 „Versuchstechnik Fels“ der Deutschen Gesellschaft für Erd- und Grundbau e. V.: Quellversuche an Gesteinsproben.- Bautechnik, 63, Heft 3: S. 100–104, Berlin: Ernst & Sohn.
- Wichter, L. (1987): Empfehlung Nr. 12 des Arbeitskreises 19 „Versuchstechnik Fels“ der Deutschen Gesellschaft für Erd- und Grundbau e. V.: Mehrstufentechnik bei dreiaxialen Druckversuchen und direkten Scherversuchen, Bautechnik, 64, Heft 11: S. 382–385, Berlin: Ernst & Sohn.
- Leichnitz, W. (1988): Empfehlung Nr. 13 des Arbeitskreises 19 „Versuchstechnik Fels“ der Deutschen Gesellschaft für Erd- und Grundbau e. V.: Laborscherversuch an Felstrennflächen, Bautechnik, 65, Heft 9: S. 301–305, Berlin: Ernst & Sohn.
- Kiehl, J.R. und Heusermann, S. (2021): Neufassung der Empfehlung Nr. 14 des Arbeitskreises „Versuchstechnik Fels“ der Deutschen Gesellschaft für Geotechnik e. V.: Bestimmung von Gebirgsspannungen mit dem Überbohrverfahren – Teil 1: Triaxialmesssonden, geotechnik, 44, Heft 4, S. 290–301.
- Heusermann, S. und Kiehl, J.R. (2022): Neufassung der Empfehlung Nr. 14 des Arbeitskreises „Versuchstechnik Fels“ der Deutschen Gesellschaft für Geotechnik e. V.: Bestimmung von Gebirgsspannungen mit dem Überbohrverfahren – Teil 2: Messung mit Weggebersonden, geotechnik, 45, Heft 1, S. 51–62.
- Paul, A. und Gartung, E. (1991): Empfehlung Nr. 15 des Arbeitskreis 19 „Versuchstechnik Fels“ der Deutschen Gesellschaft für Erd- und Grundbau e. V.: Verschiebungsmessungen längs der Bohrlochachse – Extensometermessungen, Bautechnik, 68, Heft 2: S. 41–48, Berlin: Ernst & Sohn.
- Hunsche, U. (1994): Empfehlung Nr. 16 des Arbeitskreises 19 „Versuchstechnik Fels“ der Deutschen Gesellschaft für Geotechnik e. V.: Ein- und dreiaxiale Kriechversuche an Gesteinsproben, Bautechnik, 71, Heft 8, S. 500–505, Berlin: Ernst & Sohn
- Haupt, M. und Mutschler, T. (1994): Empfehlung Nr. 17 des Arbeitskreises 19 „Versuchstechnik Fels“ der Deutschen Gesellschaft für Geotechnik e. V.: Einaxiale Relaxationsversuche an Gesteinsproben, Bautechnik, 71, Heft 8: S. 506–509, Berlin: Ernst & Sohn.
- Reik, G. und Völter, U. (1996): Empfehlung Nr. 18 des Arbeitskreises 3.3 „Versuchstechnik Fels“ der Deutschen Gesellschaft für Geotechnik e. V.: Konvergenz- und Lagemessungen, Bautechnik, 73, Heft 10: S. 681–690, Berlin: Ernst & Sohn.
- Paul, A. und Walter, F. (2004): Empfehlung Nr. 19 des Arbeitskreises 3.3 „Versuchstechnik Fels“ der Deutschen Gesellschaft für Geotechnik e. V.: Messung der Spannungsänderung im Fels und an Felsbauwerken mit Druckkissen, Bautechnik, 81, Heft 8: S. 639–647, Berlin: Ernst & Sohn.
- Herzel, P. (2002): Empfehlung Nr. 20 des Arbeitskreises 3.3 „Versuchstechnik Fels“ der Deutschen Gesellschaft für Geotechnik e. V.: Zufallsbeständigkeit von Gestein – Siebtrommelversuch, Bautechnik, 79, Heft 2: S. 101–105, Berlin: Ernst & Sohn.

- Bock, H. und Paul, A. (2002): Empfehlung Nr. 21 des Arbeitskreises 3.3 „Versuchstechnik Fels" der Deutschen Gesellschaft für Geotechnik e. V.: Verschiebungsmessungen quer zur Bohrlochachse – Inklinometer- und Deflektometermessungen, Bautechnik, 79, Heft 4: S. 243–256, Berlin: Ernst & Sohn
- Fröhlich, B. und Schlebusch, M. (2021): Empfehlung Nr. 22 des Arbeitskreises 3.3 „Versuchstechnik Fels" der Deutschen Gesellschaft für Geotechnik e.V.: Schlitzentlastungs- und Kompensationsmethode zur Messung der Druckspannungen im Randbereich geotechnischer Bauwerke, geotechnik, 44, Heft 3: S. 198–208, Berlin: Ernst & Sohn.
- Käsling, H. und Plinninger, R.J. (2016): Empfehlung Nr. 23 des Arbeitskreises 3.3 „Versuchstechnik Fels" der Deutschen Gesellschaft für Geotechnik e.V.: Bestimmung der Abrasivität von Gesteinen mit dem CERCHAR-Versuch, Bautechnik, 93, Heft 6: S. 409–415, Berlin: Ernst & Sohn.
- Käsling, H., Düllmann, J. und Plinninger, R.J. (2022): Empfehlung Nr. 24 des Arbeitskreises 3.3 „Versuchstechnik Fels" der Deutschen Gesellschaft für Geotechnik e. V.: Bestimmung der Abrasivität von Festgesteinen mit dem LCPC-Versuch, angekündigt für die geotechnik 2/22.
- Plinninger, R.J., Käsling, H. und Popp, M. (2021): Empfehlung Nr. 25 des Arbeitskreises 3.3 „Versuchstechnik Fels" der Deutschen Gesellschaft für Geotechnik e.V.: Bestimmung der Abrasivität von Gesteinen mit mineralogisch-petrographischen Verfahren. geotechnik, 44, Heft 2: S. 123–135, Berlin: Ernst & Sohn.

Empfehlung Nr. 1: Einaxiale Druckversuche an zylindrischen Gesteinsprüfkörpern

Thomas Mutschler

1 Zweck

Zweck dieser Empfehlung ist es, Verfahren und Geräte zur labormäßigen Bestimmung der Druckfestigkeit und der Verformungseigenschaften von Gesteinsproben unter einem einaxialen Belastungszustand so zu vereinheitlichen, dass Versuchsergebnisse miteinander vergleichbar sind. Die Versuchsergebnisse dienen der Charakterisierung und Klassifizierung von Festgesteinen sowie der Ableitung von Kennwerten für geotechnische Fragestellungen, insbesondere geostatische Berechnungsverfahren. Die Empfehlung ist gegenüber der DIN EN 1926 [1], die allein die Bestimmung der Druckfestigkeit unter schneller einaxialer Belastung ohne Verformungsmessung regelt, weiter gefasst. Die DIN 18136 [2] regelt den einaxialen Druckversuch an Bodenproben. In Anlehnung an die Empfehlung der Internationalen Gesellschaft für Felsmechanik (ISRM) „Suggested method for the complete stress-strain curve for intact rock in uniaxial compression“ [3] wird die Vorgehensweise zur Erfassung des Nachbruch-Verhaltens von Gesteinsproben eingeschlossen.

2 Kurzbeschreibung des Verfahrens

Ein zylindrischer Prüfkörper wird in einer Druckprüfmaschine einer axial wirkenden Druckbelastung unterworfen. Die Belastung wird, gegebenenfalls unter Einschaltung von Entlastungs-Wiederbelastungs-Zyklen, solange gesteigert, bis der Bruch eintritt. Eine Erfassung des Nachbruch-Verhaltens ist optional möglich. Die wesentlichen aus dem Versuch gewinnbaren Kennwerte sind die einaxiale Druckfestigkeit sowie der Verformungs- und der Elastizitätsmodul und die zugehörige Querdehnungszahl.

Empfehlungen des Arbeitskreises Versuchstechnik Fels, 1. Auflage. Arbeitskreis 3.3 „Versuchstechnik Fels“.

3 Begriffe

Bild 1 zeigt die schematische Darstellung eines Prüfkörpers mit den Bezeichnungen der Abmessungen, der einwirkenden Kraft F und der daraus resultierenden Spannung σ.

Die **axiale Spannung** σ ist der Quotient aus einer Kraft F und der anfänglichen Prüfkörperquerschnittsfläche A. Druckkräfte und Druckspannungen haben positives Vorzeichen:

$$\sigma = \frac{F}{A} \tag{1}$$

Die **einaxiale Druckfestigkeit** σ_u ist der Höchstwert der axialen Spannung σ, die von einem Gesteinsprüfkörper aufgenommen werden kann:

$$\sigma_u = \sigma_{max} \tag{2}$$

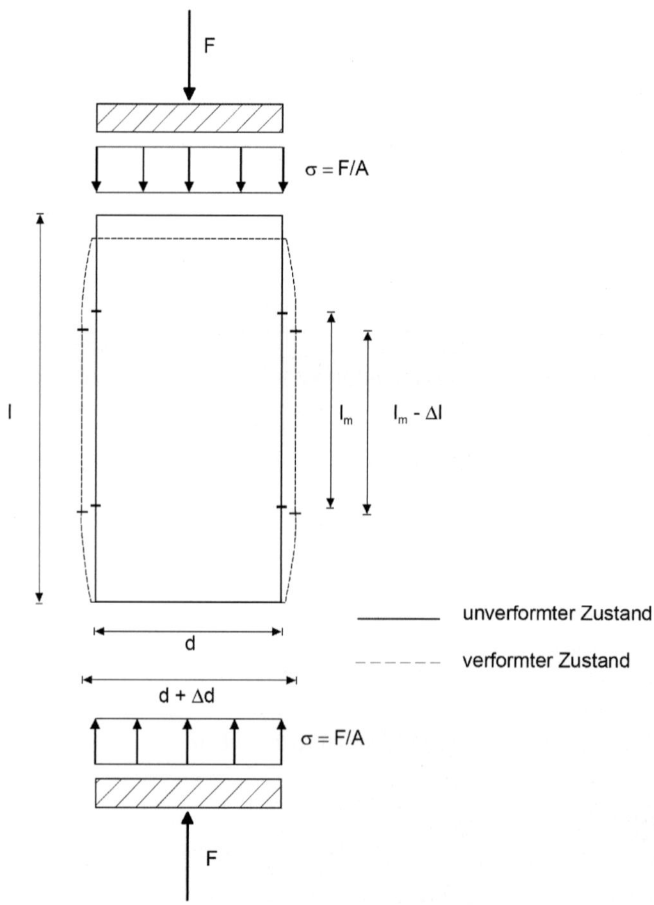

Bild 1 Schematische Darstellung eines Prüfkörpers.

Die **Längsdehnung** ε_ℓ ist der Quotient aus einer axialen Längenänderung $\Delta\ell_{\mathrm{m}}$ und der Messlänge ℓ_{m}. Die Messlänge ist gleich oder kleiner als die Prüfkörperlänge ℓ. Verkürzungen und Stauchungen haben positives Vorzeichen:

$$\varepsilon_\ell = \frac{\Delta\ell_{\mathrm{m}}}{\ell_{\mathrm{m}}} \tag{3}$$

Die **Bruchdehnung** $\varepsilon_{\ell,\mathrm{u}}$ ist die Längsdehnung, die beim Erreichen der einaxialen Druckfestigkeit σ_{u} eingetreten ist:

$$\varepsilon_{\ell,\mathrm{u}} = \varepsilon_\ell(\sigma_{\mathrm{u}}) \tag{4}$$

Die **Querdehnung** ε_{q} ist der Quotient aus einer Längenänderung normal zur Prüfkörperachse und der Anfangslänge. Verkürzungen haben positives Vorzeichen. Als Längen normal zur Prüfkörperachse sind der Durchmesser d oder der Umfang U gebräuchlich:

$$\varepsilon_{\mathrm{q}} = \frac{\Delta d}{d} = \frac{\Delta U}{U} \tag{5}$$

Die Dehnungen ε_{i} ($\mathrm{i} = \ell, q$) von Gesteinen setzen sich in der Regel aus einem **reversiblen** (elastischen) Anteil $\varepsilon_{\mathrm{i}}^{\mathrm{el}}$ und einem **irreversiblen** (nicht elastischen) Anteil $\varepsilon_{\mathrm{i}}^{\mathrm{ne}}$ zusammen:

$$\varepsilon_{\mathrm{i}} = \varepsilon_{\mathrm{i}}^{\mathrm{el}} + \varepsilon_{\mathrm{i}}^{\mathrm{ne}} \tag{6}$$

Aus der Steigung des Erstbelastungsastes der Spannungs-Dehnungs-Linie in einem Spannungsbereich $\Delta\sigma$ lässt sich an der Sekante ein Erstbelastungsmodul V des Gesteins bestimmen:

$$V = \frac{\Delta\sigma}{\Delta\varepsilon_\ell} \tag{7}$$

Aus der Steigung eines Entlastungs- bzw. Wiederbelastungsastes der Spannungs-Dehnungs-Linie lassen sich an den Sekanten ein Entlastungsmodul E_{E} und ein Wiederbelastungsmodul E_{B} ermitteln. Für viele Gesteinsarten ist der Unterschied zwischen dem Entlastungsmodul E_{E} und dem Wiederbelastungsmodul E_{B} von untergeordneter Bedeutung. Der im mittleren Bereich des Entlastungsastes ermittelte Entlastungsmodul E_{E} (siehe Abschn. 6) kommt erfahrungsgemäß dem E-Modul des Materials sehr nahe und wird im Rahmen dieser Empfehlung als Elastizitätsmodul E bezeichnet:

$$E = \frac{\Delta\sigma}{\Delta\varepsilon_\ell^{\mathrm{el}}} \tag{8}$$

Die negative Verhältniszahl eines Inkrements der Querdehnung $\Delta\varepsilon_{\mathrm{q}}$ zu dem zugehörigen Inkrement der Längsdehnung $\Delta\varepsilon_\ell$ wird als **Querdehnungszahl** ν bezeichnet:

$$\nu = -\frac{\Delta\varepsilon_{\mathrm{q}}}{\Delta\varepsilon_\ell} \tag{9}$$

Aus den elastischen Anteilen der Dehnungsinkremente in Längs- und Querrichtung wird die **elastische Querdehnungszahl** ν^{el} bestimmt:

$$\nu^{\mathrm{el}} = -\frac{\Delta\varepsilon_{\mathrm{q}}^{\mathrm{el}}}{\Delta\varepsilon_{\ell}^{\mathrm{el}}} \tag{10}$$

(**Anmerkung:** Die Spannungs-Dehnungs-Beziehungen von natürlichen Gesteinen weisen häufig einen nichtlinearen Verlauf auf. Daher sind die Angaben der Verformungskenngrößen V, E, ν und ν^{el} immer auf einen Spannungsbereich $\Delta\sigma$ zu beziehen.)

Die **Längsdehnungsrate** $\dot{\varepsilon}_{\ell}$ gibt die Längsdehnungsänderung $\Delta\varepsilon_{\ell}$ im Zeitintervall Δt an:

$$\dot{\varepsilon}_{\ell} = \frac{\Delta\varepsilon_{\ell}}{\Delta t} \tag{11}$$

Die **Querdehnungsrate** $\dot{\varepsilon}_{\mathrm{q}}$ gibt die Querdehnungsänderung $\Delta\varepsilon_{\mathrm{q}}$ im Zeitintervall Δt an:

$$\dot{\varepsilon}_{\mathrm{q}} = \frac{\Delta\varepsilon_{\mathrm{q}}}{\Delta t} \tag{12}$$

Die **Spannungsrate** $\dot{\sigma}$ gibt die Spannungsänderung $\Delta\sigma$ im Zeitintervall Δt an:

$$\dot{\sigma} = \frac{\Delta\sigma}{\Delta t} \tag{13}$$

Die **vollständige Spannungs-Dehnungs-Linie** setzt sich aus einem Abschnitt im **Vorbruch-Bereich** (Bild 2) und einem Abschnitt im **Nachbruch-Bereich** zusammen. Im Nachbruch-Bereich ist die Spannungs-Dehnungs-Linie eine Grenzlinie, die fortlaufende Bruchzustände nach Überschreiten der einaxialen Druckfestigkeit kennzeichnet. Dabei treten die beiden in Bild 3 dargestellten charakteristischen Kurvenverläufe I und II auf (siehe [7]), nach denen zwischen den Materialklassen I und II unterschieden wird.

Materialien der Klasse I zeigen nach dem Erreichen der Bruchspannung σ_{u} einen Abfall der Druckspannung σ bei ansteigender Längsdehnung ε_{ℓ}, während bei denen der Klasse II der Druckspannungsabfall mit einem Rückgang der Längsdehnung verbunden ist. Im Falle der Klasse I muss dem Prüfkörper zur Verformung im Nachbruch-Bereich über die Prüfmaschine fortlaufend Energie zugeführt, im Falle der Klasse II potentielle Energie entzogen werden.

Anmerkung: Die Steigung B der abfallenden Grenzlinie im Nachbruch-Bereich wird nach [4] als **Sprödigkeit** bezeichnet:

$$B = \frac{\Delta\sigma}{\Delta\varepsilon_{\ell}} \tag{14}$$

Werden im Nachbruch-Bereich Lastzyklen eingelegt, so lassen sich analog zur Vorgehensweise im Vorbruch-Bereich (vgl. Gl. (7)) aus den Steigungen der Entlastungs-

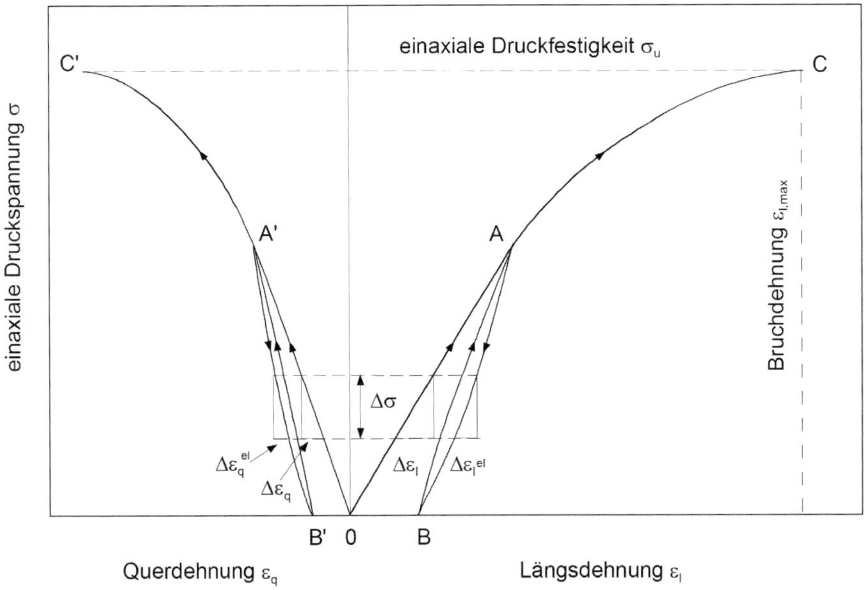

Bild 2 Schematische Darstellung des Vorbruch-Bereichs der Spannungs-Dehnungs-Linie eines einaxialen Druckversuchs mit Querdehnungsmessung.

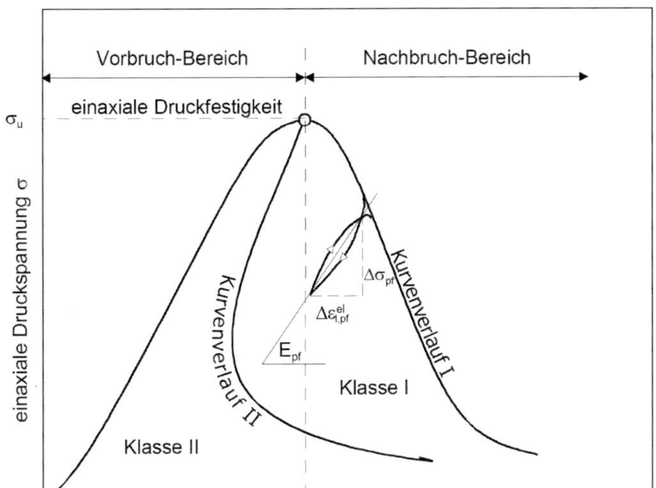

Bild 3 Schematische Darstellung der Spannungs-Längsdehnungs-Kurve eines einaxialen Druckversuches mit Erfassung des Nachbruch-Bereichs. Klasse-I-Kurve und Klasse-II-Kurve nach [7].

und Wiederbelastungsäste die entsprechenden Entlastungs- und Wiederbelastungsmoduln E_{pf} bestimmen:

$$E_{\text{pf}} = \frac{\Delta\sigma_{\text{pf}}}{\Delta\varepsilon^{\text{el}}_{\ell,\text{pf}}} \tag{15}$$

Die Verformungsarbeit W wird aus der Fläche unter der Spannungs-Längsdehnungs-Linie bestimmt (siehe [6]).

4 Prüfeinrichtung

Für das Aufbringen der Axiallast auf den Prüfkörper ist eine Prüfmaschine mit einer Kraftmesseinrichtung der Güteklasse 2 nach DIN EN ISO 7500-1 [8] oder besser zu verwenden, deren Kapazität ausreicht, um den Gesteinsprüfkörper bis zum Bruch zu belasten. Der Kraftmessbereich der Prüfmaschine muss der Bruchkraft des Prüfkörpers angepasst sein.

Die obere Druckplatte ist in einer Kugelkalotte zu lagern und muss leicht einstellbar sein, um unvermeidbare Abweichungen von der Planparallelität der Prüfkörperendflächen ausgleichen zu können. Während des Versuches sollte sich der Druckplattenwinkel nicht mehr verstellen. Die Abmessungen der Druckplatte, der Kalottenradius und der Prüfkörperdurchmesser sollen aufeinander abgestimmt sein.

Die Prüfmaschine muss die Durchführung der Versuche in Weg- oder Kraftregelung gestatten. Eine Kompensation der Verformungen der Prüfmaschine ist bei der Regelung der Vorschubgeschwindigkeit nicht erforderlich, da viskos reagierende Gesteine im Vergleich zur Prüfmaschine normalerweise eine geringe Steifigkeit aufweisen und somit die Maschinenverformungen klein gegenüber den Prüfkörperverformungen sind. Gesteine hoher Steifigkeit, bei denen die Maschinenverformungen größer als die Prüfkörperverformungen sein können, haben in der Regel vernachlässigbar geringe viskose Eigenschaften. Zur Ermittlung der Prüfkörperverformungen sind Längenänderungs-Messeinrichtungen erforderlich, die die Anforderungen der Güteklasse 1 nach DIN EN ISO 9513 Beiblatt 1 [9] oder besser erfüllen. Die Verwendung von Dehnungsmessstreifen (DMS) ist ebenfalls möglich.

Für Versuche mit Erfassung des Nachbruch-Verhaltens sind weitere Regelungsmöglichkeiten erforderlich, die sich aus der in Abschn. 6.5 erläuterten Vorgehensweise für diese Versuchsoption ergeben.

5 Prüfkörper und Proben

5.1 Abmessungen der Prüfkörper

Der einaxiale Druckversuch wird an zylindrischen Prüfkörpern durchgeführt, deren Länge ℓ etwa dem 2-Fachen des Durchmessers d entsprechen soll. Prüfkörper mit einer Länge im Bereich $1{,}5\,d < \ell < 2{,}5\,d$ sind gut geeignet.

Tab. 1 Prüfkörperschlankheit.

Schlankheit ℓ/d	Festigkeit	Verformbarkeit	Bemerkung
$\ell/d > 2{,}5$	Nicht zulässig	Nicht zulässig	Knickgefahr
$2{,}0 \leq \ell/d \leq 2{,}5$	Zulässig	Zulässig	Ideale Schlankheit
$1{,}5 \leq \ell/d \leq 2{,}0$	Abminderung nach Gl. (16)	Zulässig	—
$1{,}0 \leq \ell/d \leq 1{,}5$	Abminderung nach Gl. (16)	Nicht zulässig	—
$\ell/d \leq 1{,}0$	Nicht zulässig	Nicht zulässig	Brikettiergefahr

Es ist zu beachten, dass aufgrund des Einflusses der Endflächenreibung zu hohe Festigkeitswerte ermittelt werden können, wenn das Verhältnis der Länge ℓ des Prüfkörpers zu seinem Durchmesser d kleiner als 2 ist. In solchen Fällen ist die an zu kurzen Prüfkörpern bestimmte Druckfestigkeit σ_u gemäß Gl. (16) auf den Wert $\sigma_{u(2)}$ abzumindern [5]:

$$\sigma_{u(2)} = \frac{8 \cdot \sigma_u}{7 + 2\frac{d}{\ell}} \tag{16}$$

Einaxiale Druckversuche zur Bestimmung der Druckfestigkeit an Prüfkörpern, bei denen das Verhältnis $\ell/d < 1$ ist, sind nicht zulässig. Spannungs-Dehnungs-Beziehungen sollen nur an Prüfkörpern ermittelt werden, bei denen $\ell/d \geq 1{,}5$ ist. Die Tab. 1 gibt eine Übersicht der Grenzen der Prüfkörperschlankheiten.

Der Durchmesser des Prüfkörpers soll mindestens das Zehnfache des größten Einzelkorndurchmessers des Gesteins betragen und nicht kleiner als 30 mm sein. Größere Prüfkörper sind kleineren vorzuziehen. Etwaige Abweichungen von diesen Regeln, die in der Praxis durch die Unzulänglichkeit des Materials oder durch die Gewinnung zu kleiner Proben bedingt sind, müssen im Versuchsprotokoll vermerkt werden.

Anmerkung: Diese Empfehlung ist auf kreiszylindrische Prüfkörper abgestimmt. Sofern anders geformte (z. B. prismatische) Prüfkörper verwendet werden sollen, ist dies im Protokoll ausdrücklich zu vermerken.

Sonderfall: Dient die Bestimmung der einaxialen Druckfestigkeit der Ermittlung von Schneidleistung und Meißelverbrauch von Tunnelvortriebsmaschinen, so werden Obergrenzen der Festigkeitswerte des Gesteins benötigt. Dazu können Versuche an eher kleinen und gedrungenen Prüfkörpern mit einem Verhältnis von $\ell/d \approx 1$ durchgeführt werden.

5.2 Bearbeitung der Prüfkörper

Zur Erzielung der zylindrischen Form sind die Proben möglichst schonend durch Bohren, Schneiden, Drehen, Schleifen oder andere geeignete Verfahren zu bearbeiten, wobei darauf zu achten ist, dass Wärmeeintrag und dabei eingesetzte Spül- oder Kühlmittel die Eigenschaften des Materials möglichst wenig verändern.

Die Mantelflächen der Prüfkörper sollen glatt und frei von Unregelmäßigkeiten sein. Die Endflächen sollen eben sein und mit der Prüfkörperachse rechte Winkel

Tab. 2 Toleranzen der Bearbeitung von Gesteinsprüfkörpern für einaxiale Druckversuche.

Unebenheit der Endflächen	±0,1 mm
Abweichungen der Endflächen von der Planparallelität	±3′

bilden. Ungenauigkeiten bei der Bearbeitung bewirken Störungen des angestrebten gleichförmigen einaxialen Spannungszustandes im Prüfkörper und führen in der Regel zur Ermittlung einer zu geringen Festigkeit. Derartige Fehler wirken sich bei sehr festen Gesteinen (z. B. Quarzit) stärker aus als bei weniger festen Gesteinen (z. B. Tonstein). Sie sind gering, wenn die in Tab. 2 genannten Toleranzen eingehalten werden.

Die Auftragung aushärtender Ausgleichsmittel zur Erzielung einwandfreier planparalleler Prüfkörperendflächen ist dann sinnvoll, wenn sich die Endflächen am natürlichen Material nicht oder nur unzulänglich bearbeiten lassen. Die Ausgleichsschicht soll möglichst dünn sein. Im Versuchsprotokoll ist bei Verwendung von Ausgleichsmitteln ein entsprechender Vermerk aufzunehmen.

5.3 Wassergehalt der Proben und Prüfkörper

Der Wassergehalt kann auf die Verformungseigenschaften und die Festigkeit von Gesteinsproben einen Einfluss haben. Daher ist bei der Probengewinnung nach DIN 4021, Teil 2, darauf zu achten, dass Proben, die für Laborversuche ausgewählt werden, so versiegelt, verpackt und aufbewahrt werden, dass sich ihr Wassergehalt nicht weiter verändert. Auch bei der Probenbearbeitung soll möglichst eine Veränderung des Wassergehaltes vermieden werden. Nach Beendigung jedes einaxialen Druckversuchs sollte der Wassergehalt des Prüfkörpers bestimmt werden.

5.4 Bestimmung der Abmessungen und der Dichte der Prüfkörper

Der Durchmesser der Prüfkörper ist am oberen und unteren Ende sowie in der Mitte jeweils in zwei zueinander senkrechten Richtungen mit einer Genauigkeit von 0,1 mm zu bestimmen. Für die Ermittlung der Querschnittsfläche ist das Mittel aus den Messungen anzusetzen. Die Prüfkörperlänge ist mit einer Genauigkeit von 0,1 mm zu messen.

Aus den Abmessungen und der Masse des Prüfkörpers vor der Versuchsdurchführung ist die Dichte ρ zu bestimmen.

6 Versuchsdurchführung

6.1 Krafteinleitung

Die Krafteinleitung in den Prüfkörper soll über ebene, geschliffene Druckplatten aus Stahl mit der Mindesthärte HRC 58 erfolgen. Die Abmessungen der Druckplatten müssen größer sein als der Prüfkörperdurchmesser, der sich einschließlich der Querdehnung im Laufe des Versuches einstellt. Die Dicke der Druckplatten muss so groß sein, dass diese sich nicht infolge der Kraftaufbringung wölben. Die Gefahr der Wölbung besteht insbesondere dann, wenn der Durchmesser des Prüfkörpers größer ist als der Durchmesser des Prüfmaschinenkolbens oder der Kraftmessdose, an denen die Druckplatten in der Regel befestigt sind. Der Prüfkörper ist auf der unteren Druckplatte zu zentrieren.

Eine Endflächenschmierung oder andere Maßnahmen sind bei Standardversuchen nicht vorgesehen. Ihre Anwendung in Sonderfällen ist im Versuchsprotokoll zu erwähnen.

6.2 Belastungsregelung

Die Belastung des Prüfkörpers kann wahlweise dehnungs- oder kraftgeregelt erfolgen.

Bei Dehnungsregelung ist der Prüfkörper mit einer konstanten Dehnungsrate zu belasten. In der Regel soll die Dehnungsrate im Bereich $0{,}5 \leq \dot{\varepsilon}_l \leq 1{,}0\,\mathrm{mm/(m\ min)}$ liegen. Sie ist jedoch so zu wählen, dass die Versuchsdauer bis zum Erreichen der maximalen Spannung mindestens 5 min beträgt.

Bei Kraftregelung ist der Prüfkörper mit einer konstanten Spannungsrate zu belasten. In der Regel soll die Spannungsrate im Bereich $2{,}0 < \dot{\sigma} < 10{,}0\,\mathrm{MN/(m^2\ min)}$ liegen. Sie ist jedoch so zu wählen, dass die Versuchsdauer bis zum Erreichen der maximalen Spannung mindestens 5 min beträgt.

Für Gesteine, die ausgeprägte zeitabhängige Eigenschaften besitzen, oder für die Erfassung des Nachbruch-Verhaltens (Abschn. 6.5) sind besondere Überlegungen bezüglich der Belastungsregelung anzustellen.

Anmerkung: Dient die Bestimmung der einaxialen Druckfestigkeit der Ermittlung von Schneidleistung und Meißelverbrauch von Tunnelvortriebsmaschinen, so ist die Belastung den Vorgängen in-situ angepasst kraftgeregelt und mit hoher Spannungsrate (z. B. $\dot{\sigma} = 60\,\mathrm{MN/(m^2\ min)}$ vgl. DIN EN 1926) aufzubringen.

6.3 Kraft- und Dehnungsmessung

Die Messung der Kraft und der Deformationen des Prüfkörpers soll kontinuierlich erfolgen. Eine versuchsbegleitende Darstellung der Spannungs-Dehnungs-Linie ist zur Versuchsüberwachung dienlich.

6.3.1 Kraftmessung

Entsprechend der Güteklasse 2 nach DIN EN ISO 7500-1 wird die Kraft mit einer relativen Anzeigeabweichung besser als $\pm 2\,\%$ gemessen.

6.3.2 Längsdehnungsmessung

Bei der Längsdehnungsmessung mittels Längenänderungsmessung wird unterschieden in

- Messung der Änderung $\Delta\ell_\mathrm{m}$ einer Anfangsmesslänge ℓ_m über Probenwegaufnehmer,

- Messung der Änderung $\Delta\ell$ der Anfangslänge ℓ des Prüfkörpers über Wegaufnehmer zwischen den Druckplatten,
- Messung der Änderung $\Delta\ell$ der Anfangslänge ℓ des Prüfkörpers über den Maschinenwegaufnehmer (Kolbenwegaufnehmer).

Die Verfahren mit einer Längenänderungsmessung ermitteln eine mittlere Dehnung über der Messlänge ℓ_m bzw. ℓ. Das Bild 4 stellt das Prinzip der Messung über eine Messlänge ℓ_m dar.

Anmerkung: Längenänderungsmesssysteme, die über eine Messlänge $\ell_m < \ell$ messen, sind weitgehend frei von Endflächeneinflüssen. Es lassen sich damit präzise Messungen im Vorbruch-Bereich durchführen. Sie versagen beim Überschreiten des Bruchzustandes (siehe Abschn. 6.5). Längenänderungsmessungen über die gesamte Prüfkörperlänge ℓ sind nicht frei von Endflächeneinflüssen. Wird über den Kolbenwegaufnehmer gemessen, so werden zusätzlich noch Eigenverformungen der Prüfmaschine erfasst. Endflächeneinflüsse sind umso größer, je steifer das Gestein ist.

Weiterhin ist die direkte Messung über Dehnungsmessstreifen (DMS) möglich. Dehnungsmessstreifen ermitteln die Dehnung lokal über eine kurze Messstrecke. Sie sind daher nur bei hinreichend feinkörnigen, homogenen Gesteinsarten an-

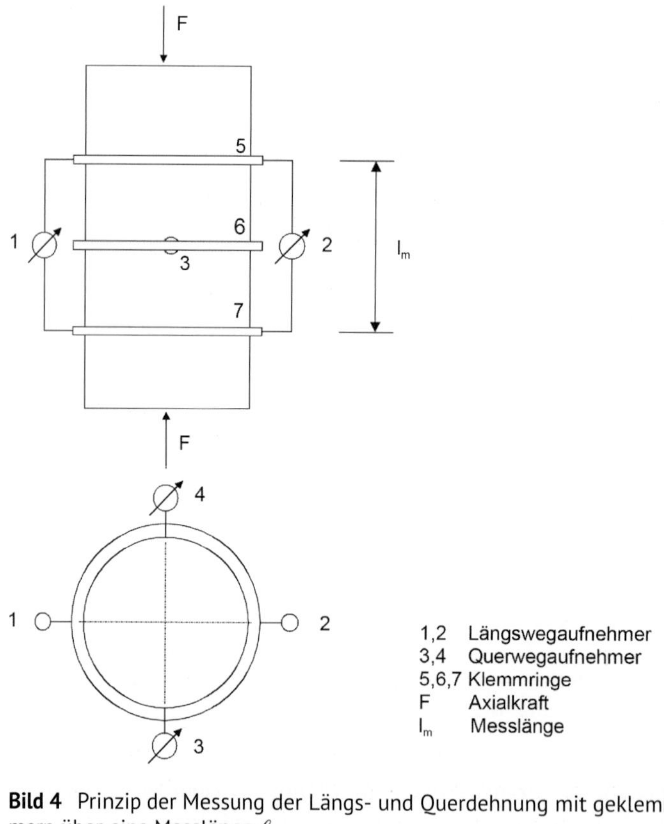

Bild 4 Prinzip der Messung der Längs- und Querdehnung mit geklemmten Wegaufnehmern über eine Messlänge ℓ_m.

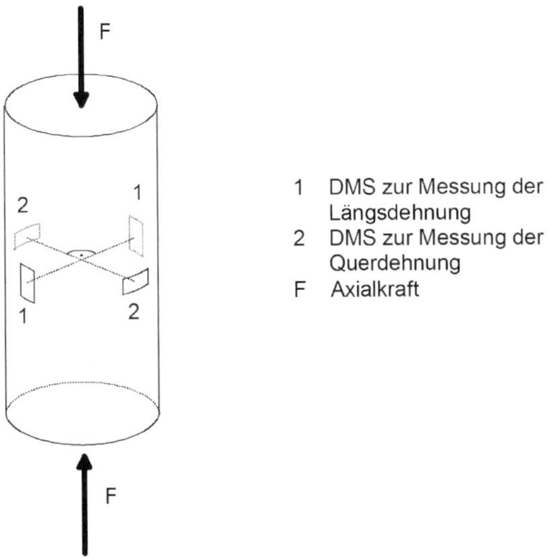

Bild 5 Beispiel einer Anordnung von Dehnungsmessstreifen (DMS) zur Messung der Längs- und Querdehnung.

wendbar. Die Länge der DMS muss mindestens dem 10-Fachen des Korndurchmessers der Probe entsprechen. Das Bild 5 zeigt eine mögliche Anordnung von DMS zur Messung der Längs- und Querdehnung.

Die verwendeten Messsysteme müssen der Messaufgabe angepasst sein. Je steifer das Gestein und je geringer die erwartete Bruchdehnung ist, desto höher muss die Auflösung des Messsystems und desto kleiner muss der Messbereich sein. Die Anordnung der Systeme zur Längsdehnungsmessung muss so erfolgen, dass geringfügige Verkippungen der Druckplatten keine Auswirkung auf die Messung haben.

6.3.3 Querdehnungsmessung

Bei der Querdehnungsmessung wird unterschieden in

- Messung der Änderung Δd des Anfangsdurchmessers d des Prüfkörpers über Wegaufnehmer und
- Messung der Änderung ΔU des Anfangsumfangs U des Prüfkörpers über Wegaufnehmer.

Die Verfahren mit einer Durchmesser- oder Umfangsänderungsmessung bestimmen eine mittlere Dehnung über der Messlänge d bzw. U. Bild 4 stellt das Prinzip der Messung der Durchmesseränderung dar.

Die Messsysteme zur Querdehnungserfassung sind in der Probenmitte anzuordnen. Soll eine Anisotropie nicht berücksichtigt werden, so genügt die einfache Querdehnungsmessung. Soll eine Anisotropie berücksichtigt werden, so sind voneinander unabhängige Querdehnungsmesssysteme in zwei Achsen anzuordnen. Die Lage der Achsen ist so zu wählen, dass sie parallel und normal zum Gefüge des Gesteins (Schichtungs- oder Schieferungsebenen) orientiert sind. Die Erfassung der Querdehnungsanisotropie mit Umfangsänderungsmessungen ist nicht möglich. Bezüglich der Genauigkeitsanforderungen der Querdehnungsmessung gelten die im Abschn. 6.3.2 genannten Anforderungen analog.

Weiterhin ist die direkte Messung über Dehnungsmessstreifen (DMS) möglich. Bild 5 zeigt eine Möglichkeit der Anordnung von DMS zur Messung der Längs- und Querdehnung.

Längs- und Querdehnungsmessungen sollten denselben Probenbereich erfassen. Nicht zulässig sind Kombinationen verschiedenartiger Messsysteme wie DMS und Wegaufnehmer.

6.4 Versuche mit mehreren Lastzyklen

Um Kennwerte des elastischen Verhaltens von Gestein zu bestimmen, ist es erforderlich, den Prüfkörper in mehreren Zyklen zu be- und entlasten (Bild 6). Die Anzahl der erforderlichen Lastzyklen, die zu untersuchenden Spannungsbereiche und die Interpretation der Versuchsergebnisse müssen im Einzelfall festgelegt werden. Lastzyklen werden durch eine Oberspannung σ_{Zo} und eine Unterspannung σ_{Zu} begrenzt. Für Standarduntersuchungen haben sich drei Lastzyklen mit Oberspannungen σ_{Zo} von 25, 50 und 75 % der erwarteten Bruchspannung bewährt. Die Unterspannung σ_{Zu} ergibt sich in der Regel aus der maschinentechnisch bedingten Einspannlast bei Versuchsbeginn. Ist das für die geotechnische Fragestellung relevante Spannungsniveau bekannt, so empfiehlt es sich, den Bereich der Ober- und Unterspannungen so zu wählen, dass das relevante Spannungsniveau abgedeckt wird.

Zur Einschätzung einer eventuell vorhandenen Kriechtendenz des Gesteins können Lasthaltezeiten t_{Zo} und t_{Zu} in den Lastumkehrpunkten derZyklen eingeschaltet werden. In einer Lasthaltezeit wird die Last für eine bestimmte Zeit konstant gehalten und die dabei eintretende Dehnung gemessen.

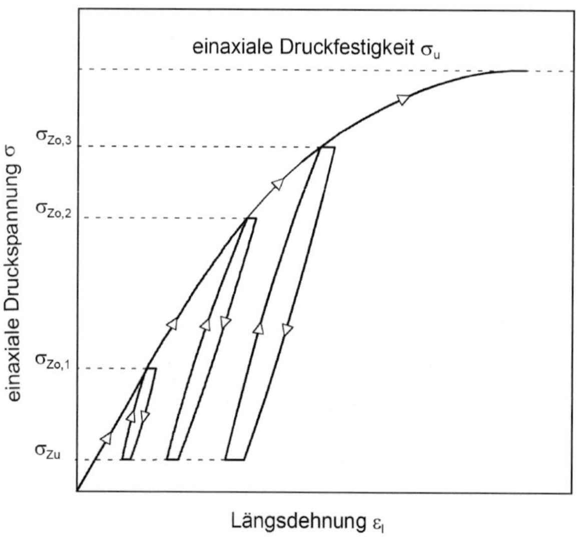

Bild 6 Einaxialer Druckversuch mit drei Lastzyklen und Lasthaltepausen (Prinzipskizze).

Zur Gewährleistung der Vergleichbarkeit von Versuchsergebnissen wird eine Lasthaltezeit von $t_{Zo} = t_{Zu} = 5$ min im mittleren Zyklus empfohlen. Als Ergebnis können die Kriechdehnungen ε_{kr} in den Kriechzeiten t_o und t_u im Versuchsprotokoll angegeben werden.

6.5 Versuche mit Erfassung des Nachbruch-Verhaltens

Versuche mit Erfassung des Nachbruch-Verhaltens stellen besonders hohe Anforderungen an die Steifigkeit, die Regelung und die Datenerfassung der Prüfmaschine, die über das hinausgehen, was in Abschn. 3 ausgeführt wurde. Die folgenden vom Materialverhalten abhängigen Vorgehensweisen lassen sich nur auf speziell für diese Anforderungen ausgelegten Prüfmaschinen durchführen:

Gesteine der Klasse I

Bei Gestein der Klasse I (siehe Bild 3) erfolgt die Belastung in Dehnungsregelung unter konstanter Längsdehnungsrate $\dot{\varepsilon}_l$ oder konstanter Querdehnungsrate $\dot{\varepsilon}_q$.

Gesteine der Klasse II

Bei Gestein der Klasse II (siehe Bild 3) muss die Belastung im Bruch- und Nachbruch-Bereich unter Querdehnungsregelung erfolgen. Für den Anfangsbereich ist auch eine kraftgeregelte Belastung möglich.

Eine weitere Möglichkeit bietet eine kombinierte Dehnungsregelung wie folgt:

1. Dehnungsregelung unter einer konstanten Längsdehnungsrate $\dot{\varepsilon}_l$ im Vorbruch-Bereich ($\varepsilon_\ell < \varepsilon_\ell(\sigma = \sigma_u)$; $0 < \sigma < 0{,}7\sigma_u$),
2. Dehnungsregelung unter einer konstanten Querdehnungsrate $\dot{\varepsilon}_q$ im Vorbruch-Bereich $\sigma > 0{,}7\sigma_u$ über den Bruch hinweg bis in den Nachbruch-Bereich, solange $\sigma > 0{,}5\sigma_u$ ist,
3. Dehnungsregelung unter einer konstanten Längsdehnungsrate $\dot{\varepsilon}_l$ im Nachbruch-Bereich ($\dot{\varepsilon}_\ell < \varepsilon_\ell(\sigma = \sigma_u)$; $0 < \sigma < 0{,}5\sigma_u$).

Als Abbruchkriterium können gewählt werden:

1. Es treten keine neuen Brüche mehr auf.
2. Die Spannungs-Dehnungs-Linie verläuft annähernd horizontal.

Anmerkung: Die Längenänderungsmessung kann dabei entweder über den Maschinenwegaufnehmer (Kolbenwegaufnehmer) oder über Wegaufnehmer zwischen den Druckplatten, nicht jedoch über Probenwegaufnehmer erfolgen. Wegen der Bruchvorgänge im Nachbruch-Bereich kann es bei am Prüfkörper befestigten Wegaufnehmern zu spontanen Längenänderungen kommen, die die Steuerung negativ beeinflussen und sogar die Messaufnehmer beschädigen können.

7 Versuchsauswertung und Darstellung der Ergebnisse

Aus dem mittleren Prüfkörperdurchmesser wird die maßgebende Querschnittsfläche A berechnet, mit der sich gemäß Gl. (1) aus der Prüfkraft F die Spannung σ berechnen lässt.

Eine Korrektur der Querschnittsfläche A, die die unter der Spannung σ eingetretene Querdehnung ε_q berücksichtigt, ist in der Regel nicht erforderlich.

Die einaxiale Druckfestigkeit ist gemäß Gl. (2) gleich der maximalen im Versuch erreichten Spannung. Für alle Ablesungen können die Werte der Dehnungen ε_ℓ und ε_q nach den Gln. (3) und (4) ermittelt werden. Bei der Verwendung von Dehnungsmessstreifen werden die Dehnungen ε_ℓ und ε_q direkt gemessen. Durch Auftragung entsprechender Wertepaare $(\sigma, \varepsilon_\ell)$ und (σ, ε_q) erhält man die Spannungs-Längsdehnungs-Kurve und die Spannungs-Querdehnungs-Kurve. Die Verformungskennwerte V, E, ν und ν^{el} sind gemäß den Gln. (7)–(10) zu ermitteln. Für die Standardauswertung sollte der Spannungsbereich $0{,}4 \cdot \sigma_u \leq \sigma \leq 0{,}6 \cdot \sigma_u$ gewählt werden. Die zugehörigen Verformungskennwerte werden mit $V_{40\text{-}60}$, $E_{40\text{-}60}$, ν_{40-60} und ν^{el}_{40-60} bezeichnet.

Ist ein Versuch mit Erfassung des Nachbruch-Verhaltens durchgeführt worden, so kann die Verformungsarbeit W z. B. nach [6] ermittelt werden. Wurden im Nachbruch-Bereich Zyklen eingeschaltet, so können Elastizitätsmodule E_{pf} nach Gl. (15) ermittelt werden.

Bei vielen Anwendungen ist die Angabe von Verformungskennwerten für einen vorgegeben Lastbereich gewünscht (vgl. Abschn. 4). In diesen Fällen ergibt sich der Spannungsbereich direkt aus den gewählten Ober- und Unterspannungen der Zyklen. Die Verformungskennwerte werden mit dem Index σ_{Zu}/σ_{Zo} gekennzeichnet und lauten $V_{\sigma_{Zu}/\sigma_{Zo}}$, $E_{\sigma_{Zu}/\sigma_{Zo}}$, $\nu_{\sigma_{Zu}/\sigma_{Zo}}$ und $\nu^{el}_{\sigma_{Zu}/\sigma_{Zo}}$.

Mit dem Ergebnis des einaxialen Druckversuchs sind noch folgende Angaben zu protokollieren:

- Beschreibung des untersuchten Gesteins
- Herkunft der Probe, Tiefe unter GOK, Orientierung, Zeitpunkt der Entnahme
- eventuell vorhandene Schieferung, Schichtung oder sonstige erkennbare Anisotropie und deren Lage zur Belastungsrichtung (gegebenenfalls Skizzen, Fotos von Längs- und Querschnitt)
- Probenlagerungsbedingungen und -dauer
- Zeitpunkt der Versuchsdurchführung
- Wassergehalt zur Zeit der Versuchsdurchführung
- Dichte der Probe
- Prüfkörperabmessungen
- Art und Durchführung der Verformungsmessung
- Dehnungs- bzw. Spannungsrate bei derVersuchsdurchführung
- eventuelle Abweichungen von den hier gegebenen Empfehlungen
- Form des Bruches (Skizze oder Foto)
- Angaben zur Prüfmaschine (Lastbereich, Wegmesssystem, Güteklassen etc.)

8 Versuchsoptionen

Je nach Untersuchungsziel und Probenqualität kann es sinnvoll sein, nur einen Teil der oben genannten Optionen der Versuchsdurchführung anzuwenden. In Tab. 3 sind häufig angewandte Versuchsoptionen zusammengestellt. Die Optionen können durch folgende Zusätze hinsichtlich des verwendeten Wegmesssystems weiter spezifiziert werden:

- WAP: Messung über Probenwegaufnehmer an der Probe ($\ell_m < \ell$)
- WAD: Messung über Wegaufnehmer zwischen den Druckplatten
- WAK: Messung über Kolbenwegaufnehmer
- DMS: Messung über Dehnungsmessstreifen

Tab. 3 Standardoptionen für einaxiale Druckversuche (1DV).

Option	Kurzbeschreibung	Erzielbare Ergebnisse
1	1DV ohne Verformungsmessung	σ_u
2	1DV mit Längsdehnungsmessung ohne Zyklen	σ_u, V
3	1DV mit Längsdehnungsmessung mit Zyklen	σ_u, V, E
4	1DV mit Längsdehnungsmessung mit Zyklen und Lastumkehrpausen	σ_u, V, E, $\dot{\varepsilon}\ (t_u)$
5	1DV mit Längs- und einfacher Querdehnungsmessung ohne Zyklen	σ_u, V, ν
6	1DV mit Längs- und einfacher Querdehnungsmessung mit Zyklen	σ_u, V, E, ν
7	1DV mit Längs- und einfacher Querdehnungsmessung mit Zyklen und Lastumkehrpausen	σ_u, V, E, ν, ν^{el}, $\dot{\varepsilon}(t_u)$
8	1DV mit Längs- und zweifacher Querdehnungsmessung mit Zyklen und Lastumkehrpausen	σ_u, V, ν_{min}, ν_{max}, E, ν^{el}_{min}, ν^{el}_{max}, $\dot{\varepsilon}\ (t_u)$
9	1DV mit Längsdehnungsmessung und Erfassung des Nachbruch-Verhaltens ohne Zyklen im Nachbruch-Bereich	Wie Option 2, jedoch zusätzlich Nachbruch-Bereich mit W
10	1DV mit Längsdehnungsmessung und Erfassung des Nachbruch-Verhaltens mit Zyklen im Nachbruch-Bereich	Wie Option 2, jedoch zusätzlich Nachbruch-Bereich mit E_{pf}
11	1DV mit Längsdehnungsmessung, einfacher Querdehnungsmessung und Erfassung des Nachbruch-Verhaltens ohne Zyklen im Nachbruch-Bereich	Wie Option 5, jedoch zusätzlich Nachbruch-Bereich mit W
12	1DV mit Längsdehnungsmessung, einfacher Querdehnungsmessung und Erfassung des Nachbruch-Verhaltens mit Zyklen im Nachbruch-Bereich	Wie Option 5, jedoch zusätzlich Nachbruch-Bereich mit E_{pf}

9 Anwendungsbeispiele

9.1 Einaxialer Druckversuch nach Option 7 (DMS)

Bild 7 zeigt das Beispiel eines einaxialen Druckversuchs mit Längs- und Querdehnungsmessung sowie einem Entlastungs-Wiederbelastungs-Zyklus mit Lasthaltezeiten $t_{Zo} = t_{Zu} = 5$ min in den Lastumkehrpunkten. Die Belastung erfolgte spannungsgeregelt mit einer Spannungsrate von $\dot{\sigma} = 2\,\mathrm{MN}/(\mathrm{m}^2\ \mathrm{min})$. Tabelle 4 gibt ein Beispiel des Versuchsprotokolls eines einaxialen Druckversuches.

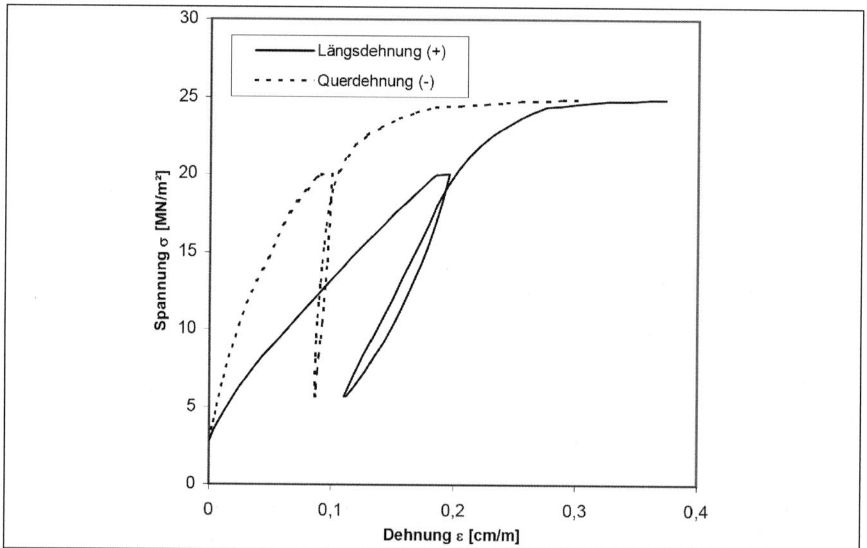

Prüfkörper:	BK 1, Entnahmetiefe: 11,20 – 11,40 m			Datum: 13.03.2001
	Durchmesser:	d = 100,8 mm	Masse:	G = 3309,6 g
	Querschnittsfläche:	F = 7980 mm²	Dichte:	ρ = 2,65 g/cm³
	Länge:	l = 156,5 mm		
	Länge/Durchmesser:	l/d = 1,54		

Vorgaben:	Versuch nach Empfehlung 1 des AK 3.3 , Option 7, DMS			
	Spannungsrate	$\dot{\sigma}$ = 2 MN/(m²·min)		
	Versuch mit einem Lastzyklus und Lasthaltezeiten vom t_{Zo} = t_{Zu} 5 min			

Ergebnisse:	einaxiale Druckfestigkeit	σ_{max} = 24,86 MN/m²	bei	ε_l = 0,373 cm/m
	E-Modul:	$E_{40\text{-}60}$ = 16109 MN/m²		ν = 0,15
	Kriechdehnung	$\varepsilon_{kr}(t_{zo})$ = 0,01 cm/m		
Anmerkung:	Abgeminderte einaxiale Druckfestigkeit: $\sigma_{u(2)}$ = 23,97 MN/m²			

Bild 7 Einaxialer Druckversuch mit einem Lastzyklus und Lasthaltepausen.

Tab. 4 Versuchsprotokoll eines einaxialen Druckversuchs mit einem Lastzyklus und Lasthaltepausen.

Bezeichnung des Labors:	**Bauvorhaben:**	**Az: 303 Datum: 13.03.2001**
Einaxialer Druckversuch an Gesteinsproben – Option 7, DMS nach DGGT, AK 3.3, E 1		
Gestein: Tonstein, grau Bohrung Nr.: BK 1 Entnahmetiefe: 11,20–11,40 m Angaben zur Bohrung: Kernbohrung mit Doppelkernrohr, vertikal Kerndurchmesser $d_k = 101$ mm, Wasserspülung Zeitpunkt der Entnahme: 13.01.2001 Anisotropie: Schichtung horizontal, d. h. senkrecht zur Kernachse Probenlagerung: in Aluminiumfolie mit Wachsüberzug Datum der Probenanlieferung: 17.01.2001 Datum der Versuchsdurchführung: 13.03.2001 Verformungsmessung: induktiver Wegaufnehmer für Längsdehnungen, DMS-Messspange für Querdehnungsmessungen		
Spannungsrate: $\dot{\sigma} = 2\,\mathrm{MN/(m^2\ min)}$ Prüfkörperlänge: 156,5 mm Prüfkörperdurchmesser: 100,8 mm Masse vor Versuchsdurchführung: 3309,6 g Dichte der Probe: $\rho = 2{,}65\,\mathrm{g/cm^3}$ Wassergehalt: $w = 6{,}18\,\%$ Sonstiges: Prüfkörperschlankheit $h/d = 1{,}54 < 2{,}0$ Druckfestigkeit: $\sigma_u = 24{,}9\,\mathrm{MN/m^2}$		
Moduln: $E_{40-60} = 16\,100\,\mathrm{MN/m^2}$ Querdehnungszahlen: $\nu^{el}_{40-60} = 0{,}15$ Angaben zur Prüfmaschine: Güteklasse 1		$V_{40-60} = 8670\,\mathrm{MN/m^2}$ $\nu_{40-60} = 0{,}45$ Lastkapazität: 1000 kN, Serien-Nr.: 45237/98
Versuchsdurchführung:		Laborleiter:

9.2 Einaxialer Druckversuch nach Option 12 (WAP)

Bild 8 zeigt das Beispiel eines einaxialen Druckversuches mit Längsdehnungs- und einfacher Querdehnungsmessung sowie einem Entlastungs-Wiederbelastungs-Zyklus ohne Lasthaltezeiten im Nachbruch-Bereich. Die Belastung erfolgte querdehnungsgeregelt mit einer Umfangsänderungsrate von $\dot{d} = 0{,}005\,\mathrm{mm/min}$.

Tabelle 5 gibt ein Beispiel des Versuchsprotokolls eines einaxialen Druckversuches.

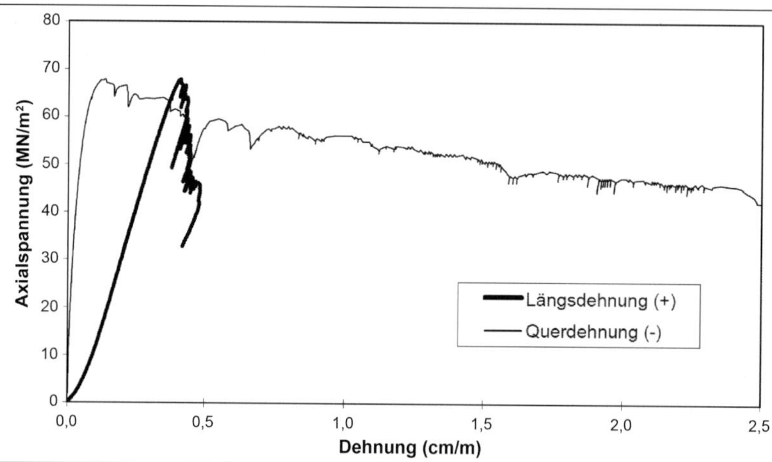

Prüfkörper:	BK 1, Entnahmetiefe: 121,70 – 121,90 m			Datum: 15.07.2001
	Durchmesser:	d = 50,23 mm	Masse:	G = 513,3 g
	Querschnittsfläche:	F = 1981,6 mm²	Dichte:	ρ = 2,51 g/cm³
	Länge:	l = 103,21 mm		
	Länge/Durchmesser:	l/d = 2,05		

Vorgaben:	Versuch nach Empfehlung 1 des AK 3.3 , Option 12, WAD			
	Querdehnungsrate	$\dot{\varepsilon}$ = 0,01 cm/(m·min)		
	Versuch mit Lastzyklen im Nachbruch-Bereich			

Ergebnisse:	einaxiale Druckfestigkeit	σ_{max} = 67,88 MN/m²	bei	ε_l = 0,373 cm/m
	V-Modul:	V_{40-60} = 20660 MN/m²		ν_{40-60} = 0,24
	E_{pf} = 17600 MN/m²			
Anmerkung:	E_{pf} wurde im Spannungsintervall 60 > σ > 50 MN/m² bestimmt.			

Bild 8 Einaxialer Druckversuch mit Messung des Nachbruch-Verhaltens einschließlich Lastzyklen.

Tab. 5 Versuchsprotokoll eines einaxialen Druckversuchs mit Messung des Nachbruch-Verhaltens einschließlich Lastzyklen.

Bezeichnung des Labors:	**Bauvorhaben:**	**Az: 303 Datum: 23.05.2001**

Einaxialer Druckversuch an Gesteinsproben – Option 10, WAD, nach DGGT, AK 3.3, E 1

Gestein: Sandstein, rot

Entnahme als Handstück im Steinbruch

Entnahmetiefe: Geländeoberfläche

Angaben zur Bohrung: Laborbohrgerät, Einfachkernrohr, $\varnothing_{innen}$ = 51 mm, senkrecht zur Schichtung gebohrt, Wasserspülung

Kerndurchmesser d_k = 50,5 mm

Zeitpunkt der Entnahme: 17.05.2001

Anisotropie: Schichtung horizontal, d. h. senkrecht zur Kernachse

Probenlagerung: offen

Datum der Probenanlieferung: 17.05.2001

Datum der Versuchsdurchführung: 23.05.2001

Tab. 5 (Fortgesetzt). Versuchsprotokoll eines einaxialen Druckversuchs mit Messung des Nachbruch-Verhaltens einschließlich Lastzyklen.

Bezeichnung des Labors:		**Bauvorhaben:**	**Az: 303 Datum: 23.05.2001**
Verformungsmessung: elektronische Wegaufnehmer für Längsdehnungen, elektronische Umfangsmessung für Querdehnungsmessungen			
Umfangsänderungsrate: $d = 0{,}005$ mm/min Prüfkörperlänge: 103,21 mm Prüfkörperdurchmesser: 50,23 mm Masse vor Versuchsdurchführung: 513,3 g Dichte der Probe: $\rho = 2{,}51\ \mathrm{g/cm^3}$ Wassergehalt: keine Angabe Sonstiges: Prüfkörperschlankheit $h/d = 2{,}05$ Druckfestigkeit: $\sigma_u = 67{,}9\ \mathrm{MN/m^2}$			
Moduln:	E_{40-60} = (nicht best.)	$V_{40-60} = 20\,660\ \mathrm{MN/m^2}$	$E_{pf} = 17\,600\ \mathrm{MN/m^2}$
Querdehnungszahlen:	ν^{el}_{40-60} = (nicht best.)	$\nu_{40-60} = 0{,}24$	
Angaben zur Prüfmaschine: Güteklasse 1		Lastkapazität: 1000 kN, Serien-Nr.: 123/96	
Versuchsdurchführung:		Laborleiter:	

Anmerkung: Bezüglich der Kalibrierung der Prüfmaschine sind die Festlegungen der DIN 51220 „Allgemeines zu Anforderungen an Werkstoffprüfmaschinen und zu deren Kalibrierung" zu beachten. Insbesondere sind die Zeitintervalle für die Kalibrierungen einzuhalten.

Literatur

1 DIN EN 1926 (1999). Ausgabe:1999-05: *Prüfverfahren von Naturstein – Bestimmung der Druckfestigkeit*. Deutsche Fassung EN 1926:1999.

2 DIN 18136 (1996). Ausgabe:1996-08: *Baugrund – Untersuchung von Bodenproben – Einaxialer Druckversuch*.

3 ISRM (1999). Commission on Testing Methods: Suggested method for the complete stress-strain curve for intact rock in uniaxial compression. *International Journal of Rock Mechanics and Mining Sciences*. 36: 279–289.

4 Jaeger, J.C. und Cook, N.G.W. (1969). *Fundamentals of Rock Mechanics*. London: Metheun.

5 Obert, L. und Duvall, W.I. (1967). *Rock Mechanics and the Design of Structures in Rock*. New York: John Wiley & Sons.

6 Thuro, K. (1996). Bohrbarkeit beim konventionellen Sprengvortrieb. Geologisch-fels-mechanische Untersuchungen anhand sieben ausgewählter Tunnelprojekte. *Münchner Geologische Hefte, Reihe B: Angewandte Geologie* B1: 1–145, I–XII.

7 Wawersik, W.R. und Fairhurst, C. (1970). A study of brittle rock fracture in laboratory compression experiments. *International Journal of Rock Mechanics and Mining Sciences & Geomechanics Abstracts* 13: 16–67.

8 DIN EN ISO 7500-1 (1999). Ausgabe:1999-11: *Metallische Werkstoffe – Prüfung von Prüfmaschinen für statische einachsige Beanspruchung – Teil 1: Zug- und Druckprüfmaschinen; Prüfung und Kalibrierung der Kraftmesseinrichtungen* (ISO 7500-1:1999), Deutsche Fassung EN ISO 7500-1:1999.

9 DIN EN ISO 9513 Beiblatt 1 (2003). Ausgabe:2003-05: *Metallische Werkstoffe – Kalibrierung von Längenänderungs-Messeinrichtungen für die Prüfung mit einachsiger Beanspruchung – Beispiele für mechanische Wegaufnehmer-Systeme und deren Kalibrierung.*

Empfehlung Nr. 2: Dreiaxiale Druckversuche an Gesteinsproben

Peter Rißler

1 Zweck

Zweck dieser Empfehlung ist es, Verfahren und Geräte zur Bestimmung der Festigkeits- und Verformungseigenschaften von Gesteinsproben im Dreiaxialversuch so zu vereinheitlichen, dass Versuchsergebnisse miteinander verglichen werden können.

2 Begriffe

Die Hauptspannungen σ_1, σ_2 und σ_3 eines beliebigen Spannungszustandes stehen aufeinander senkrecht und sind dadurch gekennzeichnet, dass parallel und senkrecht zu ihnen keine Schubspannungen existieren. σ_1 ist die größte Normalspannung des vorgegebenen Spannungszustandes. σ_3 steht für die kleinste Hauptspannung, welche der kleinsten existierenden Normalspannung gleich ist.

Die Hauptspannung σ_1 ergibt sich im Versuch als Quotient aus der axialen Prüfkraft F und dem Prüfkörperquerschnitt A. Druckspannungen haben positives Vorzeichen.[1)]

$$\sigma_1 = \frac{\boldsymbol{F}}{\boldsymbol{A}} \tag{1}$$

Bei Steigerung von σ_1 bis zum Bruch des Prüfkörpers wird:

$$\sigma_1 = \sigma_{1(\max)} = \sigma_{1,\mathrm{u}} \tag{2}$$

Die Hauptspannungen σ_2 und σ_3 entsprechen dem hydrostatischen Druck der Zellflüssigkeit in der Druckzeile ($\sigma_2 = \sigma_3$, Axialsymmetrie).

Der Mohr'sche Spannungskreis ist ein Hilfsmittel, um den durch σ_1, σ_2 und σ_3 ($\sigma_2 = \sigma_3$) gekennzeichneten Spannungszustand grafisch in einem Normalspannungs-Schubspannungsdiagramm (Bild 1) darzustellen. Die Hauptspannungen σ_1

1) Gleichung (1) gilt nur, wenn, wie in Bild 4 dargestellt, die Querschnittsflächen von Prüfkörper und Kolben übereinstimmen. Andernfalls muss berücksichtigt werden, dass der Prüfkörper auch axial durch den Druck der Druckflüssigkeit beansprucht wird.

Empfehlungen des Arbeitskreises Versuchstechnik Fels, 1. Auflage. Arbeitskreis 3.3 „Versuchstechnik Fels".

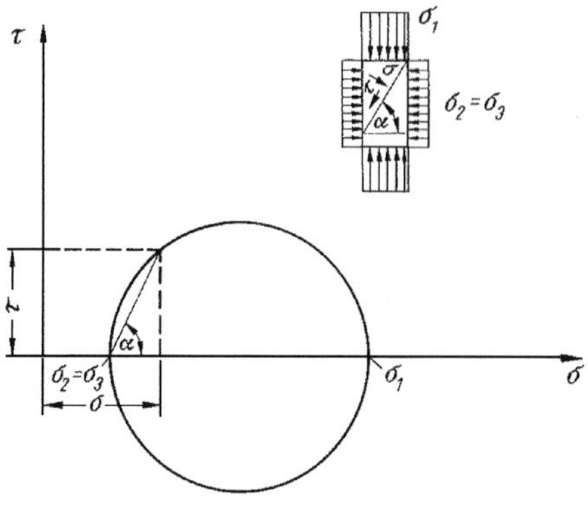

Bild 1 Mohr'scher Spannungskreis.

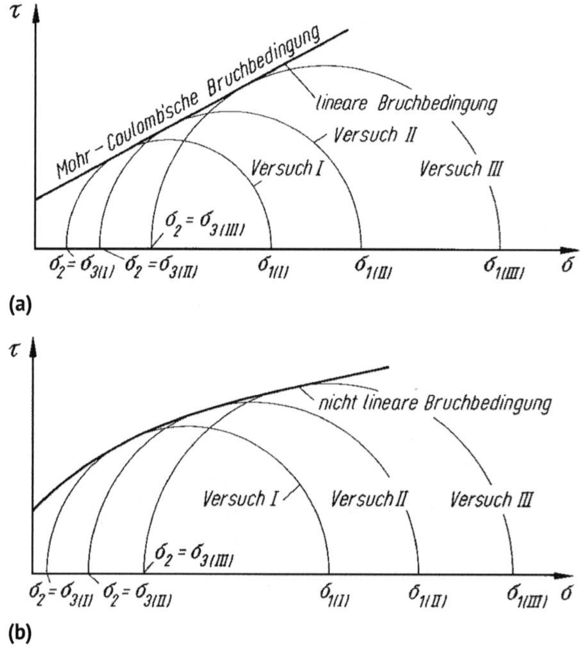

Bild 2
Beispiel einer linearen (a) und einer nichtlinearen (b) Bruchbedingung.

und σ_2 (bzw. σ_3) entsprechen den Schnittpunkten des Kreises mit der Normalspannungsachse.

Die Bruchbedingung beschreibt die Festigkeit des Gesteins. Sie lässt sich in einem Normalspannungs-Schubspannungsdiagramm ebenfalls grafisch darstellen. Zu unterscheiden ist zwischen linearen und nicht linearen Bruchbedingungen (Bild 2). Häufig verwendet wird die Mohr-Coulomb'sche Bruchbedingung (Bild 2a), bei der zumindest bereichsweise ein linearer Zusammenhang zwischen τ und σ angenommen wird.

$$\tau = c + \sigma \cdot \tan \phi \qquad (3)$$

c bezeichnet die Kohäsion und ϕ den Winkel der inneren Reibung. Ein Spannungszustand führt dann zum Bruch, wenn der zugehörige Spannungskreis die Bruchbedingung berührt (Bild 2).

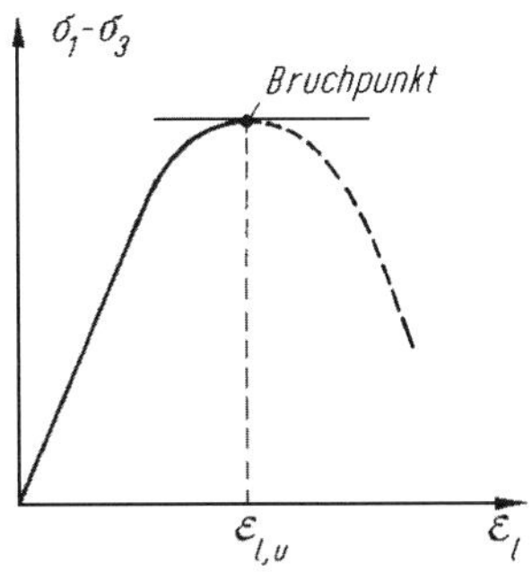

Bild 3 Bruchdehnung $\varepsilon_{l,u}$.

Anmerkung: Die Mohr-Coulomb'sche Bruchbedingung ist nicht identisch mit der Schergeraden, welche aus Scherversuchen mit vorgegebener Abscherrichtung erhalten wird (vgl. Everling: *Zur Definition der Schubfestigkeit*, Glückauf, 98. Jahrgang, 1962, Heft 18).

Die Längsdehnung ε_l ist der Quotient aus der Veränderung der Prüfkörperlänge Δl und der Anfangslänge l.

$$\varepsilon_l = \frac{\Delta l}{l} \tag{4}$$

Verkürzungen bzw. Stauchungen haben positives Vorzeichen.

Die Bruchdehnung $\varepsilon_{l,u}$ ist die Dehnung zwischen Versuchsbeginn und dem Erreichen des Spannungszustandes, bei dem der Bruch eintritt (Maximum der Deviatorspannung $\sigma_1 - \sigma_3$, Bild 3).

Als Verformungsmodul E_V wird allgemein das aus einer nichtlinearen Spannungs-Verformungskurve gewonnene Verhältnis zwischen einer Spannungsdifferenz $\Delta\sigma$ und der dazugehörigen Dehnungsdifferenz $\Delta\varepsilon$ bezeichnet. Im dreiaxialen Druckversuch ergibt sich der Verformungsmodul E_V in Prüfkörperlängsrichtung als Verhältnis zwischen $\Delta(\sigma_1 - \sigma_3)$ und $\Delta\varepsilon_l$.

3 Prüfeinrichtung

Die Prüfeinrichtung zur Durchführung des standardmäßigen Dreiaxialversuchs besteht aus einer Vorrichtung zum Aufbringen der Axialspannung, einer Druckzeile, in welche der Prüfkörper eingeschlossen ist, einer Einrichtung zur Erzeugung, zum Konstanthalten und zur Messung des Seitendrucks und einer Vorrichtung zur Erfassung der axialen Verformungen. Die zusätzliche Möglichkeit zur Messung der Verformungen am Umfang des Prüfkörpers soll hier nicht behandelt werden.

Für das Aufbringen der Axialspannung ist eine hinreichend steife und genaue Prüfmaschine der Güteklasse 1 oder 2 nach DIN 51223 zu verwenden, deren Kapazität ausreicht, um den Gesteinskörper bis zum Bruch zu belasten. Die Prüfmaschine muss die Durchführung der Versuche mit konstanter Vorschubgeschwindigkeit gemäß Abschn. 5.2 gestatten und sollte mit einer Einrichtung zur kontinuierlichen Messung und Registrierung der Axialkraft ausgerüstet sein.

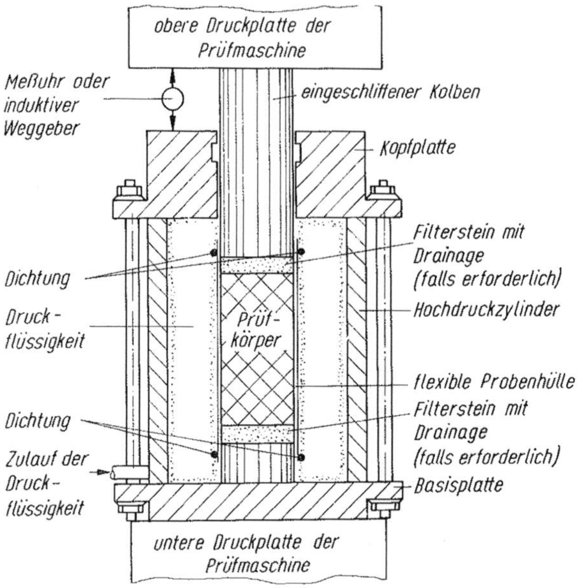

Bild 4 Beispiel einer Versuchseinrichtung für Dreiaxialversuche an Gesteinsprüfkörpern.

Die Druckzeile besteht im Wesentlichen aus einem Hochdruckzylinder, einer Kopf- und einer Basisplatte[2)], einem eingeschliffenen Kolben und einer Zuführung für die Druckflüssigkeit (Bild 4). Je nach Bauart kann ein Sicherheitsventil vorhanden sein. Die Kontaktflächen des Kolbens sowie der Basisplatte mit dem Prüfkörper sollen mindestens bis Rockwell HRC-50 gehärtet sein. Sie dürfen keine Unebenheiten > 0,02 mm aufweisen.

Die Druckhaltevorrichtung muss in der Lage sein, den gewünschten Seitendruck σ_3 zu erzeugen und während der gesamten Versuchsdauer mit einer Genauigkeit von 1 % des Messwertes konstant zu halten. Der Seitendruck σ_3 muss während des Versuchs kontinuierlich gemessen werden können.

Zur Messung der axialen Verformungen des Prüfkörpers eignen sich Präzisionsmessuhren und elektrische Messverfahren. Falls durch die Bauart der Versuchseinrichtung Kippbewegungen der oberen Druckplatte (vgl. Bild 4) nicht auszuschließen sind, sollten die Messeinrichtungen paarweise, und zwar an einander entsprechenden und gegenüberliegenden Punkten der Versuchseinrichtung angeordnet werden. Ihre Ergebnisse sind dann zu mitteln.

Die Eigenverformungen der Prüfeinrichtung sind in Vorversuchen zu ermitteln. Sind sie von Bedeutung, so müssen sie bei der Auswertung berücksichtigt werden.

---

2) Abweichende Bauarten sind möglich.

4 Prüfkörper

4.1 Abmessungen der Prüfkörper

Der Dreiaxialversuch wird an geraden, kreiszylindrischen Prüfkörpern durchgeführt, deren Länge mindestens dem zweifachen, möglichst dem 2,5-Fachen Durchmesser entspricht.

Der Durchmesser des Prüfkörpers soll mindestens das Zehnfache des größten Einzelkorndurchmessers des Gesteins betragen und nicht kleiner als 30 mm sein. Größere Prüfkörper sind kleineren vorzuziehen. Etwaige Abweichungen von diesen Regeln, die in der Praxis durch die Unzulänglichkeit des Materials oder durch die Gewinnung zu kleiner Proben bedingt sind, sollen im Versuchsprotokoll vermerkt werden.

4.2 Bearbeitung der Prüfkörper

Zur Erzielung der unter Abschn. 4.1 angegebenen Form sind die Proben möglichst schonend durch Bohren, Schneiden, Drehen, Schleifen oder andere geeignete Verfahren zu bearbeiten, wobei darauf zu achten ist, dass angewandte Spül- oder Kühlmittel die Eigenschaften des Materials möglichst wenig verändern. Die Mantelflächen der Prüfkörper sollen glatt und frei von Unregelmäßigkeiten sein. Die Endflächen sollen eben sein und mit der Prüfkörperachse rechte Winkel bilden. Ungenauigkeiten bei der Bearbeitung bewirken Störungen des angestrebten gleichförmigen axialsymmetrischen Spannungszustandes in den Prüfkörpern und führen in der Regel zu einer Verfälschung der Ergebnisse. Derartige Fehler wirken sich bei sehr festen Gesteinen (z. B. Quarzit) stärker aus als bei weniger festen Gesteinen (z. B. Tonstein). Sie sind gering, wenn die in Tab. 1 angegebenen Toleranzen eingehalten werden.

Die Auftragung aushärtender Abgleichmittel zur Erzielung einwandfreier planparalleler Prüfkörperendflächen soll vermieden werden. Ergibt sich jedoch aus den

Tab. 1 Toleranzen bei der Bearbeitung von Gesteinsproben für Dreiaxialversuche.

	Gestein mit geringer Verformbarkeit (z. B. Quarzit)	**Gestein mit mittlerer Verformbarkeit (z. B. Sandstein)**	**Gestein mit hoher Verformbarkeit (z. B. Schieferton)**
Abweichung der Mantellinien von der Geradlinigkeit	±0,3 mm	±0,4 mm	±0,5 mm
Unebenheit der Endflächen (geschliffen)	±0,02 mm	±0,05 mm	±0,1 mm
Abweichungen des Winkels zwischen Endflächen und Probenachse vom Rechten	±10′	±20′	±30′

natürlichen Eigenarten des Probematerials die Notwendigkeit, von dieser Regel abzuweichen, so ist dies im Versuchsprotokoll zu vermerken.

4.3 Wassergehalt und Dichte der Prüfkörper

Der Wassergehalt kann auf die Festigkeits- und Verformungseigenschaften von Gesteinsproben entscheidenden Einfluss haben. Daher ist bei der Probengewinnung nach DIN 4021, Teil 2, darauf zu achten, dass Proben, die für Laborversuche ausgewählt werden, so versiegelt, verpackt und aufbewahrt werden, dass sie ihren ursprünglichen Wassergehalt behalten. Auch bei der Probenbearbeitung soll möglichst eine Veränderung des Wassergehaltes vermieden werden. Besondere Sorgfalt bei der Versuchsdurchführung erfordern einerseits speziell im Ofen getrocknete Prüfkörper, die so behandelt werden müssen, dass sie keine Feuchtigkeit aufnehmen, und andererseits wassergesättigte Prüfkörper, die möglichst keine Feuchtigkeit verlieren dürfen. Nach Beendigung jedes Versuchs sollte der Wassergehalt der Prüfkörper nach DIN 18120, Blatt 1, bestimmt werden. Die Prüfkörper sollten vor der Durchführung des Dreiaxialversuchs gewogen werden, und es sollte ihre Dichte nach DIN 18125, Blatt 1, bestimmt werden.

5 Versuchsdurchführung

5.1 Bestimmung der Abmessungen der Prüfkörper

Der Durchmesser der Prüfkörper ist auf 0,1 mm am oberen und am unteren Ende sowie in der Mitte jeweils in zwei zueinander senkrechten Richtungen zu bestimmen. Für die Ermittlung der Querschnittsfläche ist das Mittel aus den Messungen anzusetzen. Die Prüfkörperlänge ist an drei Stellen am Umfang auf 0,1 mm zu messen. Das Mittel daraus ist der Berechnung der Dehnung zugrunde zu legen.

5.2 Ablauf des Versuchs

Nach dem Einbau des Prüfkörpers sind zunächst Seitendruck und Axialkraft langsam derart zu steigern, dass alle drei Hauptspannungen möglichst in gleichem Maße ansteigen. Die Belastungsgeschwindigkeit darf nicht größer sein als $0{,}5\,\mathrm{MN/m^2 \cdot s}$. Ist der vorgesehene Seitendruck erreicht, so werden die bis dahin eingetretene axiale Dehnung und die genaue Größe der Axialspannung ermittelt. Beide Ergebnisse werden als Nullmessung für den weiteren Versuch betrachtet.

Bei ausgeprägt rheologischem Verhalten des Prüfkörpers ist die Belastungsgeschwindigkeit gegebenenfalls erheblich zu reduzieren. Ebenso muss nach dem Erreichen des vorgesehenen Seitendrucks das Ende der Verformungszunahmen abgewartet werden, bevor die axiale Dehnung und die Axialspannung ermittelt werden.

Im weiteren Verlauf ist allein die axiale Beanspruchung des Prüfkörpers so zu steigern, dass dieser axial mit konstanter Dehnungsgeschwindigkeit bis zum Bruch verformt wird. Die Dehnungsgeschwindigkeit ist so zu wählen, dass ein gleichgearteter Prüfkörper im einaxialen Druckversuch frühestens nach fünf Minuten zu Bruch gehen würde. Die gewählte Dehnungsgeschwindigkeit ist im Protokoll festzuhalten. Sie darf während des Versuchs um nicht mehr als 10 % schwanken.

Die Dehnungsgeschwindigkeit sollte für alle aus dem gleichen Gestein gewonnenen Prüfkörper gleich sein.

Im Falle ausgeprägt rheologischer Eigenschaften des Gesteins sind gesonderte Überlegungen bezüglich der Dehnungsgeschwindigkeit anzustellen. Gleiches gilt für Gesteine geringer Durchlässigkeit, bei denen der Aufbau von Porenwasserdrücken eine Rolle spielt.

5.3 Kraft- und Längenänderungsmessung

Während des Versuchs sind Axialkraft und Längenänderung des Prüfkörpers etwa in Abständen von 1/2 min, nach Möglichkeit jedoch kontinuierlich aufzuzeichnen. Die Kraft ist mit einer Genauigkeit von 1 % der Bruchlast zu messen. Längenänderungen müssen mit einer Genauigkeit von mindestens 1/100 mm erfasst werden können.

5.4 Zelldruck- und Porenwasserdruckmessungen

Der Zelldruck und – bei undrainierten Versuchen – der Porenwasserdruck sind während der Versuchsdurchführung kontinuierlich abzulesen.

6 Versuchsauswertung und Darstellung der Ergebnisse

Die Versuchsergebnisse sind in SI-Einheiten auszuwerten.

6.1 Beim Bruch wirkender Spannungszustand

Den im Bruch wirkenden Spannungszustand $\sigma_1 = \sigma_{1,u}$, $\sigma_2 = \sigma_3$ erhält man durch eine Auswertung der Axialverformungen des Prüfkörpers. Trägt man die während des Versuchs wirkenden Spannungsdifferenzen $\sigma_1 - \sigma_3$ über den axialen Dehnungen ε_1 auf, ergibt sich eine Kurve der in Bild 3 dargestellten Art. Als Bruchpunkt kann mit hinreichender Genauigkeit derjenige Punkt der Kurve angesehen werden, an welchem die Tangente horizontal verläuft (Bild 3).

6.2 Festigkeitsparameter *c* und ϕ

Aus den im Augenblick des Bruches des Prüfkörpers wirkenden Spannungen $\sigma_1 = \sigma_{1,u}$, $\sigma_2 = \sigma_3$ kann der Mohr'sche Spannungskreis gemäß Bild 1 konstruiert werden. Für mehrere Versuche mit unterschiedlichen Seitendrücken erhält man unterschiedliche Kreise (Bild 5). Da all diese Spannungszustände Bruchzustände charakterisieren, ergibt sich die Bruchbedingung als Einhüllende an diese Kreise.

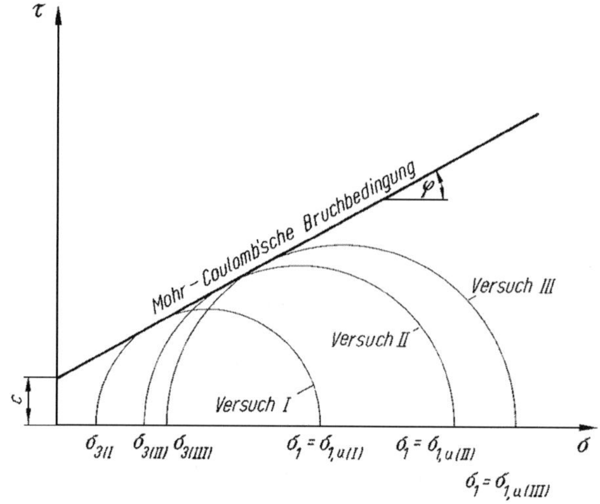

Bild 5 Bestimmung der Festigkeitsparameter c und ϕ aus den Ergebnissen von drei Dreiaxialversuchen.

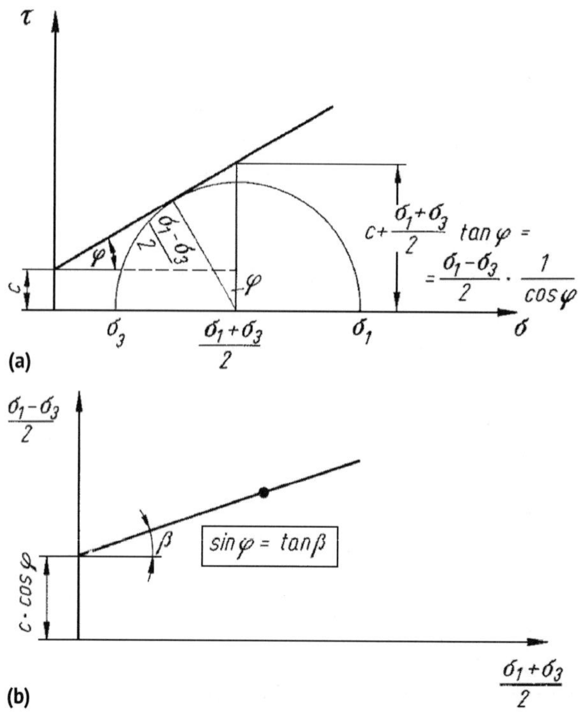

Bild 6 Unterschiedliche Darstellungsweisen der Versuchsergebnisse.

In Bild 5 ist die Mohr-Coulomb'sche Bruchbedingung dargestellt. Obwohl für ihre Konstruktion prinzipiell nur zwei Versuche erforderlich sind, sollten immer mehrere, mindestens drei Versuchsergebnisse zugrunde gelegt werden.

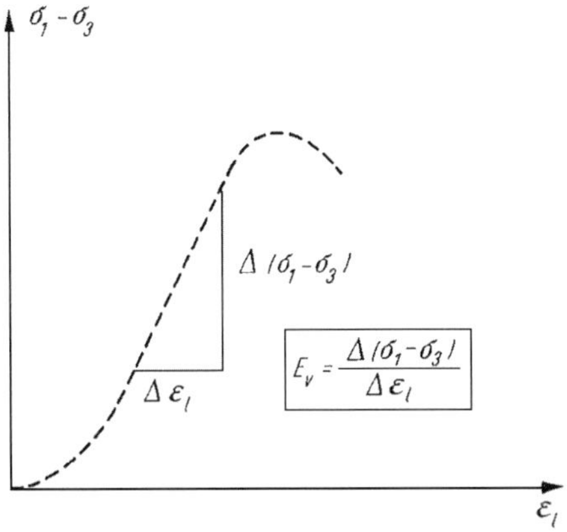

Bild 7 Bestimmung des Verformungsmoduls.

Die gesuchten Festigkeitsparameter c und ϕ können direkt aus dem Diagramm abgegriffen werden.

Eine andere Darstellungsweise (Bild 6b) für die Ergebnisse von dreiaxialen Druckversuchen ergibt sich aus den im Bild 6a verdeutlichten Zusammenhängen zwischen den Festigkeitsparametern c und ϕ und Linearkombinationen der Hauptspannungen σ_1 und σ_3.

Das Ergebnis des Dreiaxialversuchs entspricht in Bild 6a einem Halbkreis, in Bild 6b dagegen nur einem Punkt. Dies bedeutet weniger Zeichenarbeit, übersichtliches Bild und wesentlich einfachere statistische Zusammenfassung. Ein gewisser Nachteil liegt darin, dass die Festigkeitsparameter in Bild 6b nicht anschaulich dargestellt werden können.

6.3 Verformbarkeit

Im Dreiaxialversuch wird gewöhnlich nichtlineares Spannungsverformungsverhalten festgestellt.

Der Verformungsmodul E_V kann für einzelne Spannungsbereiche als Quotient aus der Spannungsänderung $\Delta(\sigma_1 - \sigma_3)$ und der zugehörigen Dehnungszunahme $\Delta\varepsilon_l$ berechnet werden (Bild 7).

6.4 Ergänzende Angaben

Mit dem Ergebnis des Dreiaxialversuches sind noch folgende Angaben mitzuteilen:

- Beschreibung des untersuchten Gesteins
- Herkunft der Probe, Tiefe unter GOK, Orientierung, Zeitpunkt der Entnahme
- eventuell vorhandene Schieferung, Schichtung oder sonstige erkennbare Anisotropie und deren Lage zur Belastungsrichtung (gegebenenfalls Skizzen, Fotos, Längs- und Querschnitt)
- Probenlagerungsbedingungen und -dauer
- Zeitpunkt der Versuchsdurchführung
- Wassergehalt zur Zeit der Versuchsdurchführung

- Dichte der Probe
- Prüfkörperabmessungen gemäß Abschn. 5.1
- Art und Durchführung der Verformungsmessung
- Dehnungsgeschwindigkeit bei der Versuchsdurchführung
- eventuelle Abweichungen von den hier gegebenen Empfehlungen
- Form des Bruches (Skizze oder Foto)

7 Anwendungsbeispiel

An zylindrischen Prüfkörpern aus dichtem Kalkstein wurden drei dreiaxiale Druckversuche durchgeführt. Die Versuchsergebnisse wurden gemäß Abschn. 5.3 bestimmt und aufgetragen (Bilder 8 und 9). Tabelle 2 zeigt ein Beispiel für ein Protokoll zu diesen Versuchen.

Tab. 2 Beispiel für ein Versuchsprotokoll.

Bezeichnung des Labors:	**Bauvorhaben:**	**Aktenzeichen:** **Datum:**	
Dreiaxiale Druckversuche an Gesteinsproben			
Gestein:	dichter Kalkstein, dunkelgrau		
Bohrung:	4 (Kernbohrung)		
Tiefe:	43,8–44,5 m unter GOK (3 Prüfkörper)		
Orientierung:	vertikal		
Zeitpunkt der Entnahme:	28.4.1977		
Anisotropie:	Bankung senkrecht zur Kernachse		
Probenlagerung:	Plastikschlauch, Kernkiste		
Zeitpunkt der Versuchsdurchführung:	6.5.1977	8.5.1977	9.5.1977
Verformungsmessung:	Messuhr, 1/100 mm Teilung		
Dehnungsgeschwindigkeit:	0,07 %/min		
Prüfkörperlänge:	146,0 mm	152,0 mm	143,5 mm
Prüfkörperdurchmesser:	70,6 mm	70,6 mm	70,6 mm
Gewicht der Probe:	1503,3 g	1571,0 g	1477,6 g
Dichte:	2,63 t/m^3	2,64 t/m^3	2,63 t/m^3
Wassergehalt:	0,4 %	0,4 %	0,4 %
Abweichung von der Empfehlung:			
Ergebnisse:	Versuch I	Versuch II	Versuch III
Seitendruck σ_3:	1,50 MN/m^2	10,0 MN/m^2	15,0 MN/m^2
Stirndruck im Bruch σ_1:	53,63 MN/m^2	91,22 MN/m^2	114,98 MN/m^2
Verformungsmodul E_v:	9810 MN/m^2	11 280 MN/m^2	11 420 MN/m^2

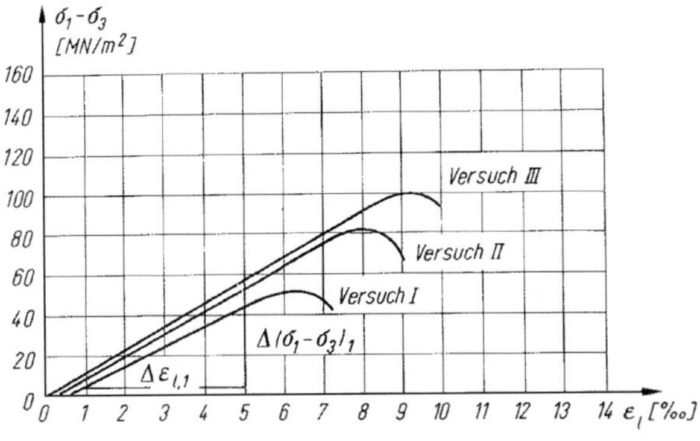

Bild 8 Beispiel dreier Spannungs-Verformungskurven.

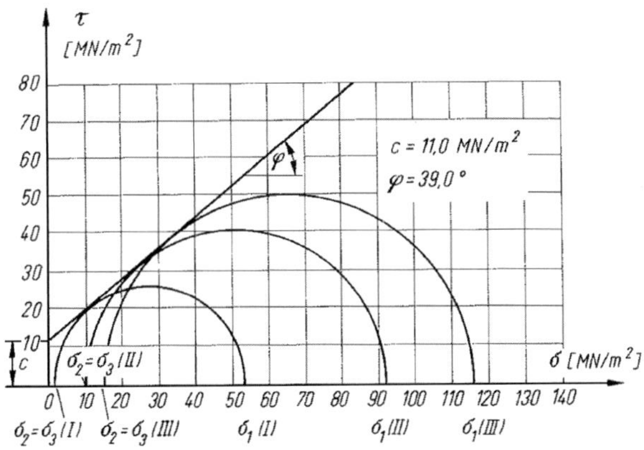

Bild 9 Bestimmung der Festigkeitsparameter c und ϕ aus drei dreiaxialen Druckversuchen.

Empfehlung Nr. 3: Dreiaxiale Druckversuche an geklüfteten Großbohrkernen im Labor

Lutz Wichter

1 Zweck der Versuche

Dreiaxiale Druckversuche an Felsproben dienen zur Ermittlung der Festigkeits- und Verformungseigenschaften von Felsarten, die engständig durchtrennt, stark zerbrochen oder hinsichtlich ihres geologischen Aufbaus im Kleinbereich sehr komplex sind. Sie werden dann erforderlich, wenn die aus dreiaxialen Druckversuchen an Gestein gewinnbaren Stoffparameter eine zutreffende Beurteilung des mechanischen Verhaltens des Gebirges nicht gewährleisten können und keine In-situ-Versuche durchgeführt werden. Die Einflüsse von Klüftung, Schichtung, Harnischen und stofflichen Inhomogenitäten auf das Festigkeits- und Verformungsverhalten des Gebirges können durch dreiaxiale Druckversuche an geklüfteten Felsproben erfasst werden.

Aus den Versuchen erhält man Aussagen über die Verformungs- und Festigkeitseigenschaften. Durch Variation der Belastungs- oder Verformungsgeschwindigkeit sowie durch Dauerlastversuche lassen sich Kenntnisse über das zeitabhängige Materialverhalten gewinnen.

2 Begriffe

In dreiaxialen Druckversuchen werden kreiszylindrische Prüfkörper mit zueinander parallelen und zur Zylinderachse normalen Endflächen in kontrollierter Weise bis zum Bruch und gegebenenfalls darüber hinaus verformt. Bild 1 zeigt das Belastungsschema bei dreiaxialen Druckversuchen.

Empfehlungen des Arbeitskreises Versuchstechnik Fels, 1. Auflage. Arbeitskreis 3.3 „Versuchstechnik Fels“.

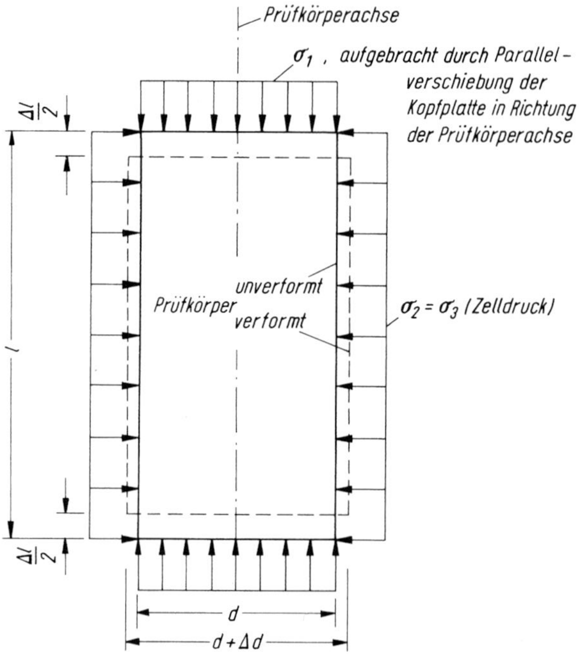

Bild 1 Belastungsschema.

Abkürzungen

$\sigma_1, \sigma_2, \sigma_3$	Hauptspannungen Es gilt: $\sigma_1 > \sigma_2 = \sigma_3$ Druckspannungen haben positives Vorzeichen
F	axiale Prüfkraft
$\varepsilon_l = \frac{\Delta l}{l}$	Längsdehnung (Veränderung Δl der Prüfkörperlänge, bezogen auf die Anfangslänge l)
$\varepsilon_d = \frac{\Delta d}{d}$	Querdehnung der Probe in Probenmitte (Durchmesseränderung Δd bezogen auf den Anfangsdurchmesser d)
$\dot{\varepsilon}_l = \frac{\Delta \varepsilon_l}{\Delta t}$	Dehnungsgeschwindigkeit in Richtung der Prüfkörperachse

3 Prüfeinrichtungen

Für die Durchführung von dreiaxialen Druckversuchen sind folgende Versuchsgeräte erforderlich:

- Druckzelle zur Aufbringung des Seitendruckes σ_3.
- Vorrichtung zum Aufbringen und zur Konstanthaltung von σ_3.
- Vorrichtung zur Ermittlung von Wasserdrücken im Probeninneren.
- Hydraulische oder mechanische Vorrichtung zur Aufbringung der axialen Prüfkraft F.

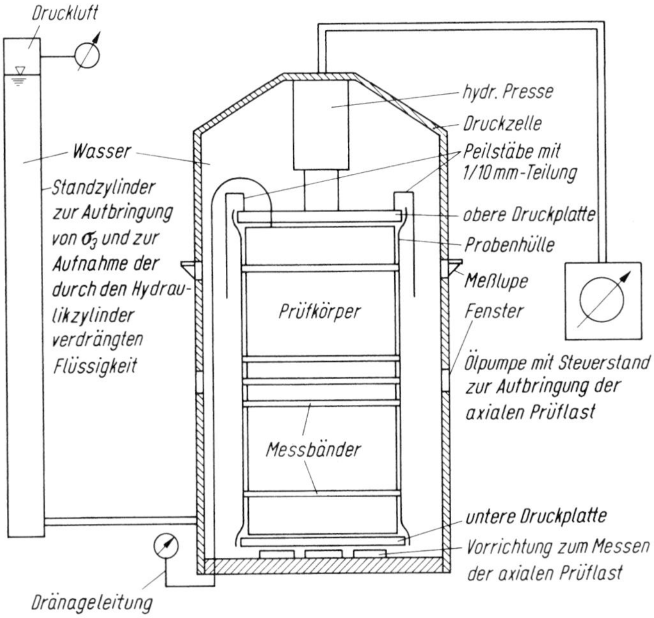

Bild 2 Beispiel einer Versuchseinrichtung.

- Druckplatten und Probenhülle zur Aufnahme des Prüfkörpers und zur Übertragung der Prüfkräfte.
- Geeignete Mess- und Registriergeräte für die Bestimmung der Längenänderungen in axialer und radialer Richtung, der Prüfkraft, des Zelldruckes und des Wasserdruckes im Prüfkörper.

Bild 2 zeigt ein Beispiel für eine Versuchsapparatur.

3.1 Druckzelle

Der Innendurchmesser der Druckzelle sollte mindestens das 1,3-Fache des Prüfkörperdurchmessers betragen, um auch nach größeren Verformungen des Prüfkörpers einen problemlosen Ausbau desselben zu ermöglichen. Die Druckzelle kann, wie in Bild 2, Fenster zum Beobachten des Prüfkörpers besitzen.

3.2 Zelldruck

Der Zelldruck wird i. A. während eines Versuchs konstant gehalten. Es hat sich bewährt, als Zellflüssigkeit Wasser zu verwenden, die Druckhaltung und Regelung jedoch über ein vorgeschaltetes Druckluftsystem vorzunehmen. Die Verdrängung der Zellflüssigkeit durch das Ausfahren des Pressenkolbens oder der Spindel sowie durch die Volumenänderung des Prüfkörpers sollte durch Druckflaschen kompensiert werden.

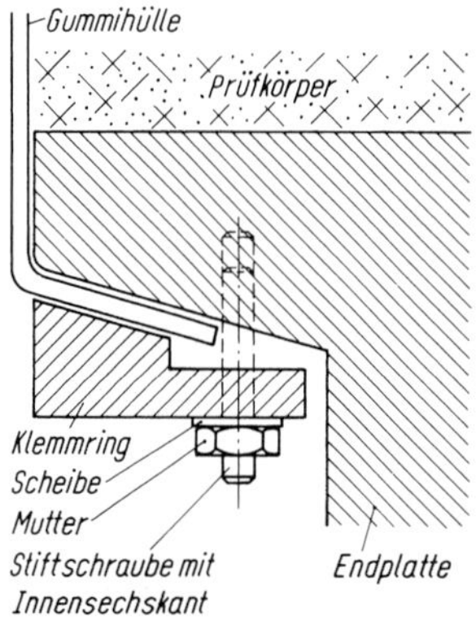

Bild 3 Abdichtung mit Axialklemmring.

3.3 Aufbringen der axialen Prüfkraft

Im Allgemeinen werden für die Aufbringung der axialen Belastung hydraulische Pressen verwandt. Für sehr geringe Dehnungsgeschwindigkeiten $\dot{\varepsilon}_l$ empfiehlt es sich jedoch, mechanische Getriebe oder elektronisch geregelte Hydraulikaggregate zu verwenden.

3.4 Druckplatten

Die Druckplatten sollen eben und genügend steif sein. Sie sollen mit Durchlässen versehen sein, um die Durchführung drainierter Versuche zu ermöglichen oder im Prüfkörper den Aufbau eines Teilvakuums zu gestatten.

Die Unebenheit der Druckplatten sollte nicht mehr als 1 mm/m betragen. Die an der Probe anliegenden Seiten der Druckplatten sollten feingeschlichtet sein.

3.5 Seitliche Abdichtung des Prüfkörpers

Zur seitlichen Abdichtung des Prüfkörpers haben sich Gummihüllen bewährt. Ihre Wanddicke muss sich nach der Größe und Beschaffenheit des Prüfkörpers richten. Eine geringere Dicke als 3 mm hat sich als nicht zweckmäßig erwiesen. Besondere Aufmerksamkeit sollte auf die Abdichtung des Prüfkörpers an der Kontaktstelle Probenhülle – Druckplatte verwandt werden. Bei größeren Prüfkörperdurchmessern sind die in bodenmechanischen Labors gebräuchlichen Methoden nicht mehr zuverlässig. Bewährt hat sich die in Bild 3 skizzierte Art der Abdichtung mit axial wirkenden Klemmringen.

Bei Verwendung sehr steifer Materialien (z. B. Metallfolien) ist deren Einfluss auf die Versuchsergebnisse zu untersuchen.

3.6 Messung und Registrierung

3.6.1 Längsdehnung ε_l

Die Längsdehnung sollte zwischen den Druckplatten gemessen werden. Hierzu können Messuhren oder druckwassergeschützte elektrische Weggeber dienen. Die Messgenauigkeit sollte mindestens 1/10 mm betragen.

Gute Erfahrungen wurden auch mit auf der Druckplatte befestigten Vertikalmaßstäben gemacht, die über Messlupen durch die Fenster abgelesen werden können (siehe Bild 2).

3.6.2 Dehnungsgeschwindigkeit $\dot{\varepsilon}_l$

Wird die Längsdehnung über ein schaltbares mechanisches Getriebe aufgebracht, so ist eine gesonderte Messung der Verformungsgeschwindigkeit nur dann erforderlich, wenn die Drehzahl des Antriebs stufenlos regelbar und kein genügend genauer Drehzahlmesser vorhanden ist.

Besondere Aufmerksamkeit ist der Messung der Dehnungsgeschwindigkeit zu widmen, wenn die Axialdehnung hydraulisch aufgebracht wird. Bei sehr geringen Vorschubgeschwindigkeiten und höheren Drücken kommen die erforderlichen Druckölmengen in den Bereich der Leckölmengen der Arbeitszylinder. Für derartige Dehnungsgeschwindigkeiten ist die Beaufschlagung der Arbeitszylinder mit einer zeitlich konstanten Ölmenge nicht ausreichend zur Erzielung konstanten Vorschubs. Es empfiehlt sich in diesen Fällen, die Fördermenge der Ölpumpen oder die Durchlassmengen der Stromventile über einen Regelkreis zu steuern.

3.6.3 Axiale Prüfkraft F

Die Messung der axialen Prüfkraft kann durch elektrische oder hydraulische Messdosen erfolgen. Eine Messgenauigkeit von 2 % des im Versuch erreichten Höchstwertes der Kraft ist anzustreben. Eine kontinuierliche Registrierung der Messwerte auf Bandschreibern oder X-Y-Schreibern ist zweckmäßig.

3.6.4 Zelldruck $\sigma_2 = \sigma_3$

Der Zelldruck sollte mit Feinmessmanometern der Klasse 0,6 nach DIN 16043 gemessen werden. Eine fortlaufende Registrierung ist i. A. nicht erforderlich.

3.6.5 Mittlere Querdehnung ε_d

Die Umfangsänderung der Prüfkörper sollte über Messbänder bestimmt werden. Nach Möglichkeit sind im mittleren Drittel der Prüfkörperhöhe drei Bänder ungefähr im Abstand der mittleren Teilkörperdurchmesser anzuordnen. Die Messwerte dieser Bänder sind zu mitteln. Der Mittelwert geht als Wert für die Umfangsänderung in die Spannungsberechnung ein, indem die Querschnittsfläche des Prüfkörpers entsprechend korrigiert wird.

Auch bei nicht geschmierten Endflächen sind die Radialverschiebungen der Probe in Druckplattennähe nicht null. Es wird daher empfohlen, in der Nähe der Druckplatten zur Kontrolle der Querverformung zusätzlich je ein Messband anzubringen.

Volumenänderungen sollten aus den Längen- und Umfangsänderungen des Prüfkörpers nur im Falle isotroper Belastung berechnet werden. Für den Fall deviatorischer Belastung können Volumenänderungen annähernd aus den Wasserspiegelhöhenänderungen der Druckvorlagen ermittelt werden, wenn zuverlässige Eichungen des Systems vorliegen.

4 Probenmaterial

4.1 Probengewinnung

Die Proben werden mit großen Bohrkronen gebohrt. Sie haben so bereits die erforderliche Zylinderform.

Es hat sich ein Verfahren bewährt, bei dem von der Geländeoberfläche aus mit einer Kernbohrkrone (Einfachkernrohr) zunächst ein Ringspalt gebohrt wird. In diesen Ringspalt um den Kern (Probenkörper) wird ein Stahlblechzylinder hineingestellt und der Zwischenraum zwischen Kern und Blechzylinder mit Gips ausgegossen. Nach Erhärten des Gipses kann der Blechzylinder mit dem Kern herausgezogen werden.

Bewährt haben sich Stahlblechzylinder mit 1,5 mm Wanddicke, die gerollt und an einzelnen Punkten der Stoßmantellinie verschweißt werden. Das Freilegen der Probe kann dann sehr einfach durch Abschleifen der Schweißpunkte erfolgen.

Das Verfahren setzt voraus, dass das Gebirge so engständig durchtrennt ist, dass ein Abreißen des Kerns möglich ist. Wenn Proben aus tieferen Bereichen als ca. 2,5 m unter Geländeoberfläche untersucht werden sollen, müssen die Bohrungen i. A. in einer Schürfgrube bzw. einem Probeschacht oder Probestollen angesetzt werden.

4.2 Entnahmestellen

Für die Einzelversuche einer Serie zur Bestimmung der Verformungs- und Festigkeitseigenschaften sollten die Proben dicht beieinander entnommen werden, besonders dann, wenn das Gebirge auch im Meterbereich sehr inhomogen ist.

An der Entnahmestelle sind Skizzen oder Fotos sowie eine ingenieurgeologische Aufnahme des Trennflächengefüges anzufertigen.

Es ist anzustreben, die Entnahmestellen erst kurz vor Bohrbeginn freizulegen, um Veränderungen des zu prüfenden Materials durch Witterungseinflüsse zu vermeiden.

4.3 Probengröße

Die Größe der Proben sollte in Abhängigkeit von der mittleren Größe der Teilkörper (Kluftkörper, petrografische Homogenbereiche usw.) gewählt werden. Das Verhältnis des Probenvolumens zum Teilkörpervolumen soll im Protokoll vermerkt werden.

4.4 Längen-Durchmesserverhältnis

Für die Versuche ist ein Verhältnis von Prüfkörperlänge zu -durchmesser von 2 anzustreben.

4.5 Probenaufbewahrung

Die Proben sind vor mechanischer Beanspruchung, Durchfrieren und Austrocknung zu schützen. Es muss dafür Sorge getragen werden, dass der Wassergehalt bis zur Prüfung weitgehend erhalten bleibt.

4.6 Wassergehalt

An der Entnahmestelle soll außer den Proben auch Felsmaterial zur Bestimmung des Wassergehaltes entnommen werden.

Nach dem Versuch soll zur Kontrolle der Wassergehalt des Prüfkörpers mit dem des gesondert entnommenen Felsmaterials verglichen werden.

4.7 Endflächenbearbeitung

Die Endflächen der Prüfkörper sollen planparallel sein. Die Abweichung von der Parallelität sollte nicht mehr als 1 mm/m betragen.

Es sollte versucht werden, ohne Abgleich der Endflächen mit Gips oder dergleichen auszukommen. Wenn ein Abgleich erforderlich ist, soll die Abgleichmasse etwa die Steifigkeit des Gesteinsmaterials besitzen. Sie sollte insgesamt nicht dicker als 3 % der Prüfkörperhöhe sein. Ist eine größere Dicke nicht zu vermeiden, so sollte dies im Versuchsprotokoll vermerkt werden.

Größere Vertiefungen auf dem Zylindermantel sollten ebenfalls ausgefüllt werden, um ein Leckwerden der Hülle durch Überdehnung zu vermeiden. Müssen größere Mengen von Füllmitteln verwendet werden, so ist dies im Versuchsprotokoll zu vermerken.

5 Durchführung der Versuche

5.1 Dränagebedingungen

Je nach Probenmaterial und Fragestellung können die Versuche unkonsolidiert-undräniert, konsolidiert-undräniert oder konsolidiert-dräniert durchgeführt werden.

Die Dauer der Konsolidationsphase sowie Beobachtungen über Wasserabgabe und Volumenänderungen des Prüfkörpers sind im Protokoll zu vermerken.

5.2 Wahl der Dehnungsgeschwindigkeit $\dot{\varepsilon}_l$

Bei Versuchen, die nicht zum Zweck der Ermittlung des zeitabhängigen Stoffverhaltens dienen, soll die Dehnungsgeschwindigkeit in ein und derselben Versuchsserie unverändert bleiben. Die Dehnungsgeschwindigkeiten sollten in der Regel 0,1–0,01 %/min betragen. Größere oder kleinere Werte sollten nur bei speziellen Problemstellungen (z. B. sehr geringe Wasserdurchlässigkeit) verwandt werden. Die Dehnungsgeschwindigkeit soll während des Versuchs nicht mehr als 10 % vom Sollwert abweichen.

5.3 Wahl des Seitendruckes

Die Wahl des Seitendruckes ist nach den Bedingungen in situ bzw. den zukünftigen Belastungsbedingungen zu treffen. Für die Ermittlung eines Festigkeitskriteriums (z. B. einer Mohr'schen Geraden) sind i. A. mindestens drei Versuche mit unterschiedlichen Seitendrücken an gleichartigen Prüfkörpern erforderlich.

Werden die Versuche unter Anwendung der Mehrstufenversuchstechnik durchgeführt, so ist dies im Protokoll zu vermerken.

6 Versuchsauswertung und Darstellung der Ergebnisse

Das Versuchsprotokoll soll alle für den betreffenden Versuch und das Versuchsmaterial wichtigen Daten enthalten. Alle zu ein und demselben Versuch gehörenden Einzelblätter sind mit der Versuchsnummer zu versehen.

Im Einzelnen sollen protokolliert werden:

- Art des Probenmaterials
- Prüfkörperabmessungen
- Art der Endflächenbearbeitung
- Dehnungsgeschwindigkeit
- Seitendruck
- Wassergehalt vor/nach dem Versuch
- Konsolidierungsbedingungen
- Orientierung der Trennflächen zu den Belastungsrichtungen
- Entnahmetag
- Entnahmeort (genaue Angabe bezüglich Lage, Höhe, Richtung der Bohrung)
- Beschreibung des Gebirges an der Entnahmestelle (Skizzen, Fotos, Aufnahme des Trennflächengefüges)
- Wassergehalt des Gebirges am Entnahmeort
- Angaben über die Niederschläge im Entnahmezeitraum

Bild 4 (in Abschn. 7) zeigt ein Beispiel für ein Versuchsprotokoll.

Darstellung der Versuchsergebnisse

Für die Einzelversuche bzw. Versuchsserien sollten folgende Diagramme gezeichnet werden:

- Spannungs-Dehnungslinien (Einzelversuche)
- Schubspannungs-Normalspannungsdiagramme (Mohr'sche Hüllkurven).

Es können auch andere geeignete Arten der Auftragung der Spannungsverhältnisse gewählt werden (z. B. Auftragung des Bruchspannungsverhältnisses in einer σ_1/σ_3-Ebene).

BEZEICHNUNG DES LABORS | BAUVORHABEN | AUFTRAG NR. 241
LABORNR.: 1573

DREIAXIALE DRUCKVERSUCHE AN GEKLÜFTETEN GROSSBOHRKERNEN

PROBENMATERIAL: Untere Bunte Mergel; dunkelziegelrote und grünliche Ton-Schluffsteine in Wechsellagerung

ENTNAHMEDATUM: 22. April 1976

ENTNAHMESTELLE: km 122, 345; 9,4 m östlich Trassenachse

ENTNAHMETIEFE: 311,2 - 309,9 m üNN

ENTNAHMERICHTUNG: vertikal

PRÜFKÖRPERLÄNGE: 70 cm

PRÜFKÖRPERDURCHMESSER: 57 cm

ART DER ENDFLÄCHENBEARBEITUNG: Abgleich mit Hartgips; 0,5 - 1,0 cm dick

DEHNUNGSGESCHWINDIGKEIT ε_l: 0,05 % /min

SEITENDRUCKSTUFE(N): 0,2; 0,4; 0,6 MN/m^2

WASSERGEHALT VOR / NACH DEM VERSUCH: 11,4 % / 11,4 % = W_n

PRÜFDATUM: 16. Mai 1976

BEMERKUNGEN: Material stark zerbrochen durch Auslaugungsprozesse; viele kleine Harnischflächen. Die grünen Bänke sind deutlich härter als die roten. (Mittlere Kantenlänge der Kluftkörper ca. 5 cm.) Keine Niederschläge im Entnahmezeitraum. CU-Versuch mit geschmierten Endflächen. Während der Konsolidierungsphasen keine Wasserabgabe der Probe. Konsolidierzeit je 4 Tage pro Seitendruckstufe.

VERSUCHSERGEBNIS AUS ....3 EINZELVERSUCHEN: REIBUNGSWINKEL φ = 33 °
KOHÄSION c = 0,22 MN/m^2

ANLAGEN ZU DIESEM PROTOKOLL:

ⓧ SPANNUNGS - DEHNUNGSLINIEN, Anl. Nr. 1

ⓧ SCHUBSPANNUNGS - NORMALSPANNUNGSDIAGRAMM, Anl. Nr. 2

ⓧ LAGENKUGELDIAGRAMM, Anl. Nr. 3

ⓧ SONSTIGE: Foto des Prüfkörpers nach dem Versuch, Anl.Nr.4

Bild 4 Muster für ein Versuchsprotokoll.

6.1 Spannungs-Dehnungslinien

Die deviatorische Spannung $(\sigma_1 - \sigma_3)$ oder die Schubspannung $\tau = \frac{\sigma_1 - \sigma_3}{2}$ soll über der Längsdehnung ε_l aufgetragen werden. In einem anderen Diagramm können diese Größen oder ε_l über der Querdehnung ε_d aufgetragen werden. An jeder Kurve sollte der Zelldruck während des Versuchs vermerkt werden.

6.2 Schubspannungs-Normalspannungsdiagramme

Aus einer Versuchsserie von mindestens drei Einzelversuchen an gleichartigen Proben läßt sich ein Mohr'sches Diagramm zeichnen. Im Allgemeinen ist es ausreichend, die Hüllkurve an die Spannungskreise nach Augenmaß sinnvoll einzuzeichnen. Aus der Darstellung lassen sich die Scherfestigkeitsparameter Reibungswinkel und Kohäsion in bekannter Weise ablesen.

7 Anwendungsbeispiel

Es werden dreiaxiale Druckversuche an einem Großbohrkern aus Keupermergel unter Anwendung der Mehrstufenversuchstechnik beschrieben. Die Versuche dienten zur Ermittlung der Scherfestigkeitsparameter für den Nachweis der Standsicherheit einer Einschnittböschung.

Bild 4 zeigt ein Muster für ein Versuchsprotokoll. Auf Bild 5 sind die Spannungs-Dehnungslinien der Versuche dargestellt. Bild 6 enthält das Schubspannungs-Normalspannungsdiagramm in der Mohr'schen Darstellung. Bild 7 zeigt die Ergebnisse einer Aufnahme des Trennflächengefüges an der Entnahmestelle sowie die Richtung der Scherfugen nach dem Versuch in der Lagenkugeldarstellung. Bild 8 zeigt den Prüfkörper nach dem Versuch.

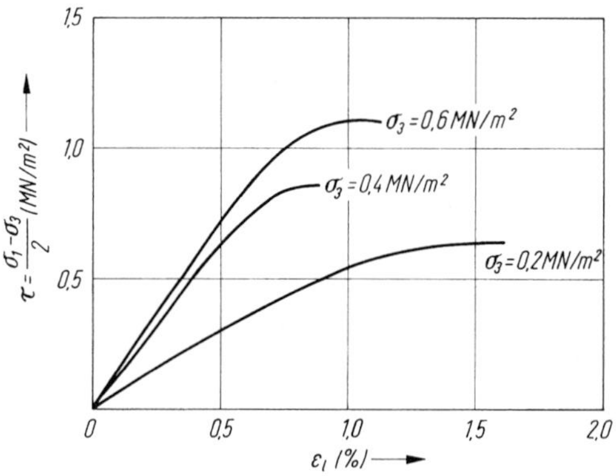

Bild 5 Spannungs-Dehnungslinien eines Mehrstufen-Dreiaxialversuchs an Keupermergel.

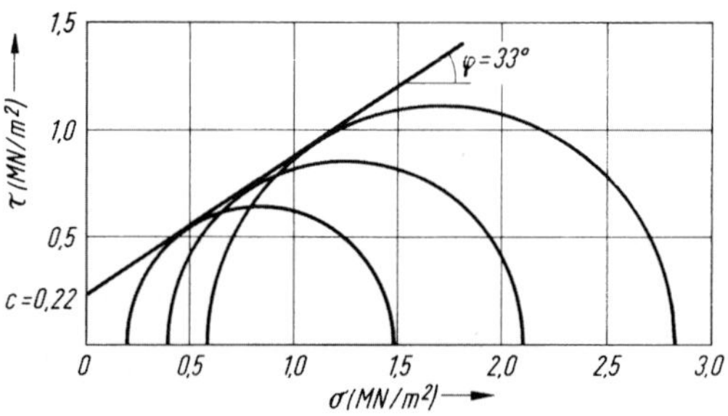

Bild 6 Schubspannungs-Normalspannungsdiagramm eines Mehrstufen-Dreiaxialversuchs an Keupermergel.

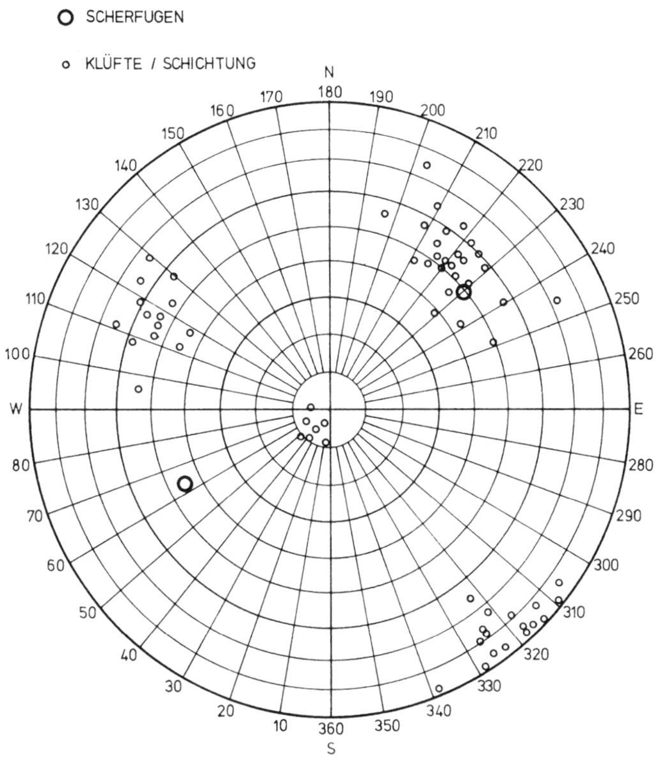

Bild 7 Aufnahme des Trennflächengefüges an der Entnahmestelle und Scherfugenrichtung im Prüfkörper.

Bild 8 Prüfkörper nach dem Versuch.

Empfehlung Nr. 4: Scherversuch in situ

Karl F. Henke und Werner Kaiser

1 Zweck

Der Scherversuch in situ dient der Bestimmung des Scherverhaltens des Gebirges in einer im Verlauf des Versuches auftretenden Bruchfläche oder auf einer bereits vorhandenen Trennfläche.

2 Begriffe

2.1 Normal- und Scherspannung

Die Normalspannung σ ist der Mittelwert der Spannungen senkrecht zur Scherfläche, die Scherspannung τ der Mittelwert der Schubspannungen tangential zur Scherfläche.

Die Normalspannung ergibt sich als Quotient aus Normalkraft (F_n) und wirksamer Scherfläche (A) des Prüfkörpers und die Scherspannung als Quotient aus Scherkraft (F_s) und wirksamer Scherfläche. Unter wirksamer Scherfläche wird die jeweilige Flächengröße unter Berücksichtigung der Verschiebung verstanden.

$$\sigma = \frac{F_n}{A} \tag{1}$$

$$\tau = \frac{F_s}{A} \tag{2}$$

Druckspannungen haben positives Vorzeichen.

2.2 Verschiebung durch Aufbringen der Normalkraft

Nach dem Aufbringen der Normalkraft erfährt die Lastangriffsfläche, wie in Bild 1 gezeigt, eine Verschiebung Δh in Normalkraftrichtung.

2.3 Verschiebung in Scherkraftrichtung

Die Verschiebung in Scherkraftrichtung s_s ist der Weg, um den der Prüfkörper unter dem Einfluss der Scherkraft verschoben wird (Bild 2).

Empfehlungen des Arbeitskreises Versuchstechnik Fels, 1. Auflage. Arbeitskreis 3.3 „Versuchstechnik Fels".

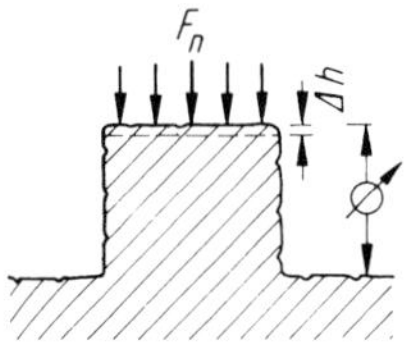

Bild 1 Verschiebung nach Aufbringen der Normalkraft.

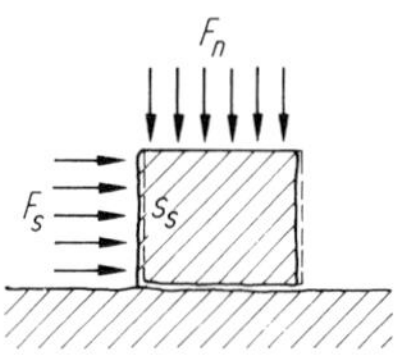

Bild 2 Verschiebung in Scherkraftrichtung.

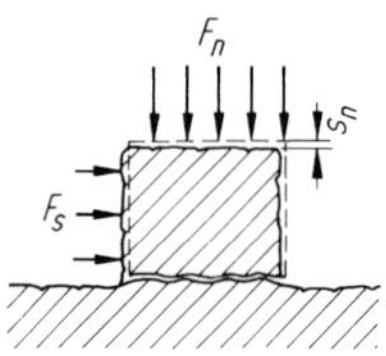

Bild 3 Verschiebung in Normalkraftrichtung nach Aufbringen der Scherkraft.

2.4 Verschiebung in Normalkraftrichtung nach Aufbringen der Scherkraft

Die Verschiebung in Normalkraftrichtung s_n ist der Weg in Richtung der Normalkraft, um den der Prüfkörper unter dem Einfluss der Scherkraft verschoben wird, wenn in der Scherzone Aufgleitungen, Verdichtungen oder Auflockerungen stattfinden (Bild 3).

2.5 Scherfestigkeitsparameter

Zur Bestimmung der Scherfestigkeitsparameter ist es erforderlich, Versuche bei unterschiedlichen Normalspannungen am gleichen Material in gleicher Richtung durchzuführen.

Die Versuchsergebnisse in Form von Normal- und Scherspannung werden im σ-τ-Diagramm eingetragen. In der Regel lassen sich die Ergebnispunkte mit hinreichender Genauigkeit durch eine Gerade verbinden.

Die Gebirgsscherfestigkeit wird durch die Beziehung

$$\tau = c + \mu \cdot \sigma \tag{3}$$

ausgedrückt.

Gemäß Bild 4 ist der Reibungskoeffizient μ als Tangens des Winkels ϕ (Steigung der Schergeraden) und c als positiver Ordinatenabschnitt definiert.

Es sei an dieser Stelle noch darauf hingewiesen, dass die dargestellte Schergerade nicht mit der Schergeraden identisch ist, die aus der Mohr-Coulomb'schen Bruchbedingung bei Dreiaxialdruckversuchen hergeleitet wird. Diese Bruchbedingung beschreibt die Schubspannungen und nicht die Scherspannung.

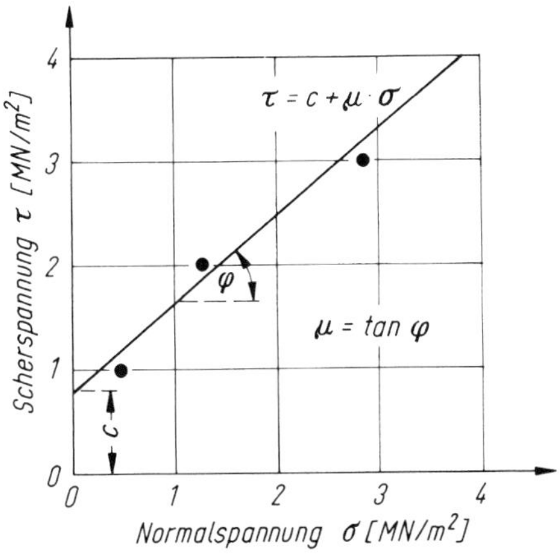

Bild 4 Scherfestigkeit des Gebirges.

Spitzenscherfestigkeit
Die maximale Scherkraft erhält man, wie in Bild 7 zu ersehen ist, aus dem Scherkraft-Verschiebungs-Diagramm.

Die maximale Scherkraft $F_{s,max}$ ist erreicht, wenn sich der Prüfkörper ohne weitere Scherkrafterhöhung verschiebt.

Restscherfestigkeit
Die Restscherfestigkeit $F_{s,Rest}$ ist erreicht, wenn sich der Prüfkörper beim Wiederholversuch ohne weitere Scherkrafterhöhung verschiebt (Bild 7).

3 Versuchseinrichtung

Die Versuchseinrichtung zur Durchführung eines Scherversuches in situ besteht aus je einer Vorrichtung zur Erzeugung der Normal- und der Scherspannung, aus zwei dazugehörigen Lastkonstanthaltern und aus Messeinrichtungen zur Erfassung der Normal- und Scherkraft und zur Erfassung der Verschiebung in Normal- und Scherkraftrichtung (Bild 5).

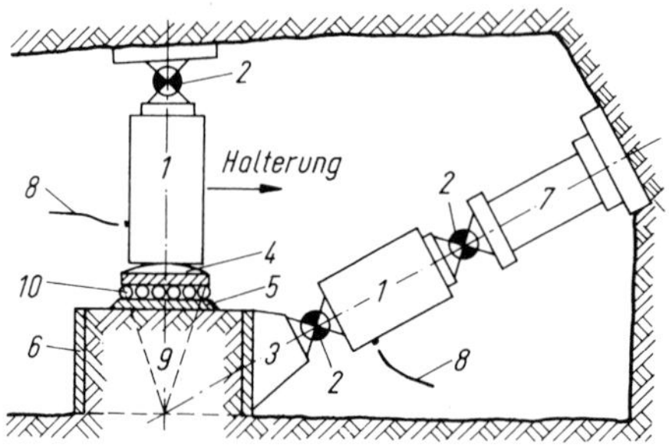

Bild 5 Beispiel einer Versuchseinrichtung für Scherversuche in situ.

1. Hydraulische Pressen
2. Gelenke
3. Druckstück
4. Lastverteilungsplatte mit Kalotte
5. Druckplatte
6. Scherring
7. Distanzstück
8. Steuerung der Pressen (hydraulisch)
9. Prüfkörper
10. Wälzlager

Die Normalkraft und die Scherkraft werden von hydraulischen Druckpressen erzeugt. Die Druckpressen stützen sich über Druckstempel und Gelenke an den Widerlagern ab. Sind keine natürlichen Widerlager vorhanden, so können mithilfe von Erd- oder Felsankern Widerlager geschaffen werden. Die Normalkraft wirkt über ein Wälzlager und über eine biegesteife Lastverteilerplatte auf den Prüfkörper. Die Scherkraft wird ebenfalls über eine biegesteife Lastplatte bzw. über einen biegesteifen Scherring in den Prüfkörper eingeleitet. Die Erzeugung und die Konstanthaltung der Kräfte geschehen mithilfe von hydraulischen Pumpen. Die Pumpen müssen so beschaffen sein, dass jede Druckstufe mit einer Genauigkeit von 1 % konstant gehalten wird. Zur Kontrolle der Pumpen dienen Feinmessmanometer der Klasse 0,6. Die Kräfte sollen mit einer Genauigkeit von 3 % der jeweiligen Höchstlast des Versuches eingehalten werden. Die Verschiebung in Normal- und Scherkraftrichtung wird jeweils mit mechanischen Messuhren oder mit elektrischen Weggebern von mindestens 1/100 mm Auflösung ermittelt. Im Allgemeinen genügen je vier Messuhren oder Weggeber für die Komponenten in Normal- und Scherkraftrichtung.

4 Versuchsvorbereitung

4.1 Form und Größe des Prüfkörpers

Der Prüfkörper wird, wie in Bild 5 skizziert und in Bild 6 abgebildet, ohne den inneren Verband zu stören aus dem Gebirge herausgearbeitet und bleibt im Bereich der späteren Scherfläche mit dem Anstehenden im Verbund. Die Orientierung der

(a) (b)

Bild 6 (a) und (b): Ausgearbeiteter Prüfkörper und Versuchsanordnung beim Scherversuch in situ.

Scherfläche und der Scherrichtung richtet sich nach dem Trennflächensystem und nach der Aufgabenstellung. Die Lage der Scherfläche zum Trennflächensystem ist anzugeben.

Die Größe des Prüfkörpers richtet sich nach dem Abstand der Haupttrennflächen bzw. nach der Größe der Kluftkörper. Das Verhältnis der Prüfkörpergröße zur Kluftkörpergröße bzw. zum Abstand der Haupttrennflächen sollte mindestens 10 zu 1 sein. Von der ISRM[1)] werden folgende Maße als Prüfkörpergröße empfohlen: 700 × 700 × 350 mm; diese Maße können als Anhaltswerte dienen. Wegen der genannten Richtungsabhängigkeit empfiehlt es sich in den meisten Fällen, Scherversuche in situ in mindestens zwei Richtungen auszuführen. Es können zylindrische und rechteckige Prüfkörper gewählt werden.

4.2 Bearbeitung des Prüfkörpers

An der Untersuchungsstelle wird vor dem Herausarbeiten des Prüfkörpers zunächst die Gebirgsoberfläche mit geeigneten Werkzeugen eingeebnet und parallel zur vorgesehenen Scherfläche ausgearbeitet.

Die Lastverteilungsplatte wird mit einer geeigneten schnell härtenden Masse (Mörtel, Kunststoff oder dgl.) aufgezogen. Mit der Presse in Normalkraftrichtung wird ein Druck aufgegeben, damit der Prüfkörper bei der Bearbeitung nicht zerstört oder aufgelockert wird.

Mit entsprechenden Werkzeugen (Bohrmaschine, Motorsäge usw.) wird der Prüfkörper derart bearbeitet, dass zwischen Prüfkörper und anstehendem Gebirge ein Ringraum oder Spalt von mindestens 50 mm Breite und von Prüfkörpertiefe entsteht. An der Seite, an der die Presse für die Scherkraft angesetzt wird, ist dieser

1) International Society for Rock Mechanics: Suggested Methods for Determining Shear Strength. Committee on Field Tests. Doc. Nr. 1. Febr. 1974.

Ringraum oder Spalt bis zum Widerlager hin zu erweitern. Je nach Form und Beschaffenheit des Prüfkörpers wird ein Scherrahmen mit Schuh, der zuvor an der Presse für die Normalkraft aufgehängt wurde, über den Prüfkörper gesetzt oder die Lastverteilungsplatte für die Scherkraft angebracht.

Zum Ausgleich von Unebenheiten am Prüfkörper wird der Ringraum zwischen Prüfkörper und Scherrahmen mit einer schnell härtenden Masse ausgegossen bzw. wird die Lastverteilungsplatte mit dieser aufgezogen. Die schnell härtende Masse (Mörtel, Kunststoff oder dgl.) muss eine hinreichend hohe Festigkeit und eine hinreichend geringe Verformbarkeit aufweisen.

4.3 Trennflächengefüge, Wassergehalt und Dichte

Das Trennflächengefüge des Gebirges ist nach Lage, Ausprägung und Beschaffenheit zu erfassen (DIN 4021, Teil 2, in Vorbereitung).

Wassergehalt und Dichte haben einen maßgebenden Einfluss auf die Scherfestigkeit. Es ist daher unbedingt erforderlich, von jedem Prüfkörper geeignete Proben zu entnehmen, an denen der Wassergehalt nach DIN 18121, Teil 1, und die Dichte nach DIN 18125, Teil 1, festgestellt wird.

5 Versuchsdurchführung

Damit die Lastverteilungsplatte für die Normalkraft möglichst dicht anliegt, benötigt man einen gewissen Anpressdruck. Dieser Druck sollte 10 % der vorgesehenen Normalspannung nicht überschreiten. Zur Ermittlung der weiteren Verschiebungen werden die Messuhren bzw. Weggeber in Scherkraftrichtung auf der Zug- und Druckseite installiert.

Die vorgesehene Normalspannung wird über eine Lastverteilungsplatte in den Prüfkörper eingeleitet, Der Scherversuch kann erst beginnen, wenn die Verschiebung Δh, die nach dem Aufbringen der Normalkraft eintritt, abgeklungen ist.

Bei dem hier beschriebenen Scherversuch in situ mit stufenweiser Belastung wird die Scherkraft stufenweise in acht bis zehn Laststufen – anfangs zum Erkennen etwaiger Mängel der Versuchsanordnung in besonders kleinen Stufen – gesteigert. Die Laststufen sind so zu wählen, dass sich die Lastverschiebungslinie einwandfrei darstellen lässt (Bild 7).

Nach Aufbringen jeder Laststufe ist die Scherkraft so lange konstant zu halten, bis die Verschiebungen annähernd zur Ruhe gekommen sind. Dies lässt sich aus der Zeit-Verschiebungs-Kurve (Bild 8) entnehmen. Sobald die Verschiebungen größer werden, sind die Laststufen zu verkleinern, um ein zu schnelles Abscheren des Prüfkörpers zu verhindern. Die Scherkraft ist so weit zu steigern, bis die Grenzlast erreicht ist.

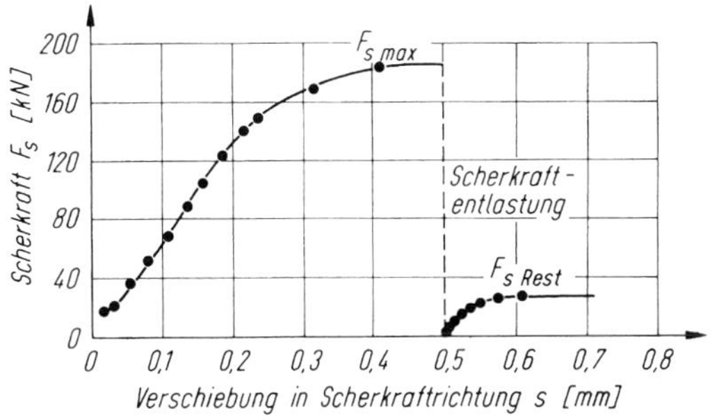

Bild 7 Scherkraft-Verschiebungs-Diagramm.

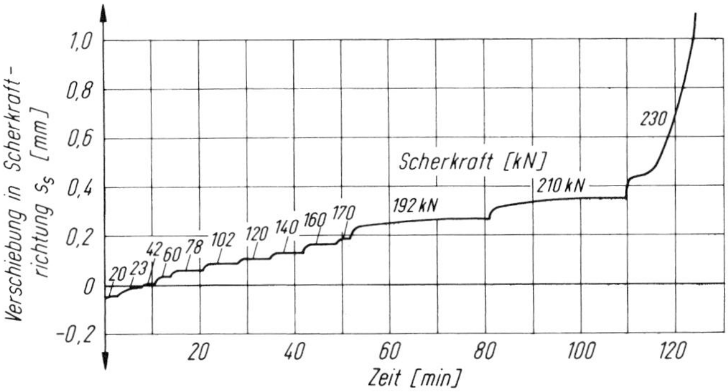

Bild 8 Zeit-Verschiebungs-Diagramm.

6 Auswertung und Darstellung der Ergebnisse

6.1 Berücksichtigung der Dilatation

Beim Scherversuch in situ können infolge der Unebenheit der Scherfläche neben den Verschiebungen in Scherkraftrichtung auch Verschiebungen in Normalkraftrichtung auftreten (vgl. Abschn. 2.4). Derartige Aufgleitungen sind zu messen und zu protokollieren. Bei größeren Aufgleitungen ist es angebracht, deren Einfluss auf die Scherfestigkeitsparameter für die Anwendung bei praktischen Aufgabenstellungen zu berücksichtigen.

6.2 Scherfestigkeitsparameter

Überträgt man die Ergebnisse von mindestens drei Scherversuchen in situ in ein Scherspannungs-Normalspannungs-Diagramm, so ergeben sich drei Punkte. Die Verbindungslinie dieser Punkte entspricht der Schergeraden für die Bruchbedingung.

Wenn die Ergebnispunkte um eine Gerade streuen, empfiehlt es sich, eine Gerade nach der Methode der kleinsten Abstandsquadrate einzurechnen.

Die beiden Scherfestigkeitsparameter ϕ und c können gemäß Definition berechnet bzw. aus dem σ-τ-Diagramm abgelesen werden.

6.3 Versuchsprotokoll

Neben dem Ergebnis des Scherversuches in situ in Form der Scherfestigkeitsparameter sind folgende Daten zu protokollieren:

- Beschreibung des untersuchten Gebirges nach petrografischen und stratigrafischen Gesichtspunkten
- Lage und Ausprägung der Trennflächen zur Belastungsrichtung (ebener Durchtrennungsgrad χ)
- Beschaffenheit der Scherflächen
- Ort und Zeitpunkt der Versuchsdurchführung
- Wassergehalt und Dichte des Prüfkörpers
- Form- und Abmessungen des Prüfkörpers
- Orientierung der Belastungsrichtungen
- Wasserführung
- Art der Verformungsmessung
- eventuelle Abweichungen von der Empfehlung

7 Anwendungsbeispiel

Im Tonstein des Gipskeupers wurden an drei zylindrisch ausgearbeiteten Prüfkörpern drei Scherversuche in situ gemäß Abschn. 4 und 5 dieser Empfehlung durchgeführt. Die Ergebnisse dieser Versuche wurden nach Abschn. 6 ausgewertet und in den Bildern 7–10 dargestellt. Tabelle 1 zeigt das Protokoll der Daten des Anwendungsbeipiels.

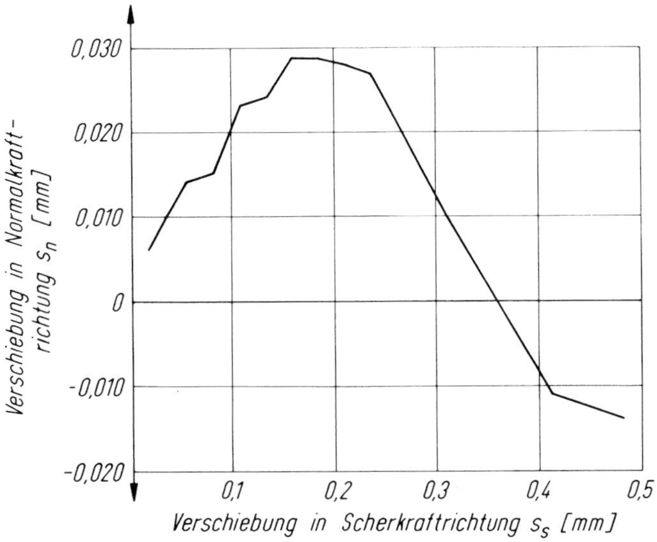

Bild 9 Scherversuch in situ. Verschiebung in Scherkraftrichtung – Verschiebung in Normalkraftrichtung.

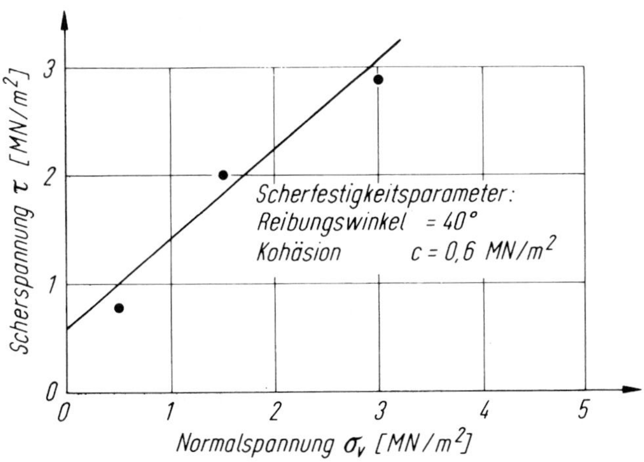

Bild 10 Scherversuch in situ.

Tab. 1 Beispiel eines Versuchsprotokolls.

Bezeichnung des Labors	**Bauvorhaben** **Aktenzeichen:** **Datum:**
	Scherversuch in situ
Gebirge:	Tonstein, dicht, dunkelgrau, mit Fasergips. Gipskeuper, Trias
Orientierung:	Scherrichtung horizontal
Lage und Ausprägung der Trennfläche:	Ausgeprägte Schichtung $\chi \sim 1$, steil stehende, geschlossene und verheilte Klüfte
Beschaffenheit der Scherfläche:	Scherfläche identisch Schichtfläche, glatt
Zeitpunkt der Versuchsdurchführung:	21. und 22. März 1977
Lagerungseigenschaften:	$w = 2{,}5\,\%$ $\rho = 2{,}30\,\text{t/m}^3$
Form und Abmessung des Prüfkörpers:	Zylinder ∅: 325 mm h: 250 mm
Art der Verformungsmessung:	Widerstandsweggeber $\frac{1}{1000}$ mm
Abweichung von der Empfehlung:	keine

Empfehlung Nr. 5: Punktlastversuche an Gesteinsproben

Kurosch Thuro

1 Zweck der Empfehlung

Zweck dieser Empfehlung ist es, Verfahren und Geräte zur Durchführung und Auswertung des Punktlastversuches an Gesteinsprobekörpern soweit zu vereinheitlichen, dass die Versuchsergebnisse miteinander verglichen werden können.

Punktlastversuche dienen der Ermittlung eines Indexwertes für die Festigkeit von Gesteinen. Dieser Indexwert dient der Charakterisierung oder Klassifizierung von Gesteinen. Werden aus dem Indexwert Festigkeitsparameter wie die einaxiale Druckfestigkeit abgeleitet, so sind diese als abgeleitete Kenngrößen zu kennzeichnen und zu behandeln.

2 Kurzbeschreibung des Verfahrens

Beim Punktlastversuch wird ein Gesteinsprobekörper zwischen zwei Lasteinleitungsspitzen mit einer konzentriert eingeleiteten Kraft bis zum Bruch belastet. Dieser Probekörper kann eine definierte Form oder ein unregelmäßiges Äußeres („Handstück") haben. Das Versuchsergebnis ist der Punktlastindex.

Empfehlungen des Arbeitskreises Versuchstechnik Fels, 1. Auflage. Arbeitskreis 3.3 „Versuchstechnik Fels".

3 Begriffe und Formelzeichen

Verwendete Formelzeichen

Nr.	Zeichen	Benennung	Einheit	Abschn., Gl., Bild
1	i_s	Punktlastindex (Einzelversuch)	N/mm^2	Abschn. 3; Gl. (1)
2	F_B	Bruchkraft	kN	Abschn. 3; Gl. (1)
3	ℓ	Lastpunktabstand	mm	Abschn. 3; Gl. (2)
4	b	Probekörperbreite	mm	Abschn. 3; Gl. (2)
5	t	Probekörpertiefe	mm	Abschn. 3; Gl. (2)
6	A	Probekörperfläche	mm^2	Abschn. 3; Gl. (1)
7	d	Probekörperdurchmesser	mm	Abschn. 3; Gl. (3)
8	h	Probekörperhöhe	mm	Abschn. 3; Gl. (4)
9	$i_s(50)$	Punktlastindex bei Größenkorrektur	N/mm^2	Abschn. 3
10	I_s	Punktlastfestigkeit	N/mm^2	Abschn. 3
11	c	Umrechnungsfaktor	—	Abschn. 3; Gl. (7)
12	σ_u^*	Abgeleitete einaxiale Druckfestigkeit	N/mm^2	Abschn. 3; Gl. (7)
13	p_{max}	Öldruck im Hydraulikzylinder eines Punktlastgeräts, bei der der Probekörper zu Bruch geht	N/mm^2	Abschn. 4.2; Gl. (8)
14	A_K	Zylinderquerschnittsfläche des Hydraulikzylinders	mm^2	Abschn. 4.2; Gl. (8)
15	F_0	Nullpunktkorrektur der Kraft	kN	Abschn. 4.2; Gl. (8)
16	A_0	Normierungsfläche	mm^2	Abschn. 7.2.3
17	$y_{\sigma(n-1)}$	Standardabweichung	N/mm^2	Abschn. 7.2.3
18	n	Variable der Regressionskurve	N/mm^2	Abschn. 7.2.3
19	m	Variable der Regressionskurve	N/mm^2	Abschn. 7.2.3
20	R	Korrelationskoeffizient bei Auswertung mittels LOGAR-Verfahren	—	Abschn. 7.2.3
21	R^2	Bestimmtheitsmaß bei Auswertung mittels LOGAR-Verfahren	—	Abschn. 7.2.3

Der Punktlastindex i_s kennzeichnet die Festigkeit eines Gesteinsprobekörpers, der unter einer konzentriert über gerundete Kegelspitzen eingeleiteten Kraft F_B zu Bruch geht (siehe Bild 1). Die Kontaktflächen zwischen den Kegelspitzen und der Probe werden idealisiert als Lasteinleitungspunkte bezeichnet. Der Abstand zwischen diesen Punkten heißt Lastpunktabstand ℓ. Die kleinste Abmessung der Probe rechtwinklig zur Achse durch die Lasteinleitungspunkte wird mit Probekörperbreite b bezeichnet. Der Punktlastindex wird berechnet als:

$$i_S = \frac{F_B}{A} \tag{1}$$

Die allgemeine Formel für die Probekörperfläche A leitet sich von der idealisierten Bruchfläche ab:

$$A = \ell \cdot b \tag{2}$$

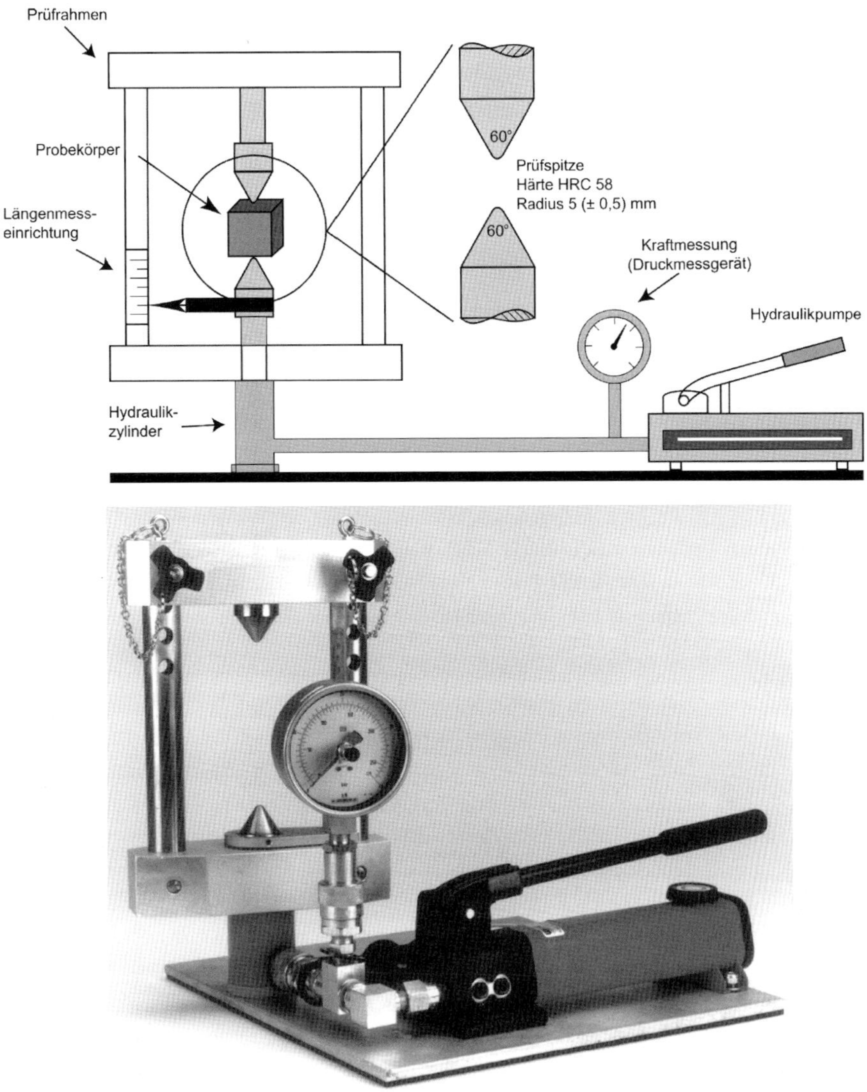

Bild 1 Prinzipskizze und Bild eines Punktlastgeräts und der Prüfspitzen der Belastungseinrichtung.

Anmerkung: Die Definition der Probekörperfläche A folgt nicht der internationalen Empfehlung der ISRM 1985. Dieser liegt zugrunde, dass für einen Punktlastversuch an einem liegenden zylindrischen Probekörper ursprünglich das Quadrat des Lastpunktabstands statt der Kreisfläche als Bezugsgröße definiert wurde [1]. Zur Kompensation dieser Abweichung werden in der Empfehlung der ISRM 1985 rechteckige Bruchflächen mit dem Faktor $4/\pi$ multipliziert. Um Werte, die auf Basis der vorliegenden Empfehlung ermittelt wurden, mit denen der ISRM 1985 [3] zu vergleichen, muss der Faktor $\pi/4$ berücksichtigt werden.

Es können drei Versuchsarten unterschieden werden:

1. Bei einem Versuch an einem liegenden kreiszylindrischen Probekörper mit dem Durchmesser d ist die Belastungsrichtung senkrecht zur Zylinderachse (vgl. Tab. 1). Dabei wird die Probekörperfläche A bei einem Bruch senkrecht zur Zylinderachse berechnet als:

$$A = \frac{\pi}{4} \cdot d^2 \tag{3}$$

Tritt der Bruch parallel zur Zylinderachse der Höhe h auf, so berechnet sich die Probekörperfläche A zu:

$$A = h \cdot d = h \cdot \ell \tag{4}$$

2. Bei einem Versuch an einem stehenden zylinderförmigen Probekörper mit der Höhe h und dem Durchmesser d liegt die Belastungsrichtung in der Zylinderachse (damit $h = \ell$; vgl. Tab. 1b). Die Probekörperfläche A wird berechnet als:

$$A = h \cdot d = \ell \cdot d \tag{5}$$

3. Bei einem Versuch an einem Quader bzw. Handstück (unregelmäßig geformt) mit der Höhe h, der Breite b und der Tiefe t ist eine dem Beispiel von Tab. 1c bzw. d entsprechende Fläche zu bestimmen:

$$A = h \cdot b = \ell \cdot b \tag{6}$$

Der Indexwert ist von den Probekörperabmessungen und der Probekörperform abhängig. Der Punktlastindex kann zu Vergleichszwecken auf einen quaderförmigen Probekörper mit Standardabmessungen für $h \times b = 50\,\text{mm} \times 50\,\text{mm}$ bezogen werden. Dieser wird dann als Festigkeitsindex $i_{s(50)}$ bezeichnet.

Wird aus den Ergebnissen i_s einer Serie von Punktlastversuchen an Probekörpern, die aus ein und derselben Probe stammen, ein repräsentativer Wert ermittelt (vgl. Abschn. 7.2), wird dieser als Punktlastfestigkeit I_s dieser Probe bezeichnet.

Werden aus dem Ergebnis von Punktlastversuchen weitere Kennwerte ermittelt, so sind diese als abgeleitete Größen mit einem * zu kennzeichnen.

In der Praxis wird häufig die einaxiale Druckfestigkeit aus der Punktlastfestigkeit abgeleitet. Dazu wird aus mehreren Einzelversuchen die Punktlastfestigkeit I_s bestimmt und mit einem Umrechnungsfaktor c die einaxiale Druckfestigkeit σ_u^* berechnet (vgl. Abschn. 9).

$$\sigma_u^* = c \cdot I_s \tag{7}$$

Werden solche Umrechnungen im Versuchsprotokoll mitgeteilt, ist der ermittelte Wert deutlich als abgeleiteter Wert zu kennzeichnen.

4 Prüfeinrichtung

Das Versuchsgerät besteht aus einem ausreichend steifen Rahmen mit der Belastungseinrichtung, einer Anordnung zum Messen der Bruchkraft F_B und der Messeinrichtung für den Lastpunktabstand ℓ (Längenmesseinrichtung siehe Bild 1). Für den Feldeinsatz sind tragbare Ausführungen möglich.

Tab. 1 Probekörper beim Punktlastversuch und die zugehörigen Probekörperflächen.

a) Liegender Zylinder	**b) Stehender Zylinder**	**c) Quader**	**d) Handstück (Unregelmäßig geformt)**
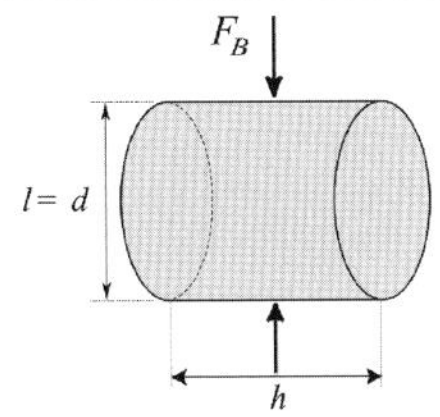	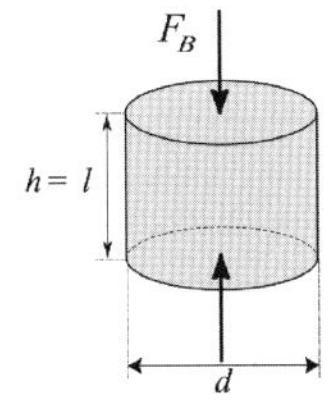	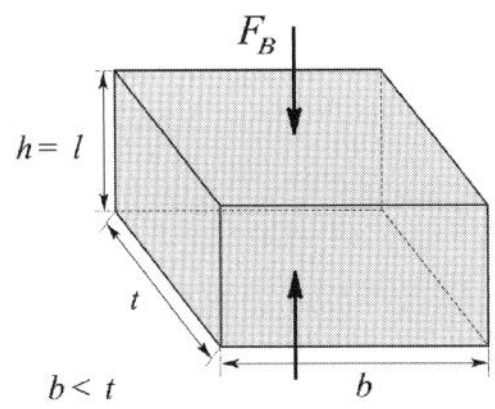	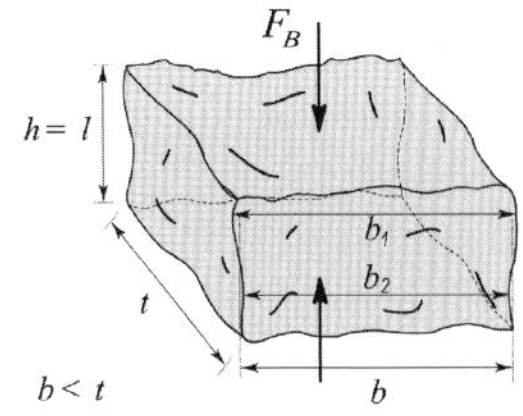
Probekörperfläche bei einem Bruch senkrecht zur Zylinderachse 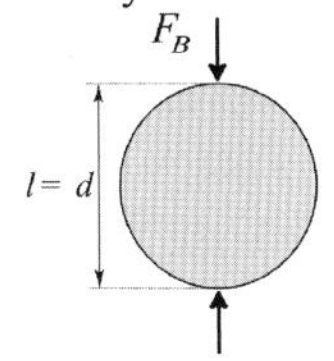 $A = \frac{\pi}{4} \cdot d^2$	Probekörperfläche bei einem Bruch parallel zur Zylinderachse 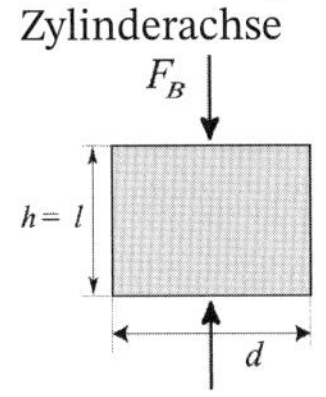 $A = h \cdot d = l \cdot d$	Probekörperfläche bei einem Bruch parallel b[1] 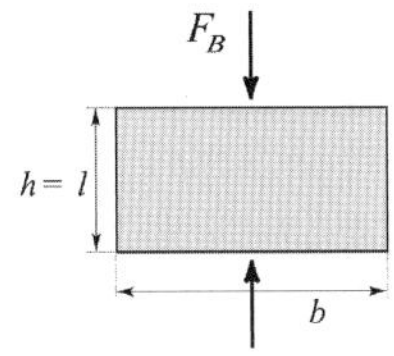 $A = h \cdot b = l \cdot b$	Probekörperfläche bei einem Bruch parallel b[1] 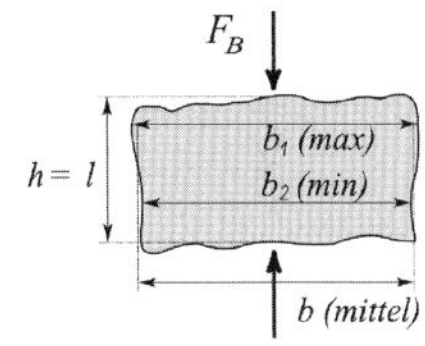 $A = h \cdot b = l \cdot b$ mit $b = (b_1 + b_2)/2$
Probekörperfläche bei einem Bruch parallel zur Zylinderachse 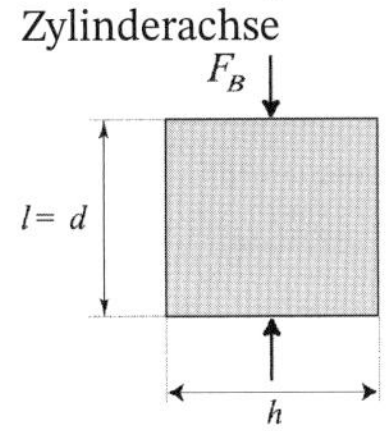 $A = h \cdot d = h \cdot l$		Probekörperfläche bei einem Bruch parallel t 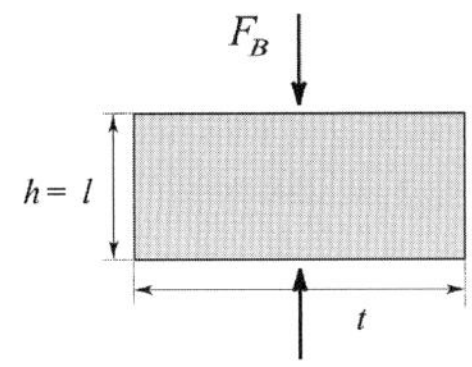 $A = h \cdot t = l \cdot t$	Probekörperfläche bei einem Bruch parallel t 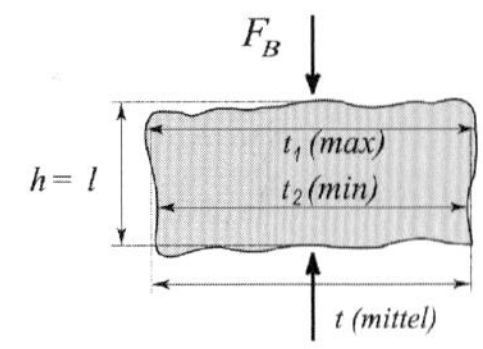 $A = h \cdot t = l \cdot t$ mit $t = (t_1 + t_2)/2$

1) kleinste Probekörperabmessung normal zur Belastungsrichtung

Alle Bauteile müssen so ausgelegt sein, dass sie unempfindlich gegenüber wiederholter Belastung bei der Durchführung der Versuche und den dynamischen Einwirkungen beim schlagartigen Bruch des Probekörpers sind.

4.1 Prüfrahmen und Belastungseinrichtung

Das Gerät sollte für Probengrößen zwischen 25 und 100 mm Lastpunktabstand und bis zu 100 mm Probenbreite ausgelegt sein. Bei einem schlagartigen Bruch besteht die Gefahr, dass Teile des Probekörpers aus dem Prüfraum geschleudert werden. Deshalb ist ein geeigneter Prüfraumschutz vorzusehen.

Die Belastungskapazität sollte für feste, größere Proben mindestens 50 kN betragen.

Der Prüfrahmen und die Belastungseinrichtung müssen so ausgelegt sein, dass die Lasteinleitungspunkte während des Versuchs koaxial bleiben. Abweichungen von der Koaxialität während des Versuchs müssen kleiner ±0,5 mm bleiben.

Die Lasteinleitungsspitzen sind gemäß Bild 1 auszubilden. Der Radius der Prüfspitzen beträgt 5 ± 0,5 mm. Sie sind aus Stahl herzustellen und auf die Härte HRC 58 zu vergüten.

4.2 Kraftmesseinrichtung

Die Kraftmesseinrichtung dient der Bestimmung der Bruchkraft F_B. Sie muss mit einem Maximalwertspeicher (z. B. Schleppzeigerinstrument) ausgestattet sein. Die Bruchkraft ist mit einer Mindestgenauigkeit von ±5 % vom angezeigten Wert zu bestimmen. Wird die Kraft F_B aus dem Öldruck p_{max} im Hydraulikzylinder und der Zylinderquerschnittsfläche A_K bestimmt, so gilt angenähert mit Nullpunktkorrektur F_0:

$$F_B \approx F_0 + p_{max} \cdot A_K \tag{8}$$

Die Kraft F_B kann auch aus der Kalibrierkurve gemäß Abschn. 4.4 berechnet werden.

4.3 Längenmesseinrichtungen

Die Messung des Lastpunktabstands ℓ bei eingebautem, unbelastetem Probekörper (siehe Abschn. 3) kann über eine am Prüfgerät fest installierte Skala oder einen Messschieber erfolgen. Die weiteren Probekörperabmessungen werden ebenfalls mit einem Messschieber ermittelt. Mit ihm kann der Lastpunktabstand ℓ auch nach dem Versuch an der Bruchfläche des Probekörpers bestimmt werden.

Die Genauigkeit der Längenmessung muss besser als ±1 mm sein.

4.4 Geräteprüfungen

Das Versuchsgerät ist vor jedem Einsatz visuell zu kontrollieren. Die Lasteinleitungsspitzen sind auf grobe Beschädigungen ihrer Oberflächen, auf Einhaltung des vorgeschriebenen Radius und auf ihre Koaxialität zu überprüfen. Im Zweifelsfall ist eine Kalibrierung durchzuführen.

Jährlich sind die folgenden Prüfungen vorzunehmen und zu protokollieren:

- Kalibrierung der Belastungsmesseinrichtung. Hierüber ist ein Protokoll zu erstellen, das Anzeigewert, Sollwert und prozentuale Abweichung bei 10, 25, 50 und 100 % der Höchstlast enthält.
- Die Genauigkeit der Längenmesseinrichtung ist zu überprüfen.

5 Probekörper

5.1 Eignung

Der Versuch ist für spröde und feste Gesteine geeignet. Ungeeignet ist der Versuch für Gesteine geringer Festigkeit, in welche die Lasteinleitungsspitzen infolge örtlicher Plastifizierung mehr als 5 % des Lastpunktabstands eindringen, ohne einen Bruch zu erzwingen. Beispiele hierfür sind z. B. mürbe Sandsteine und Tonschluffsteine.

Bei anisotropen (geschichteten oder geschieferten) Gesteinen sollten Proben so ausgewählt und bearbeitet werden, dass eine Prüfung in der Richtung parallel oder normal zur Gefügeebene (Schieferungs- oder Schichtungsebene) möglich ist.

In der Regel wird der Versuch an lufttrockenen Probekörpern durchgeführt.

Bei Gesteinen, deren Festigkeit deutlich vom Wassergehalt abhängig ist, sollte in den Probekörpern ein definierter Wassergehalt gewährleistet werden. Bei Bedarf können Versuchsreihen mit unterschiedlichem Wassergehalt vorgesehen und der Wassergehalt jeweils bestimmt werden.

5.2 Probekörpergröße und -form

Der Versuch kann an zylindrischen Probekörpern (z. B. Bohrkernen) in axialer Richtung (stehend) oder quer dazu (liegend), an quaderförmigen und an unregelmäßig geformten Probekörpem („Handstück“) durchgeführt werden. Die Größe des Probekörpers in Prüfrichtung sollte 100 mm nicht überschreiten. Eine Herstellung der Probekörper durch Sägen oder Bohren, gegebenenfalls auch durch geeignete Spaltwerkzeuge ist zulässig.

Weitere Anforderungen an die Probekörpergestalt sind in Tab. 2 zusammengestellt. Bei einem liegenden Zylinder sollten die Lasteinleitungspunkte einen Abstand von $\geq d/2$ von einer der Stirnseiten des Zylinders haben. Analog sollten bei einem Handstück die Lasteinleitungspunkte einen Abstand von $\geq h/2$ von einer der Kanten haben.

Zur Wahl der Probekörpergröße haben sich drei Vorgehensweisen bewährt:

1. Für den Einzelversuch können Probekörper beliebiger Abmessungen innerhalb der Anforderungen hergestellt werden (Versuchsoption 1 und 2 nach Abschn. 7.2.1 bzw. 7.2.2).
2. Für die Probekörper kann das Bezugsmaß von 50 mm Lastpunktabstand durch geeignete Entnahmemethoden (z. B. Bohren) oder Probenbearbeitung angenähert werden, sodass keine Größenkorrektur nach Abschn. 7.2.1 notwendig ist (Versuchsoption 1 und 2).
3. Ist dies nicht möglich, so kann eine statistische Auswertung vorgenommen werden, für die eine gleichmäßige Verteilung der Probekörpergrößen mit Lastpunktabständen zwischen 25 und 75 mm angestrebt werden sollte (Versuchsoption 3 nach Abschn. 7.2.3).

Tab. 2 Anforderungen an die Gestalt und die Abmessungen der Probekörper beim Punktlastversuch.

a) Liegender Zylinder	**b) Stehender Zylinder**	**c) Quader**	**d) Handstück (Unregelmäßig geformt)**
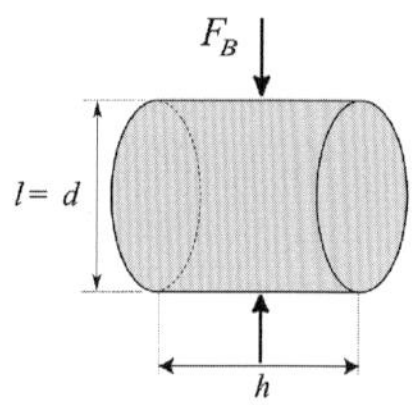	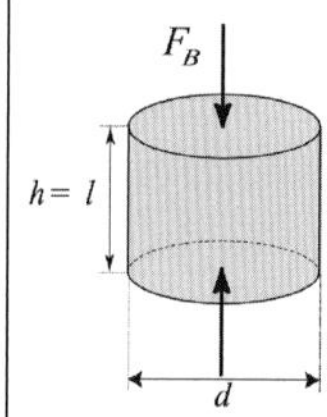	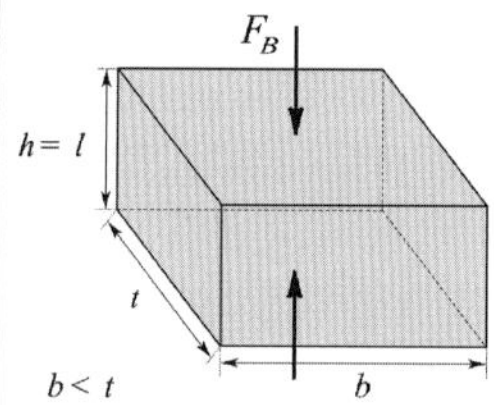	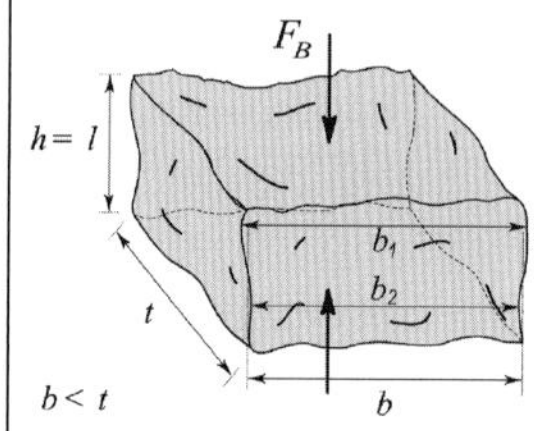
Lastpunktabstand ℓ entspricht			
ℓ = Durchmesser d	ℓ = Höhe h	ℓ = Höhe h	ℓ = Höhe h
		Tiefe t = größte Abmessung Breite b = Mittelwert aus zwei Messungen b_1 und b_2 in der Bruchfläche	
Anforderungen an den Lastpunktabstand ℓ			
$25 \leq d \leq 100$ mm	$25 \leq h \leq 100$ mm	$25 \leq h \leq 100$ mm	
Mindestgröße quer zum Lastpunktabstand ℓ			
Höhe $h \geq 25$ mm und Mindestabstand $h \geq d/2$	Durchmesser $d \geq 25$ mm	Breite $b \geq 25$ mm und Mindestabstand $b \geq h/2$	
Anforderungen an die Probekörperform			
$d/h < 1{,}0$	$0{,}5 < h/d < 1{,}0$	$0{,}5 < h/b < 1{,}0$ und $h/t < 1{,}0$	

6 Versuchsdurchführung

Die Abmessungen des Probekörpers sind vor dem Versuch in zwei Richtungen rechtwinklig zu der geplanten Lasteinleitungsachse gemäß Tab. 2 zu bestimmen. Bei Handstücken sind in der Bruchebene ggf. zwei Messungen durchzuführen und zu mitteln.

Anschließend wird die Probe zwischen den Lasteinleitungsspitzen eingebaut. An der Längenmesseinrichtung wird der Lastpunktabstand ℓ abgelesen.

Die Belastung wird möglichst gleichmäßig gesteigert, bis der Bruch des Probekörpers eintritt. Die erreichte Maximalkraft (= Bruchkraft F_B) wird aus dem Maximalwert des Messwertspeichers ermittelt.

An dem gebrochenen Probekörper wird überprüft, ob die Bruchfläche oder die Bruchflächen durch beide Lasteinleitungspunkte verlaufen.

Sind Bruchfiguren entsprechend Bild 2 Spalte B entstanden, so ist bei einem Bruch annähernd parallel zur Zylinderachse die Fläche $A = h \cdot b = \ell \cdot b$ zu verwenden, bei einem Bruch eines Quaders oder Handstücks annähernd parallel t die Fläche $A = h \cdot t = \ell \cdot t$ (vgl. Tab. 1).

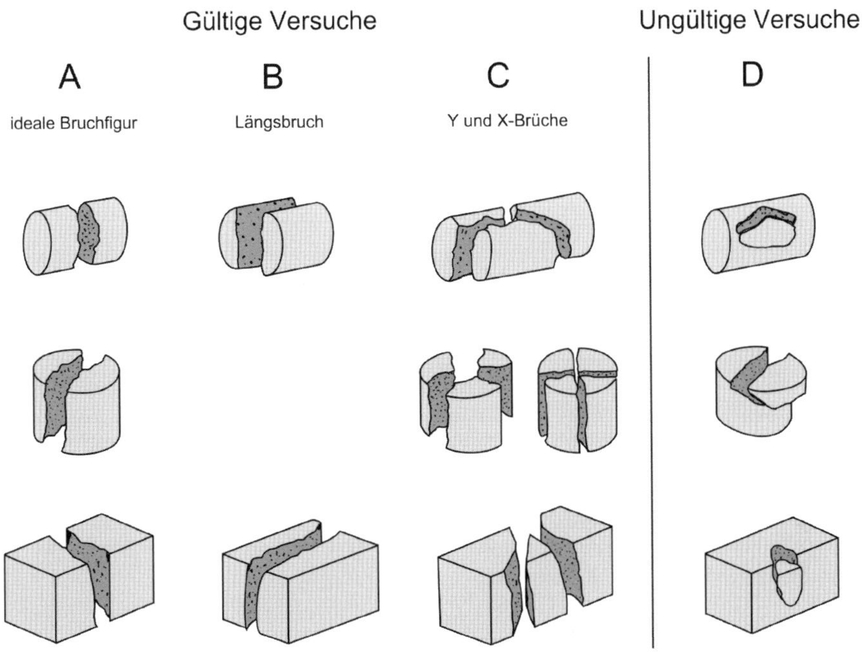

Bild 2 Gültige und ungültige Einzeltests beim Punktlastversuch.

Liegt die tatsächliche Bruchfläche zwischen derjenigen in Spalte A bzw. B (diagonal), so ist die Zuordnung vom Bearbeiter vorzunehmen. Es ist auch zulässig, die Abmessungen der Bruchfläche nach dem Bruch zu bestimmen.

7 Auswertung

7.1 Gültige und ungültige Versuche

Gültig sind Versuche, bei denen die Bruchfläche durch beide Lasteinleitungspunkte geht (Bild 2A–C) und bei denen die Lasteinleitungsspitzen vor dem Bruch nicht unzulässig weit eingedrungen sind. Ungültig sind Versuche, die diese Bedingungen nicht erfüllen (siehe Bild 2D). Dann ist eine weitere Auswertung im Rahmen dieser Empfehlung nicht zulässig.

Beim Auftreten von mehreren Bruchflächen ist die kleinste idealisierte Probekörperfläche als Bruchfläche heranzuziehen.

7.2 Ermittlung des Punktlastindex und der Punktlastfestigkeit

7.2.1 Versuchsoption 1: Ermittlung des Punktlastindex im Einzelversuch

Für jeden Einzelversuch wird der Punktlastindex i_s nach Abschn. 3 aus der Bruchlast F_B und der Probekörperfläche A ermittelt. Es ist ebenfalls zulässig, den Lastpunktabstand ℓ und die Abmessungen b, h oder d des Probekörpers aus den tatsächlichen Abmessungen der Bruchfläche zu bestimmen.

Weicht der Lastpunktabstand um mehr als 5 mm von dem Bezugsabstand 50 mm ab, so kann eine Größenkorrektur nach der empirischen Gleichung von [2] erfolgen:

$$i_{s(50)} = \left(\frac{A}{2500}\right)^{0,225} \cdot i_s \tag{9}$$

7.2.2 Versuchsoption 2: Ermittlung der Punktlastfestigkeit mit dem vereinfachten Verfahren

Stehen mehr als 10 Probekörper zur Verfügung, so wird die Punktlastfestigkeit I_s als Mittelwert aus den Punktlastindizes i_s berechnet. Dabei sind die Standardabweichung und die Anzahl der gültigen Versuche anzugeben.

Weicht der Lastpunktabstand um mehr als 5 mm von dem Bezugsabstand 50 mm ab, wird eine Größenkorrektur nach [2] Gl. (9) empfohlen.

7.2.3 Versuchsoption 3: Ermittlung der Punktlastfestigkeit mittels logarithmischer Ausgleichsrechnung (LOGAR-Verfahren)

Bei dieser Methode nach [4] werden 20 bis 30 Einzelversuche mit Probekörpern zwischen ca. 25 und 75 mm Lastpunktabstand durchgeführt. Die Punktlastindizes i_s werden in einem Diagramm gegen die Probekörperfläche A aufgetragen (Bild 3)

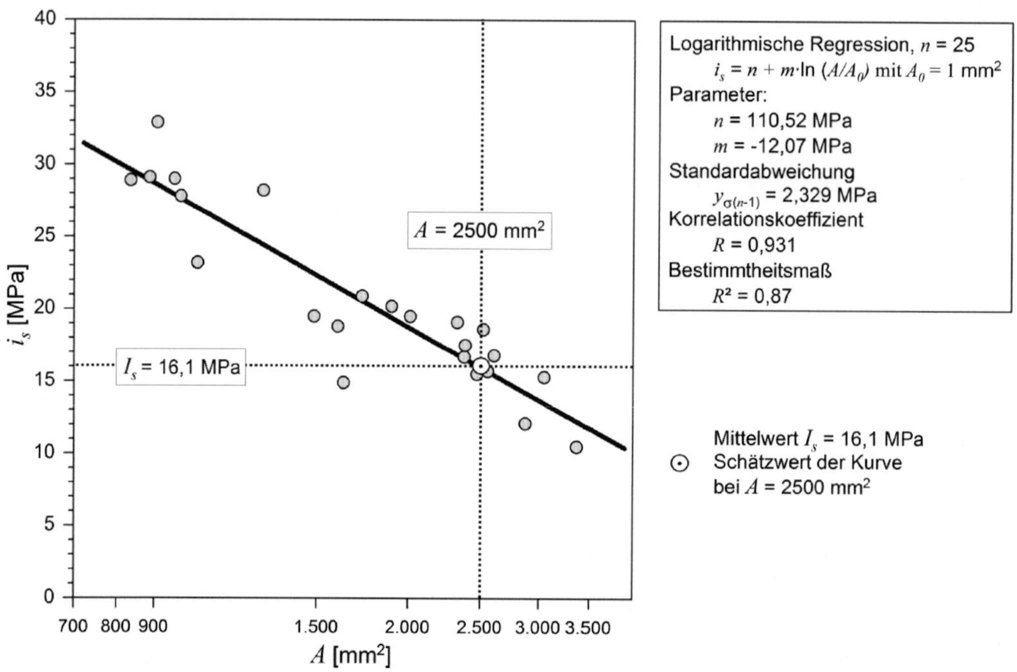

Bild 3 Statistische Auswertung von Punktlastindizes aus einer Serie von 25 Einzelversuchen an einer Quarzitprobe mittels logarithmischer Ausgleichsrechnung und Ermittlung der Punktlastfestigkeit (vgl. Beispiel 3 in Abschn. 10.3).

und die Punktlastfestigkeit I_s nach unten stehendem Algorithmus ermittelt. Es ist zweckmäßig, eine halblogarithmische Darstellung zu wählen.

Algorithmus für die „Logarithmische Ausgleichsrechnung":

1. Berechnung aller Punktlastindizes i_s (Gl. (1)).
2. Berechnung der logarithmischen Regressionskurve durch alle Wertepaare $(i_s; A)$ in der Form $i_s = n + m \cdot \ln A/A_0$ (mit n, m – Parameter; A_0 – Normierungsfläche $1\,mm^2$).
3. Berechnung des Schätzwertes der Punktlastfestigkeit I_s am Punkt der Probekörperfläche $A = 2500\,mm^2$ mithilfe der erhaltenen Kurvengleichung.
4. Berechnung der Standardabweichung der Residuen $y_{\sigma(n-1)}$ und des Quadrats des Korrelationskoeffizienten R^2 (Bestimmtheitsmaß).
5. Darstellung der Werte in einem Diagramm mit der berechneten Regressionskurve.

8 Darstellung der Ergebnisse

Die Ergebnisse der Einzelversuche sind in jedem Fall zu protokollieren. Ungültige Versuche werden ohne Angabe der Bruchlast, jedoch mit Begründung für die Ungültigkeit mitgeteilt. Die Ermittlung der Punktlastfestigkeit I_s sollte eine grafische Darstellung einschließen.

Anmerkung: Die Voraussetzungen für eine statistische Auswertung sind bei kleinen Probekörpermengen nicht immer streng erfüllt.

Mit dem Versuchsergebnis sollten mitgeteilt werden:

- Herkunft der Probe, z. B. Bohrung und Entnahmetiefe oder Entnahmestelle
- Beschreibung der Probe bzw. der Probekörper, Besonderheiten sind mitzuteilen, Abschätzung des Größtkorns
- eventuell vorhandene Schieferung, Schichtung oder sonstige erkennbare Anisotropie und deren Lage zur Belastungsrichtung (gegebenenfalls Skizzen oder Fotos)
- Probenlagerungsbedingungen und -dauer
- Zeitpunkt der Versuchsdurchführung
- qualitative Angabe zum Wassergehalt ohne Messung (z. B. gewässert/annähernd natürlicher Wassergehalt/luftgetrocknet/ofengetrocknet)
- Probekörperabmessunge
- Art der Versuchsauswertung
- eventuelle Abweichungen von den hier gegebenen Empfehlungen
- Angaben zur Prüfeinrichtung und zum Messbereich
- Angaben zum prüfenden Institut und zum Ausführenden

9 Ableitung der einaxialen Druckfestigkeit aus der Punktlastfestigkeit

Die Punktlastfestigkeit korreliert bei vielen Gesteinen mit der einaxialen Druckfestigkeit. Werden solche Korrelationen im Versuchsprotokoll mitgeteilt, ist der ermittelte Wert deutlich als Schätzung zu kennzeichnen (vgl. Abschn. 3, Gl. (7)).

Liegen keine genaueren Erfahrungen vor, wird empfohlen, den jeweiligen Umrechnungsfaktor gesteinsspezifisch aus vergleichenden einaxialen Druckversuchen abzuleiten (Bild 4). Für die einaxiale Druckfestigkeit sind in der Literatur Umrechnungsfaktoren *c* zwischen 10 und 40 belegt.

Ein Beispiel für die Ermittlung des Umrechnungsfaktors *c* mithilfe von Werten der einaxialen Druckfestigkeit aus einaxialen Druckversuchen und Werten von I_s aus Punktlastversuchen bei Innsbrucker Quarzphyllit gibt Bild 4.

10 Anwendungsbeispiele

10.1 Versuchsoption 1: Ermittlung des Punktlastindex im Einzelversuch

Punktlastindizes für die Bohrung BK 12 im Teufenbereich 4736 bis 4745,5 m. Vergleich der Punktlastfestigkeit bei schichtnormaler und schichtparalleler Beanspruchung. Schichtorientierung normal zur Kernachse. Kerndurchmesser: $d = 44$ mm. Gestein: Quarzitisch gebundener, roter Sandstein. Auflistung als Einzelwerte ohne Größenkorrektur (Bild 5).

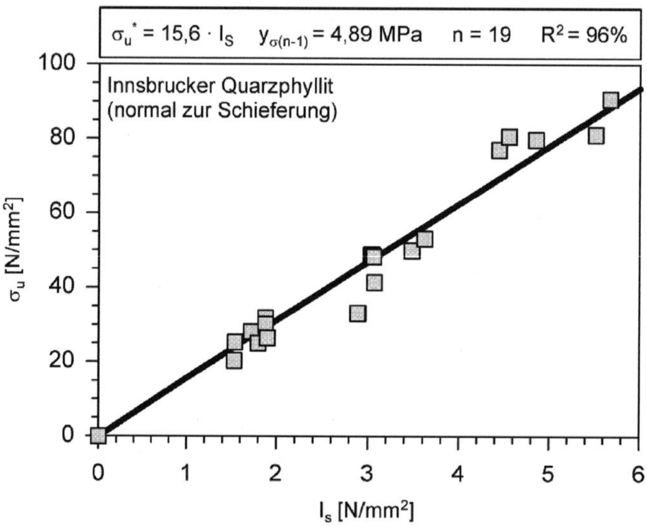

Bild 4 Ermittlung des Umrechnungsfaktors *c* mithilfe von Werten der einaxialen Druckfestigkeit und Werten von I_s bei einer Probe von Innsbrucker Quarzphyllit.

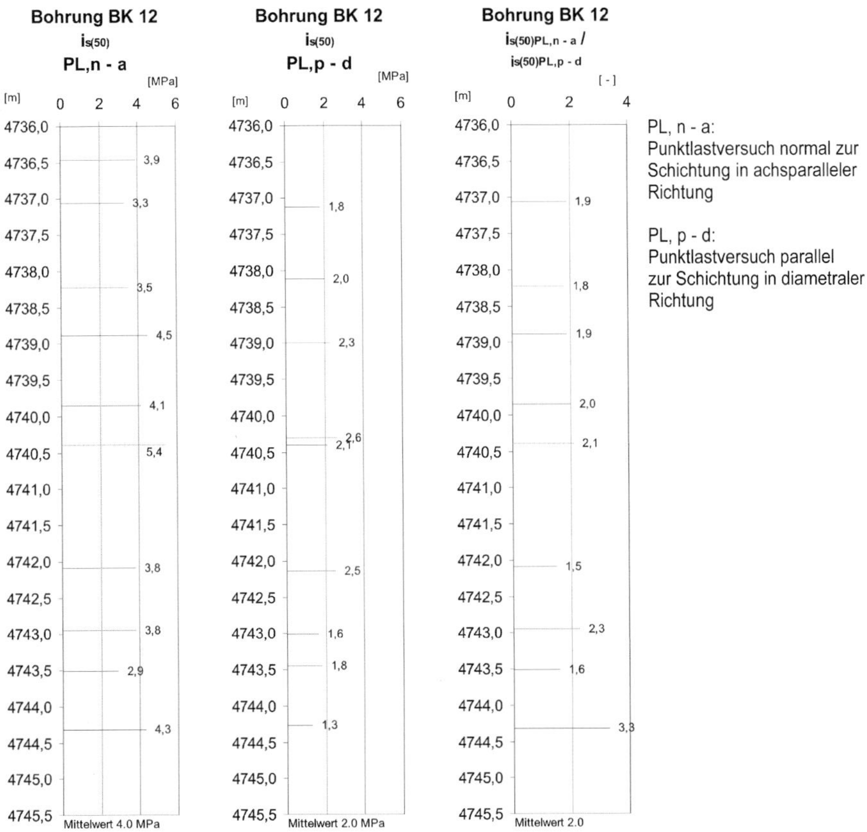

Bild 5 Punktlastversuch; Beispiel einer Auswertung von 19 Probekörpern einer Sandstein-Probe normal und parallel zur Schichtung. Versuchsoption 1: Einzelversuche ohne Größenkorrektur. Letzte Spalte: Verhältnis der Punktlastindizes normal und parallel zur Schichtung.

10.2 Versuchsoption 2: Vereinfachtes Verfahren

Punktlastversuch

DGGT - AK 3.3 - Empfehlung Nr. 5 - Versuchsoption 2

Projekt: XY | Auftragsnummer:

Zusätzliche Bezeichnung: | Anlage:

Bohrung	Entnahme unter GOK	Labor-nummer	Gestein	Probekörper a) = Zyl. liegend = 1 b) = Zyl. stehend = 2 c) = Quader = 3 d) = Handstück = 4		Lastpunkt-abstand l	Probe-körperab-messungen b bzw. d	Probe-körper-fläche A	Bruchkraft F_B	Punktlast-index $i_s = F_B/A$	Größenkorr. Brook (1985) $i_{s(50)}^{*} = i_s(A/2500)^{0,225}$	Bemerkungen
Nr.	m					mm	mm	mm²	kN	MN/m²	MN/m²	
24	17,9	46827	Sst grau	c)	3	76,0	50,0	3800	4,60	1,211	1,330	
24	19,0	46828	Sst gelbgrau	a)	1	53,0	50,0	2206	1,68	0,761	0,740	
25	20,2	46834	Sst, grau	c)	3	62,0	49,0	3038	2,30	0,757	0,791	
25	20,4	46835	Sst, grau	c)	3	48,0	49,0	2352	3,80	1,616	1,594	
26	19,2	46841	Sst, gelb	b)	2	59,0	78,0	4602	2,09	0,454	0,521	
26	19,4	46842	Sst, gelb	a)	1	50,0	78,0	1963				ungültig
26	13,6	46843	Sst, grau	b)	2	50,0	78,0	3900	3,57	0,915	1,012	
27	19	46849	Sst	a)	1	53,0	78,0	2206	4,02	1,822	1,772	
30	15,5	46863	Sst, rotgrau	a)	1	61,0	100,0	2922	2,10	0,719	0,744	
30	15,7	46864	Sst, rotgrau	a)	1	50,0	100,0	1963	3,00	1,528	1,447	
32	14,30-14,40	46873	Sst	d)	4	62,0	49,0	3038	7,04	2,317	2,421	
32	15,30-15,50	46874	Sst	d)	4	45,0	49,0	2205	4,56	2,068	2,010	
33	13,3	46880	Sst, braun	a)	1	80,0	100,0	5027	7,27	1,446	1,692	
33	15,6	46881	Sst, gelb	a)	1	50,0	78,0	1963	3,10	1,579	1,495	
36	10,20-10,40	46896	Sst gelbgrau	a)	1	83,0	100,0	5411	3,60	0,665	0,792	
36	15,40-15,60	46901	Sst, grau	a)	1	55,0	100,0	2376	2,50	1,052	1,040	
36	13,10-13,30	46898	Sst / Tst	a)	1	50,0	99,0	1963	1,30	0,662	0,627	nM
36	13,10-13,30	46898	Sst / Tst	a)	1	68,0	100,0	3632	1,80	0,496	0,539	nM
36	13,10-13,30	46898	Sst / Tst	a)	1	65,0	100,0	3318	1,65	0,497	0,530	nM
	Wassergehalt: *Entnahmefeuchte*						**Anzahl gültige Versuche**			**15**		
	Bemerkungen: ungültig = Bruchform D						**Mittelwert Punktlastfestigkeit I_s**				**1,293**	
	nM = nicht in Mittelwertbildung einbezogen, da anderes Gestein						**Standardabweichung:**				**0,547**	
	Proben erhalten:			22.07.2005			Durchgeführt am:		26.07.2005		Bearbeiter:	N.N.

Bild 6 Punktlastversuch; Beispiel einer Auswertung von 19 Probekörpern einer Sandstein-Probe. Versuchsoption 2: Einzelversuche mit Größenkorrektur und Mittelwertbildung.

10.3 Versuchsoption 3: Auswertung nach dem LOGAR-Verfahren

Punktlastversuch

DGGT - AK 3.3 - Empfehlung Nr. 5 - Versuchsoption 3

Projekt:	Silberberg	**Gestein:**	Quarzit
Entnahmeort:	TK, Sohle	**Proben-Nr.:**	Sbg-13
Entnahmedatum:	21.08.2000	**Datum des Tests:**	28.09.2000
Entnahme-Bearb.:	Amann	**Bearb. Test/Auswert.:**	Befrau

Gesteinsbeschreibung:	hellgrau gefärbter, feinkörniger bis dichter, gleichkörniger Quarzit mit gleichmaßig feinverteiltem, feinkörnigem Pyrit.		
Inhomogenitäten, Trennflächen:	makroskopische, z.T. wieder mit Quarz verheilte Klüfte keine Anisotropie erkennbar	**Größtkorn:**	< 1,0 mm
Wassergehalt & Lagerung	lufttrocken, Probenraum	**Probekörper:**	Quader

Nr.	F_B [kN]	l = h [mm]	b [mm]	i_s [N/mm²]	Nr.	F_B [kN]	l = h [mm]	b [mm]	i_s [N/mm²]
1	35,5	59,4	56,7	10,5	16	24,1	28,0	29,8	28,9
2	40,1	51,1	50	15,7	17	23,9	27,5	37,5	23,2
3	25,7	30,4	29,1	29,1	18	39,6	49,9	47,6	16,7
4	21,2	27,6	25,2	30,5	19	38,3	44,9	55,0	15,5
5	44,6	66,9	62,9	10,6	20	44,3	42,1	55,2	19,1
6	34,9	53,6	53,6	12,1	21	39,2	46,2	43,5	19,5
7	46,9	49,7	50,7	18,6	22	30,1	37,2	43,0	18,8
8	36	42,6	40,5	20,9	23	24,3	41,9	38,9	14,9
9	29	38,7	38,4	19,5	24	27,8	31,2	30,7	29,0
10	46,7	55,9	54,5	15,3	25	27,2	29,9	32,7	27,8
11	43,8	51,4	50,7	16,8	26				
12	41,6	44,6	53,4	17,5	27				
13	38,2	41,9	45,2	20,2	28				
14	35,7	35,8	35,3	28,2	29				
15	29,8	30,5	29,7	32,9	30				

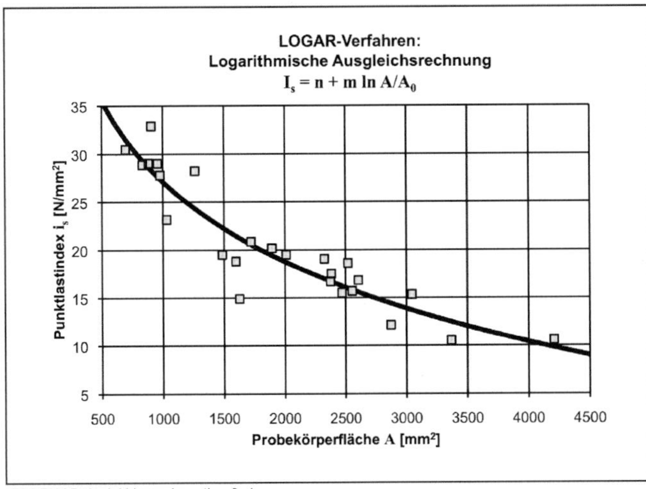

Formeln:

Punktlastindex	$i_s = F_B / A$
Probekörperfläche	$A = l \times b$
Abgeleitete Druckfestigkeit:	$\sigma_u^* = c \times I_s$

Formelzeichen:

i_s - Punktlastindex; F_B - Bruchkraft
A - Probekörperfläche; A_0 - Normierungsfläche
l - Lastpunktabstand (= Höhe h) b - Breite
σ_u^* - abgeleitete einaxiale Druckfestigkeit
n, m - Variablen der Regressionskurve

Umrechnungsfaktor für σ_u^*:

c = 20,0

Bemerkungen: Umrechnungsfaktor c ermittelt durch Korrelation mit 1DV

A = 2500mm²	I_s [N/mm²]	σ_u^* [N/mm²]
Mittel	**16,1**	**322**
Standardabw.	2,33	46,5

Quadrat des Korrelationskoeffizienten: (Bestimmtheitsmaß) R^2 = 0,87

E05 PLV Beispiel Versuchsoption 3.xls

Bild 7 Punktlastversuch; Beispiel einer Auswertung von 25 Probekörpern einer Quarzit-Probe (Versuchsoption 3: logarithmische Ausgleichsrechnung, LOGAR-Verfahren).

Literatur

1 Broch, E. und Franklin, J.A. (1972). The point-load strength test. *International Journal of Rock Mechanics and Mining Sciences* 9: 669–697.

2 Brook, N. (1985). The equivalent core diameter method of size and shape correction in point load testing. *International Journal of Rock Mechanics and Mining Sciences & Geomechanics Abstracts* 22: 61–70.

3 ISRM (1985). Suggested Method for determining point load strength. ISRM Commission on Testing Methods, Working Group on Revision of the Point Load Test Method. *International Journal of Rock Mechanics and Mining Sciences & Geomechanics Abstracts* 22: 51–60.

4 Thuro, K. (1996). Bohrbarkeit beim konventionellen Sprengvortrieb. Geologisch-felsmechanische Untersuchungen anhand sieben ausgewählter Tunnelprojekte. *Münchner Geologische Hefte, Reihe B: Angewandte Geologie* B1: 1–145, I–XII.

Empfehlung Nr. 6: Doppel-Lastplattenversuch in Fels

Gerhard Müller, Hans Neuber und Axel Paul

1 Zweck

Doppel-Lastplattenversuche dienen im Felsbau zur Ermittlung von Last-Verschiebungslinien des Gebirges als Anhalt für Planung und Bemessung. Es wird zusätzlich auf [1] hingewiesen.

2 Begriffe

Beim Doppel-Lastplattenversuch werden in Stollen, Einschnitten oder dergleichen zwei einander gegenüberliegende, zueinander parallele Oberflächen des Gebirges mittels eines Paares kreisförmiger, i. A. gleich großer Belastungsplatten beansprucht. Die entgegengesetzt gleichen resultierenden Kräfte liegen in der Verbindungslinie der Plattenmittelpunkte, sind also senkrecht zu den belasteten Oberflächen gerichtet; bei dieser Anordnung bildet jede Belastungsplatte das Widerlager für ihr Gegenüber (Bild 1).

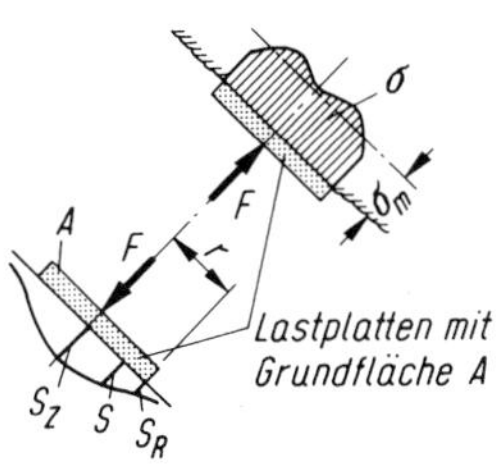

Bild 1 Schema der Versuchsanordnung.

A	Grundfläche einer kreisförmigen Lastplatte mit Radius r
F	resultierende Kraft auf eine Lastplatte
σ	Normalspannung zwischen Lastplatte und Gebirge
σ_m	F/A mittlere Normalspannung
s	Verschiebung der Gebirgsoberfläche infolge und in Richtung F
s_z	Verschiebung in der Plattenmitte
s_R	Verschiebung am Plattenrand

Empfehlungen des Arbeitskreises Versuchstechnik Fels, 1. Auflage. Arbeitskreis 3.3 „Versuchstechnik Fels“.

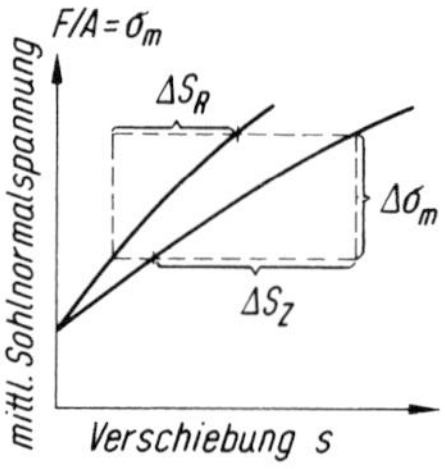

Bild 2 Spannungs-Verschiebungs-Diagramm.

Die Verschiebungen des Gebirges in Richtung der Belastung werden i. A. an mehreren Stellen gemessen. Aus der Beziehung zwischen der aufgebrachten Kraft und diesen Verschiebungen werden Verformungsmoduln des Gebirges ermittelt. Plattengröße und Belastungsrichtung werden je nach Problemstellung und Trennflächengefüge gewählt, weil die zu ermittelnden Parameter von diesen Größen sowie vom zeitlichen Versuchsablauf abhängen. Damit die Ergebnisse für das Gebirgsverhalten repräsentativ sind, soll jede Lastplatte mehrere Kluftkörper überdecken. Die größte mittlere Sohlnormalspannung soll höher als die späteren Gebrauchslasten sein und ausreichend große Verschiebungen hervorrufen, welche mit genügender Genauigkeit gemessen werden können.

Zur Bestimmung des Verformungsmoduls E_v wird die Last-Verschiebungslinie im interessierenden Bereich linear approximiert, um die Differenzen $\Delta\sigma_\mathrm{m}$ und Δs abzugreifen (Bild 2). Aus diesen Werten wird nach der Theorie des elastisch isotropen Halbraums ein Verformungsmodul E_v berechnet:

$$E_\mathrm{v} = \omega \cdot (1 - \nu^2) \cdot r \cdot \frac{\Delta\sigma_m}{\Delta s} \tag{1}$$

ν *Poissonzahl*

ω Beiwert nach Abschn. 6

3 Geräte

Eine Ausrüstung für Doppel-Lastplattenversuche besteht aus zwei Belastungsplatten, einer Belastungsvorrichtung (i. A. ölhydraulisch), Kraftmessgeräten und Geräten für Verschiebungsmessungen.

In Bild 3 sind Teile einer relativ umfangreichen Versuchsausrüstung skizziert, welche jedoch auch unter beengten Verhältnissen an schwer zugänglichen Stellen mit unterschiedlichen Plattendurchmessern und Abständen sowie in verschiedenen Belastungsrichtungen verwendbar ist.

Der versuchstechnische Aufwand steigt progressiv mit dem Durchmesser der Lastplatten und der Normalspannung, welche auf das Gebirge ausgeübt werden soll. Auf- und Abbau der Versuchseinrichtung sind besonders schnell möglich, wenn nur kleine bzw. leichte Belastungsplatten, nur ein Druckstempel und nur eine Stahlstütze benötigt werden und wenn diese Teile von Hand montiert werden können. Dies ist bei Durchmessern der Lastplatten bis etwa 0,4 m der Fall. Für spezielle Anwendungen, etwa unterschiedliche Belastungsrichtungen in mehreren Querschnitten von Stollen mit ungefähr übereinstimmenden Durchmessern, kann zur Erleichterung des Transports sowie des Auf- und Abbaus der Versuchseinrich-

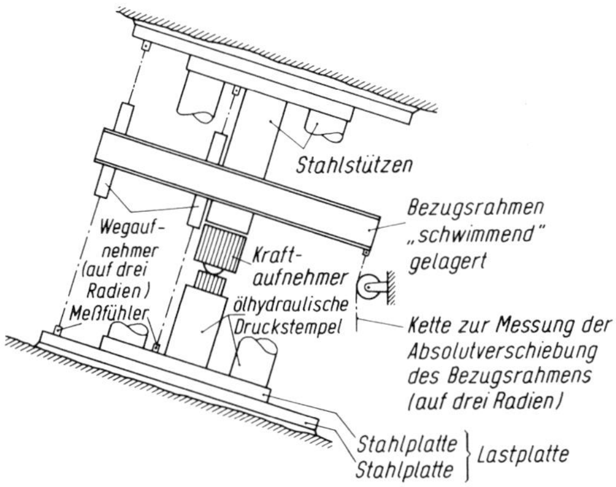

Bild 3 Beispiel einer Versuchseinrichtung.

tung ein Fahrzeug zweckmäßig sein, auf welchem die Belastungseinrichtung um die Stollenachse drehbar gelagert ist und die Lastplatten nur hydraulisch ausgefahren zu werden brauchen.

3.1 Lastplatten

Im Allgemeinen werden Lastplatten von 0,3–1,3 m Durchmesser gewählt. Zur Anpassung an unterschiedliche Gegebenheiten hat sich ein Stapel aus bis zu vier je 30 mm dicken Stahlplatten, deren Durchmesser sich zwischen 0,8 und 1,25 m um jeweils 0,15 m unterscheiden, bewährt. Statt eines solchen Stapels aus Einzelplatten, zwischen denen kein wesentlicher Schubverbund hergestellt ist, kann eine Schweißkonstruktion zweckmäßig sein, deren Gewicht bei gleicher Steifigkeit kleiner ist. Durch Einbau von Druckkissen zwischen Lastplatten und Gebirge kann eine gleichmäßig verteilte Sohlnormalspannung erreicht werden.

3.2 Belastungssystem

Zu empfehlen sind reibungsarme, ölhydraulische Druckstempel mit etwa 200 mm Kolbenhub und mit Rückzugfeder. Nötigenfalls werden mehrere Druckstempel nebeneinander verwendet. Damit die Druckstempel nur axial belastet werden, sind für jeden ein oder zwei Gelenke erforderlich. Bei einer Versuchseinrichtung wie in Bild 3 wird die Druckkraft jedes ölhydraulischen Stempels mittels einer Stahlstütze, deren Länge den Gegebenheiten angepasst werden kann, übertragen. Das Belastungssystem muss wiederholte, stufenweise oder kontinuierlich veränderliche Be- und Entlastungen gestatten, wobei Größe, Angriffspunkt und Richtung der Gesamtlast ausreichend genau einstell- bzw. messbar sein sollen.

3.3 Geräte zur Kraftmessung

Wenn die Kraft aus dem jeweiligen Öldruck abgeleitet werden soll, muss berücksichtigt werden, dass durch Kolbenreibung Fehler entstehen können. Genauer ist

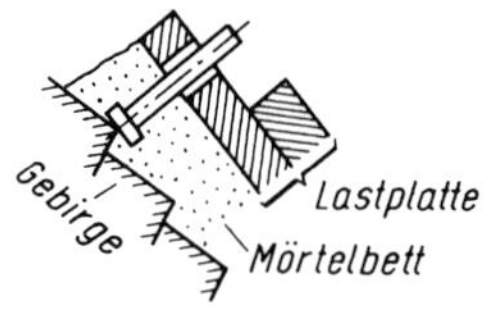

Bild 4 Messfühler.

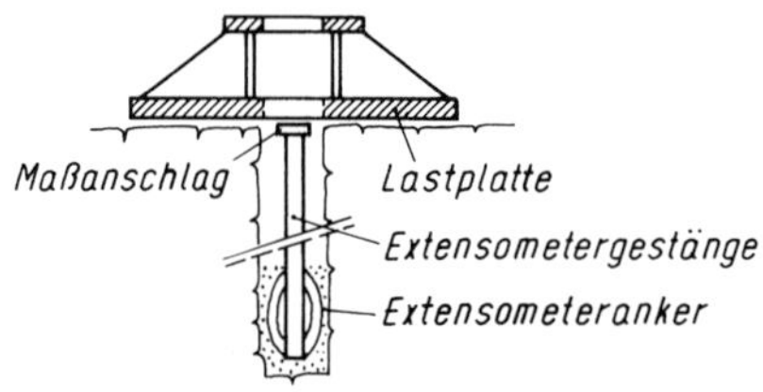

Bild 5 Extensometer.

es, die Stempelkräfte unmittelbar mit Kraftaufnehmern zu ermitteln. Der Gesamtfehler der Kraftmessung sollte 3 % der Höchstlast nicht überschreiten.

3.4 Geräte zur Verschiebungsmessung

Die Verschiebungen sind an möglichst sechs ringsum verteilten Stellen jeder Lastplatte zwischen dem Gebirge und einem „schwimmend" gelagerten Bezugsrahmen zu messen (Bild 3). Die dafür erforderlichen Messuhren oder elektrischen Wegaufnehmer sollten auf mindestens 1/100 mm ablesbar sein. Als Messfühler haben sich zylindrische Stahlstifte mit 15 bis 20 mm Durchmesser und einer Verbreiterung am Ende bewährt (siehe Bild 4). Verschiebungen des Bezugsrahmens in Belastungsrichtung müssen gemessen und bei der Auswertung berücksichtigt werden.

Für Verschiebungsmessungen in der Achse der Versuchsanordnung kann ein Bezugspunkt gewählt werden, welcher in Belastungsrichtung so weit im Gebirge liegt, dass er als Fixpunkt dienen kann. Als Anschluss der Lastplatte an diesen Bezugspunkt dient ein Extensometer in einer axialen Bohrung (Bild 5). Ein Mehrfachextensometer ermöglicht die Bestimmung der Verschiebungen von Punkten innerhalb des Gebirges in verschiedenen Abständen zur Lastplatte. Damit sind zusätzliche Aussagen über die Mächtigkeit der Auflockerungszone und das Spannungs-Verformungsverhalten des Gebirges möglich.

4 Aufbau der Versuchseinrichtung

Zweckmäßig ist ein lichter Abstand der Lastplatten von ca. 2 m. Zunächst müssen die beiden einander gegenüberliegenden planparallelen Belastungsflächen ohne wesentliche Störung des Gebirgsverbands freigelegt werden. Die Abweichungen von der planmäßigen Ebene (Schieflage, Krümmung, Rauigkeit) sollten wenige Zentimeter nicht überschreiten und mit Mörtel ausgeglichen werden. Beim Aufbau der Versuchseinrichtung ist es notwendig, eine Vorspannung aufzubringen, welche während des Versuchs nicht unterschritten werden darf. Die hierzu gehörenden Verschiebungen müssen vor Beginn des eigentlichen Versuchs zur Ruhe gekommen sein.

5 Versuchsdurchführung

Das Gebirge wird mittels der Versuchseinrichtung wiederholt, in der Regel mindestens dreimal be- und entlastet. Dabei wird i. A. die Höchstlast von Zyklus zu Zyklus gesteigert. Innerhalb jedes Zyklus wird in Stufen gleicher Höhe oder kontinuierlich (kraft- oder weggesteuert) be- und entlastet. Im ersteren Fall darf die Stufenhöhe nur etwa 1/8 der Höchstlast betragen, damit sich die Last-Verschiebungslinie einwandfrei darstellen lässt. Jede Laststufe ist konstant zu halten, bis die Verschiebungen annähernd zur Ruhe gekommen sind. Dies lässt sich an einer Zeit-Verschiebungslinie gut verfolgen. Bei Entlastung ist die doppelte Lastschrittweite zulässig. Falls kontinuierlich be- und entlastet wird, ist entsprechend zu verfahren. Für den Endzustand jeder Laststufe bzw. für jeden entsprechenden Messzeitpunkt werden Last und Verschiebung registriert.

6 Auswertung und Darstellung der Ergebnisse

Für jede Laststufe bzw. für jeden entsprechenden Messzeitpunkt sollen die folgenden Größen zusammengestellt werden:

- mittlere Sohlnormalspannung
- Außermittigkeit der Belastung
- Verschiebung s_Z in der Mitte jeder Lastplatte (Zentrum)
- mittlere Verschiebung s_R am Rand jeder Lastplatte.

Die Verschiebungen s_Z bzw. s_R im Zentrum bzw. am Rand jeder Lastplatte werden in Abhängigkeit von der mittleren Sohlnormalspannung σ_m grafisch dargestellt (wie in Bild 7).

Nach der Theorie des elastisch-isotropen Halbraums können aus den Last-Verschiebungslinien für die Mitte bzw. den Rand jeder Lastplatte Werte für den Verformungsmodul E_v mittels Gl. (1) berechnet werden. In den beiden Sonderfällen gleichmäßig verteilter Sohlnormalspannung σ bzw. gleichmäßig verteilter Verschiebung s hat der dimensionslose Beiwert ω die in Tab. 1 zusammengestellten Zahlenwerte.

Tab. 1 Dimensionslose Beiwerte ω für Gl. (1).

Art der Beanspruchung des Gebirges	Verschiebungsmessung	Dimensionsloser Beiwert ω
1 Gleichmäßig verteilte Sohlnormalspannung σ (schlaffes Lastbündel, Druckkissen)	Im Zentrum Z	$\omega_{1Z} = 2{,}00$
	Am Rand R	$\omega_{1R} = \frac{4}{\pi} \cong 1{,}27$
2 Gleichmäßig verteilte Verschiebung s (starre Lastplatte)	Im Zentrum Z	$\omega_{2Z} = \frac{\pi}{2} \cong 1{,}57$
	Am Rand R	$\omega_{2R} = \frac{\pi}{2} \cong 1{,}57$

Im Rahmen der Elastizitätstheorie ist es zur Auswertung der Lastplattenversuche hinreichend, die Versuchsergebnisse als Superposition dieser beiden Sonderfälle aufzufassen. Dazu wird angenommen, dass der relative Anteil ζ der Gesamtlast gleichmäßig über die Lastfläche verteilt ist, während der Rest $(1 - \zeta)$ gleichmäßig verteilte Verschiebungen hervorruft. Für diesen Verhältniswert ζ und den zugehörigen Verformungsmodul E_v ergeben sich für Messwerte nach Bild 2 und nach der daneben stehenden Gleichung die folgenden Ausdrücke.

$$\zeta = \frac{1-\zeta}{\left(1 - \frac{\omega_{1\mathrm{R}}}{\omega_2}\right) + \left(\frac{\omega_{1\mathrm{Z}}}{\omega_2} - 1\right) \cdot \xi} = \frac{1-\zeta}{0{,}189 + 0{,}273 \cdot \xi} \tag{2}$$

$$\text{mit } \xi = \Delta s_\mathrm{R} / \Delta s_\mathrm{Z} \tag{3}$$

$$E_\mathrm{v} = (1-\nu^2) \cdot r \cdot \Delta\sigma_\mathrm{m} \cdot \frac{\omega_2 \cdot (\omega_{1\mathrm{Z}} - \omega_{1\mathrm{R}})}{(\omega_2 - \omega_{1\mathrm{R}}) \cdot \Delta s_\mathrm{Z} + (\omega_{1\mathrm{Z}} - \omega_2) \cdot \Delta s_\mathrm{Z}} = $$
$$= \frac{(1-\nu^2) \cdot r}{0{,}261 + 0{,}376 \cdot \xi} \cdot \frac{\Delta\sigma_\mathrm{m}}{\Delta s_\mathrm{Z}} \tag{4}$$

Falls sich $\zeta > 1$, also $(1 - \zeta) < 0$ ergibt, war das Maximum der Sohlnormalspannung in der Mitte der Lastplatte.

7 Anwendungsbeispiele

7.1 Anwendungsbeispiel I: Doppel-Lastplattenversuch mit einer Versuchseinrichtung nach Bild 3

Allgemeine Angaben zur Versuchsdurchführung

Geologische Formation:	**Kreide**
Gebirgsbeschreibung:	Kalkmergelstein, mittel- bis dunkelgrau, fest, unverwittert, Klüfte in 10–50 cm Abstand, nicht durchgehend
Versuchsart:	Versuch mit mehreren Be- und Entlastungszyklen nach dem Schema in Bild 6.
Druckrichtung:	vertikal
Lastplatten:	kreisförmig, je vier Einzelplatten mit den Durchmessern 80, 95, 110 und 125 cm, je 30 mm dick (Stahl), ohne besonderen Schubverbund zentrisch aufeinandergelegt
Belastung:	hydraulisch, elektr. Drucksteuerung
Verschiebungsmessung:	zwölf elektrische Wegaufnehmer, angeordnet wie in Bild 3, sowie drei elektrische Neigungsaufnehmer zur Messung von Absolutverschiebungen.

Bild 6 Zeitlicher Ablauf der Belastung (Schema) Last: mittlere Sohlnormalspannung Stufenhöhe: 0,1...0,6 MN/m^2.

Messergebnisse

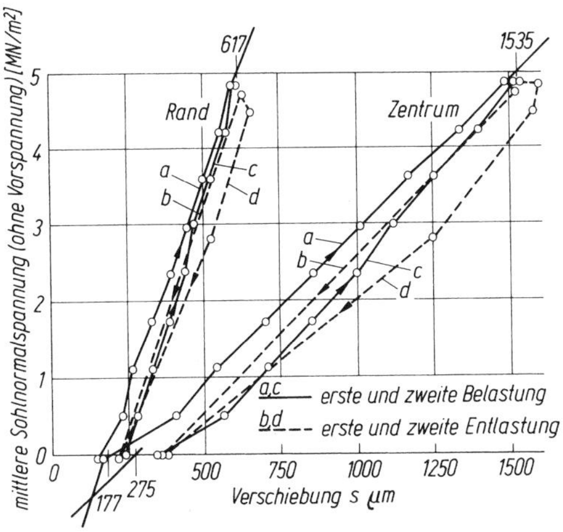

Bild 7 Last-Verschiebungslinien von Anwendungsbeispiel I (untere Lastplatte; zwei Belastungszyklen, welche die beim Versuch angewendete Höchstlast einschließen).

Messergebnisse

Als Auszug aus den Ergebnissen sind in Bild 7 die Last-Verschiebungslinien von zwei Belastungszyklen, welche die beim Versuch angewendete Höchstlast einschließen, dargestellt.

Auswertung

Die Zahlenwerte aus Bild 7 werden in die Gln. (3) und (4) eingesetzt. Sie entsprechen Ausgleichsgeraden für die erste Belastung.

$$\Delta\sigma_\mathrm{m} = 5\,\mathrm{MN/m^2}$$

$$\Delta s_\mathrm{Z} = (1535 - 275) \cdot 10^{-6} = 1{,}26 \cdot 10^{-3}\,\mathrm{m}$$

$$\nu = 0{,}4\,, \quad \Delta s_\mathrm{R} = (617 - 177) \cdot 10^{-6} = 0{,}440 \cdot 10^{-3}\,\mathrm{m}$$

$$\xi = \frac{0{,}440}{1{,}26} = 0{,}349$$

$$\zeta = \frac{1 - 0{,}349}{0{,}189 + 0{,}273 \cdot 0{,}349} = 2{,}3$$

$$E_\mathrm{v} = \frac{(1 - 0{,}4^2) \cdot 0{,}625}{0{,}261 + 0{,}376 \cdot 0{,}349} \cdot \frac{5}{1{,}26 \cdot 10^{-3}} = 5{,}3 \cdot 10^3\,\frac{\mathrm{MN}}{\mathrm{m^2}}$$

7.2 Anwendungsbeispiel II: Einfacher Doppel-Lastplattenversuch

Allgemeine Angaben zur Versuchsdurchführung

Geologische Formation:	Keuper (Knollenmergel)
Gebirgsbeschreibung:	Tonstein, rotbraun, halbfest bis fest, leicht angewittert, klüftig, Kluftkörperabmessungen ca. 2–5 cm
Versuchsart:	Kurzversuch mit zwei Be- und Entlastungszyklen
Druckrichtung:	horizontal, 45° NO und 225° SW
Lastplatten:	kreisförmig, 30 cm ∅, Dicke 30 mm Stahl
Belastung:	hydraulisch, mit Handpumpe
Verschiebungsmessung:	je ein elektrischer Wegaufnehmer im Zentrum jeder Lastplatte mit 1/100 mm Ablesegenauigkeit

Messergebnisse

Die abgelesenen Werte sind in Tab. 2 zusammengefasst und im Bild 8 grafisch dargestellt. Dabei sind die beiden Lastplatten als Messstelle 1 bzw. Messstelle 2 bezeichnet.

Auswertung

$\nu = 0{,}40$ $\omega = 1{,}57$ (für starre Lastplatten)

$r = 0{,}15\,\text{m}$

Verformungsmodul $E_v = 1{,}57(1 - 0{,}4^2) \cdot 0{,}15 \cdot \frac{\Delta\sigma_m}{\Delta s}$

$$E_v = 0{,}198 \cdot \frac{\Delta\sigma_m}{\Delta s}$$

Spannungsbereich [MN/m²]	Messstelle 1 $\Delta\sigma_m$ [MN/m²]	Messstelle 1 Δs [m × 10⁻³]	Messstelle 1 E_v [MN/m²]	Messstelle 2 $\Delta\sigma_m$ [MN/m²]	Messstelle 2 Δs [m × 10⁻³]	Messstelle 2 E_v [MN/m²]
1. Belastung						
0,50–0,75	0,25	0,45	110	0,25	0,63	79
0,75–0,90	0,15	0,29	102	0,15	0,23	129
2. Belastung						
0,50–0,75	0,25	0,29	171	0,25	0,15	330
1,00–1,50	0,50	0,98	101	0,50	1,30	76
1,50–2,00	0,50	1,45	68	0,50	1,89	52

Tab. 2 Messergebnisse von Anwendungsbeispiel II.

Manometer-druck	Sohlnormal-spannung	Zeit	Messstelle 1		Messstelle 2	
P	σ		Ablesung s	Verschiebung Δh	Ablesung s	Verschiebung Δh
[bar]	[MN/m²]	[min]	[mm]	[mm]	[mm]	[mm]
13	0,25	0	15,00	0,00	15,00	0,00
		1	15,00	0,00	15,00	0,00
31	0,50	0	15,23	0,23	15,32	0,32
		1	15,24	0,24	15,33	0,33
49	0,75	0	15,65	0,65	15,93	0,93
		1	15,68	0,68	15,95	0,95
		2	15,69	0,69	15,96	0,96
61	0,90	0	15,92	0,92	16,10	1,10
		1	15,94	0,94	16,14	1,14
		2	15,96	0,96	16,17	1,17
		4	15,98	0,98	16,19	1,19
49	0,75	0	15,96	0,96	16,17	1,17
		1	15,96	0,96	16,17	1,17
31	0,50	0	15,85	0,85	16,07	1,07
		1	15,84	0,84	16,08	1,08
13	0,25	0	15,62	0,62	15,92	0,92
		1	15,59	0,59	15,89	0,89
		2	15,57	0,57	15,87	0,87
		4	15,55	0,55	15,85	0,85
31	0,50	0	15,69	0,69	15,97	0,97
		1	15,70	0,70	15,98	0,98
49	0,75	0	15,97	0,97	16,12	1,12
		1	15,98	0,98	16,13	1,13
67	1,00	0	16,19	1,19	16,41	1,41
		1	16,22	1,22	16,44	1,44
		2	16,24	1,24	16,46	1,46
		4	16,26	1,26	16,48	1,48
85	1,25	0	16,65	1,65	17,02	2,02
		1	16,69	1,69	17,06	2,06
		2	16,72	1,72	17,10	2,10
		4	16,74	1,74	17,12	2,12
103	1,50	0	17,11	2,11	17,65	2,65
		1	17,15	2,15	17,69	2,69
		2	17,18	2,18	17,72	2,72
		4	17,22	2,22	17,76	2,76
		6	17,24	2,24	17,78	2,78

Tab. 2 (Fortgesetzt) Messergebnisse von Anwendungsbeispiel II.

Manometer-druck	Sohlnormal-spannung	Zeit	Messstelle 1		Messstelle 2	
P	σ		Ablesung s	Verschiebung Δh	Ablesung s	Verschiebung Δh
[bar]	[MN/m²]	[min]	[mm]	[mm]	[mm]	[mm]
121	1,75	0	17,84	2,84	18,62	3,62
		1	17,88	2,88	18,65	3,65
		2	17,91	2,91	18,69	3,69
		4	17,94	2,94	18,72	3,72
		8	17,96	2,96	18,74	3,74
149	2,00	0	18,51	3,51	19,48	4,48
		1	18,56	3,56	19,53	4,53
		2	18,61	3,61	19,59	4,59
		4	18,65	3,65	19,63	4,63
		8	18,69	3,69	9,67	4,67
103	1,50	0	18,55	3,55	19,56	4,56
		1	18,55	3,55	19,56	4,56
67	1,00	0	18,23	3,23	19,32	4,32
		1	18,23	3,23	19,32	4,32
49	0,75	0	18,02	3,02	19,12	4,12
		1	18,01	3,01	19,11	4,11
31	0,50	0	17,79	2,79	18,86	3,86
		1	17,77	2,77	18,84	3,84
		2	17,75	2,75	18,82	3,82
13	0,25	0	17,45	2,45	18,44	3,44
		1	17,43	2,43	18,42	3,42
		2	17,40	2,40	18,39	3,39
		4	17,37	2,37	18,36	3,36
		8	17,35	2,35	18,34	3,34

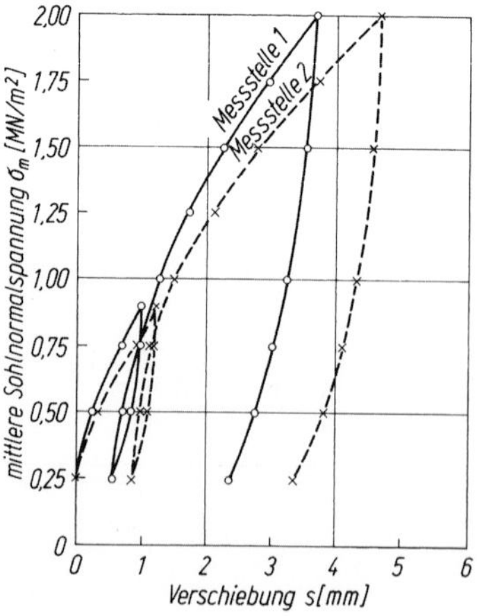

Bild 8 Last-Verschiebungslinien von Anwendungsbeispiel II.

Literatur

1 International Society for Rock Mechanics, Commission on Standardization of Labaratory and Field Tests, Committee on Field Tests (1979). Suggested methods for determining in situ deformability of rock. *Int. J. Rock Mech. Min. Sci & Geomech. Abstr.* 16: 195–214.

Empfehlung Nr. 7: Schlitzentlastungs- und Druckkissen-Belastungsversuche

Wolfhard Leichnitz und Gerhard Müller

1 Zweck

Zweck der Schlitzentlastungs- und Druckkissenbelastungsversuche ist die Messung von Spannungskomponenten sowie die Ermittlung des Verformungsmoduls im Gebirge. In Sonderfällen kann aus mehreren Messungen der Primärspannungszustand ermittelt werden.

2 Begriffe

Die primäre Spannungsverteilung herrscht im Gebirge, bevor dieses durch künstliche Einwirkung gestört wird. Aufgrund solcher Einwirkungen (z. B. Hohlraumausbruch) stellt sich im Gebirge ein sekundärer Spannungszustand ein, der vom Primärspannungszustand, dem Materialverhalten und der Geometrie abhängig sowie mit der Zeit veränderlich ist.

Gemessen werden die durch Spannungsänderungen in einem Material hervorgerufenen Verschiebungen. Um diese Verschiebungen mit den Spannungen verknüpfen zu können, muss man ein Stoffgesetz einführen. In einem homogenen, isotropen und linearelastischen Material stellt das Hooke'sche Gesetz diese Beziehungen her. Bei der Anwendung sind zwei Materialkennwerte, der Elastizitätsmodul und die Poissonzahl, erforderlich.

Die Spannungen können in einem elastischen Material mithilfe des Kompensationsverfahrens auch ohne die Kenntnis des Elastizitätsmoduls und der Poissonzahl ermittelt werden. Die prinzipielle Vorgehensweise bei dieser Methode, dem Schlitzentlastungs- und Druckkissenbelastungsversuch, ist folgende (Bild 1):

- Anbringen von Messbolzen (a) für Verformungsmessungen im Gebirge und Durchführung der Nullmessung,
- Herstellen eines Schlitzes (b) zwischen den Messbolzen,
- Durchführung der Wiederholungsmessungen zur Feststellung der entstandenen Entlastungsverformungen im Gebirge,

Empfehlungen des Arbeitskreises Versuchstechnik Fels, 1. Auflage. Arbeitskreis 3.3 „Versuchstechnik Fels“.

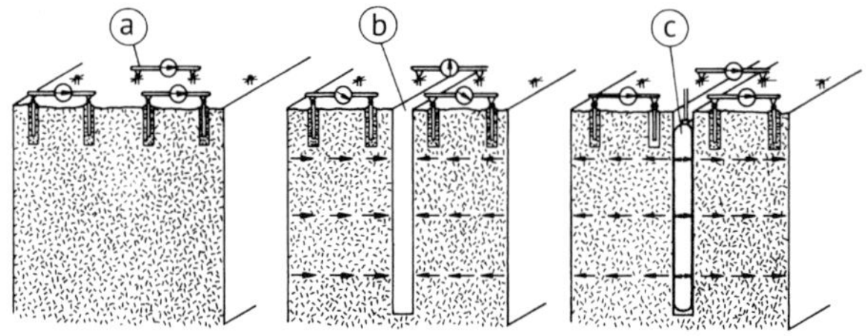

Bild 1 Schlitzentlastungs- und Druckkissenbelastungsversuch. (a) Messbolzen mit Deformeter, (b) Schlitz und (c) Druckkissen im Schlitz.

- Einbau eines Druckkissens (c) in den Schlitz,
- Kompensation der bei der Schlitzherstellung entstandenen Entlastungsverformungen durch Belasten mit dem Druckkissen bis zur völligen Rückverformung im Gebirge und Messen des dazu erforderlichen Druckes.

Bestimmung einer Spannungskomponente

Hierbei wird ein großflächiger Schlitz ins Gebirge gebohrt oder gesägt. Großflächige Druckkissen ($F \geqq 1\,\mathrm{m}^2$) erlauben die Messung in einem repräsentativen Gebirgsbereich. Derartige Versuche werden durchgeführt, wenn z. B. nach der Tangentialspannung in den Ulmen eines Tunnels oder der vertikalen Belastung eines Pfeilers gefragt wird. Da der zur Kompensation erforderliche Druck unmittelbar der gesuchten Spannungskomponente entspricht, ist die Kenntnis der Materialkennwerte (elastisches Gebirgsverhalten vorausgesetzt) nicht erforderlich. Die Methode versagt im Falle irreversibler Verformung bei Wiederbelastung und bei Messungen im Zugspannungsbereich.

Bestimmung des Gebirgsverformungsmoduls

Sind in den Druckkissen Weggeber eingebaut, so kann der Verformungsmodul des Gebirges bestimmt werden. Voraussetzungen und Vorgehensweise sind die gleichen wie bei der Ermittlung einer Spannungskomponente.

Bestimmung des Spannungstensors

In Sonderfällen können aus Messungen mehrerer Komponenten des sekundären Spannungszustandes um einen Hohlraum die Richtung und Größe der primären Hauptspannungen abgeschätzt werden. Hierzu sind bei bekannter Poissonzahl mindestens sechs Einzelversuche mit kleinen Schlitzen und Kleinwegdruckkissen erforderlich. Die Druckkissen müssen so angeordnet sein, dass bei bekannten Randbedingungen aus der Kombination der Messergebnisse der Spannungstensor bestimmt werden kann [1]. Für linear-elastisches, homogenes, isotropes Gebirge sind in einem kreisförmigen Stollen solche Messungen bereits durchgeführt worden.

3 Prüfeinrichtungen

Für die Herstellung von Schlitzen unterschiedlicher Größe (Länge, Weite und Tiefe) sind verschiedene Maschinen erforderlich. Die zugehörigen Druckkissen unterscheiden sich in Form und Aufweitung.

3.1 Einrichtungen zum Herstellen und Testen großer Schlitze mit mittlerer und großer Weite

Gesteinsbohrmaschine

Die Gesteinsbohrmaschine zur Herstellung von langen und tiefen Schlitzen mit mittlerer und großer Weite besteht aus der Säulenbohrmaschine mit Druckluft- oder elektrischem Antrieb, einer Führungsvorrichtung und der Schlitzbohrschablone (Bild 2). Der Schlitz entsteht durch eine Folge von Bohrlöchern, die einander überlappen. Der Durchmesser des Einzelbohrlochs sollte mindestens 46 mm betragen, die mit der Bohrschablone vorgegebene Überlappung beträgt etwa 1/3 des Bohrlochdurchmessers.

Druckkissen

Die Druckkissen, die in den Schlitz eingebaut werden, sind rechteckig (500 × 1000 mm) oder quadratisch (1000 × 1000 mm) (Bild 3). Sie sind für kleine oder mittlere Aufweitungen bis zu wenigen Zentimetern gebaut. Sie bestehen entweder aus flachen (Bild 3b) oder umgebördelten (Bild 3c) Blechen, die ringsum druckdicht verschweißt und mit zwei Anschlüssen versehen sind. Die Schlitztiefe kann bis 2500 mm betragen, sodass die Kissen in verschiedenen Tiefen eingebaut und vermörtelt werden können.

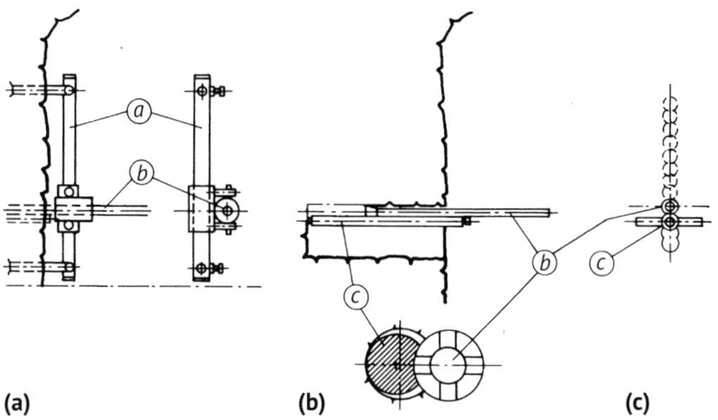

(a) (b) (c)

Bild 2 Gesteinsbohrmaschine zur Herstellung von großen Schlitzen mit mittlerer und großer Weite. (a) Führungsvorrichtung; (b) Schablonenbohren; (c) Bohrschlitz; *a* Führungsschiene, *b* Bohrstange und *c* Schlitzbohrschablone.

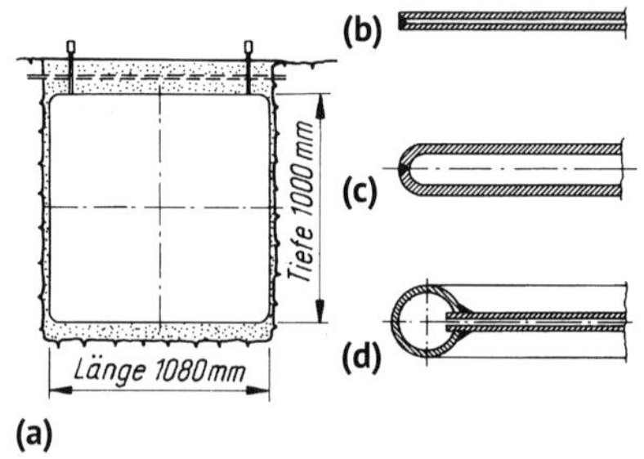

Bild 3 Druckkissen für große Bohrschlitze. (a) Druckkissen, $F \geqq 1\,m^2$; (b) Kleinwegdruckkissen; Aufweitung um Millimeter für Schlitze kleiner Weite; (c) Druckkissen für mittlere Wege; Aufweitung um Zentimeter für Schlitze mittlerer Weite und (d) Großwegdruckkissen; Aufweitung um Dezimeter für Schlitze großer Weite.

Großwegdruckkissen

Großwegdruckkissen für Aufweitungen bis zu Dezimetern bestehen aus Blechen, die ringsum mit längsgeschnittenen Rohren verschweißt werden (Bild 3d). Zum Einbau sind Schlitze mit größerer Weite notwendig, die sich aus einander überschneidenden Einzelbohrlöchern von mehr als 66 mm Durchmesser ergeben.

3.2 Einrichtungen zum Herstellen und Testen großer Schlitze mit kleiner Weite

Gesteinsbohr- und Sägemaschinen

Die kombinierte Gesteinsbohr- und Sägemaschine zur Herstellung von großen Schlitzen mit kleiner Weite besteht aus der Bohrmaschine mit Einfachkernrohr für die Herstellung eines Vorbohrlochs zur Aufnahme des Sägeantriebs und der Sägemaschine mit Gesteinssägescheibe zur Herstellung eines Schlitzes von ca. 7 mm Weite (Bild 4).

Beide können an einer gemeinsamen Führung befestigt werden. Der Durchmesser des Vorbohrlochs sollte 180 mm nicht überschreiten. Die Gesteinssägescheibe hat einen Durchmesser von ca. 1000 mm, die Schlitztiefe beträgt gewöhnlich 1250 mm.

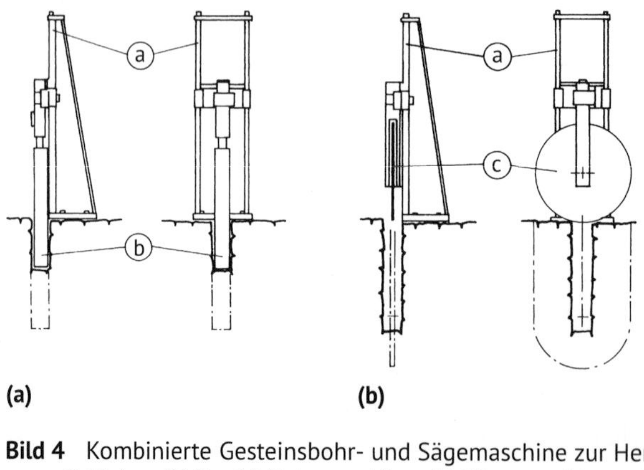

Bild 4 Kombinierte Gesteinsbohr- und Sägemaschine zur Herstellung von großen Schlitzen mit kleiner Weite. (a) Bohrmaschine; (b) Sägemaschine; *a* Führungsrahmen, *b* Kernrohr für Vorbohrloch und *c* Gesteinssägescheibe ∅ 1 m.

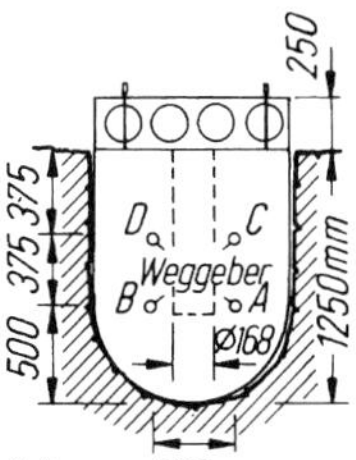

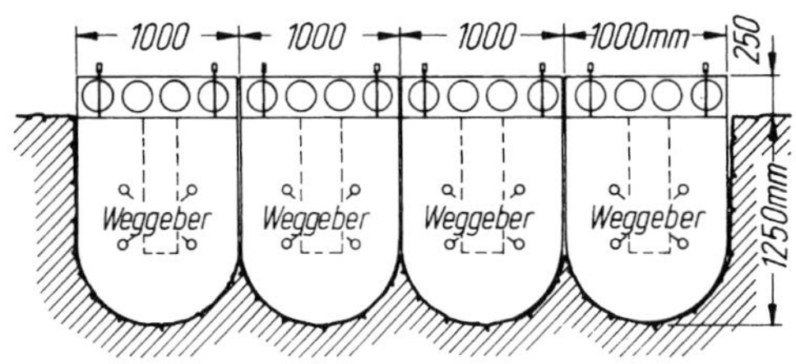

Bild 5 Druckkissen für große Sägeschlitze. (a) Einzelschlitz mit Druckkissen $F \approx 1{,}1\ \mathrm{m}^2$; (b) Vierfach-Schlitz mit 4 Druckkissen $F \approx 4{,}5\ \mathrm{m}^2$.

Kleinwegdruckkissen

Die entsprechenden Druckkissen haben die Form einer Zusammensetzung von Rechteck und Halbkreis mit den Abmessungen ca. 1000 × 1250 mm (Bild 5a). Es sind flache Druckkissen für kleine Aufweitungen (ca. 4 mm), die nach dem Einbau im Schlitz mit dem Stoß bündig abschließen. Für große Druckflächen werden mehrere Druckkissen nebeneinander angeordnet (Bild 5b). Zur Messung der Aufweitung unter Druck können elektrische Weggeber im Druckkissen eingebaut sein.

3.3 Einrichtungen zum Herstellen und Testen kleiner Schlitze

Gesteinssäge

Die Gesteinssäge zur Herstellung von Schlitzen für kleinflächige Druckkissen besteht aus der Gesteins-Sägescheibe mit Antriebsmotor und Vorschubmechanismus sowie dem Halte- und Führungsrahmen, der an der Gebirgsoberfläche befestigt wird (Bild 6). Beim Sägen entstehen halbmondförmige Schlitze, die mindestens 20 cm tief sein sollten.

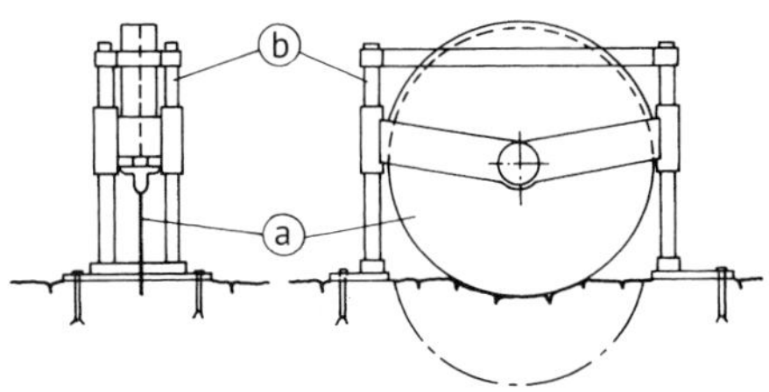

Bild 6 Gesteinssäge zur Herstellung von kleinen Schlitzen für Kleinwegdruckkissen. *a* Gesteinssägescheibe ∅ 60 cm; *b* Halte- und Führungsrahmen.

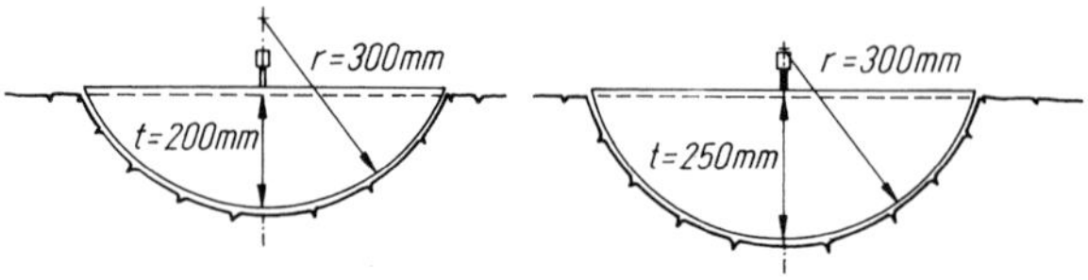

Bild 7 Kleinwegdruckkissen für kleine Schlitze.

Kleinwegdruckkissen

Die Druckkissen für diese Schlitze sind entsprechend geformt und bestehen aus ringsum druckdicht verschweißten Stahlblechen mit einem Anschlussstück (Bild 7). Sie sind für geringe Aufweitungen von wenigen Millimetern ausgelegt.

Die Kissen werden in den Schlitz so weit eingeschoben, dass sie bündig abschließen.

3.4 Einrichtungen zum Aufbringen der Belastungen

Die Einrichtung zum Aufbringen der Belastung besteht aus einer manuell oder elektrisch betriebenen Pumpe. Der Druck soll mit Manometern gemessen werden, die eine Genauigkeit von 1 % des Messbereichs aufweisen.

3.5 Einrichtungen zur Bestimmung der Verschiebungen des Gebirges

Die Vorrichtung zum Messen der Verformungen bei Schlitzherstellung und Schlitzaufweitung, das mechanische Distanzmessgerät oder Deformeter, muss bei einer Messbasis von 250 mm und einem Messbereich von mindestens 5 mm eine Ablesegenauigkeit von 0,002 mm erreichen. Es sollte aus Invarstahl gefertigt sein, damit Temperatureinflüsse ausgeschaltet sind. Das Deformeter wird auf Messbolzen aufgesetzt, die paarweise symmetrisch zum Schlitz angeordnet sind.

Die Messbolzen sind stirnseitig mit Präzisionsanschlägen für das Deformeter versehen, haben einen Durchmesser von ca. 12–15 mm und eine Länge von 150 bis 200 mm (Bild 1).

Anstelle eines mechanischen Distanzmessgerätes können auch elektrische Weggeber zwischen den Messbolzen montiert oder Messzellen in das Gebirge eingeklebt und ihre Verformung mit Analog- oder Digitalanzeigegeräten abgelesen werden.

3.6 Einrichtungen zur Messung der Druckkissenaufweitungen

Die Vorrichtung zum Messen der Druckkissenaufweitung besteht aus vier induktiven Weggebern oder vier Federn mit Dehnungsmessstreifenbelegung, die in die Kissen eingebaut sind. Die Ablesung der Aufweitungen erfolgt am Analog- oder Digitalmessgerät.

Die Druckkissenaufweitung kann auch durch das eingespeiste Volumen der Hydraulikflüssigkeit angezeigt werden. Die Messeinrichtung sollte das Volumen auf 1 cm^3 genau zu ermitteln erlauben.

4 Auswahl des Versuchsortes und Versuchsvorbereitung

Nach Möglichkeit soll der Versuch im frisch vorgetriebenen Stollen stattfinden, wobei die Vorbereitung der Felsoberfläche am Versuchsort mit größter Sorgfalt, am besten von Hand geschieht. Die Oberfläche soll eben oder nur leicht konkav gewölbt sein.

4.1 Großer Schlitz

Aufgrund des Durchtrennungsgrades, der Inhomogenität und anderer relevanter Gebirgseigenschaften ist die Druckfläche mit einem oder mehreren Quadratmetern festzulegen. Im letzteren Fall werden die Schlitze aneinander anschließend hergestellt. Die Schlitze werden grundsätzlich rechtwinklig zu der Richtung vorgesehen, in der die Gebirgsspannung oder der Gebirgsverformungsmodul bestimmt werden soll.

4.2 Kleine Schlitze

Bei Verwendung von kleinen Druckkissen sollte die Distanz zwischen dem Versuchsort und eventuell sichtbaren Trennflächen mindestens 3 Schlitzlängen betragen. Wie schon erwähnt, muss man, um den gesamten Spannungstensor zu erhalten, mindestens 6 verschiedene Versuche in unterschiedlichen Richtungen durchführen. Damit ausreichend gute Unterlagen zur Auswertung vorliegen, wird jedoch eine größere Anzahl von Versuchen vorgeschlagen. Das normale Schema der Testanordnung sieht die Durchführung von insgesamt 12 Versuchen vor, wobei in 3 senkrecht aufeinander stehenden Ebenen (z. B. Sohle, Firste und Ulme eines Stollens) je 4 Schlitze, die untereinander Winkel von 45° bzw. 90° bilden, gesägt werden. Die Ausdehnung des Versuchsbereiches sollte den doppelten Durchmesser des Stollens nicht übersteigen und mindestens fünf Stollendurchmesser vom Stollenende entfernt sein.

5 Versuchsdurchführung

Die folgenden Ausführungen sind unabhängig von der Größe des Schlitzes und der Aufweitung der Druckkissen.

5.1 Einrichtung der Messstrecken für die Verschiebungsmessungen

Die Messbolzen zur Ermittlung der Verschiebungen an der Gesteinsoberfläche sollen paarweise symmetrisch und rechtwinklig zur gewählten Schlitzrichtung angebracht werden. Die Distanz zwischen den Bolzen entspricht der Messbasis des Deformeters. Eine Schablone zum Setzen der Messbolzen wird auf die präparierte Gesteinsoberfläche aufgesetzt und der Standort der Bolzen markiert. Die Löcher werden gebohrt, die Bolzen eingesetzt und fixiert. Es wird eine Nullmessung mit dem Deformeter durchgeführt.

Zur Messung der Gebirgsverformungen im Gebirge selbst können Messzellen, z. B. Triaxialzellen in Bohrlöchern, die parallel zur Schlitzrichtung verlaufen, eingebaut werden. Solche Triaxialzellen, mit 3 vierfach Dehnungsmessstreifen-Rosetten versehen und einem Durchmesser von 36 mm, werden in 38er Bohrlöchern mit Kunststoffkleber fest mit dem Gebirge verbunden; nach Ablauf der Abbindezeit wird die Nullmessung durchgeführt.

5.2 Entspannung durch Schlitzherstellung und Messung der Verschiebungen

Die Schlitze können je nach dem Zweck des Versuchs als Einzelschlitze, als Doppel- oder Mehrfachschlitze parallel zueinander oder in Reihe angeordnet werden. Je nachdem, ob der Schlitz gebohrt oder gesägt wird, werden die Verschiebungen während der Schlitzherstellung in Abhängigkeit von der Schlitztiefe oder der Schlitzlänge gemessen.

5.3 Einbau der Druckkissen

In Bohrschlitzen bettet man die Druckkissen nach dem Einbau in Mörtel ein, um die Ungleichmäßigkeiten der Schlitze auszugleichen. Der Mörtel soll nach dem Abbinden möglichst die gleichen Verformungseigenschaften wie das umgebende Gebirge aufweisen.

Wird der Schlitz gesägt, soll das Druckkissen in seiner Form und seiner Dicke möglichst den Abmessungen des Schlitzes angepasst sein, damit es ohne Mörtel platziert werden kann. Bei großen Schlitzen, die mit einem Vorbohrloch hergestellt wurden, ist die Bohrung mit Mörtel oder Halbzylindern aus Holz auszufüllen.

5.4 Aufbringen der Last und Messung der Verformungen

Nach Einbau der Druckkissen werden die Deformationsmessungen im Gebirge oder an der Oberfläche wiederholt. Falls Geber zur Bestimmung des Gebirgsverformungsmoduls im Druckkissen eingebaut sind, darf die Nullmessung erst nach Erreichen eines Mindestdruckes durchgeführt werden, der gewährleistet, dass das Druckkissen an den Schlitzwänden anliegt.

Zur Bestimmung der Gebirgsspannungen werden die Druckkissen, nachdem der Mörtel erhärtet ist, mithilfe der hydraulischen Einrichtungen in einzelnen Laststufen aufgepumpt, sodass in etwa 5 Lastschritten die äußeren Dehnungen rückgängig gemacht werden. Die Dauer dieser Belastung soll etwa der Zeit entsprechen, die zur Schlitzherstellung benötigt wurde.

Zur Bestimmung des Gebirgsverformungsmoduls werden die Druckkissen mithilfe der hydraulischen Einrichtungen in steigenden Laststufen, die vorher in einem Versuchsprogramm festgelegt wurden, belastet. Vor Anfahren einer höheren Laststufe wird erst wieder auf null oder einen sehr niedrigen Wert entlastet.

Am Ende jeder Laststufe werden Distanzmessungen durchgeführt. Jede Laststufe wird so lange konstant gehalten, bis die Verformungsänderungen abgeklungen sind. Die Belastung wird gesteigert, bis die Distanzen zwischen allen Bolzenpaaren auf den Anfangswert vor der Schlitzherstellung oder die Veränderung der Messzellen auf null zurückgegangen sind. Der Druck, der dann herrscht, ist der Kompensationsdruck.

6 Versuchsauswertung und Darstellung der Messergebnisse

6.1 Bestimmung einer Spannungskomponente

Die rechtwinklig zur Schlitzebene wirkende Spannungskomponente kann in jedem Schlitzentlastungs- und Druckkissenbelastungsversuch, unabhängig von der Größe des Schlitzes, bestimmt werden.

Die während der Schlitzherstellung mit dem Deformeter zwischen den Messbolzen ermittelten Verschiebungen werden in Abhängigkeit der Schlitztiefe (bei Sägeschlitzen) oder der Schlitzlänge (bei Bohrschlitzen) grafisch dargestellt. Bei Wiederbelastung des Gebirges werden die Verschiebungen gemessen und in Abhängigkeit vom Kissendruck grafisch aufgetragen. Der Kompensationsdruck, der gleich der senkrecht zum Druckkissen herrschenden Spannungskomponente ist, wird aus diesen Diagrammen ermittelt. Die Vorgehensweise zur Bestimmung des Kompensationsdruckes wird im Anwendungsbeispiel 1 (Bild 8) gezeigt.

6.2 Bestimmung des Gebirgsverformungsmoduls

Falls Weggeber in einem Druckkissen eingebaut sind, kann der Verformungsmodul des Gebirges bestimmt werden. Prinzipiell ist der Einbau von Weggebern in allen Druckkissen, unabhängig von Schlitzgröße und Aufweitung, möglich. Zur Bestimmung des Gebirgsverformungsmoduls werden im Allgemeinen große Schlitze mit Druckkissen für kleine Wege verwendet.

Nach der linearen Elastizitätstheorie gilt für den homogenen, isotropen Halbraum, auf den eine Gleichlast einwirkt, die Gl. (1):

$$E = (1 - \nu^2)\frac{k}{s} \cdot p \tag{1}$$

Darin sind:

E Elastizitätsmodul
ν Poissonzahl
K Beiwert mit der Dimension einer Länge
p Kissendruck
s Verschiebung

Der Beiwert K ist von den geometrischen Abmessungen des Druckkissens abhängig. Er ist im Einzelfall analytisch oder numerisch zu ermitteln. Für das in Bild 5a

Zeit		Messungen	Deformeter 1		Deformeter 2		Deformeter 3		Testverlauf
Datum	Uhrzeit		Meßwert	[mm] Meßwert 0-Messung	Meßwert	[mm] Meßwert 0-Messung	Meßwert	[mm] Meßwert 0-Messung	
10.1.	8^{10}	0-Messung	2192	0,000	2286	0,000	2335	0,000	0-Messung
									Schlitzbohren
	8^{20}	25 cm Schlitzlänge	2355	0,163	1267	−0,319	2643	0,308	↓
	10^{35}	50 cm Schlitzlänge	2449	0,257	1471	−0,815	2832	0,497	
	12^{10}	75 cm Schlitzlänge	2472	0,280	1351	−0,935	2877	0,542	
	16^{35}	100 cm Schlitzlänge	2487	0,295	1215	−1,071	2950	0,615	
	20^{10}	125 cm Schlitzlänge	2546	0,354	0945	−1,341	3061	0,726	
11.1.									Druckkisseneinbau
13.1.	10^{10}	0 bar Kissendruck	2563	0,371	0947	−1,339	3058	0,723	Druckkissentest
	10^{50}	5 bar Kissendruck	2542	0,350	0963	−1,323	3048	0,713	↓
	11^{40}	10 bar Kissendruck	2541	0,349	1001	−1,285	3016	0,681	
	13^{00}	15 bar Kissendruck	2464	0,272	1205	−1,081	2957	0,622	
	15^{10}	20 bar Kissendruck	2373	0,181	1510	−0,776	2746	0,411	
	16^{35}	25 bar Kissendruck	2243	0,050	1940	−0,346	2480	0,148	
	18^{15}	30 bar Kissendruck	2233	0,041	2110	−0,176	2435	0,100	
	19^{10}	35 bar Kissendruck	2128	0,061	2461	0,175	2317	−0,018	
	20^{35}	40 bar Kissendruck	2097	0,095	2774	0,488	2200	−0,135	

(b)

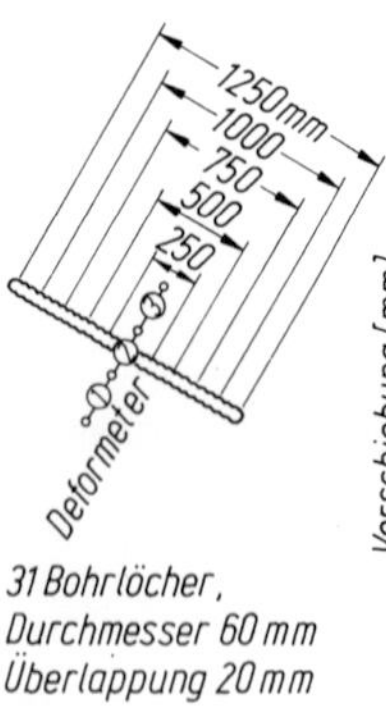

(a)

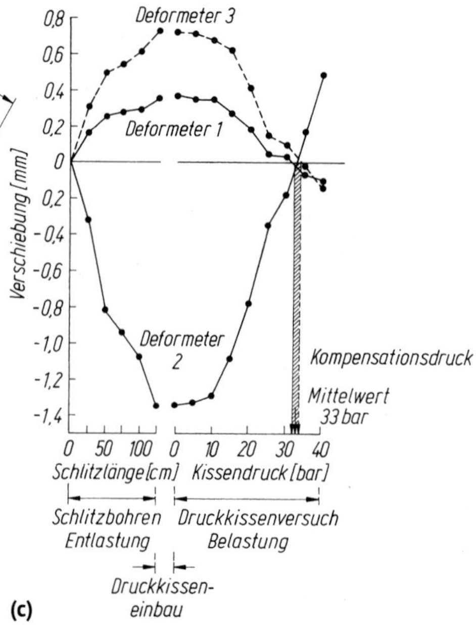

(c)

Bild 8 Anwendungsbeispiel 1: Schlitzentlastungs- und Druckkissenbelastungsversuch, Bohrschlitz. (a) Lageplan; (b) Messprotokoll; (c) grafische Darstellung zur Ermittlung des Kompensationsdrucks.

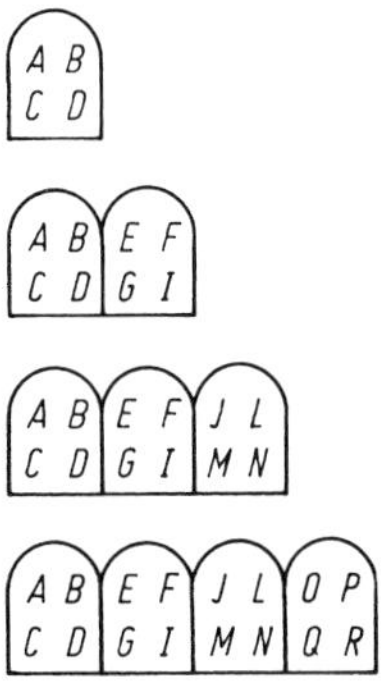

Position	K[cm]	Position	K[cm]
A, B	131		
C, D	136		
A, F	150	C, I	160
B, E	191	D, G	215
A, L	155	D, M	231
B, J	202	E, F	216
C, N	167	G, I	249
A, P	157	E, L	223
B, O	206	F, J	228
C, R	170	G, N	259
D, Q	237	I, M	267

Bild 9 *K*-Werte für Druckkissenabmessungen nach Bild 5 bei der Aufweitung des Schlitzes ohne Rissbildung.

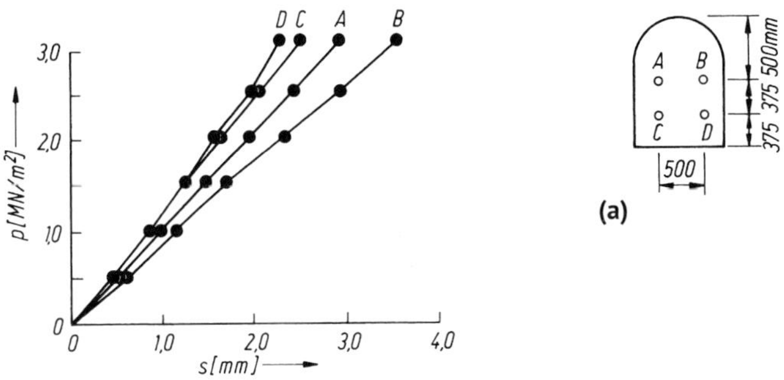

(b) *Material: Sandstein* $\nu = 0{,}32$; $p = 3{,}0\ MN/m^2$

$s_A = 2{,}90\,mm$	$K_A = 131\,cm$	$E_A = 1215\,MN/m^2$
$s_B = 3{,}45\,mm$	$K_B = 131\,cm$	$E_B = 1020\,MN/m^2$
$s_C = 2{,}45\,mm$	$K_C = 136\,cm$	$E_C = 1495\,MN/m^2$
$s_D = 2{,}25\,mm$	$K_D = 136\,cm$	$E_D = 1625\,MN/m^2$

(c)

Bild 10 Anwendungsbeispiel 2: Bestimmung des Gebirgsverformungsmoduls, Sägeschlitz. (a) Druckkissen mit Weggebern; (b) Last-Verschiebungs-Diagramm; (c) Wertetafel und Berechnung des Elastizitätsmoduls nach Gl. (1).

gezeigte Druckkissen mit den dort angegebenen Abmessungen sind die Konstanten *K* für die vier auf den Positionen A–D platzierten Weggeber in Bild 9 aufgeführt. Dabei werden Kombinationen von bis zu vier nebeneinanderliegenden Kissen berücksichtigt. Es wird von der vereinfachenden Annahme ausgegangen, dass bei der Aufweitung des Schlitzes ein Aufreißen des Gebirges nicht stattfindet. Die Vorgehensweise zur Bestimmung des Gebirgsverformungsmoduls wird im Anwendungsbeispiel 2 (Bild 10) gezeigt.

Bei der Belastung des Schlitzes kann das Gebirge in der Schlitzebene aufreißen, wobei die Risslänge in der Regel nicht gemessen werden kann. In diesen Fällen müssen andere K-Werte verwendet werden. In [2] wird ein Verfahren beschrieben, mit dem die Risslänge abgeschätzt werden kann. In dieser Veröffentlichung sind auch die zugehörigen K-Werte aufgeführt.

Literatur

1 Natau, O. (1972). Theorie zur Bestimmung des Spannungstensors im Gebirge durch Messung von Normalspannungen nach der Kompensationsmethode in Bohrstollen. Int. Symposium für Untertagebau, Luzern, 513–519.
2 Pinto, L. (1981). *Detemination of Deformability Modulus of Weak Rock Masses by Means of Large Flat Jacks (LFJ).* Tokyo: IGFM.

Empfehlung Nr. 8: Dilatometerversuche in Felsbohrungen

Arno Pahl

1 Zweck

Der Dilatometerversuch dient zur Untersuchung des Verformungsverhaltens des Gebirges in-situ durch Aufweitung eines Bohrlochabschnitts. Die Versuchsergebnisse finden Verwendung bei der Gebirgsklassifizierung und der Charakterisierung des Gebirgsverhaltens.

2 Begriffe

Das Dilatometer ist eine Bohrlochverformungssonde, mit der über einen dehnbaren Schlauch ein hydraulischer oder pneumatischer Druck (p_i) auf das Gebirge aufgebracht und eine Bohrlochaufweitung (Δd) bewirkt wird (Bild 1).

Als Verformungsmodul (E_V) wird das aus einer Spannungs-Verformungsbeziehung gewonnene Verhältnis zwischen einer Spannungsdifferenz und der dazugehörigen Dehnungsdifferenz bei der Belastung bezeichnet. Der Elastizitätsmodul (E) wird entsprechend aus der Entlastung berechnet.

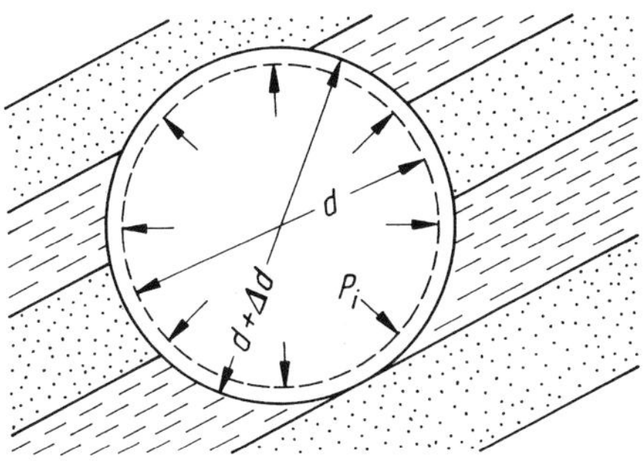

Bild 1 Bohrlochaufweitung (Δd).

Empfehlungen des Arbeitskreises Versuchstechnik Fels, 1. Auflage. Arbeitskreis 3.3 „Versuchstechnik Fels“.

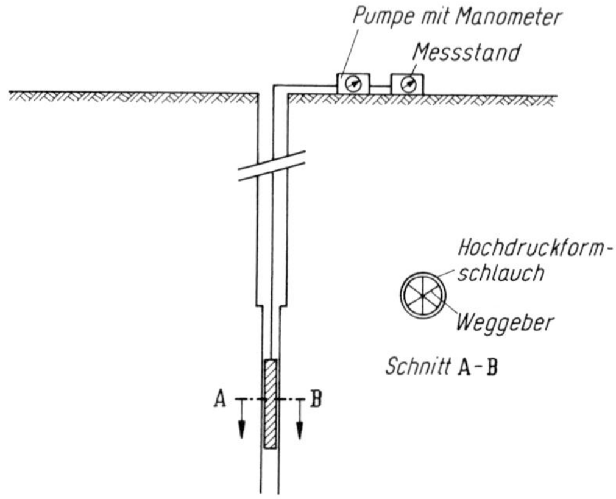

Bild 2 Schematische Darstellung des Dilatometers in der Bohrung.

Dilatometerversuche in Felsbohrungen

$$E \text{ bzw. } E_\mathrm{v} = (1+\nu) \cdot \frac{d}{\Delta d} \cdot \Delta p \quad (\mathrm{MN/m^2}) \tag{1}$$

wobei

ν *Poisson*zahl
d Durchmesser der Bohrung (mm)
Δd Durchmesseränderung (mm)
Δp Belastungsänderung ($\mathrm{MN/m^2}$)

Diese Formel hat streng genommen nur bei elastischem Verhalten Gültigkeit.

3 Geräte

Das Dilatometer besteht im Wesentlichen aus einem Stahlgrundkörper und einem Hochdruckformschlauch. Zusammen bilden diese Teile eine Zelle, deren Mantel, der Hochdruckformschlauch, gegen die Bohrlochwand gepresst wird. In der Zelle sind Weggeber enthalten, mit denen die Bohrlochaufweitung gemessen wird. Als Druckmedium wird im allgemeinen Hydrauliköl, Wasser oder Gas z. B. Stickstoff verwendet (Bild 2).

Gebräuchliche Abmessungen sind Durchmesser (d) von 76, 86 oder 116 mm und Längen (l) des Prüfabschnittes von 1 m ($l = 5$ bis $15\,d$).

Zur Versuchseinrichtung gehören außerdem das Anzeigegerät für die Wegmessungen und ein Druckerzeuger für die Beaufschlagung der Druckzelle. Die Pumpe soll unterschiedliche Belastungsgeschwindigkeiten und ein Konstanthalten bestimmter Drücke ermöglichen.

4 Versuchsvorbereitung

Beim Dilatometerversuch wird das um die Bohrung anstehende Gebirge untersucht. Länge und Durchmesser des belasteten Bohrlochabschnittes sind von den Dilatometerabmessungen abhängig.

Der zu prüfende Abschnitt der Bohrung muss sehr sorgfältig gebohrt werden, damit keine unzulässigen Abweichungen des Bohrlochdurchmessers auftreten. Die Toleranzen sind abhängig vom Dilatometertyp und dem Gebirge. Es empfiehlt sich eine Kontrolle des Prüfabschnittes auf eventuell vorhandene Abweichungen von dem geforderten Bohrlochdurchmesser. Außerdem hat sich bewährt, die Bohrung etwas tiefer zu bohren (ca. 1 m), als für die Untersuchung erforderlich ist.

Bei nicht standfestem Gebirge wird eine Verrohrung bis zum Prüfabschnitt geführt und der Versuch im frisch gebohrten Gebirge unterhalb der Verrohrung durchgeführt.

Das im Prüfabschnitt anstehende Gebirge ist mit den erkennbaren Trennflächen und der Gesteinsausbildung möglichst genau aufzunehmen und der Wasserstand in der Bohrung zu registrieren.

In besonderen Fällen, z. B. bei kleineren Nachbrüchen oder offener Kluft, kann die Bohrlochwandung im Versuchsabschnitt geglättet werden. Hierfür kommen Zementfüllung und Wiederaufbohren infrage. Diese Vorbehandlung des Gebirges kann zu einer Veränderung der Verformbarkeit führen und muss im Protokoll angegeben werden.

Beim Einbau des hydraulischen Dilatometers ist zu beachten, dass Hochdruckformschlauch und Leitungen entlüftet sind. Außerdem sollte das Dilatometer nach Möglichkeit orientiert eingebaut werden.

5 Versuchsdurchführung

Die Belastung des Prüfabschnittes erfolgt durch stufenweise Steigerung des Drucks im Dilatometer bis zum gewünschten Maximaldruck bei gleichzeitiger Messung der Bohrlochaufweitung. Anschließend wird stufenweise entlastet. Durch Wiederbelastungen und Entlastungen können die Verschiebungen als Funktion der Belastung in Arbeitslinien dargestellt werden.

Der maximale Sondendruck ist dem Verformungsverhalten des Gebirges anzupassen, unter Berücksichtigung der Gebirgsspannung aus der Überlagerung.

Empfohlen wird folgender Versuchsablauf (Bild 3):

a) Beaufschlagung der Bohrlochwandung mit einem niedrigen Anfangsdruck (Vorspannung) zwecks gleichmäßiger Kraftübertragung zwischen Dilatometer und Gebirge. Dabei ist der Wasserstand in der Bohrung zu berücksichtigen. Danach erfolgt die „Nullablesung“ am Anzeigegerät.
b) Erhöhung des Druckes in Stufen. Ablesen der Messwerte jeder einzelnen Stufe. Mindestens in der Endstufe eines jeden Belastungszyklus ist der annähernde Stillstand der Verformung abzuwarten.

c) Stufenweises Ablassen des Druckes bis auf den Anfangsdruck. Ablesen der Messwerte bis zum Stillstand der Rückverformung.
d) Stufenweise Erhöhung des Druckes für die Zweitbelastung. Ablesen der Messwerte bis zum Stillstand.
e) Stufenweises Ablassen des Druckes bis zum Anfangsdruck. Ablesen der Messwerte bis zum Stillstand der Rückverformung.
f) Wie Punkt b die Drittbelastung.
g) Wie Punkt c usw. bei mehreren Be- und Entlastungszyklen.
h) Völlige Druckentlastung (ggf. über Zusatzventil).

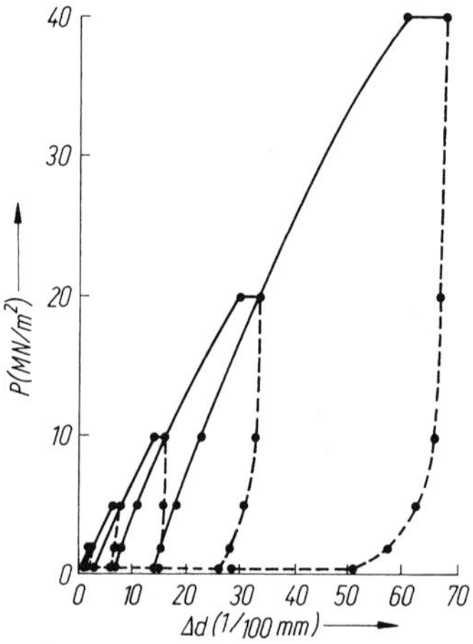

Bild 3 Arbeitslinien eines Dilatometerversuchs.

6 Versuchsauswertung und Darstellung der Ergebnisse

Die Messergebnisse werden als Arbeitslinien in Diagrammform aufgetragen (Bild 3). Das allgemeine Verformungsverhalten kann aus diesen Darstellungen beurteilt werden.

Die Verformungs- (E_v) und Elastizitätsmoduln (E) werden nach der Formel Gl. (1) berechnet.

Den Arbeitslinien kann unmittelbar der Anteil der bleibenden und elastischen Verformungen entnommen werden.

7 Anwendungsbeispiele

In den Bildern 4–7 sind geologische Lage und Ergebnisse eines Dilatometerversuchs als Beispiel dargestellt.

Das Verformungsverhalten von verschiedenen Messrichtungen und Versuchsabschnitten in Bohrungen lässt sich unmittelbar vergleichen. Hieraus können Rückschlüsse auf den Homogenitätsgrad des Gebirges (wirksamer Einflussbereich ca. 2,5-facher Bohrdurchmesser) als Ausdruck gesteins-, verwitterungs- und grundwasserstandsbedingter Differenzierungen gezogen werden.

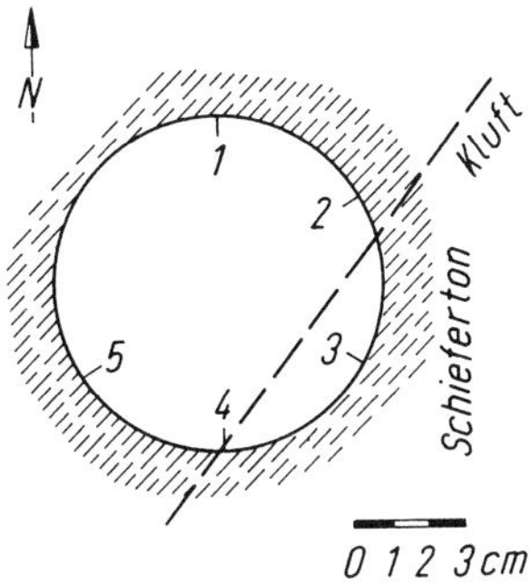

Bild 4 Anordnung der Messstellen und geologische Situation.

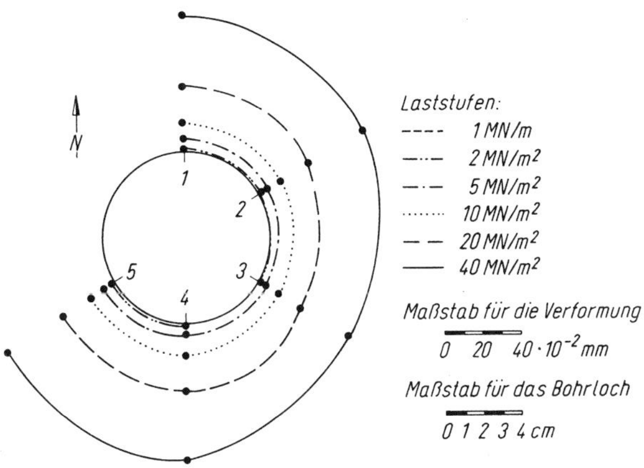

Bild 5 Aufweitung des Bohrloches bei Belastung.

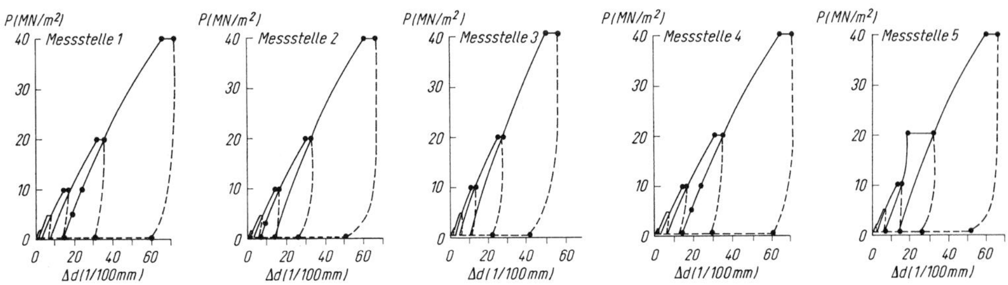

Bild 6 Arbeitslinien von fünf Messstellen.

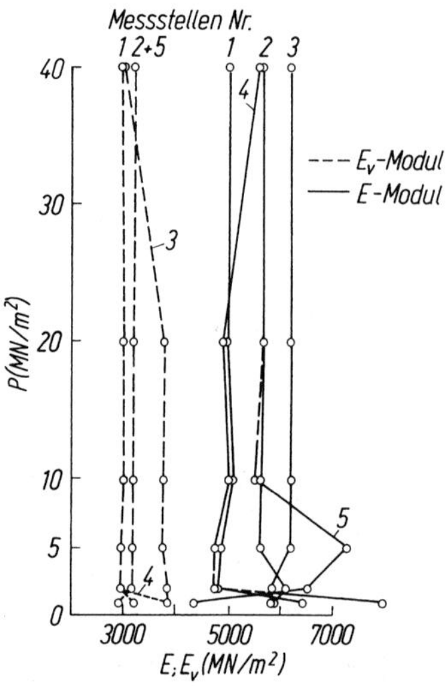

Bild 7 *E*- und E_v-Modul in Abhängigkeit von der Belastung (fünf Messstellen).

Empfehlung Nr. 9: Wasserdruckversuch in Fels

Peter Rißler

1 Zweck

Zweck von Wasserdruckversuchen (WD-Versuchen) nach dieser Empfehlung ist es, bereichsweise die Wasserwegigkeit des Gebirges zu bestimmen. Wegen der Inhomogenität und Anisotropie des Gebirges sollten möglichst viele Versuche durchgeführt werden.

2 Begriffe

2.1 Wasserwegigkeit

Die Wasserwegigkeit des Gebirges wird bestimmt durch das Gestein und das Trennflächengefüge. Das Gestein kann in vielen Fällen in guter Näherung als undurchlässig angesehen werden. Dann ist nur das Trennflächengefüge von Bedeutung.

2.2 Durchfluss

Der beim WD-Versuch gemessene Durchfluss Q ist die bei bestimmten Versuchsbedingungen je Zeiteinheit die Versuchsapparatur durchfließende Wassermenge. Beim WD-Versuch ist die Dimension Liter je Minute (l/min) gebräuchlich.

2.3 Pumpendruck

Unter Pumpendruck versteht man den unmittelbar hinter der Pumpe gemessenen Druck p_p (bar) in der Zuleitung zur Bohrung.

2.4 Einpressdruck

Der Einpressdruck ist derjenige Druck p_0 (bar), welcher im zu untersuchenden Bohrlochabschnitt (Messstrecke) herrscht, vermindert um einen vor Versuchsbeginn eventuell vorhandenen Wasserdruck aus dem Grundwasser.

Empfehlungen des Arbeitskreises Versuchstechnik Fels, 1. Auflage. Arbeitskreis 3.3 „Versuchstechnik Fels“.

2.5 Druckhöhe

Die Druckhöhe (m) ist der Quotient aus dem Wasserdruck p (kN/m^2) an einem beliebigen Punkt und der Wichte γ_w von Wasser (kN/m^3).

2.6 Energieverluste

Bedingt durch die Reibung des strömenden Wassers treten in der Versuchseinrichtung zwischen der Pumpe und dem Einlauf in die Trennflächen Energieverluste auf. Diese sind proportional dem Quadrat des Durchflusses und machen sich daher insbesondere bei höheren Durchflüssen bemerkbar. Bei Druckmessung in der Messstrecke sind die Energieverluste bereits kompensiert.

2.7 Durchlässigkeit des Gebirges

Die Durchlässigkeit kennzeichnet die mittlere Wasserwegigkeit des aus Trennflächen und Gesteinskörpern bestehenden Gebirges. Die Durchlässigkeit ist durch die Raumstellung der Trennflächen beeinflusst und daher in der Regel richtungsabhängig.

2.8 Durchlässigkeit in der Ebene einer Trennflächenschar

Durch geeignete Anordnung des WD-Versuchs läßt sich oftmals erreichen, dass das Wasser im Wesentlichen in den Trennflächen einer Schar fließt. Aus dem im Versuch gemessenen Gesamtdurchfluss Q wird nach Gl. (3) die Durchlässigkeit k_i in der Ebene dieser Schar errechnet.

2.9 Wasseraufnahme

Die Wasseraufnahme W ist der auf den Einpressdruck p_0 und auf die Länge c der Messstrecke bezogene Durchfluss Q.

$$W = \frac{Q}{c \cdot p_0} \tag{1}$$

Die Wasseraufnahme wird häufig in „Lugeon" ausgedrückt.

$$1\,\text{Lugeon} = 1\frac{1}{\text{min·m} \cdot (10\,\text{bar})} \tag{2}$$

Der Druck 10 bar ist nur als rechnerische Bezugsgröße zu verstehen. In der Praxis ist der Versuch den örtlichen Gegebenheiten anzupassen. Da man dabei oft mit geringeren Drücken arbeiten muss, hat es sich bewährt, W alternativ in 1/(min·m·5 bar) auszudrücken.

3 Versuchseinrichtung

3.1 Allgemeines

Der WD-Versuch kann in einem beliebig orientierten Bohrloch durchgeführt werden. Der Bohrlochdurchmesser sollte zwischen 46 und 116 mm liegen. Die Messstrecke kann unter oder über dem Grundwasserspiegel liegen.

Die Versuchseinrichtung besteht aus folgenden Teilen:

- Pumpe und Zuleitung
- Packer
- Druckmesseinrichtung
- Durchflussmesseinrichtung
- Registriereinrichtung

Beim WD-Versuch sind Einfachpackerversuche und Mehrfachpackerversuche (Doppelpacker und besondere Anordnungen mit mehr als zwei Packern) zu unterscheiden. Für die Baupraxis von Bedeutung sind Einfachpackerversuch und Doppelpackerversuch. Anordnungen mit mehr als zwei Packern dienen speziellen Anwendungen und werden hier nicht behandelt.

3.2 Pumpe und Zuleitung

Zur Erzeugung des erforderlichen Einpressdrucks wird eine regelbare Pumpe verwendet, die im Allgemeinen eine Förderung im Bereich von 0 bis 150 l/min bei den erforderlichen Drücken erlaubt. Gewöhnlich ist eine Pumpe für 15 bar Druck geeignet. Die Konstanz von Einpressdruck und Fördermenge sollte vom Gerät her auf ±3 % gewährleistet sein. Es eignen sich nur schwingungsarm arbeitende Geräte.

Von der Pumpe wird das Wasser über einen flexiblen Druckschlauch oder über eine Rohrleitung dem zu untersuchenden Bohrlochabschnitt zugeführt.

3.3 Packer

Beim WD-Versuch werden derzeit meist pneumatische Packer (Schlauchpacker) verwendet. Bei diesen wird die Abdichtung dadurch erzeugt, dass ein Hochdruckschlauch mit Druckluft aufgeblasen wird und sich dabei dichtend an die Bohrlochwand anpresst (Bild 1a). Die dichtende Länge sollte 0,5 m nicht unterschreiten. Der Luftdruck muss mindestens 30 % über dem maximalen Versuchsdruck liegen.

Vereinzelt sind noch mechanische Packer (Gummipacker) in Gebrauch. Der Gummipacker, ein dickwandiger Zylinder aus Gummi oder Kunststoff von mindestens 0,4 m Länge, ist beim Einfachpackerversuch am unteren Ende des Packergestänges befestigt. Dieses besteht aus zwei konzentrischen Rohren, die aus einzelnen Rohrschüssen zusammengesetzt sind und als Zuleitungen dienen. Am Bohrlochkopf sind inneres und äußeres Rohr (Packerinnenrohr und Packeraußenrohr) durch ein Gewinde gegeneinander verschraubt. Durch gegenseitiges Verdrehen von innerem und äußerem Rohr lassen sich die beiden Rohre axial gegeneinander

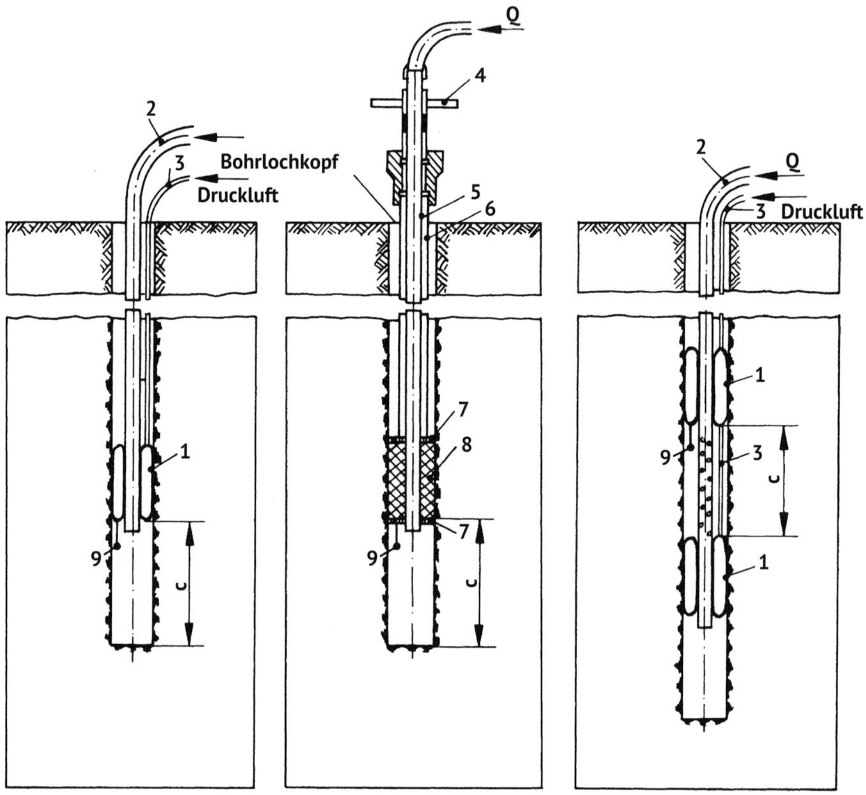

(a) Prinzip Schlauchpacker

(b) Prinzip Gummipacker

(c) Prinzip Schlauchpacker

Einfachpacker **Doppelpacker**

1 **Schlauchpacker**
2 **Druckschlauch**
3 **Druckluftschlauch**
4 **Spreizvorrichtung**
5 **Packerinnenrohr**
6 **Packeraußenrohr**
7 **Klemmbacken**
8 **Gummimanschette**
9 **Druckaufnehmer**
c **Messstrecke**

Bild 1 Schema des Wasserdruckversuchs.

verschieben. Dadurch wird der Packer in Längsrichtung gestaucht und in Querrichtung so gespreizt, dass er sich an die Bohrlochwand anpresst und das Bohrloch in Längsrichtung abdichtet (Bild 1b).

Die Bohrlochwandung muss möglichst glatt sein, damit die Packer satt anliegen und dichten können.

Während das Bohrloch beim Einfachpackerversuch nur in Richtung Bohrlochkopf abgedichtet wird, kann der Untersuchungsabschnitt mit einem Doppelpacker auch in Gegenrichtung abgedichtet werden. Doppelpacker gibt es als Schlauchpacker (Bild 1c) und als Gummipacker. Der Doppelpackerversuch wird gewöhnlich durchgeführt, wenn die Wasserwegigkeit entlang eines bereits bestehenden Bohrlochs abschnittsweise untersucht werden soll. Doppelpackerversuche sind wegen der erforderlichen doppelten Abdichtung anfälliger für Umströmung. Sie sollten daher nur dort angewendet werden, wo die Bohrlochwandungen eine ausreichende Abdichtung ermöglichen.

3.4 Druckmesseinrichtung

Die Bestimmung des Einpressdruckes hat aufgrund der Druckmessung in der Messstrecke zu erfolgen. Zwei unterschiedliche Verfahren kommen hierbei zum Einsatz: Wasserdruckmessung durch Luftdruckwaage oder durch elektrischen Druckaufnehmer.

Das Messprinzip der Luftdruckwaage lässt sich an Bild 2 erläutern. Im Gestänge wird ein dünnes Röhrchen nach unten geführt, welches das Beobachtungsglas mit dem oberen Ende der Messstrecke verbindet. Das Röhrchen ist mit Druckluft gefüllt. Ist der Luftdruck kleiner als der Wasserdruck, so dringt Wasser von unten in das Röhrchen ein und drückt die Luft in das Beobachtungsglas. Ist der Luftdruck dagegen größer als der Wasserdruck, so strömt Luft in das Bohrloch ab. Diese Luftmenge wird aus der Druckluftflasche über das Beobachtungsglas ersetzt. Dabei entstehen im Beobachtungsglas so lange Luftperlen, wie der Luftdruck aus der Druckluftflasche größer als der Wasserdruck im Bohrlochabschnitt ist.

Bei der elektrischen Druckmessung wird der Druckaufnehmer am oberen Ende der Messstrecke installiert.

Die Druckmesseinrichtung ist so auszulegen, dass Drücke bis 30 %, mindestens aber bis 2 bar, über dem höchsten aufgebrachten Einpressdruck gemessen werden können. Von der Geräteausstattung her sollte eine Genauigkeit von 3 % des Messwerts zu erreichen sein.

Zusätzlich ist der Pumpendruck p_{P} zur groben Kontrolle zu messen.

3.5 Durchflussmesseinrichtung

Zur Durchflussmessung eignen sich induktive Durchflussmesser, Messblenden, genormte Düsen und Venturidüsen nach DIN 1952 oder Taumelscheibendurchflussmesser. Der Messbereich muss von 0–150 l/min reichen. Da dieser gesamte Bereich nicht von einem Messgerät abgedeckt werden kann, sind parallel und getrennt schaltbar zwei Messeinrichtungen, eine z. B. etwa für den Bereich 0–50 l/min und die andere für 20–150 l/min, vorzusehen. Die Genauigkeit dieser Messeinrichtung sollte 3 % vom Messwert nicht unterschreiten.

Zur Kontrolle der Durchflussmessung ist zusätzlich eine Wasseruhr zu installieren.

3.6 Registriereinrichtung

Zur Aufzeichnung von Durchfluss Q und Einpressdruck p_0 ist es erforderlich, die Größen auf einem automatischen Schreibgerät in Abhängigkeit von der Zeit aufzuzeichnen.

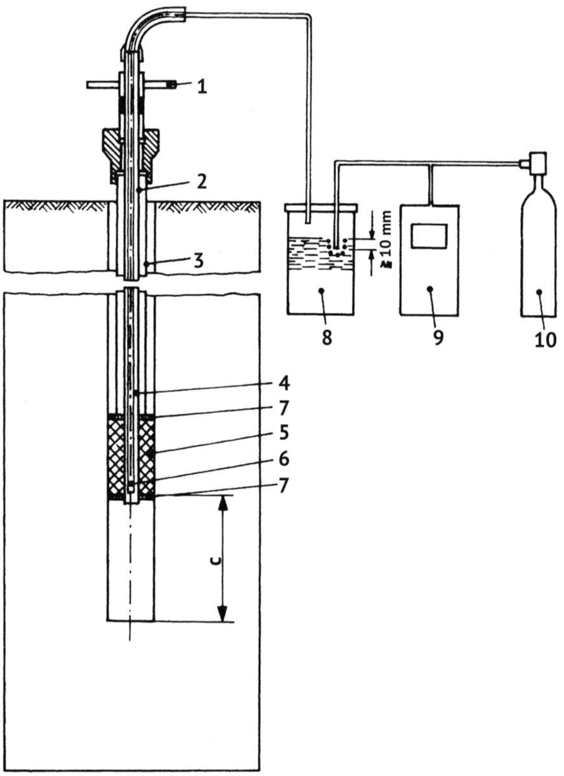

1	**Spreizvorrichtung**	7	**Klemmbacken**
2	**Packerinnenrohr**	8	**Beobachtungsglas**
3	**Packeraußenrohr**	9	**Druckschreiber**
4	**Ringraum**	10	**Druckluftflasche**
5	**Gummimanschette**	c	**Messstrecke**
6	**Packeraußenrohr**		

Bild 2 Messprinzip der Luftdruckwaage.

Bei großem Datenanfall empfiehlt es sich, die Versuchsergebnisse in digitalisierter Form in einen Kleinrechner einzuspeisen, mit dem anschließend die Auswertung durchgeführt werden kann.

4 Versuchsvorbereitung

Die Bohrung wird drehend bis zur vorgesehenen Teufe niedergebracht. Wenn die Bohrung senkrecht zu den maßgebenden Trennflächen orientiert ist, kann die Durchlässigkeit in der Ebene dieser Schar ermittelt werden.

Beim Einfachpackerversuch hat es sich bewährt, abschnittsweise, gewöhnlich auf 5 m Länge, zu bohren und jeweils anschließend einen WD-Versuch durchzuführen. Werden besondere Bedingungen, z. B. Störungen, angetroffen, so können Versuchsabschnitte auch kürzer gewählt werden.

Zunächst muss die Bohrung so lange von Bohrklein freigespült werden, bis das Spülwasser klar bleibt. Bei der Festlegung der Stelle, an der das Bohrloch durch den Packer abgedichtet wird, sind Erkundungsergebnisse (Bohrkernaufnahmen, Fernsehsondierungen usw.) zu berücksichtigen. Bereiche, in denen der Fels sehr stark geklüftet oder gestört ist, sind wegen der Gefahr von Umläufigkeiten zu vermeiden.

5 Versuchsdurchführung

Jeder Versuch wird mit unterschiedlich hohen Drücken gefahren, wobei der Druck zunächst stufenweise bis zu einem Größtwert gesteigert und danach, ebenfalls in Stufen, wieder zurückgenommen wird. Der Größtwert des Druckes hat sich an der Tiefenlage der Messstrecke und an den geologischen Gegebenheiten zu orientieren und ist von Fall zu Fall festzulegen.

Die Zeitdauer jeder Druckstufe richtet sich danach, wie lange es dauert, bis der stationäre Zustand näherungsweise erreicht ist. Bewährt hat sich folgende Vorgehensweise: Der Druck muss so lange aufrechterhalten werden, bis der Durchfluss mindestens 10 min lang konstant geblieben ist (vgl. DIN 4021 Teil 3, Abschnitt 11.3.4). Der Durchfluss wird als konstant angesehen, wenn er innerhalb dieser 10 min um weniger als 5 % schwankt. Während dieser Zeit auftretende Änderungen der Wasseraufnahme sind zu registrieren, ohne an der Druckeinstellung eine Änderung vorzunehmen. Über die Wasseruhr sollte zusätzlich die während jeder Minute und während des gesamten Versuchs durchgeflossene Wassermenge gemessen werden.

Lässt sich konstanter Durchfluss nicht erreichen, so kann dies auf Umläufigkeit des Packers (z. B. erkennbar an im Bohrloch ansteigendem Wasserspiegel) oder auf besondere geologische Randbedingungen (Erosion, Aufreißen o. ä.) zurückzuführen sein. Im Falle einer Umläufigkeit muss der Versuch abgebrochen und der Packer umgesetzt werden.

Zeigen sich beim Versuch hohe Wasseraufnahmen, die aus dem Rahmen des Üblichen herausfallen und aus denen auf besondere geologische Bedingungen geschlossen werden muss, so kann es zweckmäßig sein, den Packer umzusetzen, um ihre Lage genauer einzugrenzen.

Während des WD-Versuchs sind das Bohrloch und die Umgebung auf Wasseraustritte zu beobachten und die Menge eventuell austretenden Wassers ist abzuschätzen. Derartige Feststellungen sind im Versuchsbericht aufzuführen. Während des Versuchs ist der Wasserstand im Bohrloch bei jeder Druckstufe zu messen und zu registrieren.

Für die Durchführung des WD-Versuchs ist die Überwachung durch einen geotechnischen Bearbeiter erforderlich.

6 Auswertung und Darstellung der Ergebnisse

6.1 Charakteristische Ergebnisse des WD-Versuchs

Die beim Versuch gemessenen Wertepaare Q und p_0 werden als Kurve aufgetragen. Diese Kurve kann sehr unterschiedliche Formen aufweisen (Bild 3).

Eine lineare Beziehung zwischen Q und p_0 (Bild 3a) deutet auf ausschließlich laminares Fließen. Ein mit zunehmendem Druck unterproportional ansteigender Durchfluss Q (Bild 3b) ist als Einfluss turbulenten Fließens zu deuten. Turbulenzeffekte können aber erst dann auftreten, wenn der Durchfluss in einer einzelnen Trennfläche 5 l/min übersteigt. In den Fällen nach Bild 3a und b bleiben die Wandungen der Trennfläche starr.

Beobachtet man beim Versuch, dass der Durchfluss Q ab einer bestimmten Druckstufe $\overline{p}_0$ plötzlich stark ansteigt (Bild 3c) und bei Druckminderung in nahezu gleicher Weise wieder zurückgeht, so sind entweder während des Versuchs bisher nicht oder nur schwach durchlässige Trennflächen aufgerissen worden oder der Packer ist bei $p_0 > \overline{p}_0$ umläufig.

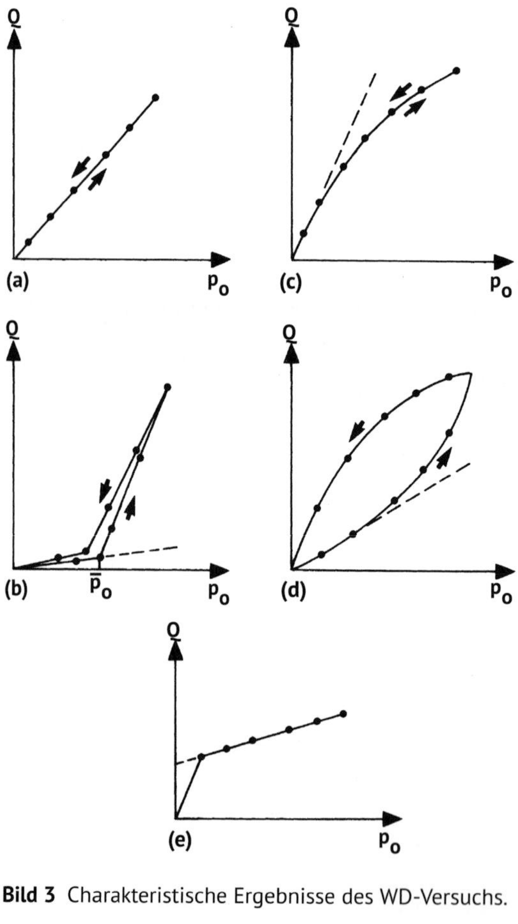

Bild 3 Charakteristische Ergebnisse des WD-Versuchs.

Bleibt der Durchfluss Q bei Druckminderung größer als im aufsteigenden Ast (Bild 3d), so hat sich der Fließweg während des Versuchs irreversibel verändert. Dies kann plötzlich oder allmählich geschehen.

Im Versuch ergeben sich häufig Mischformen, die entsprechend zu interpretieren sind.

Interessiert lediglich die Durchlässigkeit des Gebirges, so ist in den Fällen b, c und d nach Bild 3 die durch den Nullpunkt verlaufende Tangente (gestrichelte Linie) für die weitere Auswertung maßgebend.

Eine gewisse Sonderstellung nehmen zuweilen zu beobachtende Versuchsergebnisse nach Bild 3e ein. Sie lassen sich durch die Annahme einer von Anfang an bestehenden Umläufigkeit des Packers erklären.

6.2 Auswertung

6.2.1 Auswertung der Wasseraufnahme

Für viele Zwecke reicht es aus, die Wasserwegigkeit ausschließlich durch die Wasseraufnahme W (vgl. Abschn. 2.9) auszudrücken. Man erhält dadurch eine relative Angabe über die Wasserwegigkeit des Gebirges entlang des untersuchten Bohrloches, die es erlaubt, verschiedene Gebirgsbereiche untereinander zu vergleichen. Auch die Notwendigkeit oder der Erfolg von Injektionsmaßnahmen kann dadurch abgeschätzt werden.

6.2.2 Bestimmung des Durchlässigkeitsbeiwerts einer Trennflächenschar

Der Durchlässigkeitsbeiwert einer Trennflächenschar kann ermittelt werden, wenn die Bohrung etwa senkrecht zu dieser Schar orientiert ist und radialsymmetrische Strömung um das Bohrloch unterstellt wird.

Für die Auswertung wird ein laminarer, stationärer Fließvorgang angenommen. Bei Versuchsergebnissen gemäß b, c und d in Bild 3 ist der Auswertung ein Wertepaar Q/p_0 auf der Tangente zugrundezulegen. Die mittlere Durchlässigkeit des Gebirges k_i in der Ebene der vom Bohrloch senkrecht geschnittenen Trennflächenschar i ergibt sich aus

$$k_i = \frac{Q}{2 \cdot c \cdot \frac{p_0}{\gamma_w} \cdot \pi} \ln \frac{R}{r_0} \tag{3}$$

Darin bedeuten:

c die Länge der Messstrecke in m

R die rechnerische Reichweite des Versuchs in m (in der Praxis kann $10\,\text{m} \leq R \leq 100\,\text{m}$ angenommen werden)

r_0 Bohrlochradius in m

k_i wird in m/s errechnet, wenn Q in m^3/s und p_0/γ_w in m vorgegeben ist.

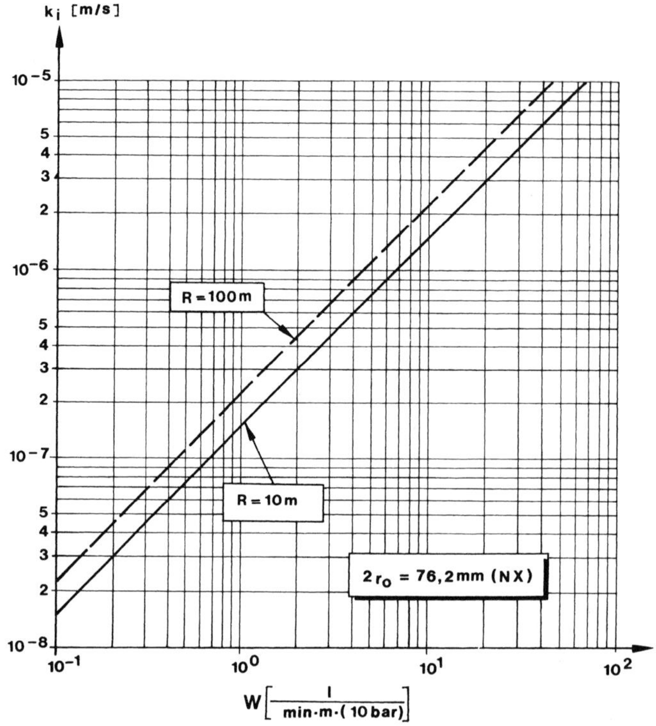

Bild 4 Beziehung zwischen k_i und der Wasseraufnahme *W* in l/(min m · 10 bar).

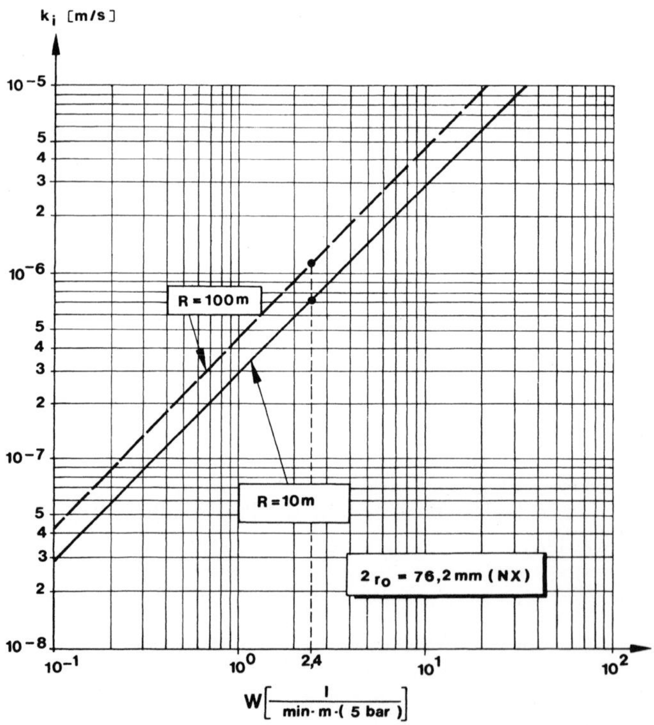

Bild 5 Beziehung zwischen k_i und der Wasseraufnahme *W* in l/(min m · 5 bar).

Tab. 1 Ergebnisse des WD-Versuchs.

Bauherr:		**Datum:** 25.10.1979 **Blatt:** 1
Projekt: Talsperre		**Lage:** rechter Hang - Tal
Bohrung: KB 18a	**Neigung/Richtung:** 45°/340°	**Höhe Ansatzpunkt:** 376,20
Bohrverfahren: Rot	**Ø u. Ausbau:** 86 mm	**Bearbeiter:**

Untersuchter Bereich von [m]	Untersuchter Bereich bis [m]	Packerstand [m]	Einpreßdruck p_0 [bar]	Druck am Bohrlochkopf [bar]	Q [l/min]	Anzeige Wasseruhr [l]	Q/c [l/min·m]	Zeit [min]	Uhrzeit von	Uhrzeit bis	GWK unter GOK [m]	Bemerkungen
25,0	30,0	25,0	4	3,8	10	5	2,0	10	16.15	16.25	1,9	
					10	15	2,0					
					10	25						
					10	35						
					10	45						
					10	55						
					10	65						
					10	75						
					10	85						
					10	95	2,0					
						105						
			6	6	19	0	3,8	10	16.30	16.40	1,9	
					19	19						
					18	38						
					19	56						
					19	75						
					19	94						
					19	113						
					19	132						
					19	151						
					19	170	3,8					
						189						
			8	8,2	29	0	5,8	10	16.45	16.55	1,9	
					29	29						
					29	58						
					28	87						
					29	115						
					29	144						
					28	173						
					29	201						
					29	230						
					29	259	5,8					
						288						

Verwendet man stattdessen die in der Praxis üblichen Dimensionen l/min für Q und 10 bzw. 5 bar für p_0, so ergibt sich k_i in m/s für p_0 in 10 bar zu

$$k_i = \frac{10^{-6}}{12\pi} \cdot \ln \frac{R}{r_0} \cdot \frac{Q}{c \cdot p_0} = \frac{10^{-6}}{12\pi} \cdot \ln \frac{R}{r_0} \cdot W \tag{4}$$

und für p_0 in 5 bar zu

$$k_i = \frac{5 \cdot 10^{-5}}{12\pi} \cdot \ln \frac{R}{r_0} \cdot \frac{Q}{c \cdot p_0} = \frac{5 \cdot 10^{-5}}{12\pi} \cdot \ln \frac{R}{r_0} \cdot W \tag{5}$$

Da der verwendete Bohrlochradius das Ergebnis kaum beeinflusst, dürfen der Auswertung die in den Bildern 4 und 5 dargestellten Diagramme für einen mittleren Bohrlochdurchmesser ($2r_0 = 76{,}2$ mm) zugrunde gelegt werden. Bild 4 gilt für eine Wasseraufnahme W in l/(min m · 10 bar), Bild 5 für eine Wasseraufnahme W in l/(min m · 5 bar).

Tab. 1 (Fortgesetzt.) Ergebnisse des WD-Versuchs.

Bauherr:		**Datum:** 25.10.1979 **Blatt:** 2
Projekt: Talsperre		**Lage:** rechter Hang - Tal
Bohrung: KB 18a	**Neigung/Richtung:** 45°/340°	**Höhe Ansatzpunkt:** 376,20
Bohrverfahren: Rot	**Ø u. Ausbau:** 86 mm	**Bearbeiter:**

Untersuchter Bereich von [m]	Untersuchter Bereich bis [m]	Packerstand [m]	Einpreßdruck p_0 [bar]	Druck am Bohrlochkopf [bar]	Q [l/min]	Anzeige Wasseruhr [l]	Q/c [l/min m]	Zeit [min]	Uhrzeit von	Uhrzeit bis	GWK unter GOK [m]	Bemerkungen
25,0	30,0	25,0	10	10,5	39 39 38 39 38 38 38 39 39 38	0 39 78 116 155 193 231 269 308 347 385	7,7 | 7,7	10	17.00	17.10	1,9	
			10,7 10 9,5	11	76 77 76 78 79 78	0 76 153 229 307 386 464	15,6	6	17.15	17.21	1,9	Gebirge aufgerissen bei 10,7 bar. Druck fällt langsam auf 9,5 bar. max. Pumpenleistung
			8	8,8	52 52 52 53 52 52 53 53 52 52	0 52 104 156 209 261 313 366 419 471 523	10,4 | 10,4	10	17.25	17.35	1,9	
25,0	30,0	25,0	6	6,2	30 31 30 31 30 30 31 31 31 31	0 30 61 91 122 152 182 213 244 275 306	6,1 | 6,1	10	17.40	17.50	1,9	
			4	4,0	16 18 18 18 17 18 18 17 18 18	0 16 34 52 70 87 105 123 140 158 176	– 3,6 | 3,6	10	17.55	18.05	1,9	

Für Auftragnehmer: ....

für Auftraggeber: ....

6.2.3 Bestimmung der Gebirgsdurchlässigkeit

Gelingt es in der in Abschn. 6.2.2 dargelegten Weise, die Durchlässigkeit aller maßgebenden Trennflächenscharen zu bestimmen, so kann auch die Gebirgsdurchlässigkeit ermittelt werden. Sie lässt sich mathematisch als Tensor beschreiben. Näheres ist im einschlägigen Schrifttum zu finden.

7 Anwendungsbeispiel

Für ein Talsperrenprojekt werden im Rahmen der Erkundungsbohrungen WD-Versuche durchgeführt. Die Bohrung KB 18 a durchörtert die schieferungsparallelen Trennflächen, welche die maßgebenden Wasserleiter darstellen, etwa senkrecht.

Die Ergebnisse des WD-Versuchs in der Messstrecke 25 bis 30 m sind in Tab. 1 dargestellt. Die Wasseraufnahme wird in Bild 6 ermittelt.

Nach Bild 5 ergibt sich der Durchlässigkeitsbeiwert in der Ebene der maßgebenden Trennflächen vor dem Aufreißen zu

$$k_i = 0{,}7 \cdot 10^{-6} \text{ bis } 1{,}1 \cdot 10^{-6}\ \text{m/s} \tag{6}$$

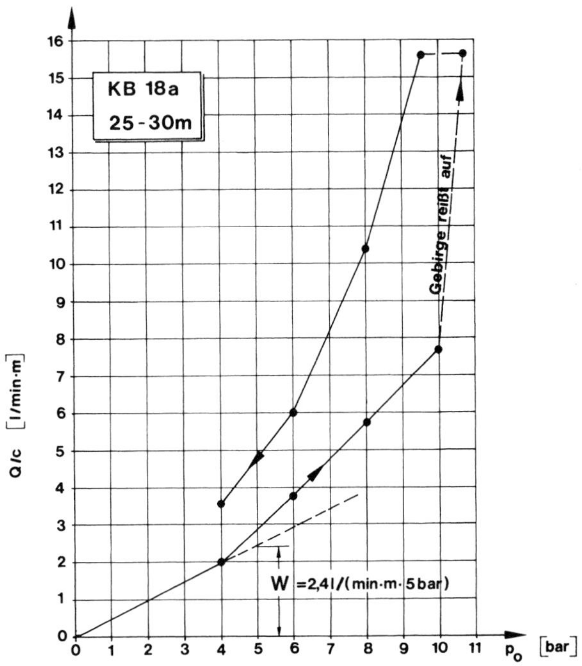

Bild 6 Bestimmung der Wasseraufnahme *W*.

Empfehlung Nr. 10: Indirekter Zugversuch an Gesteinsproben – Spaltzugversuch

Michael Lepique

1 Anwendungsbereich und Zweck

Der Spaltzugversuch (Brazilian-Test) dient der Bestimmung der Spaltzugfestigkeit von Gesteinsproben. Zweck dieser Empfehlung ist es, Verfahren und Geräte zur Bestimmung der Spaltzugfestigkeit so zu vereinheitlichen, dass Versuchsergebnisse miteinander vergleichbar sind.

2 Kurzbeschreibung des Verfahrens

Ein zylindrischer Probekörper wird in einer Druckprüfmaschine auf zwei gegenüberliegenden Mantellinien mit einer Druckkraft belastet. Diese bewirkt im Innern des Probekörpers Zugspannungen in Querrichtung, die den Probekörper spalten. Die Spaltzugfestigkeit ist die theoretisch abgeleitete Größe der maximalen Zugspannungen bei Eintritt des Bruchs.

3 Begriffe und Formelzeichen

3.1 Begriffe

In einem zylindrischen Probekörper mit dem Durchmesser d und der Länge ℓ aus einem elastischen, isotropen und homogenen Material stellt sich unter einer auf zwei gegenüberliegenden Mantellinien eingeleiteten Streckenlast F/ℓ die in Bild 1 dargestellte Spannungsverteilung normal zur Belastungsebene ein.

Quer zur Belastungsebene treten Spannungen auf, die über ca. 70 % des Probekörperdurchmessers annähernd gleichmäßig verteilte Zugspannungen sind. Lediglich in den Krafteinleitungszonen treten Druckspannungen (Bild 1, rechts) auf.

Der Betrag der Zugspannung σ_t ergibt sich nach Gl. (1):

$$\sigma_t = \frac{2 \cdot F}{\pi \cdot d \cdot \ell} \qquad (1)$$

Empfehlungen des Arbeitskreises Versuchstechnik Fels, 1. Auflage. Arbeitskreis 3.3 „Versuchstechnik Fels".

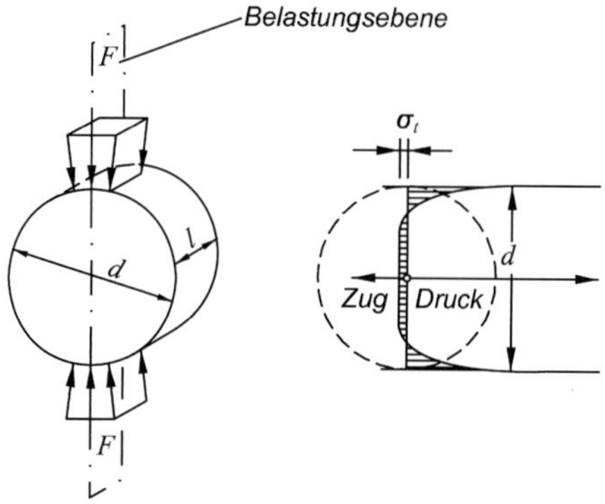

Bild 1 Spaltzugversuch; Verlauf der Spannungen normal zur Belastungsebene.

Die Spaltzugfestigkeit $\sigma_{t,sp}$ ergibt sich nach Gl. (2) aus der Bruchkraft F_B, die beim Auftreten des ersten Spaltrisses gemessen wird:

$$\sigma_{t,sp} = \frac{2 \cdot F_B}{\pi \cdot d \cdot \ell} \tag{2}$$

3.2 Formelzeichen

Nr.	Formelzeichen	Benennung	Einheit	Abschnitt
1	d	Durchmesser des Probekörpers	mm	3.1; 5.1
2	r	Radius des Probekörpers	mm	4
3	ℓ	Länge des Probekörpers	mm	3.1; 4; 5.1
4	r_j	Radius des Belastungsjochs	mm	4
5	ℓ_j	Länge des Belastungsjochs	mm	4
6	σ_t	Zugspannung	N/mm^2	3.1
7	$\sigma_{t,sp}$	Spaltzugfestigkeit	N/mm^2	3.1
8	F_B	Bruchkraft	N	3.1; 6; 7
9	d_k	Größtkorn	mm	5.1; 5.5
10	m	Masse	g	5.5
11	ρ	Dichte	g/cm^3	5.5
12	α	Winkel Gefügeebene/Probekörperachse	°	5.3
13	β	Winkel Gefügeebene/Belastungsrichtung	°	5.3

4 Prüfeinrichtung

Zur Versuchsdurchführung ist eine Prüfmaschine nach DIN EN ISO 7500-1 T1 zu verwenden. Die Prüfmaschine muss eine stetige Belastungszunahme gestatten.

Die Last kann dabei über ein Belastungsjoch (Bild 2a) oder über zwei gegenüberliegende Lastverteilungsstreifen aus Hartfaser- bzw. Hartfilz eingeleitet werden (Bild 2b).

Das Belastungsjoch muss aus Stahl der Mindesthärte HRC 58 bestehen und muss mit der Abmessung ℓ_j mindestens so breit wie die Länge des Probekörpers ℓ sein.

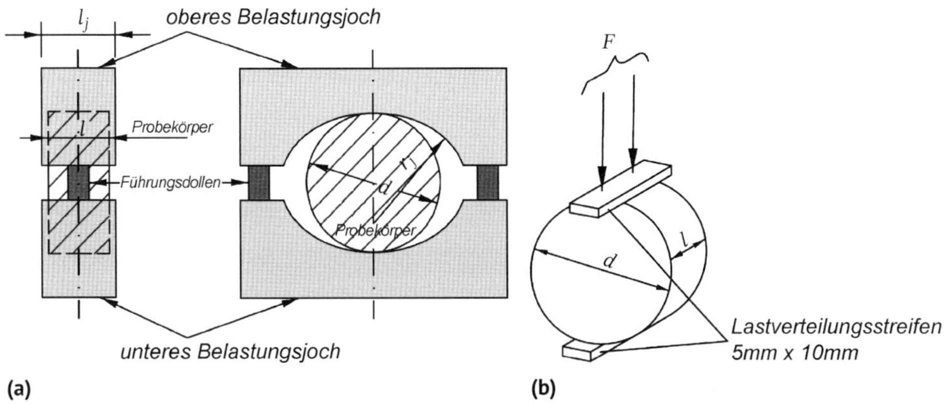

Bild 2 Versuchsanordnung mit Belastungsjoch (a), Versuchsanordnung mit Lastverteilungsstreifen (b).

Der Radius r_j muss dem 1,4- bis 1,6-fachen Radius r $(= d/2)$ des Probekörpers entsprechen.

Bei Verwendung zweier gegenüberliegender Lastverteilungsstreifen (vgl. DIN EN 12390-6) sind Hartfilzstreifen der Härte F5 oder H1 (nach DIN 61200) oder Hartfaserplatten mit einer Rohdichte von 850 kg/m^3 (nach DIN 68750) zu verwenden. Die Streifen sollen eine Breite von 10 mm und eine Dicke von 5 mm haben.

5 Probekörper

5.1 Abmessung der Probekörper

Die Probekörper haben eine kreiszylindrische Form mit einem Durchmesser $d \geq$ 50 mm, wobei der Durchmesser des Probekörpers mindestens das Zehnfache des größten Einzelkorndurchmessers d_k des Gesteins betragen soll. Größere Probekörper sind kleineren vorzuziehen. Etwaige Abweichungen von diesen Vorgaben, die in der Praxis durch die Gewinnung zu kleiner Proben bedingt sind, sind im Versuchsprotokoll zu vermerken. Die Länge ℓ soll etwa dem halben Durchmesser d entsprechen ($\ell/d \approx 0{,}5 \pm 0{,}2$).

5.2 Bearbeiten der Probekörper

Zur Erzielung der unter Abschn. 5.1 angegebenen Form sind die Proben schonend durch Bohren, Schneiden, Drehen, Schleifen oder andere geeignete Verfahren zu bearbeiten, wobei darauf zu achten ist, dass angewandte Spül- oder Kühlmittel die Eigenschaften des Materials möglichst nicht verändern. Die Mantelflächen der Probekörper müssen glatt und frei von Unebenheiten sein. Es ist anzustreben, Toleranzen von ±0,1 mm einzuhalten. Die Endflächen sollen eben sein und mit der Probekörperachse rechte Winkel bilden. Ungenauigkeiten bei der Bearbeitung können das Untersuchungsergebnis beeinflussen und sind zu protokollieren. Sie führen insbesondere bei sehr spröden, festen Gesteinen zum vorzeitigen Bruch und damit zur Ermittlung zu geringer Werte für die Spaltzugfestigkeit. Wellige, konische und gebogene Kernstücke sind nur nach einer Nacharbeitung der Zylindermantelflächen verwendbar.

5.3 Richtungsabhängigkeit

Gesteine können Anisotropien der Spaltzugfestigkeit (z. B. durch Schichtung oder Schieferung) aufweisen. Aus solchen Gesteinen sollen Kerne mit Achsorientierung parallel und normal zur Gefügeebene erbohrt werden. Die Orientierungen sind auf den Probekörpern zu markieren. Bei geschichteten oder geschieferten Gesteinen werden nach [8] insgesamt sechs verschiedene Versuchsanordnungen bezüglich des Probekörpereinbaus (Bild 3) unterschieden.

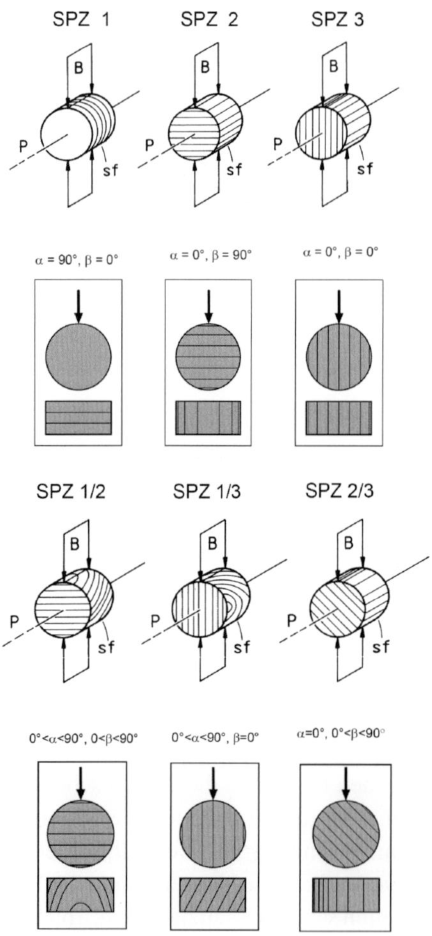

Bild 3 Varianten der Probekörperorientierung [8].
oben: Probekörper,
sf Gefügeebene,
P Probekörperachse,
B Belastungsrichtung
unten: zugehöriges Symbol als Darstellung von Stirnfläche und Aufsicht
α Winkel: Gefügeebene/Probekörperachse
β Winkel: Gefügeebene/Belastungsrichtung

Definierte Versuchsanordnungen beim Spaltzugversuch (SPZ):

SPZ 1: Belastung $\alpha = 90°$; $\beta = 0°$. Die Zugfestigkeit liegt zwischen den Versuchsanordnungen von SPZ 2 und SPZ 3.

SPZ 2: Belastung rechtwinklig zur Gefügeebene: $\alpha = 0°$; $\beta = 90°$. Die Zugfestigkeit ist in der Regel am höchsten.

SPZ 3: Belastung parallel zur Gefügeebene: $\alpha = 0°$; $\beta = 0°$. Die Zugfestigkeit ist in der Regel am niedrigsten.

SPZ 1/2: Belastung in der Lage schiefwinklig zwischen den Versuchsanordnungen SPZ 1 und SPZ 2: $0° < \alpha < 90°$; $0° < \beta < 90°$.

SPZ 1/3: Belastung in der Lage schiefwinklig zwischen den Versuchsanordnungen SPZ 1 und SPZ 3: $0° < \alpha < 90°$; $\beta = 0°$.

SPZ 2/3: Zugfestigkeit in Abhängigkeit des Winkels β: $\alpha = 0°, 0 < \beta < 90°$. Die Versuchsanordnung sollte vermieden werden und durch SPZ 2 und SPZ 3 abgedeckt werden.

5.4 Wassergehalt der Proben und Probekörper

Der Wassergehalt kann auf die Festigkeit der Gesteinsproben Einfluss haben. Daher ist bei der Probengewinnung nach DIN 4021 darauf zu achten, dass Proben, die für Laborversuche ausgewählt werden, so versiegelt verpackt und aufbewahrt werden, dass sie ihren Wassergehalt behalten. Auch bei der Probenbearbeitung soll eine Veränderung des Wassergehalts möglichst vermieden werden. Nach Beendigung jedes Spaltzugversuchs sollte der Wassergehalt der Probekörper bestimmt werden.

5.5 Bestimmung der Abmessungen und der Dichte der Probekörper

Zunächst sind die Geradlinigkeit und Parallelität der Mantelflächen zu überprüfen. Dazu ist der Probekörper mit einem Haarlineal auf Ebenheit zu prüfen und mit einem Messschieber auf eine Genauigkeit von 0,1 mm zu vermessen. Der Durchmesser d ist an beiden Stirnflächen jeweils in zwei zueinander senkrecht stehenden Richtungen zu bestimmen. Die Probekörperlänge ℓ ist an zwei Stellen am Umfang jeweils um 90° versetzt zu messen.

Für den Durchmesser gelten Maßtoleranzen von 0,2 mm bei Verwendung eines Belastungsjochs gemäß Bild 2a und 0,2–0,5 mm bei Verwendung eines Lasteintragungsstreifens gemäß Bild 2b. Für die Länge gelten Maßtoleranzen von 2,0 mm. Für die Ermittlung der Abmessungen werden Mittelwerte aus den Einzelmessungen gebildet. Abschließend wiegt man die Masse m des Zylinders ein und berechnet die Dichte ρ.

Der Probekörper ist gemäß dem Formblatt in Tab. 1 zu protokollieren.

Tab. 1 Versuchsprotokoll. Versuchsanordnung beim Spaltzugversuch gemäß Bild 3

Probe-Nr.	**Einheit**	**5**	**6**	**7**
Gestein	—	Quarzit	Grauwacke	Sandstein
Farbe/Verwitterungsgrad	—	Hellgrau/unverwittert	Grau/unverwittert	Rot/angewittert
Bohrung/Schürfe	—	KB 2	KB 2	S 283/8
Entnahmetiefe	m	111,5	104,9	53,6
Angaben zur Bohrung	—	Lotrecht	Lotrecht	Lotrecht
Zeitpunkt der Entnahme	—	18.03.2003	13.04.2003	03.08.2003
Versuchsanordnung (s. u.)	—	—	—	3
α = Winkel Gefügeebene/ Probekörperachse				II z. Schichtg.
β = Winkel Gefügeebene/ Belastungsrichtung				$\alpha = 0°; \beta = 0°$
Probenlagerung	—	In Folie eingeschweißt	In Folie eingeschweißt	In Folie eingeschweißt
Datum der Versuchsdurchführung	—	13.04.2004	13.04.2004	03.08.2004
Probekörperlänge ℓ	mm	45,3	45,2	58,0
Probekörperdurchmesser d	mm	85,1	85,2	110,3
Größtkorn d_k	mm	0,1	k. A.	1,5
Wassergehalt w	%	Nicht bestimmt	Nicht bestimmt	5,0
Dichte ρ	g/cm^3	2,62	2,59	2,48
Bruchkraft F_B	N	—	85 100	44 900
Spaltzugfestigkeit $\sigma_{t,sp}$	N/mm^2	—	14,1	4,5
Bemerkungen	—	Rissbildung außerhalb der Belastungsebene	—	—

6 Versuchsdurchführung

Der Probekörper wird entsprechend Bild 2a bzw. 2b mittig in das Prüfgerät eingebaut und durch eine stetig zunehmende Kraft bis zum Bruch belastet. Die Belastungsgeschwindigkeit sollte so geregelt werden, dass die Versuchsdauer ca. zwei bis fünf Minuten beträgt.

Die Bruchkraft F_B ist die Kraft, bei der der erste sichtbare diametrale Zugriss in der Belastungsebene auftritt. Die Rissbildung erfolgt im Regelfall vom Innern der Gesteinsprobe aus. Bei Versuchen, bei denen die Rissbildung von der Krafteinleitungsstelle aus erfolgt, ist der Bruch vor Erreichen der maximal möglichen Zugspannung eingetreten. Dies ist bei duktilen Gesteinen oft nicht zu vermeiden. Es ist im Protokoll zu vermerken. Kraftzunahmen nach dem Auftreten des ersten Zugrisses sind möglich. Sie beruhen auf der Tragfähigkeit der Teilkörper der Probe nach Überschreiten der Zugfestigkeit und dürfen für die Ermittlung der Spaltzugfestigkeit nicht in Ansatz gebracht werden.

7 Auswertung

Gültig sind Versuche, bei denen die Bruchfläche weitgehend in der Belastungsebene aufgetreten ist. Ergebnisse von Versuchen, bei denen die Bruchfläche deutlich außerhalb der Belastungsebene verläuft, sind zu verwerfen.

Die Spaltzugfestigkeit errechnet sich gemäß Gl. (2). Wurden mehrere Versuche durchgeführt, ist bei der Mittelwertbildung die Anisotropie der Proben zu berücksichtigen. Es dürfen nur Einzelergebnisse gleicher Versuchsanordnung gemäß Bild 3 gemittelt werden.

8 Darstellung der Ergebnisse und Prüfbericht

Im Prüfbericht sind unter Hinweis auf diese Empfehlung anzugeben:

- Herkunft der Probe, Tiefe unter GOK, Orientierung, Zeitpunkt der Entnahme
- Beschreibung des untersuchten Gesteins
- Probekörperabmessungen
- Schieferung, Schichtung oder sonstige erkennbare Anisotropie und deren Lage zur Belastungsrichtung (Skizzen, Fotos)
- Abschätzung des Durchmessers des Größtkorns
- Probenlagerungsbedingungen und -dauer
- ggf. Wassergehalt z. Zt. der Versuchsdurchführung
- Dichte der Probe
- Ausführende Prüfstelle und Ausführender
- Versuchsdatum
- Abweichungen von den hier gegebenen Empfehlungen
- Spaltzugfestigkeit
- Dokumentation des Bruchbildes (Skizze oder Foto)

Literatur

1. DIN EN 12390-6 (2001). *Prüfung von Festbeton, Teil 6: Spaltzugfestigkeit von Probekörpern.* Deutsche Fassung von EN 12390-6:2000.
2. DIN 22024 (1989). *Bestimmung der Spaltzugfestigkeit von Festgesteinen.*
3. International Society for Rock Mechanics (1978). Suggested methods for determining tensile strength of rock. *International Journal of Rock Mechanics and Mining Sciences*, 15, 99–103. http://dx.doi.org/10.1016/0148-9062(78)90003-7
4. DIN 61200 (1985). *Filze; Härte.*
5. DIN 68750 (1958). *Holzfaserplatten; Poröse und harte Holzfaserplatten; Gütebedingungen.*
6. DIN EN ISO 7500-1 (2004). *Metallische Werkstoffe – Prüfung von Prüfmaschinen für statische einachsige Beanspruchung – Teil 1: Zug- und Druckprüfmaschinen; Prüfung und Kalibrierung der Kraftmesseinrichtung; Allgemeines zu Anforderungen und zur Prüfung und Kalibrierung von Zug-, Druck- und Biegeprüfmaschinen.*

7 DIN 4021 (1990). *Baugrund; Aufschluss durch Schürfe und Bohrungen sowie Entnahme von Proben.*

8 Thuro, K. (1996). Bohrbarkeit beim konventionellen Sprengvortrieb. Geologisch-felsmechanische Untersuchungen anhand sieben ausgewählter Tunnelprojekte. *Münchner Geologische Hefte, Reihe B: Angewandte Geologie* B1: I bis XII, 1–145.

Empfehlung Nr. 11: Quellversuche an Gesteinsproben

Axel Paul

1 Vorbemerkung

Bestimmte Ton- und Sulfatgesteine neigen bei Wasserzufuhr zum Quellen. Ist die Quellung behindert, so entwickelt sich ein Quelldruck. Je nach Problemstellung können Quellversuche auf unterschiedliche Weise ausgeführt werden. Hier werden nur solche Verfahren behandelt, bei denen die Seitendehnung verhindert ist, d. h. eine Quellung nur in einer Richtung auftreten kann.

2 Zweck

Der Quellversuch dient der Bestimmung der Quelleigenschaften von Gesteinsproben. Zweck dieser Empfehlung ist es, Verfahren zur labormäßigen Untersuchung der Quelleigenschaften zu beschreiben und soweit zu vereinheitlichen, dass die Versuchsergebnisse miteinander vergleichbar sind.

3 Begriffe

Mit Quellung wird jede Volumenzunahme bezeichnet, die sich in einem Gestein infolge Wasserzutritt einstellt. Bei verhinderter Seitendehnung äußert sie sich als axiale Quellverformung Δl. Diese hängt ab von der axialen Druckspannung σ und von der Quellzeit t_q.

Die axiale Druckspannung σ ergibt sich als Quotient aus der axialen Druckkraft (Auflast) F und dem Prüfkörperquerschnitt A:

$$\sigma = \frac{F}{A} \tag{1}$$

Die Dehnung ε ergibt sich als Quotient aus der axialen Quellverformung Δl und der Probenanfangshöhe l_0:

$$\varepsilon = \frac{\Delta l}{l_0} \tag{2}$$

Empfehlungen des Arbeitskreises Versuchstechnik Fels, 1. Auflage. Arbeitskreis 3.3 „Versuchstechnik Fels".

Der Endwert wird als Quelldehnung ε_q bezeichnet. Er wird erreicht in der Quellzeit t_q nach der Wasserzugabe.

Es werden vier Versuchsarten unterschieden:

Im **Quellhebungsversuch** wird die axiale Dehnung ε unter einer vorgegebenen konstanten Druckspannung σ bestimmt. Die Quelldehnung, die sich unter der versuchstechnisch notwendigen Mindestspannung von $\sigma_0 = 5\,\mathrm{kN/m^2}$ einstellt, wird mit $\varepsilon_{q,0}$ bezeichnet.

Im **Quellversuch nach Kaiser/Henke** wird diejenige axiale Druckspannung $\sigma_{q,\ddot{A}}$ bestimmt, welche erforderlich ist, um eine eingetretene Quelldehnung $\varepsilon_{q,0}$ rückgängig zu machen (Quelldruckäquivalenzwert).

Im **Quellversuch nach Huder/Amberg** werden die Quelldehnungen bei stufenweise abnehmenden axialen Druckspannungen bestimmt.

$$\varepsilon_q = f(\sigma) \tag{3}$$

Im **Quelldruckversuch** wird die maximale Quellspannung σ_q unter definierter Behinderung der Quelldehnung bestimmt.

4 Prüfeinrichtung

Die Prüfeinrichtung besteht aus einem Ödometer, der Ödometerzelle, einem Belastungs- und Widerlagersystem und den Geräten für die Kraft- und die Verformungsmessung (Bild 1).

Der Ödometerring ist ausreichend starr und besteht aus korrosionsfreiem, poliertem Metall (z. B. rostfreiem Stahl). Seine Innenabmessungen sind so gewählt, dass ein Verhältnis $d : l = 3{,}5$ gegeben ist. In der Regel werden Ödometerringe mit $d = 70\,\mathrm{mm}$ und $l = 20\,\mathrm{mm}$ verwendet.

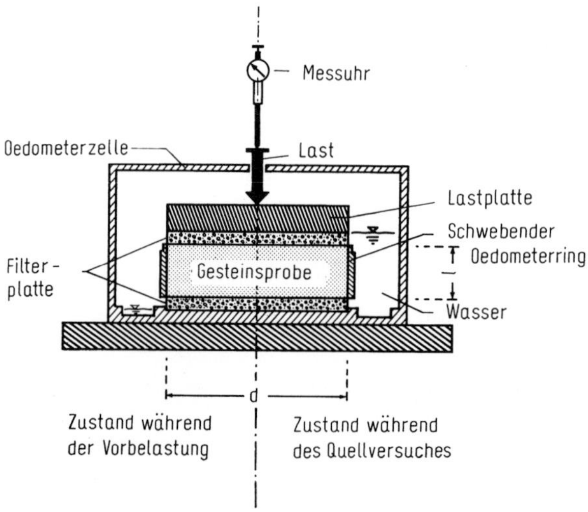

Bild 1 Beispiel einer Versuchseinrichtung für Quellversuche.

Die Wasserzufuhr erfolgt über Filterplatten, die über und unter der Gesteinsprobe angeordnet sind. Das Ödometer befindet sich in der Ödometerzelle, die mindestens bis zur Oberkante der oberen Filterplatte mit Wasser gefüllt werden kann.

Die Belastungseinheit besteht beim Quellhebungsversuch aus einer Einrichtung zur Erzeugung und zum Konstanthalten des axialen Druckes. Sie muss in der Lage sein, vorgegebene Druckstufen mit einer Genauigkeit von 1 % des Messwertes konstant zu halten.

Beim Quellversuch muss das Widerlagersystem für das Aufbringen des Druckes und für das Messen von Quellspannungen ausreichend steif ausgebildet sein. Dies ist in der Regel dann der Fall, wenn die Verformungskonstante des Gesamtsystems größer ist als $c = 150\,\text{kN/mm}$. Ist die Verformungskonstante geringer, so ist dies im Versuchsprotokoll zu vermerken.

Zur Messung der axialen Verformungen des Prüfkörpers eignen sich Präzisionsmessuhren oder elektrische Weggeber. Wegen unvermeidbarer Kippbewegungen der oberen Druckplatte sollte die Verformungsmessung in Prüfkörperachse erfolgen.

Die Quellkraft kann mit elektrischen oder hydraulischen Kraftmessgeräten gemessen werden. Eine Messgenauigkeit von 2 % des im Versuch erreichten Höchstwertes sollte gegeben sein. Die Eigenverformung der Kraftmessgeräte sollte so gering sein, dass die Steifigkeit des Gesamtsystems hiervon nicht beeinträchtigt wird.

5 Prüfkörper

Der Quellversuch wird an kreiszylindrischen Prüfkörpern durchgeführt. Die Mantelfläche soll glatt und frei von Unregelmäßigkeiten sein. Die Endflächen sollen eben sein und mit der Prüfkörperachse einen rechten Winkel bilden.

Zur Erzielung dieser Form sind die Proben möglichst schonend zu bearbeiten, wobei keine die Quellung beeinflussenden Spül- oder Kühlmittel verwendet werden dürfen. Der Prüfkörper ist so auszuarbeiten, dass er das Volumen des Ödometerrings passgenau ausfüllt.

In der Regel ist hierzu eine Feinbearbeitung auf einer Gesteins-Drehbank erforderlich. Passsitz ist dann erreicht, wenn sich der Prüfkörper unter Überwindung eines leichten Reibungswiderstandes gerade in den Ödometerring eindrehen lässt und die Endflächen des Prüfkörpers bündig mit den Kanten des Ödometerrings abschließen.

Ungenauigkeiten in der Prüfkörperbearbeitung bewirken Ungleichmäßigkeiten im Quellverhalten und führen in der Regel zu einer Verfälschung der Ergebnisse. Die Auftragung aushärtender Abgleichmittel soll möglichst vermieden werden. Ergibt sich materialbedingt dennoch die Notwendigkeit, von dieser Regel abzuweichen, so ist sie auf lokale Bereiche zu begrenzen und im Versuchsprotokoll zu vermerken. Es dürfen nur solche Mittel verwendet werden, die das Quellen nicht beeinflussen (z. B. kein Zement).

Der Wassergehalt hat auf die Quelleigenschaften von Gesteinsproben entscheidenden Einfluss. Daher sollten Proben, die für Quellversuche ausgewählt werden, so gewonnen, verpackt und aufbewahrt werden, dass sie ihren natürlichen Wassergehalt behalten. In der Regel sind hierzu Trockenbohrungen, luftdichte Verpackungen und eine Probenlagerung im Klimaraum erforderlich.

Das Gefüge der Gesteinsprobe ist nach Lage, Ausprägung und Beschaffenheit zu erfassen. Ferner sind die Dichte des Prüfkörpers gemäß DIN 18125, Teil 1 und der Wassergehalt an einer Parallelprobe gemäß DIN 18121, Teil 1 zu bestimmen. Bei der Wassergehaltsbestimmung gipshaltiger Gesteine sollte demnach die Trocknungstemperatur nicht mehr als 60 °C betragen.

6 Versuchsdurchführung

6.1 Kompensation des Probenahmeeinflusses

Der eingebaute Prüfkörper wird zunächst stufenweise bis zu einer vorgegebenen Maximalspannung σ_1 belastet und dann wieder bis zu einer Mindestspannung $\sigma_0 = 5\,\text{kN/m}^2$ entlastet. Dadurch wird die bei der Probenentnahme und bei der Probenbearbeitung aufgetretene Auflockerung weitgehend kompensiert. Bei besonders starker Probenauflockerung kann es zweckmäßig sein, diese Vorbelastung zweimal durchzuführen.

Die Be- und Entlastungsstufen werden so gewählt, dass sie annähernd jeweils das Doppelte bzw. die Hälfte der vorhergehenden Laststufe betragen. Jede Laststufe bleibt solange unverändert, wie das Verformungsmessgerät noch eine merkliche Verformungsänderung anzeigt. Als maximale Druckspannung σ_1 wird in der Regel eine Spannung in Höhe des Gebirgsdruckes gewählt.

Während der Vorbelastung ist darauf zu achten, dass der natürliche Wassergehalt der Probe unverändert bleibt. Insbesondere sind Maßnahmen zu treffen, dass die Probe nicht austrocknen kann.

6.2 Quellhebungsversuch

Der Quellhebungsversuch wird unter einer konstanten Druckspannung σ ausgeführt. Aus versuchstechnischen Gründen darf diese nicht kleiner sein als $\sigma_0 = 5\,\text{kN/m}^2$.

Wird der Versuch unter einer Druckspannung $\sigma > \sigma_0$ durchgeführt, so wird der in der Regel gemäß Abschn. 6.1 vorbelastete Prüfkörper zunächst stufenweise bis zu der vorgegebenen Druckspannung σ wiederbelastet.

Der Prüfkörper verbleibt solange auf der letzten Laststufe, bis die Verformungen vollständig abgeklungen sind. Dann wird die Ödometerzelle langsam mit Wasser gefüllt und damit die Quellung eingeleitet. Die Probenhöhe unmittelbar vor der Wasserzugabe stellt die Anfangshöhe l_0 dar. Die sich einstellende Axialverformung Δl wird in regelmäßigen Zeitabständen bis zum Abklingen der Verformungen gemessen.

Als Wasser ist destilliertes oder durch Ionenaustausch gereinigtes Wasser zu verwenden. Während des Versuches muss der Wasserspiegel in der Ödometerzelle min-

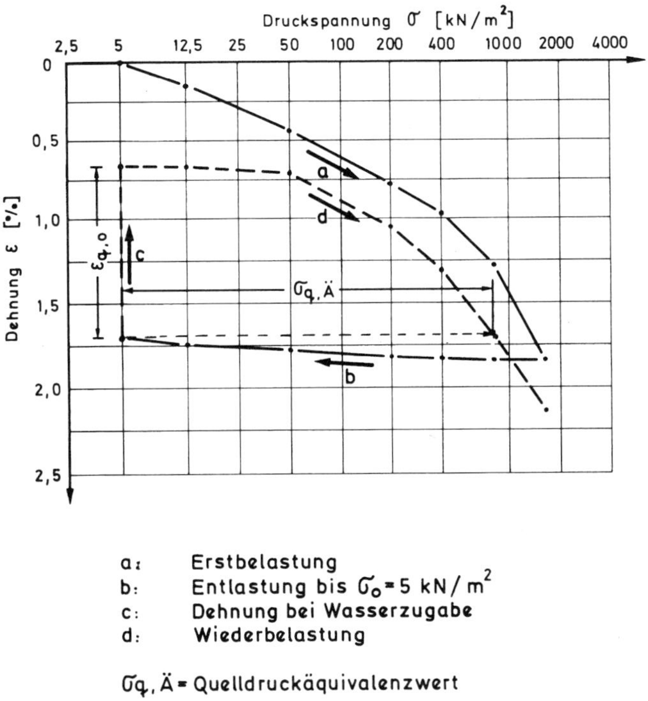

Bild 2 Beispiel eines Quellversuches nach Kaiser/Henke.

destens auf der Höhe der Oberkante der oberen Filterplatte gehalten werden. Die Temperatur des verwendeten Wassers muss der Raumtemperatur gleich sein. Die Raumtemperatur ist während des Versuches konstant zu halten. In der Regel wird eine Raumtemperatur von 15 °C angestrebt. Abweichungen sind im Versuchsprotokoll zu vermerken.

6.3 Quellversuch nach Kaiser/Henke [1]

Nach dem Abklingen der Quellverformungen gemäß Abschn. 6.2 wird der Prüfkörper stufenweise wiederbelastet, bis die Quellverformung vollständig rückgängig gemacht wurde.

Der Quelldruckäquivalenzwert ist nach [1] als Spannungsdifferenz definiert, die erforderlich ist, um den Verformungszustand vor der Quellung wieder zu erreichen. Er kann aus dem Spannungs-Verformungsdiagramm (Bild 2) abgelesen werden.

6.4 Quellversuch nach Huder/Amberg [2]

Der gemäß Abschn. 6.1 vorbelastete Prüfkörper wird nach dem Abklingen der Entlastungsverformungen zunächst nochmals bis zu der vorgegebenen Maximalspannung stufenweise belastet. Nach dem vollständigen Abklingen der Belastungsverformungen wird dann der Quellversuch analog Abschn. 6.2 durchgeführt.

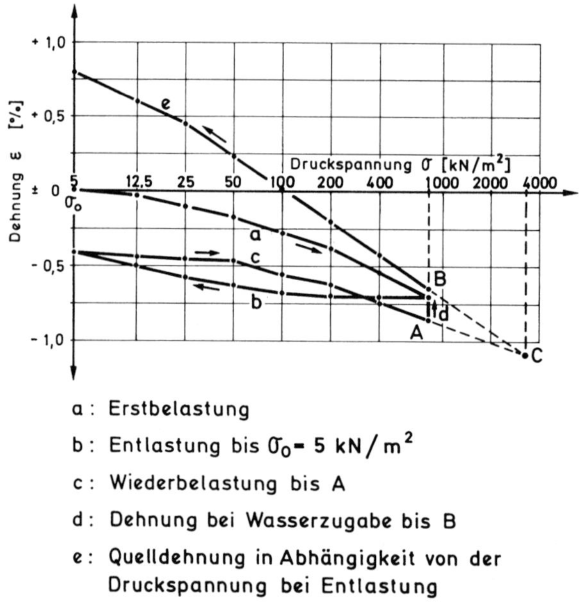

Bild 3 Beispiel eines Quellversuches nach Huder/Amberg.

Nach Abklingen der eingetretenen Quellverformungen wird der Prüfkörper in mindestens fünf Stufen entlastet und bei jeder Laststufe die sich einstellende Quellverformung analog Abschn. 6.2 gemessen. Vor jeder Entlastung ist zu warten, bis die Verformungen der letzten Laststufe abgeklungen sind. Das Beispiel eines Versuches ist auf Bild 3 dargestellt.

6.5 Quelldruckversuch

Messgröße des Quelldruckversuches ist die sich nach der Wasserzugabe entwickelnde axiale Quellkraft F. Sie wird mit einem Kraftmessgerät gemessen, das zwischen dem Prüfkörper und dem Widerlagersystem angeordnet ist.

Der gemäß Abschn. 6.1 vorbelastete Prüfkörper wird nach dem Abklingen der Entlastungsverformungen zunächst für kurze Zeit völlig entlastet. In dieser Zeit wird zwischen dem Prüfkörper und dem Widerlagersystem das Kraftmessgerät eingebaut. Danach wird das Widerlagersystem mittels Nachstellschrauben o. Ä. solange vorgespannt, bis die letzte Vorbelastungsstufe $\sigma_0 = 5\,\text{kN/m}^2$ wieder erreicht ist.

Wenn keine Veränderung dieser Mindestspannung mehr zu erkennen ist, wird die Quellung durch langsames Füllen der Ödometerzelle mit Wasser eingeleitet. Die Quellkraft F wird in regelmäßigen Zeitabständen gemessen. Hierbei kann es vorkommen, dass die Quellkraft nach Erreichen eines Maximums geringfügig wieder abnimmt (siehe z. B. Bild 8). Der Versuch ist abgeschlossen, wenn keine Veränderung der Quellkraft mehr gemessen wird.

Die Hinweise in Abschn. 6.2 bezüglich des Wassers und der Temperatur sind auch hier zu beachten.

7 Versuchsauswertung und Darstellung der Ergebnisse

7.1 Allgemeine Angaben

Für jeden Versuch sind folgende Angaben zu machen:

- Versuchsart
- Herkunft der Probe, Entnahmedatum, Entnahmetiefe, Orientierung
- Angaben zur Probengewinnung, Bohrverfahren, Probenverpackung
- Beschreibung des Gesteins
- eventuell vorhandene Schieferung, Schichtung, Klüftung oder sonstige erkennbare Anisotropie und deren Lage zur Prüfkörperachse
- Wassergehalt und Dichte der Probe vor Versuchsdurchführung
- Verfahren der Prüfkörperherstellung, Besonderheiten bei der Bearbeitung
- Prüfkörperabmessungen
- Zeitpunkt der Versuchsdurchführung
- Beschreibung der Vorbelastung
- Temperatur und relative Luftfeuchtigkeit des Versuchsraumes während der Vorbelastung und während des Quellversuches
- Angaben zur Verformbarkeit des Belastungs-/Widerlagersystems
- Art und Durchführung der Verformungs- bzw. Spannungsmessung
- Wassergehalt bei Versuchsende
- eventuelle Abweichungen von den hier gegebenen Empfehlungen

Die Versuchsergebnisse sind in SI-Einheiten anzugeben.

7.2 Quellhebungsversuch

Beim Quellhebungsversuch werden für alle Messungen die Dehnungen ε gemäß Gl. (2) errechnet und über die Zeit t aufgetragen.

7.3 Quellversuch nach Kaiser/Henke

Die Quelldehnung $\varepsilon_{q,0}$ gemäß Abschn. 6.2 wird in ein Spannungs-Dehnungsdiagramm analog Bild 2 eingetragen. Aus dem daran anschließenden Wiederbelastungsast kann der Quelldruckäquivalenzwert $\sigma_{q,\ddot{A}}$ abgelesen werden.

7.4 Quellversuch nach Huder/Amberg

Die Quelldehnungen jeder Laststufe werden in ein Spannungs-Dehnungsdiagramm analog Bild 3 eingetragen. Durch Verlängerung der Kurven c und e über die Endpunkte A und B hinaus gelangt man zum Schnittpunkt C, dessen zugehörige Spannung nach Huder/Amberg den Druck kennzeichnet, oberhalb dessen kein Quellen mehr möglich ist. Das Quelldehnungsdiagramm (Bild 7) lässt den zeitlichen Ablauf erkennen.

7.5 Quelldruckversuch

Beim Quelldruckversuch werden für alle Messungen die Spannungen σ nach Gl. (1) errechnet und über die Zeit t aufgetragen. Die Quellspannung σ_q ergibt sich als Maximalwert (Bild 8).

8 Anwendungsbeispiele

Tabelle 1 zeigt ein Beispiel für das Protokoll eines Quelldruckversuches.

Auf Bild 4 ist das Ergebnis eines Quellhebungsversuches bei einer Druckspannung $\sigma_0 = 5\,\mathrm{kN/m^2}$ dargestellt. Bild 5 zeigt das Ergebnis eines Quellversuches nach Kaiser/Henke. Auf den Bildern 6 und 7 sind die Ergebnisse eines Quellversuches nach Huder/Amberg dargestellt. Bild 8 zeigt das Ergebnis eines Quelldruckversuches.

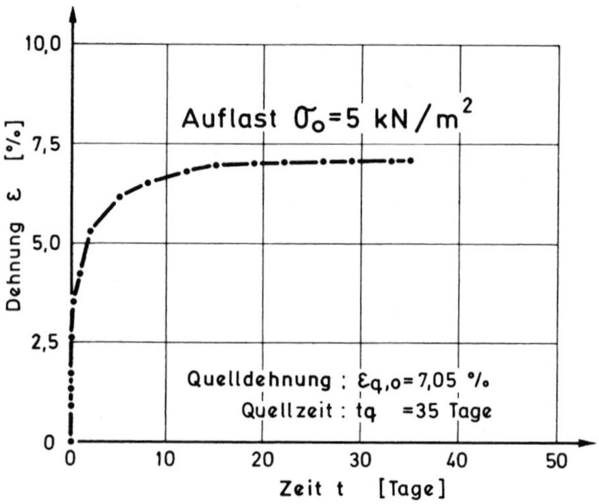

Bild 4 Quellhebungsversuch.

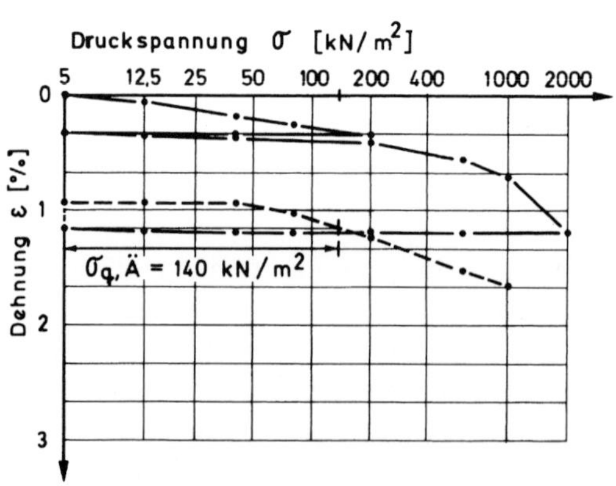

Bild 5 Quellversuch nach Kaiser/Henke.

Tab. 1 Protokoll eines Quelldruckversuches.

Bezeichnung des Labors:	**Baumaßnahme:** **Aktenzeichen:Datum:**
Bohrung-Nr.:	Pilotstollen, Station 546, Sohle, (Trockenbohrung)
Orientierung:	vertikal nach unten
Entnahmetiefe:	2,65 m unter OK Sohlbeton
Entnahmedatum:	25.10.1983
Probenverpackung:	Plastiktüte, Kunststoffdose mit Spannverschluss
Probenlagerung:	Feuchtlagerraum, 18 °C
Probenlagerzeit:	25.10.1983–8.11.1983
Probenbearbeitung:	Trockensägung (Ablängung), Abdrehen auf Gesteinsdrehbank
Besonderheiten:	keine
Prüfkörperabmessungen:	$d = 70$ mm, $l = 20$ mm
Gesteinsart:	Tonstein, dicht, fest, dunkelgrau (Obere Bunte Mergel)
Gefüge:	ausgeprägte Schichtung, horizontal
Besonderheiten:	steil stehende, geschlossene und verheilte Kluft
Einbaudichte:	$\rho = 2{,}45\ \mathrm{g/cm^3}$
Einbauwassergehalt:	$w = 3{,}3\,\%$
Vorbelastungsfolge:	5/12,5/25/50/100/200/400/800/400/200/100/50/25/12,5/5 $\mathrm{kN/m^2}$
Klima Versuchsraum:	15 °C, 80 % Feuchte
Beginn Quellversuch:	4.12.1983
Quellversuchsart:	Quelldruckversuch
Verformungsmessung:	—
Kraftmessung:	elektrische Kraftmessdose (Eigenverformung: $c = 440\ \mathrm{kN/mm}$)
Klima Versuchsraum:	15 °C, 80 % Feuchte
Verformbarkeit des Widerlagersystems:	$c = 150\ \mathrm{kN/mm}$
Abweichung von der Empfehlung:	keine
Ausbaudichte:	$\rho = 2{,}49\ \mathrm{g/cm^3}$
Ausbauwassergehalt:	$w = 5{,}3\,\%$
Quelldehnung:	—
Quelldruck-Äquivalenzwert:	—
Max. Quelldehnung:	—
Quellspannung:	2148 $\mathrm{kN/m^2}$
Zugehörige Quellzeit:	4 Tage

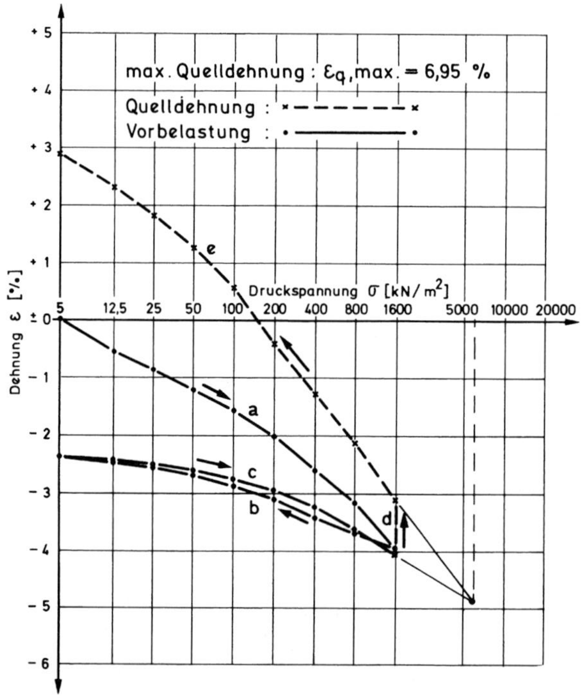

Bild 6 Quellversuch nach Huder/Amberg, Spannungs-Dehnungsdiagramm.

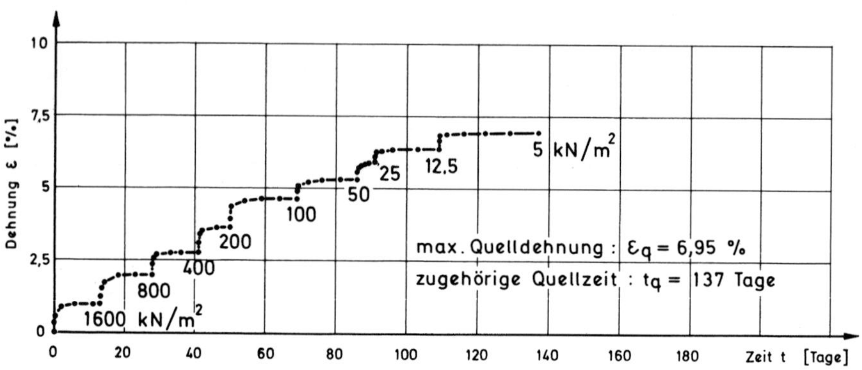

Bild 7 Quellversuch nach Huder/Amberg, Quelldehnungsdiagramm.

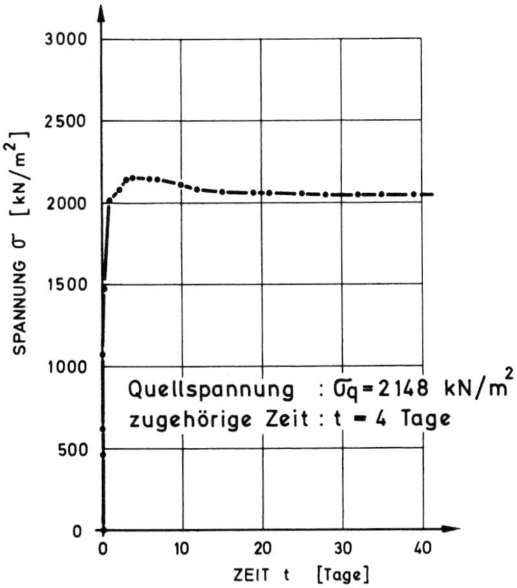

Bild 8 Quelldruckversuch.

Literatur

1 Henke, K.F., Kaiser, W. und Nagel, D. (1975). Geomechanische Untersuchungen im Gipskeuper. *Straßenbau und Straßenverkehrstechnik* 184: 149–169.

2 Huder, J. und Amberg, G. (1970). Quellung in Mergel, Opalinuston und Anhydrit. *Schweizerische Bauzeitung* 83 (43): 975–980.

Empfehlung Nr. 12: Mehrstufentechnik bei dreiaxialen Druckversuchen und direkten Scherversuchen

Lutz Wichter

1 Zweck der Empfehlung

Die Empfehlung zielt darauf ab, die Mehrstufenversuchstechnik für die Anwendung in der Felsmechanik zu beschreiben. Die Durchführung von Mehrstufenversuchen hat sich als eine geeignete Methode erwiesen, um aus einer begrenzten Anzahl von Proben möglichst umfassende Informationen über das Festigkeitsverhalten von Fels zu gewinnen.

2 Begriffe

Als Mehrstufenversuchstechnik wird ein Verfahren bezeichnet, bei dem die Versuchsbedingungen an ein und demselben Prüfkörper nach Erreichen charakteristischer Verschiebungen oder Spannungen nahe dem Bruchzustand so geändert werden, dass die Fortführung des Versuches unter den neuen Versuchsbedingungen Ergebnisse liefert, die sonst aus Einzelversuchen an weiteren Prüfkörpern gewonnen werden müssten. Die hier beschriebene Mehrstufenversuchstechnik kann bei direkten Scherversuchen und bei dreiaxialen Druckversuchen im Labor und in situ angewendet werden.

3 Prüfeinrichtungen

Für die Durchführung von Mehrstufenversuchen werden die gleichen Prüfeinrichtungen benötigt, die auch für Versuche mit nur einer Versuchsstufe erforderlich sind. Beschreibungen dieser Prüfeinrichtungen sind in den entsprechenden Empfehlungen Nr. 2 („Dreiaxiale Druckversuche an Gesteinsproben“) [1], Nr. 3 („Dreiaxiale Druckversuche an geklüfteten Großbohrkernen im Labor“) [1] und Nr. 4 („Scherversuch in situ“) enthalten [2]. Zusätzlich ist eine Einrichtung für die Aufzeichnung der Beanspruchungs-Verformungs-Kurven fortlaufend mit dem Versuch notwendig, um die Annäherung der Probe an den Bruchzustand rechtzeitig zu erkennen.

Empfehlungen des Arbeitskreises Versuchstechnik Fels, 1. Auflage. Arbeitskreis 3.3 „Versuchstechnik Fels“.

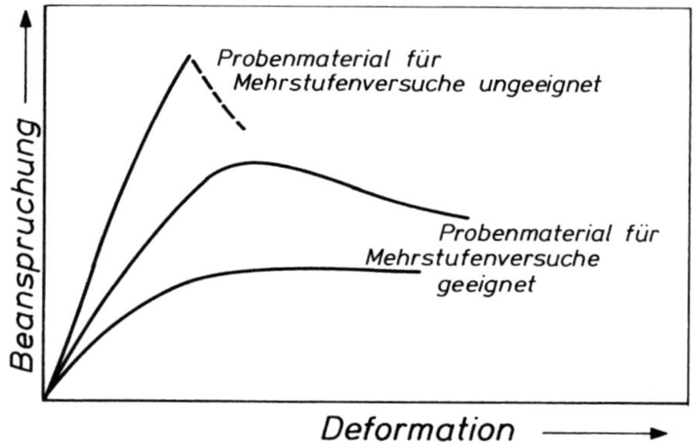

Bild 1 Anforderungen an das Probenmaterial zur Anwendbarkeit der Mehrstufenversuchstechnik.

4 Proben

Mehrstufenversuche werden an den gleichen Prüfkörpern durchgeführt, wie sie auch für Einstufenversuche verwendet werden. Voraussetzung für die Anwendung ist jedoch, dass die zu untersuchenden Felsarten im Versuch bei den jeweils herrschenden Randbedingungen nicht plötzlich versagen. Die Annäherung an den Bruchzustand muss aus den Versuchskurven so rechtzeitig erkennbar sein, dass die nächste Versuchsstufe eingeleitet werden kann, bevor die Deformation des Prüfkörpers zu groß ist. Bild 1 erläutert diese Anforderung an das Probenmaterial.

5 Versuchsdurchführung

5.1 Direkte Scherversuche (siehe Empfehlung Nr. 4)

Aus direkten Scherversuchen werden als unmittelbare Versuchsergebnisse Scherkraft-Verschiebungskurven erhalten. Je nach der Geometrie der Scherfläche, der Gesteinsfestigkeit, dem Trennflächengefüge und der aufgebrachten Normalspannung sind diese Kurven einer der in Bild 2 dargestellten durchgezogenen Kurven ähnlich.

Proben, die Versuchskurven vom Typ 1 liefern, sind für die Anwendung der Mehrstufenversuchstechnik nur zur Bestimmung der Restscherfestigkeit geeignet. Wenn die Versuchskurven vom Typ 2 oder 3 sind, kann die Mehrstufenversuchstechnik angewendet werden.

Die erste Stufe des Versuches wird in gleicher Weise durchgeführt, wie es in der Empfehlung Nr. 4 beschrieben ist. Der Prüfkörper wird mit der niedrigsten vorgesehenen Normalkraft F_n belastet und abgeschert, bis die Scherkraft F_s ein Maximum erreicht oder nicht mehr weiter zunimmt. Dann wird der Abschervorgang unterbrochen und die nächst höhere Normalkraftstufe F_n aufgebracht. Unabhängig davon, ob Spitzen- oder Restscherfestigkeit untersucht werden, sollten die Prüfkörper-

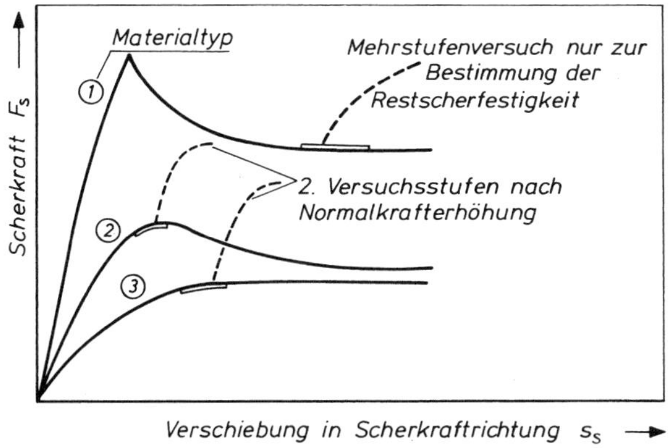

Bild 2 Charakteristische Scherkraft-Verschiebungskurven beim direkten Scherversuch mit Mehrstufentechnik.

hälften vor der nächsten Versuchsstufe immer in die Ausgangslage zurückgebracht werden, damit die Exzentrizität der Normalkraft nicht unnötig groß wird. Vor dem Zurückbringen ist die Normalkraft wegzunehmen und, falls die Prüfeinrichtung es erlaubt, sind die Prüfkörperhälften voneinander abzuheben.

Unter der neuen Normalkraft wird der Versuch fortgesetzt, bis der Prüfkörper erneut in die Nähe des Bruchzustandes kommt. Auf diese Weise lassen sich bei den für Mehrstufenversuche geeigneten Gesteinen zwei bis vier Versuchsstufen durchführen. Aus jeder Versuchsstufe erhält man für den Bruchzustand eine Normalkraft und eine Scherkraft. Trägt man diese Wertepaare aus einem Mehrstufenversuch in ein Normalspannungs-Scherspannungsdiagramm ein, so erhält man die Scherfestigkeit in der Scherfuge, wie es in Empfehlung Nr. 4 beschrieben ist.

Kriterien für die Erhöhung der Normalkraft

Die Wahl des Zeitpunktes für die Erhöhung der Normalkraft, d. h. für die Einleitung der nächsten Versuchsstufe ist außer von der Gesteinsfestigkeit von der Geometrie der Scherfläche und der versuchstechnischen Fragestellung abhängig.

Bei ebenen Gleitflächen kann die nächste Normalkraftstufe aufgebracht werden, wenn die Scherkraft bei fortgeführter Verschiebung nicht mehr zunimmt. Profilierte Gleitflächen erzwingen bei festeren Gesteinsarten das Aufgleiten der Oberprobe. Die Scherkraft-Verschiebungslinie erhält dadurch ein Maximum, das den Zustand der größten Aufgleitung kennzeichnet. Bei solchen Proben sollte die nächste Versuchsstufe eingeleitet werden, kurz bevor das Maximum durchlaufen wird. Bei miteinander verzahnten Gleitflächen kann durch den Schervorgang ein Abscheren einzelner Verzahnungen eintreten. An solchen Prüfkörpern wird die Durchführung von Mehrstufenversuchen nicht empfohlen, es sei denn, man möchte die Restscherfestigkeit bestimmen. Dann wird die Normalkraft erhöht, wenn bei weiterer Scherverschiebung keine Abnahme der Scherkraft mehr beobachtet wird.

Bei geklüfteten Prüfkörpern, die nicht entlang einer vorgegebenen Gleitfläche abgeschert werden, findet in der Regel eine Zerstörung des Kluftkörperverbandes in der Umgebung der erzwungenen Scherfläche statt. Wenn die Gesteinsfestigkeit deutlich höher als die Gebirgsfestigkeit ist, verhalten sich solche Proben dilatant (wie überkritisch dichte Sandproben) und sind für die Anwendung der Mehrstufenversuchstechnik nicht geeignet.

5.2 Dreiaxiale Druckversuche (siehe Empfehlungen Nr. 2 und Nr. 3)

Bei dreiaxialen Druckversuchen an Gesteins- und geklüfteten Felsprüfkörpern kann die Mehrstufenversuchstechnik angewendet werden, wenn die Proben ein Spannungs-Dehnungsverhalten ähnlich dem der Kurven 2 und 3 in Bild 3 zeigen. Voraussetzung ist bei Felsprüfkörpern, dass die Gesteinsfestigkeit nicht so hoch ist, dass zum Erreichen des Bruchzustandes eine völlige Zerstörung des Kluftkörperverbandes notwendig ist.

Die Aufzeichnung der Messwerte beim dreiaxialen Druckversuch erfolgt üblicherweise so, dass die Hauptspannung σ_1 oder die Deviatorspannung $\sigma_1 - \sigma_3$ über der Längsdehnung aufgetragen wird. Man erhält bei dreiaxialen Druckversuchen Versuchskurven, wie sie in Bild 3 dargestellt sind.

Prüfkörper, die bei den gewünschten Versuchsrandbedingungen und der vorhandenen Prüfeinrichtung Kurven des Typs 1 liefern, sind für die Anwendung der Mehrstufenversuchstechnik ungeeignet. Versuchsmaterialien mit Spannungs-Dehnungslinien des Typs 2 oder 3 sind für die Anwendung der Mehrstufenversuchstechnik geeignet.

Die erste Versuchsstufe wird mit dem niedrigsten oder höchsten vorgesehenen Seitendruck σ_3 in gleicher Weise durchgeführt, wie es in den Empfehlungen Nr. 2 bzw. 3 beschrieben ist. Ob mit dem höchsten oder niedrigsten Seitendruck begonnen wird, hängt von der geotechnischen Fragestellung und dem zu erwartenden Materialverhalten ab. Der Prüfkörper wird bei konstant gehaltenem Seitendruck axial gestaucht, bis die Axialspannung σ_1 ein Maximum erreicht oder nicht mehr weiter zunimmt. Dann wird der Versuch unterbrochen, die Spannung σ_1 auf den Wert von σ_3 zurückgenommen und die nächsthöhere oder niedere Seitendruckstufe aufgebracht. Nach einer eventuell erforderlichen Konsolidierungsphase wird der Versuch fortgesetzt usw. Auf diese Weise können an geeigneten Proben mehrere Bruch-

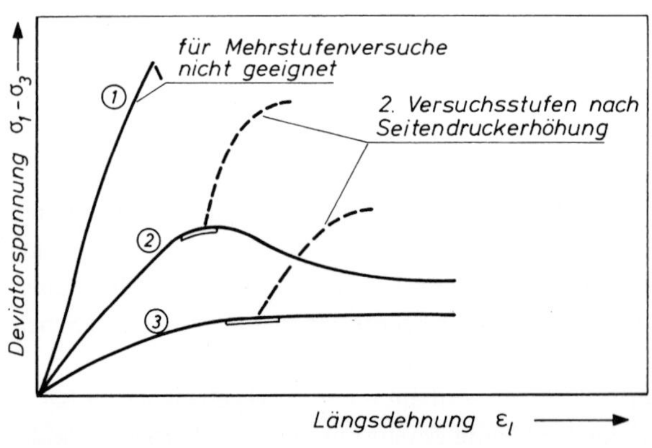

Bild 3 Charakteristische Spannungs-Dehnungslinien bei dreiaxialen Druckversuchen.

zustände erzeugt werden. Wenn man die ermittelten Werte in einem Mohr'schen Diagramm aufträgt, erhält man die Festigkeitsparameter Kohäsion c und Reibungswinkel ϕ in der bekannten Weise.

Kriterien für den Zeitpunkt der Erhöhung des Seitendrucks

Der Seitendruck sollte erhöht werden, unmittelbar bevor der Prüfkörper den Bruchzustand erreicht. Bei Felsarten des Typs 3 kann es schwierig sein, den Zeitpunkt zu erkennen, an dem der Deformationswiderstand $\sigma_1 - \sigma_3$ nicht mehr zunimmt. Man sollte dann entweder das Erreichen derjenigen Längsdehnung, bei der Prüfkörper des gleichen Materials im einaxialen Druckversuch in der Regel versagen, als Kriterium für die Erhöhung des Seitendruckes nehmen oder die Unterschreitung eines bestimmten Verformungsmoduls (Tangentenanstiegs). Wenn die Deviatorspannung bei Materialien des Typs 3 keinem konstanten Wert zustrebt, sollte man die Mehrstufenversuchstechnik nicht anwenden.

6 Versuchsauswertung und Darstellung der Ergebnisse

Die Versuche sollen so ausgewertet und dargestellt werden, wie es in den entsprechenden Empfehlungen für Einstufenversuche beschrieben ist. Jede Versuchsstufe wird dabei wie ein Einzelversuch behandelt. Die Darstellung der Ergebnisse sollte jedoch immer den Hinweis enthalten, dass sie aus Mehrstufenversuchen gewonnen wurde. In der Regel lassen sich aus Mehrstufenversuchen Schergeraden (beim direkten Scherversuch) bzw. Mohr-Coulomb'sche Geraden (beim dreiaxialen Druckversuch) gewinnen, die durch die Versuchspunkte besser angenähert werden als bei entsprechenden Versuchen an Einzelproben. Ursache dafür ist, dass Streuungen in den Materialeigenschaften, wie sie bei mehreren Prüfkörpern immer vorhanden sind, hier nicht auftreten. Es sollte aber bei der Interpretation der Ergebnisse beachtet werden, dass aus einem einzigen Mehrstufenversuch gewonnene Festigkeits- oder Verformungsparameter eben nur einen Prüfkörper charakterisieren. Um einen Gebirgsbereich zutreffend zu beschreiben, ist die Untersuchung mehrerer Prüfkörper erforderlich. Wenn diese Prüfkörper in Mehrstufenversuchen beansprucht werden, ergibt sich die Möglichkeit, die jeweils ersten Belastungsstufen in der herkömmlichen Weise auszuwerten und die Ergebnisse mit denjenigen bei nachfolgenden Laststufen zu vergleichen. Auf diese Weise kann die größtmögliche Information über das Verformungs-Festigkeitsverhalten der zu beurteilenden Proben erhalten werden.

7 Beispiele

7.1 Direkter Scherversuch in situ

Bild 4 zeigt die Durchführung eines direkten Scherversuches in situ an einer Schichtfläche in einem Einschnitt im Weißjura β. Die Versuchsfragestellung zielte

Bild 4 Direkter Scherversuch in situ in einer Mergelschicht im Weißjura β und Prüfkörper vor dem Aufbau der Belastungsvorrichtung.

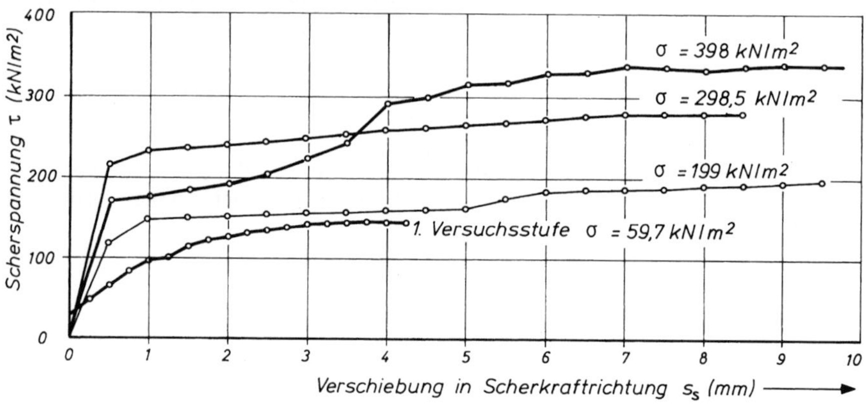

Bild 5 Scherspannungs-Verschiebungsdiagramm.

auf die Ermittlung der Scherfestigkeit auf horizontalen Schichtflächen nach eventuellen Entspannungsbewegungen des Gebirges infolge des Öffnens des Einschnittes ab. Rechts neben dem Versuchsaufbau ist eine weitere präparierte Scherprobe (Durchmesser 60 cm) zu sehen. Die Versuchsdaten sind in Tab. 1 protokolliert.

Auf Bild 5 sind die Versuchsergebnisse als Scherspannungs-Verschiebungsdiagramm dargestellt. Auf eine Auftragung der Aufgleitbeträge wurde verzichtet. Bild 6 zeigt die Ermittlung der Schergeraden aus den Versuchskurven von Bild 5. Das Ergebnis der ersten Normalkraftstufe wurde dabei nicht berücksichtigt. Diese Stufe diente lediglich zur Sicherstellung der vollständigen Durchtrennung der Scherfläche vor Versuchsbeginn.

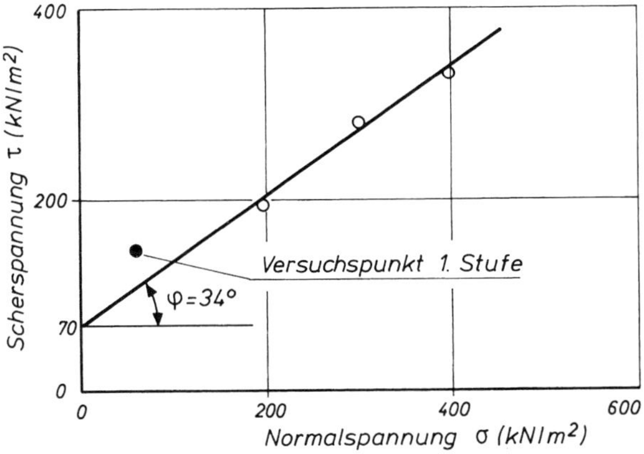

Bild 6 Ermittlung der Schergeraden.

Tab. 1 Versuchsprotokoll eines direkten Scherversuches in situ mit Mehrstufenversuchstechnik.

Bezeichnung des Labors	**Bauvorhaben/Aktenzeichen/Datum**	
Gebirge:	Wechsellagerung von Kalkstein und Mergel; Mergellagen 2–10 cm mächtig; Kalksteinlagen 10–30 cm mächtig	
Scherrichtung:	horizontal in der Ebene der Mergellagen	
Beschreibung der Trennfläche:	vollständig durchtrennt vor Versuchsbeginn durch Abscheren unter geringer Normalkraft	
Datum der Versuchsdurchführung:	21./22. Juni 1986	
Prüfkörperabmessungen:	zylindrisch; Höhe 250 mm; Durchmesser 800 mm	
Schergeschwindigkeit	1 mm/min	
Besonderheiten:	Mehrstufenversuch	
	1. Laststufe zum vollständigen Durchtrennen	$\sigma = 59{,}7\,\text{kN/m}^2$
	2. Laststufe	$\sigma = 199{,}0\,\text{kN/m}^2$
	3. Laststufe	$\sigma = 298{,}5\,\text{kN/m}^2$
	4. Laststufe	$\sigma = 398{,}0\,\text{kN/m}^2$
	Probe nach jeder Laststufe entlastet und in die Ausgangslage zurückgeschoben. Ergebnis der 1. Stufe bei Auswertung nicht berücksichtigt.	
Versuchsergebnis:	Reibungswinkel $\phi = 34°$ in der Ebene der Mergelfuge; Kohäsion $c = 70\,\text{kN/m}^2$	

7.2 Dreiaxialer Druckversuch im Labor

Bild 7 zeigt eine Prüfzelle für die Durchführung von dreiaxialen Druckversuchen an Großproben, Bild 8 einen Prüfkörper. Bei dieser Versuchsart hat sich die Anwendung der Mehrstufentechnik besonders bewährt. Bild 9 zeigt die Auftragung des Ergebnisses eines triaxialen Druckversuches an einer Großprobe von 60 cm

Bild 7 Prüfzelle für Triaxialversuche an Großproben.

Tab. 2 Versuchsdaten eines Mehrstufenversuches an Jurakalkstein.

Probenmaterial:	Weißjura β, Kalkstein und Tonmergel in Wechsellagerung, Mergellagen 2–5 cm mächtig, horizontal gelagert, Anteil Kalkstein/Mergel ca. 5/1	
Entnahmedatum:	28. Mai 1986	
Entnahmestelle:	km 52 + 183 auf Berme E/F	
Entnahmetiefe:	562,3–561,0 ü. NN	
Entnahmerichtung:	vertikal	
Prüfkörperlänge:	122 cm	
Prüfkörperdurchmesser:	59 cm	
Endflächen:	abgeglichen mit Hartgips	
Dehnungsgeschwindigkeit:	0,1 %/min	
Prüfdatum:	10. Juni 1986	
Bemerkungen:	nach 2. Seitendruckstufe Probehülle zerstört	
Ergebnis:	Reibungswinkel	$\phi = 45°$
	Kohäsion	$c = 0{,}35\ \mathrm{MN/m^2}$

Durchmesser mit zwei Druckstufen. Die Charakteristik des Probenmaterials (geklüfteter Jurakalkstein mit Mergelzwischenlagen) beschränkte die Anwendungsmöglichkeit der Mehrstufentechnik auf zwei Versuchsstufen. Tabelle 2 enthält die Zusammenstellung der Versuchsdaten. In Bild 10 sind die Versuchsergebnisse in einem Mohr'schen Diagramm dargestellt, aus dem die Scherfestigkeitsparameter Reibungswinkel ($\phi = 45°$) und Kohäsion ($c = 0{,}35\ \mathrm{MN/m^2}$) abgelesen werden können.

Bild 8 Prüfkörper.

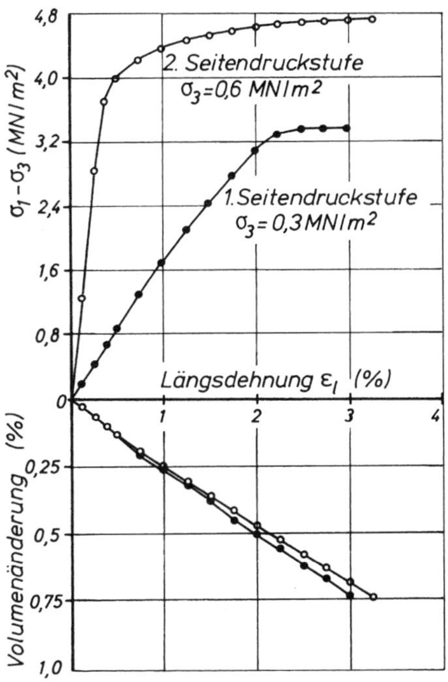

Bild 9 Ergebnis eines triaxialen Druckversuches an einer Großprobe aus dem Weißjura.

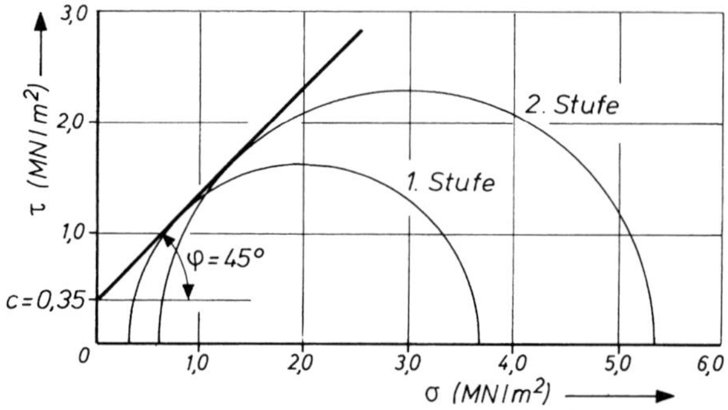

Bild 10 Mohr'sches Diagramm eines Triaxialversuches mit Mehrstufentechnik.

Literatur

1 Pahl, A. (1979). Empfehlungen für die Versuchstechnik in Fels. *Bautechnik* 56 (7): 217–228.

2 Henke, K.F. und Kaiser, W. (1980). Empfehlung Nr. 4 des Arbeitskreises 19 – Versuchstechnik Fels – der Deutschen Gesellschaft für Erd- und Grundbau e. V.: Scherversuch in situ. *Bautechnik* 57 (10): 325–328.

Empfehlung Nr. 13: Laborscherversuch an Felstrennflächen

Wolfhard Leichnitz

1 Zweck

Der Laborscherversuch dient zur Bestimmung des Scherverhaltens einer Felstrennfläche. Zweck dieser Empfehlung ist es, Verfahren und Geräte zur labormäßigen Bestimmung des Scherverhaltens von Felstrennflächen so zu vereinheitlichen, dass Versuchsergebnisse miteinander vergleichbar sind. Die Durchführung von Scherversuchen in situ ist in der Empfehlung Nr. 4 des Arbeitskreises 19 – Versuchstechnik Fels – beschrieben [1].

2 Begriffe

2.1 Scherverhalten

Im Laborscherversuch sollte die zu untersuchende Trennfläche vollständig durchtrennt sein, da nur dann charakteristische und reproduzierbare Kennwerte gewonnen werden können. Solche Diskontinuitäten sind nicht kohäsiv, wenn sie frei von bindigen Zwischenmitteln sind, was im Folgenden vorausgesetzt wird. In diesen Fällen ist es im Versuchsstadium nicht erforderlich, die am Prüfkörper angreifenden Kräfte in Spannungen umzurechnen.

Bei unebenen Trennflächen in festen Gesteinen kann während des Gleitvorgangs ein Öffnen beobachtet werden; dieser Vorgang wird mit Aufgleitung oder Dilatanz bezeichnet. Trennflächen in weicheren Gesteinen können sich dagegen während des Gleitvorgangs – insbesondere bei hoher Normalkraft – schließen; dieser Vorgang wird mit Kontraktanz bezeichnet.

Das Scherverhalten einer Felstrennfläche wird durch dimensionslose Kennwerte (Reibungsbeiwerte, Aufgleitwinkel, Gleitungen) beschrieben. Diese Kennwerte ergeben sich bei der Auswertung der Versuche; sie müssen deutlich von den im Versuch gemessenen Kraftgrößen (Scher- und Normalkraft) und Weggrößen (Scherweg, Aufgleitweg) unterschieden werden.

Empfehlungen des Arbeitskreises Versuchstechnik Fels, 1. Auflage. Arbeitskreis 3.3 „Versuchstechnik Fels".

2.2 Belastung

Im Laborscherversuch wird die Scherkraft im Regelfall weggesteuert aufgebracht. Für die Normalkraft können unterschiedliche Versuchsbedingungen vorgegeben werden, die verschiedenartigen In-situ-Fällen entsprechen.

Die Normalkraft kann während des Versuchs konstant gehalten werden (Kraftrandbedingung); hiermit wird ein oberflächennaher Gleitvorgang simuliert. Es kann aber im Versuch auch die Aufgleitung definiert behindert werden (Verschiebungsrandbedingung); die Verspannung eines in einen unterirdischen Hohlraum hineingleitenden Felskörpers wird damit berücksichtigt.

Für die Durchführung aufgleitbehinderter Scherversuche ist eine aufwendige Versuchsapparatur erforderlich. Die gleichen Informationen über das Scherverhalten können aber auch aus Versuchen gewonnen werden, bei denen die Normalkraft konstant gehalten wird. Für die felsmechanische Praxis ist daher der normalkraftkonstante Scherversuch ausreichend, der im Folgenden auch ausschließlich erläutert wird.

2.3 Kraft- und Wegmessgrößen

2.3.1 Normal- und Scherkraft

Die im Laborscherversuch an einer Trennfläche angreifenden Kräfte sind die Normalkraft *N* und die Scherkraft *T*. *N* wird als Druckkraft positiv angesetzt (Bild 1).

Spitzenscherkraft

Die Spitzenscherkraft T_{peak} erhält man aus dem Scherkraft-Scherweg-Diagramm (Bild 2). Bei dilatanten Klüften fällt die Scherkraft nach Erreichen des Spitzenwertes wieder ab. Die Aufgleitkurve hat beim zugehörigen Verschiebungsweg einen Wendepunkt.

Restscherkraft

Die Restscherkraft T_{res} ist erreicht, wenn sich der Prüfkörper ohne weitere Scherkraftänderung verschiebt (Bild 2). Die Aufgleitkurve weist gleichzeitig eine horizontale Tangente auf. Bei kontraktanten Klüften tritt ein ausgeprägter Spitzenwert nicht auf. Die maximale Scherkraft ist dann gleich der Restscherkraft.

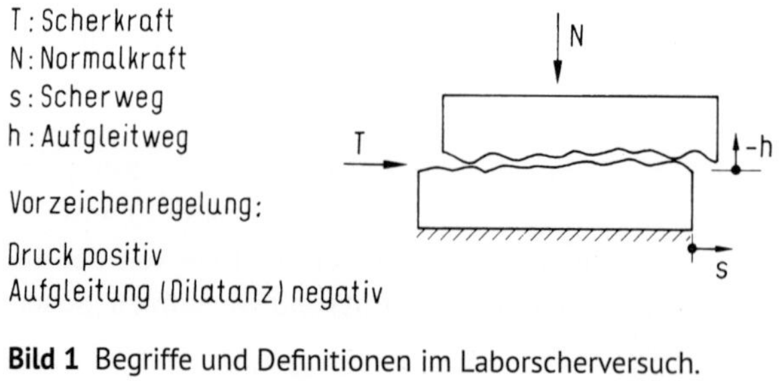

Bild 1 Begriffe und Definitionen im Laborscherversuch.

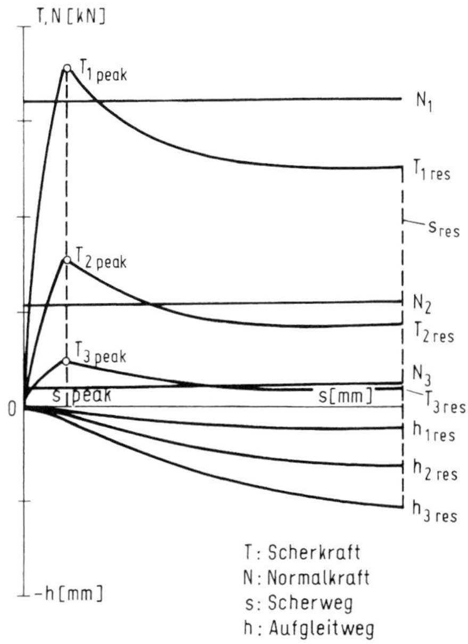

Bild 2 Scherkraft, Aufgleitweg und Scherweg bei Dilatanz.

2.3.2 Aufgleitweg und Scherweg

Die im Laborscherversuch gemessenen Verschiebungen sind der Scherweg s und der Aufgleitweg h, der bei Dilatanz ein negatives Vorzeichen hat (Bild 1).

Spitzenscherweg

Der Spitzenscherweg s_{peak} entspricht dem Verschiebungsbetrag, bei dem die Spitzenscherkraft T_{peak} mobilisiert wird. Er kann im Allgemeinen als normalkraftunabhängig angenommen werden (Bild 2).

Restscherweg

Der Restscherweg s_{res} entspricht dem Verschiebungsbetrag, bei dem die Restscherkraft T_{res} mobilisiert wird. Auch der Restscherweg kann als normalkraftunabhängig angenommen werden (Bild 2). Bei kontraktanten Klüften sind s_{peak} und s_{res} identisch.

Restaufgleitweg

Das Aufgleitvermögen einer Felstrennfläche hängt von ihrer Unebenheit bzw. Rauigkeit ab. Während der Spitzenaufgleitbetrag im Allgemeinen kaum messbar und auch nicht von Interesse ist, gibt der Restaufgleitweg Auskunft über den erzielbaren Verspannungseffekt. Der Restaufgleitweg ist identisch mit der maximalen Aufgleitung und wird bei Erreichen der Restscherkraft aktiviert (Bild 2).

2.4 Trennflächenkennwerte

Aus den im Abschn. 2.3 erläuterten Kraft- und Wegmessgrößen lassen sich dimensionslose Kennwerte ableiten. Für Standsicherheitsuntersuchungen sind die Reibungsbeiwerte von besonderer Bedeutung.

Restreibungsbeiwerte werden in Voruntersuchungen und als konservative Annahme in erdstatischen Nachweisen angesetzt. Der Ansatz von Spitzenreibungsbeiwerten in einer Berechnung setzt umfangreiche Untersuchungen voraus, ob und in welchem Umfang die Spitzenreibung in situ tatsächlich mobilisiert werden kann.

In numerischen Standsicherheitsberechnungen werden neben den Reibungsbeiwerten auch dimensionslose Verschiebungskennwerte als Eingabeparameter benötigt. Diese Gleitungen und Aufgleitwinkel werden aus den im Laborversuch gemessenen Verschiebungsgrößen abgeleitet. Bei deren Bestimmung ist größte Sorgfalt angebracht, da, wie später noch gezeigt wird, leicht größere Fehler auftreten können.

Wasser in Trennflächen kann Einfluss auf das Scherverhalten haben. Daher sollten in-situ-ähnliche Versuchsbedingungen gewählt oder eingrenzende Versuche trocken und nass durchgeführt werden.

Spitzenreibungsbeiwert

Der Spitzenreibungsbeiwert μ_{peak} berechnet sich aus Spitzenscherkraft und Normalkraft; $\mu_{\text{peak}} = T_{\text{peak}}/N$. Die Größe des Spitzenreibungsbeiwerts wird durch die Materialfestigkeit und die Trennflächengeometrie bestimmt. μ_{peak} ist im Allgemeinen von der Normalkraft abhängig; im Anwendungsbeispiel (siehe Bild 9) ist zu sehen, dass die Spitzenreibungsbeiwerte mit zunehmender Normalkraft kleiner werden.

Restreibungsbeiwert

Der Restreibungsbeiwert berechnet sich aus Restscherkraft und Normalkraft; $\mu_{\text{res}} = T_{\text{res}}/N$. Der Restreibungsbeiwert ist im Regelfall unabhängig von der Normalkraft und kann daher durch eine Gerade im Scherkraft-Normalkraft-Diagramm beschrieben werden (Bild 9).

Spitzen-, Restgleitung

Spitzen- und Restgleitung ergeben sich bei der Umrechnung von Spitzen- und Restscherweg in Gleitungen ($\gamma = s/h$). Als Dicke der Kluft h kann dabei der Restaufgleitweg h_{res} für $N = 0$ angenommen werden. Dieser Wert kann näherungsweise aus einem Versuch mit sehr niedriger Normalkraft oder aus Extrapolation einer Versuchsreihe mit unterschiedlichen Normalkräften ermittelt werden.

Spitzenaufgleitwinkel

Die Ableitung der Aufgleitkurve führt zum Aufgleitwinkel. Der Spitzenaufgleitwinkel ν_{peak} wird gleichzeitig mit dem Spitzenreibungsbeiwert mobilisiert. ν_{peak} hängt maßgeblich von der Trennflächengeometrie ab. Er ist normalkraftabhängig und stellt einen wichtigen Kennwert dar.

3 Versuchseinrichtung

3.1 Schermaschine

Laborscherversuche an Felstrennflächen werden in einer Schermaschine durchgeführt. Es gibt verschiedene Ausführungsmöglichkeiten, eine bewährte Konstruktion ist in Bild 3 abgebildet. Der Rahmen ist hier als selbsttragende Konstruktion ausgebildet, wobei die Normalkraft vom oberen und unteren Querträger und die Scherkraft vom Horizontalträger aufgenommen werden. Beide Kräfte werden beispielsweise über servogesteuerte Hydraulikzylinder ①, ② aufgebracht. Der Maschinenrahmen ist möglichst steif zu bemessen.

Der Prüfkörper wird so in die Scherboxen Ⓐ, Ⓑ eingebaut (Bilder 3 und 4), dass die Trennfläche in der Scherebene der Prüfmaschine liegt. Die untere Scherbox Ⓑ, die auf einer mit Silikonfett geschmierten Teflonplatte gelagert ist, wird durch den Scherkraftzylinder ① unter der Oberprobe *A* vorgetrieben. Obere und untere Scherbox sollten während des Gleitvorgangs zwangsweise parallel geführt werden, da eine solche Parallelführung eine große Ähnlichkeit mit In-situ-Gleitvorgängen hat und außerdem die Reproduzierbarkeit der Versuchsergebnisse erhöht. Die Dimensionierung der Normalkraft- und der Scherkraftzylinder hängt von der zu untersuchenden Probenfläche und dem In-situ-Spannungszustand ab. Gängige Größen für Normal- und Scherkraft sind je 300–1000 kN.

3.2 Messeinrichtungen

Normal- und Scherkraft werden mit Kraftmessdosen ③, ④ gemessen (Bild 3). Bei einer Zwangsparallelführung ist zwischen Normalkraftzylinder und Oberprobe ein Rollenlager ⑥ einzubauen, das die für das Ansprechen der Messstangen erforderlichen Verschiebungen ermöglicht. Die Kraftmesssysteme sollen den Anforderungen der Güteklasse 1 genügen.

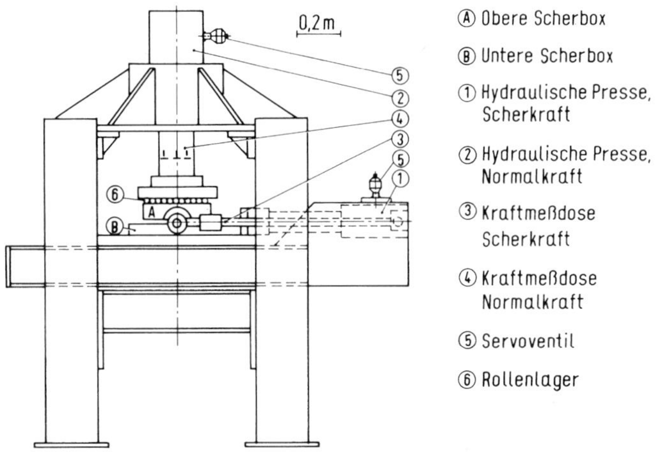

Bild 3 Prinzipskizze einer Schermaschine.

Bild 4 Detailaufnahme der Scherapparatur.

Scher- und Aufgleitweg werden in der Regel als Relativverschiebung der beiden Scherboxen gemessen. Bei dieser konventionellen Art der Messung werden neben den Verschiebungen in der Kluft auch die Zusammendrückung des Gießmaterials und insbesondere der Schlupf zwischen Scherbox und Gießform miterfasst. Sollen aus dem Scherversuch lediglich Informationen über die Reibungsbeiwerte gewonnen werden, so ist diese Art der Messung zulässig.

Wenn aus dem Scherversuch auch Informationen über das Verformungsverhalten der Trennflächen gewonnen werden sollen (beispielsweise für numerische Berechnungen), so müssen die Verschiebungen mit einem speziellen Messrahmen ⑦ aufgenommen werden (Bilder 4 und 5), der nur die in der Trennfläche auftretenden Verschiebungen misst. Dies kann beispielsweise ein zweiteiliger Plexiglasrahmen sein, der mit Gewindestangen ⑧ dicht oberhalb bzw. unterhalb der Trennfläche ⑨ im Probekörper verdübelt wird. Die Messung der Relativverschiebung erfolgt hierbei mit auf dem Rahmen montierten induktiven Wegaufnehmern ⑩ ⑪, die unmittelbar vor Versuchsbeginn mit Justierschrauben ausgerichtet werden.

3.3 Eingießvorrichtung

Um einen guten Sitz des Prüfkörpers in der Maschine zu gewährleisten, ist eine eigene Eingießvorrichtung vorzuhalten. Die Gießformen haben die gleichen Innenmaße wie die in der Schermaschine installierten Scherboxen. Das Eingießmaterial muss ausreichende Festigkeit erreichen. Bewährt haben sich Kunstharze oder mit Kunststoff versetzte Hartformengipse. Beim Eingießen ist darauf zu achten, dass kein Vergussmaterial in die Trennfläche dringt.

3.4 Versuchssteuerung, Messwerterfassung

Die Versuche können manuell oder mit einem Prozessrechner gesteuert werden. Die manuelle Steuerung ist die gängige Methode, die insbesondere dann ausreichend ist, wenn nur Reibungsbeiwerte gefragt sind. Eine rechnergesteuerte Versuchsdurch-

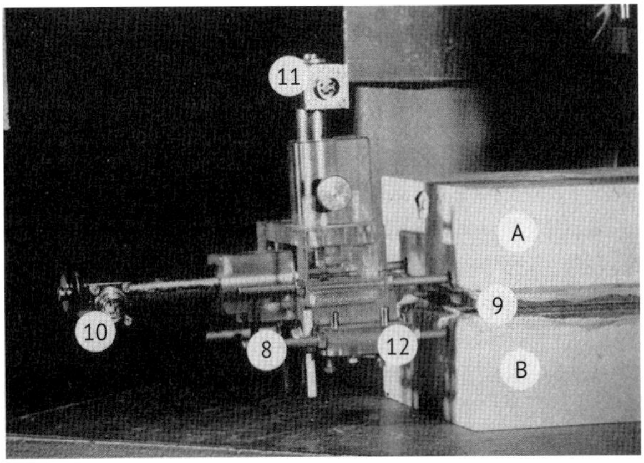

Ⓐ Oberteil des Prüfkörpers

Ⓑ Unterteil des Prüfkörpers

⑧ Gewindestange

⑨ Kluftfläche

⑩ Scherwegaufnehmer

⑪ Aufgleitwegeaufnehmer

⑫ Justierplatte

Bild 5 Verschiebungsmessrahmen.

führung erlaubt rationelles Arbeiten und erhöht die Reproduzierbarkeit der Versuchsergebnisse. Mit einer Rechneranlage können nach Einbau des Prüfkörpers alle Arbeitsgänge gesteuert werden. Dazu gehört auch die Erfassung der Messwerte, damit unmittelbar nach Versuchsende die Ergebnisse grafisch aufgetragen werden können.

4 Prüfkörper

4.1 Probenentnahme

Das Scherverhalten einer Felstrennfläche kann realistisch nur untersucht werden, wenn eine natürliche Trennfläche geprüft wird. Die Probekörper müssen daher im Feld entnommen werden. Bei einfachen Verhältnissen kann dies mit einer Schlitzsäge gelingen, allerdings ist beim Lösen des Probekörpers darauf zu achten, dass die Trennfläche unbeschädigt bleibt. In den meisten Fällen erfolgt die Entnahme der Proben durch Kernbohrung (Bild 6). Es ist anzustreben, die Kluft parallel zu überbohren (Bild 7). Senkrechtes Durchbohren ist ebenfalls möglich, allerdings ist die Wahrscheinlichkeit größer, dass die Trennfläche dabei verändert wird.

4.2 Prüfkörpergröße

Das Spitzenreibungsverhalten einer natürlichen Trennfläche ist maßstabsabhängig. Je größer die Probenfläche, um so realistischer ist der gemessene Spitzenreibungsbeiwert. Aus diesem Grund sollte der Prüfkörper möglichst groß gewählt werden. Die Scherflächen sind üblicherweise zwischen 15 und 40 cm lang und zwischen 10 und 30 cm breit. Die Gesamthöhe des Prüfkörpers sollte 40 % der Länge nicht überschreiten, da ein flacher Prüfkörper die Homogenität des Spannungszustands begünstigt.

Bild 6 Entnahme der natürlichen Granittrennflächen in situ.

Bild 7 Parallel überbohrte Felstrennfläche.

Der Restreibungsbeiwert ist nicht maßstabsabhängig. Soll nur der Restreibungsbeiwert ermittelt werden, so kann die Größe des Prüfkörpers nahezu beliebig gewählt werden, sollte aber in einem vernünftigen Verhältnis zur Scherbox stehen, damit Einbauungenauigkeiten nicht das Messergebnis verfälschen (beispielsweise durch Verkantung).

5 Versuchsdurchführung

Aus den in Abschn. 2.3 genannten Gründen werden alle Scherversuche mit konstanter Normalkraft gefahren. Der Vorschub erfolgt weggeregelt. Die Vortriebsgeschwindigkeit hat im Allgemeinen nur geringen Einfluss auf das Ergebnis. Als sinnvoll hat sich $v = 2$ mm/min bei natürlichen Felstrennflächen herausgestellt. Sind im Einzelfall die Trennflächenkennwerte zeitabhängig (z. B. bei Tonstein), so ist eine kleinere Vortriebsgeschwindigkeit zu wählen.

Zur Bestimmung aller Trennflächenkennwerte müssen mehrere Versuche (mindestens drei) mit unterschiedlichen Normalkräften durchgeführt werden. Wenn nur der Restreibungsbeiwert von Interesse ist, so kann ein und derselbe Prüfkörper mehrmals mit unterschiedlichen Normalkräften geprüft werden.

Ist auch der Spitzenreibungsbeiwert gefragt, so sollten bei sprödem Material mehrere Prüfkörper einer Felstrennfläche mit unterschiedlichen Normalkräften geprüft werden. Bei wenig ausgeprägtem Spitzenreibungsverhalten (duktiles Material) kann auch die Mehrstufenversuchstechnik (Empfehlung Nr. 12 des AK 19 der DGEG) angewendet werden.

Für den Einzelversuch hat sich die folgende Vorgehensweise als zweckmäßig herausgestellt:

- Einbau des Prüfkörpers in die Scherboxen
- Montage und Justierung der Messeinrichtungen
- Aufbringen der Normalkraft
- weggeregelter Vorschub einer Prüfkörperhälfte
- Versuchsende bei Erreichen des Restscherwegs

6 Auswertung und Darstellung der Messergebnisse

Mit einer automatischen Messwerterfassung lassen sich alle Ergebnisse unmittelbar nach Versuchsende grafisch auftragen. Charakteristische Kraft- und Weggrößen sind in jedem Versuch die Spitzenscherkraft T_{peak}, die Restscherkraft T_{res} sowie die zugehörigen Scher- und Aufgleitwege.

Aus den Versuchsspuren können die Trennflächenkennwerte durch entsprechende Umrechnung ermittelt werden:

$$\begin{aligned}
\mu_{\mathrm{peak}} &= T_{\mathrm{peak}}/N \\
\mu_{\mathrm{res}} &= T_{\mathrm{res}}/N \\
\gamma_{\mathrm{peak}} &= s_{\mathrm{peak}}/h_{\mathrm{res}} \\
\gamma_{\mathrm{res}} &= s_{\mathrm{res}}/h_{\mathrm{res}} \\
v_{\mathrm{peak}} &= \mathrm{d}h/\mathrm{d}s \text{ bei } s = s_{\mathrm{peak}}
\end{aligned}$$

Neben den Versuchsergebnissen sind außerdem folgende Angaben zu dokumentieren:

- Herkunft der Proben (Ort und Tiefe, Raumstellung der Trennfläche)
- Art und Zeitpunkt der Entnahme
- Beschreibung des Gesteins und der Trennfläche (Rauigkeit) und Probenlagerungsbedingungen
- Prüfkörperabmessungen
- Art und Durchführung der Verformungsmessung
- Vortriebsgeschwindigkeit
- eventuell Abweichungen von den Empfehlungen

7 Anwendungsbeispiel

Aus einer Sandsteinfläche wurden drei Proben durch Kernbohrungen entnommen und mit drei unterschiedlichen Normalkräften geprüft. Jeder Versuch lief nach Einbau des Prüfkörpers vollautomatisch ab. Die in Bild 8 rechts von der Ordinatenachse gezeigten Versuchsspuren (Scherkraft T, Normalkraft N, Aufgleitweg h über Scherweg s) sind unmittelbare Versuchsergebnisse. Die links von der Ordinatenachse eingezeichneten Messpunkte geben Spitzen- bzw. Restscherkraft und maximalen Aufgleitweg über der Normalkraft N an.

Um die eine Felstrennfläche charakterisierenden Kennwerte direkt ablesen zu können, wurden die Messergebnisse numerisch umgerechnet und in Bild 9 dargestellt. Rechts von der Ordinatenachse sind der mobilisierte Reibungsbeiwert μ und der Aufgleitwinkel ν über dem Scherweg aufgetragen. Die Abhängigkeit dieser Kenngrößen vom Druckniveau ist aus der Darstellung links von der Ordinatenachse ersichtlich.

Literatur

1 Henke, K.F. und Kaiser, W. (1980). Empfehlung Nr. 4 des Arbeitskreises 19 – Versuchstechnik Fels – der Deutschen Gesellschaft für Erd- und Grundbau e. V.: Scherversuch in situ. *Bautechnik* 57 (10): 325–328.

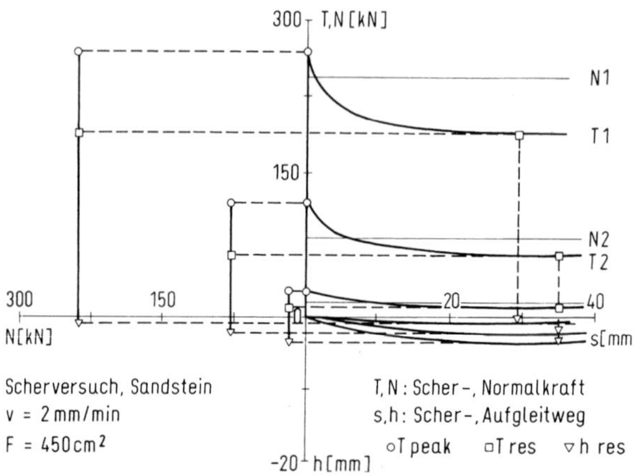

Bild 8 Anwendungsbeispiel, Versuchsspuren.

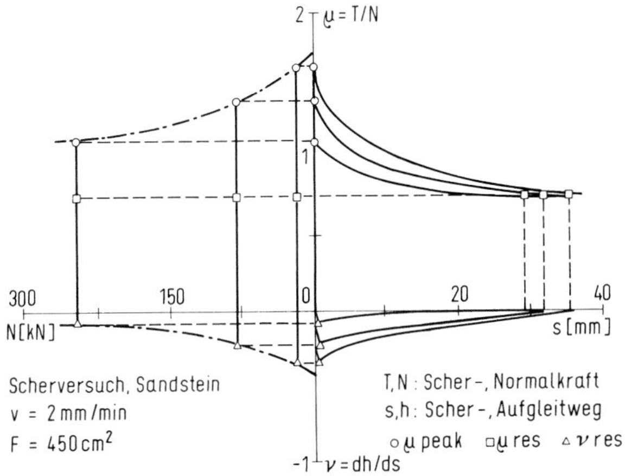

Bild 9 Anwendungsbeispiel, Materialkennwerte.

Empfehlung Nr. 14: Bestimmung von Gebirgsspannungen mit dem Überbohrverfahren – Teil 1: Triaxialmesssonden

Johannes R. Kiehl und Stefan Heusermann

1 Anwendungsbereich und Zweck

In der vorliegenden Empfehlung werden Spannungsmessungen mittels Überbohrversuchen unter Verwendung von Triaxialmesssonden behandelt. Bei der Auswertung dieser Versuche wird linear-elastisches Spannungs-Dehnungs-Verhalten des Gesteins angenommen. Versuche in anelastisch reagierendem Gestein sind nicht Gegenstand dieser Empfehlung. Gebirgsspannungsmessungen mittels Schlitzentlastungs- und Druckkissenbelastungsversuchen werden in der Empfehlung Nr. 7 [2], die Messung der Spannungsänderung im Fels und an Felsbauwerken mit Druckkissen wird in der Empfehlung Nr. 19 [3] und die Schlitzentlastungs- und Kompensationsmethode zur Messung der Druckspannungen im Randbereich geotechnischer Bauwerke wird in der Empfehlung Nr. 22 [4] des Arbeitskreises AK 3.3 behandelt.

2 Begriffe

2.1 Gebirgsspannungszustand

Der im Gebirge herrschende dreidimensionale Spannungszustand wird als Gebirgsspannungszustand bezeichnet und wird durch die Beträge und die Richtungen der drei Hauptspannungen σ_1, σ_2 und σ_3 oder die auf ein kartesischen Koordinatensystem (x, y, z) bezogenen sechs Spannungskomponenten σ_x, σ_y, σ_z, τ_{xy}, τ_{yz} und τ_{zx} beschrieben. Es werden zwei Gebirgsspannungszustände unterschieden: Im unverritzten Gebirge herrscht der primäre Gebirgsspannungszustand. Durch Baumaßnahmen, z. B. Hohlraumauffahrung, stellt sich infolge von Spannungsumlagerungen der sekundäre Spannungszustand ein. Druckspannungen haben in dieser Empfehlung, wie in der Geomechanik üblich, ein positives Vorzeichen.

Empfehlungen des Arbeitskreises Versuchstechnik Fels, 1. Auflage. Arbeitskreis 3.3 „Versuchstechnik Fels".

2.2 Triaxialmesssonde

Die Triaxialmesssonde ist eine Vorrichtung zur mehrachsigen Messung von Gesteinsdehnungen mittels Dehnungsmessstreifen (DMS). Aus den Messwerten wird der lokale Gebirgsspannungszustand rückgerechnet.

3 Versuchsprinzip

Das Prinzip von Überbohrversuchen besteht darin, einen Gesteinskern aus dem Gebirge herauszulösen und damit zu entlasten. Die dabei auftretenden Entspannungsdehnungen des Kerns werden gemessen und sind Grundlage für die Auswertung, d. h. für deren Rückrechnung in den gesuchten Gebirgsspannungszustand.

Die Versuchsdurchführung umfasst fünf Schritte. Zunächst wird eine Kernbohrung (Hauptbohrloch) bis zur geforderten Untersuchungstiefe hergestellt (Bild 1a). Gegebenenfalls muss die Bohrlochsohle geglättet, z. B. bei einem schrägen Abbrechen des zuvor erbohrten Gesteinskerns, oder anderweitig bearbeitet werden. Anschließend wird im Bohrlochtiefsten ein vorauseilendes koaxiales Pilotbohrloch mit kleinerem Durchmesser abgeteuft (Bild 1b). Darin wird die Triaxialmesssonde installiert (Bild 1c). Nach Durchführung der Nullmessung wird das Pilotbohrloch mit dem Durchmesser der Hauptbohrung überbohrt (Bild 1d), wobei sich der dabei entstehende hohlzylindrische Gesteinskern entspannt. Mit der Triaxialmesssonde werden die durch das Überbohren des Pilotbohrlochs verursachten Entspannungsdehnungen des Gesteins in verschiedenen Richtungen gemessen und in den Ge-

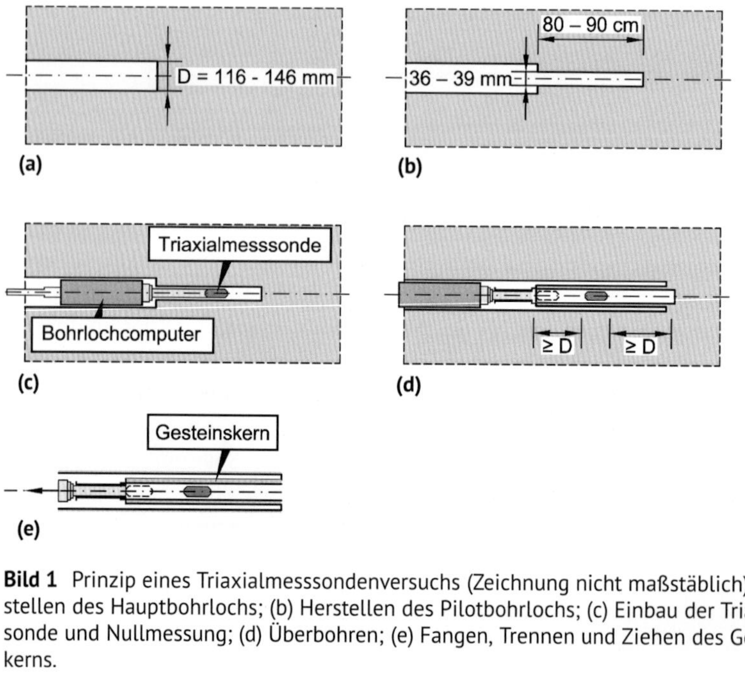

Bild 1 Prinzip eines Triaxialmesssondenversuchs (Zeichnung nicht maßstäblich): (a) Herstellen des Hauptbohrlochs; (b) Herstellen des Pilotbohrlochs; (c) Einbau der Triaxialmesssonde und Nullmessung; (d) Überbohren; (e) Fangen, Trennen und Ziehen des Gesteinskerns.

birgsspannungszustand umgerechnet. Hierzu müssen die Elastizitätskennwerte des Gesteins bekannt sein. Abschließend wird der Gesteinskern gefangen, vom Gebirge getrennt und gezogen (Bild 1e).

4 Messgeräte

Man unterscheidet Triaxialmesssonden, bei denen

- die DMS direkt an die Wandung des Pilotbohrlochs geklebt werden,
- die DMS in einem dünnwandigen Hohlzylinder aus Kunststoff eingebettet sind, auch HI-Zellen (Hollow Inclusion Cells) genannt,
- die DMS in einen Vollzylinder aus Kunststoff eingebettet sind.

Triaxialmesssonden, bei denen die DMS an die Wandung des Pilotbohrlochs geklebt werden, wie die CSIR-Zelle [5–7] und die Borre-Sonde [8], sind hauptsächlich für die Anwendung in weitgehend ungeklüftetem Fels geeignet. Erfahrungsgemäß ist dieses Verfahren für Gesteine mit geringer Festigkeit nicht geeignet.

HI-Zellen, wie der Stress Tensor Tube (STT) [9] und die CSIRO-Zelle [10], werden in das Pilotbohrloch eingeführt und an dessen Wand geklebt. Da sie dadurch den überbohrten Kern stabilisieren und vor dem Zerfall schützen, sind solche Sonden auch für die Anwendung in Fels mit einem höheren Zerlegungsgrad und geringerer Festigkeit geeignet.

Triaxialmesssonden, bei denen die DMS in einem Vollzylinder aus Kunststoff eingebettet sind und an die Wandung des Pilotbohrlochs geklebt werden [11, 12], haben sich nicht bewährt [13, 14] und werden daher nicht empfohlen.

Triaxialmesssonden unterscheiden sich auch hinsichtlich der Anordnung der DMS. Bei allen Bauarten ist jedoch gewährleistet, dass die Bestimmung des vollständigen Gebirgsspannungszustands möglich ist. Zusätzlich zu den DMS kann eine Triaxialmesssonde auch einen Temperatursensor enthalten, mit dem die Temperatur in der Sonde während des Überbohrvorgangs dokumentiert wird (Abschn. 9.1).

Als Beispiel für eine HI-Zelle zeigt Bild 2 eine CSIRO-Zelle mit neun DMS. Die Anordnung der DMS in dieser Sonde ist in Bild 3 dargestellt.

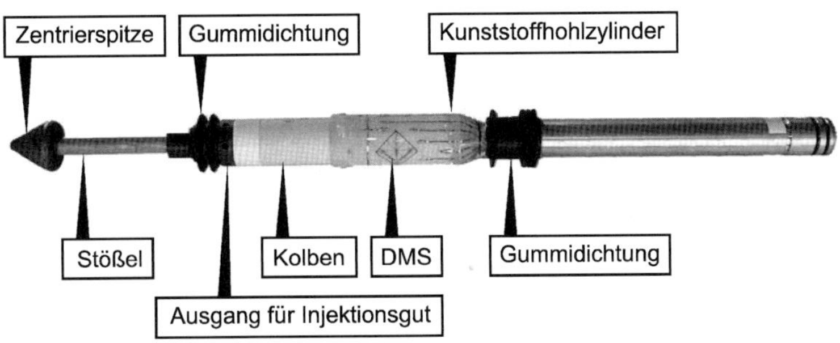

Bild 2 CSIRO-Zelle (mit freundlicher Genehmigung von © GIF GmbH, Ettlingen, 2019, alle Rechte vorbehalten).

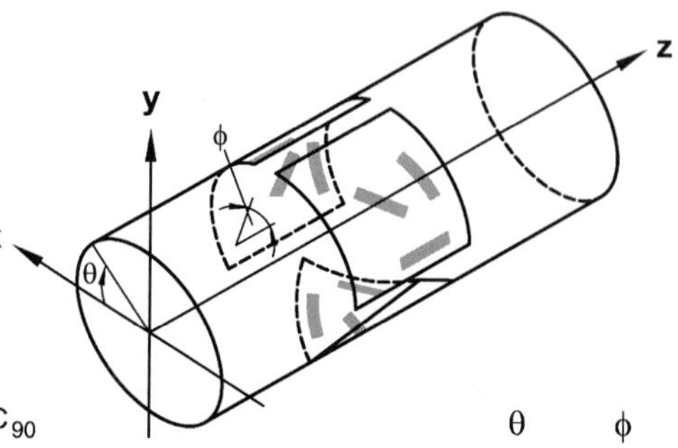

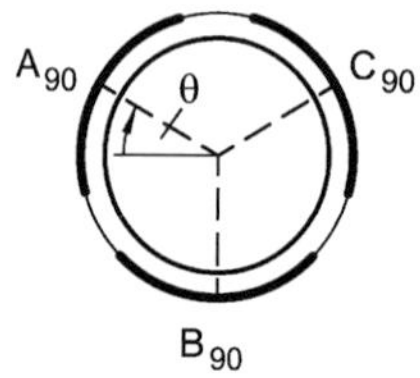

$\varepsilon_{\theta,\phi}$	θ	ϕ
A_0	52,9°	0°
A_{90}	30,0°	90°
A_{45}	30,0°	45°
B_{45}	253,6°	45°
B_{135}	253,6°	135°
B_{90}	270,0°	90°
C_0	172,9°	0°
C_{90}	150,0°	90°
C_{45}	150,0°	45°

Bild 3 Anordnung der DMS in einer CSIRO-Zelle mit neun DMS.

Die gemessenen Entspannungsdehnungen werden auf ein kartesisches Koordinatensystem bezogen, bei dem die z-Achse in der Bohrlochachse mit positiver Richtung zum Bohrlochtiefsten liegt. Die x- und y-Achsen verlaufen senkrecht zur Bohrlochachse (vgl. Bild 3). In einer HI-Zelle mit neun DMS sind drei Dehnungsmessrosetten A, B und C, wie in Bild 3 dargestellt, unter 120° zueinander angeordnet. Die Lage der DMS innerhalb einer Messrosette wird durch den Winkel θ zur x-Achse, im Uhrzeigersinn vom Bohrlochmund gesehen, beschrieben (Bild 3, links). Die Richtung der DMS wird durch den Winkel ϕ des jeweiligen DMS gegen die z-Achse festgelegt. Drei DMS sind in tangentialer Richtung ($\phi = 90°$), zwei in axialer Richtung ($\phi = 0°$) und vier unter ±45° gegen die Bohrlochachse geneigt ($\phi = 45$ bzw. 135°) angeordnet (vgl. Bild 3).

Die Versuchsqualität lässt sich am Verlauf der Dehnungen während des Überbohrens beurteilen. Daher wird empfohlen, Triaxialmesssonden zu verwenden, bei denen die Entspannungsdehnungen während des Überbohrens kontinuierlich gemessen und aufgezeichnet werden können. Eine unmittelbare grafische Darstellung der Messergebnisse ist vorteilhaft, damit Ereignisse erkennbar werden, die zum Abbruch einer Messung führen können, z. B. Kernbruch.

Der in Bild 4 schematisch dargestellte Messkurvenverlauf ist charakteristisch für die an einem DMS gemessenen Dehnungsänderungen in Abhängigkeit vom Bohrfortschritt (Überbohrtiefe oder -zeit). Nach der Nullmessung tritt zunächst eine Konvergenz des Pilotbohrlochs auf, die durch temporäre Spannungskonzentrationen an der Überbohrfront hervorgerufen wird. Im weiteren Verlauf führt der Entspannungsvorgang im überbohrten Kern zu einer Aufweitung des Pilotbohrlochs. Nach ausreichendem Überbohrfortschritt stellt sich ein konstanter Wert ein.

Der Ermittlung des lokalen Gebirgsspannungszustands wird die am DMS gemessene Dehnungsdifferenz zwischen dem nach dem Überbohren ermittelten Messwert und der Nullmessung zugrunde gelegt (vgl. Bild 4).

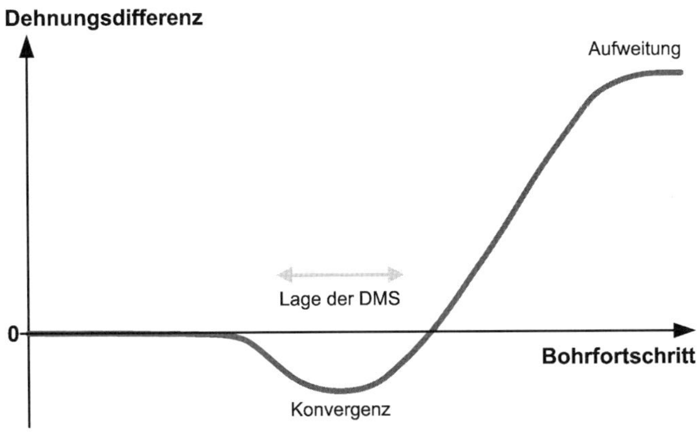

Bild 4 Schematischer Verlauf der gemessenen Dehnungsänderungen in Abhängigkeit vom Bohrfortschritt.

5 Versuchsdurchführung

5.1 Allgemeine Anforderungen, Festlegung der Testlokationen und Versuchsvorbereitung

Zur Durchführung von Überbohrversuchen ist deren Einbindung in ein geeignetes Erkundungs- und Bohrprogramm erforderlich und sollte vorher vertraglich geregelt werden. Dazu ist die Versuchsvorbereitung und -durchführung zwischen dem Bohrpersonal und den Messtechnikern abzustimmen. Insbesondere betrifft dies die Bohrausrüstung und den Ablauf der Bohrarbeiten (Bohren des Pilotlochs und Überbohren). Es ist sicherzustellen, dass die Bohrwerkzeuge, z. B. Gestänge, Doppelkernrohr, Bohrkrone, Spülkopf an der Bohrmaschine, eine ausreichende Eignung und Qualität aufweisen. Die Bohrmaschine sollte das Bohren horizontaler, vertikaler und geneigter Bohrungen bei möglichst ruhigem, vibrationsarmen Betrieb gestatten und eine ausreichend hohe Bohrleistung für die geforderten Bohrtiefen ermöglichen. Die kontinuierliche Erfassung wichtiger Bohrdaten wie Andruck, Drehzahl und Bohrgeschwindigkeit muss gewährleistet sein.

Die vorgesehenen Messlokationen und deren Tiefenlage sollten vorab anhand geologischer Befunde und anderer bauspezifischer, projektabhängiger Kriterien festgelegt werden.

Vor der Durchführung eines Triaxialmesssondenversuchs müssen zumindest folgende vorbereitenden Arbeiten durchgeführt werden:

- Funktionsprüfung der Triaxialmesssonde und des Messkabels,
- Durchführung eines Klebetests zur Überprüfung der Eignung des Klebers und zur Feststellung der Dauer des Aushärtens,
- Reinigung aller Geräte, die in das Bohrloch eingeführt werden,
- Abstimmung mit der Bohrmannschaft über den Versuchsablauf, z. B. hinsichtlich der Bohrbedingungen wie Drehzahl und Andruck.

5.2 Herstellen des Hauptbohrlochs

Zunächst wird ein Hauptbohrloch bis zur vorgesehenen Untersuchungstiefe hergestellt (vgl. Bild 1a). Dieses Bohrloch wird mit Durchmessern von 116 bis 146 mm ausgeführt. Empfohlen wird ein Durchmesser von 146 mm. Ein kleinerer Durchmesser bedingt eine geringere Wandstärke des hohlzylindrischen Gesteinskerns. Damit nimmt die Gefahr zu, dass der hohlzylindrische Gesteinskern beim Überbohren zerbricht oder vorzeitig abgeschert wird.

An jeder geplanten Messlokation muss überprüft werden, ob sich diese als Ansatzpunkt für die Herstellung des Pilotbohrlochs eignet. Das Hauptkriterium hierfür ist eine ausreichende Homogenität und ein geringer Zerlegungsgrad des angetroffenen Gebirges. Einzelne Trennflächen können akzeptiert werden, wenn deren Abstand größer ist als die Länge des Pilotbohrlochs.

5.3 Herstellen des Pilotbohrlochs

An der Messlokation werden im Bohrlochtiefsten des Hauptbohrlochs vor der Herstellung des Pilotbohrlochs ggf. vorhandene Bohrstummel entfernt und die Bohrlochsohle bei Bedarf mit einer Glättungskrone egalisiert.

Das Pilotbohrloch hat, abhängig von der Bauart der Triaxialmesssonde, einen Durchmesser von 36 bis 39 mm. Die Tiefe des Pilotbohrlochs sollte 80 bis 90 cm betragen (vgl. Bild 1b). Es ist als zentrische Kernbohrung auszuführen. Exzentrizitäten im Ansatzpunkt von 1 mm und im Bohrlochtiefsten von 4 mm sind zulässig. Durchmesserabweichungen von ±0,5 mm sollten nicht überschritten werden. Nach dem Teufen muss das Pilotbohrloch ausgeblasen oder ausgespült werden.

Der Durchmesser, die Länge sowie die Teufenlage des Pilotbohrlochs müssen kontrolliert und dokumentiert werden.

Anhand des Kerns des Pilotbohrlochs wird entschieden, ob die Messlokation für eine Spannungsmessung geeignet ist. Eine Ausführung des Pilotbohrlochs als Vollbohrung wird nicht empfohlen.

5.4 Einbau der Triaxialmesssonde

Die Triaxialmesssonde wird, verbunden mit einem Bohrlochcomputer, mittels eines Setzgestänges richtungsorientiert in das Pilotbohrloch eingesetzt und verklebt (vgl. Bild 1c). Die Einbautiefe der Triaxialmesssonde im Pilotbohrloch ist zu messen. Die Abstände zwischen Bohrlochmund und Triaxialmesssonde sowie zwischen Triaxialmesssonde und Bohrlochsohle sollten mindestens einen Durchmesser der Hauptbohrung betragen (vgl. Bild 1d), vorzugsweise jedoch den 1,5-Fachen Wert, um den Einfluss von Spannungsumlagerungen an der Front der Hauptbohrung und des Pilotbohrlochs auf die Messungen weitgehend zu vermeiden.

5.5 Überbohren

Nach einer vorher ermittelten Aushärtezeit des Klebers (vgl. Abschn. 5.1) wird die Nullmessung durchgeführt und das Pilotbohrloch mit der Triaxialmesssonde konzentrisch überbohrt (vgl. Bild 1d). Gleichzeitig werden die dadurch verursachten Entspannungsdehnungen an den DMS gemessen. Die Vorschubgeschwindigkeit sollte während des Überbohrens annähernd konstant sein. Eine Geschwindigkeit von ca. 2 cm/min hat sich bewährt. Der Überbohrvorgang wird so lange fortgeführt, bis infolge des Bohrfortschritts keine Dehnungsänderungen mehr auftreten. Die Standzeit des Pilotbohrlochs soll möglichst kurz und im Hinblick auf möglichst einheitliche Versuchsrandbedingungen von Versuch zu Versuch annähernd gleich sein.

5.6 Fangen, Lösen und Ziehen des Gesteinskerns

Das Fangen, Lösen und Ziehen des hohlzylindrischen Gesteinskerns (vgl. Bild 1e) sollte frühestens 5 min nach dem Überbohren erfolgen. Auf diese Weise wird sichergestellt, dass genügend Messwerte vorliegen, um Temperatureffekte, Fehlfunktionen der Messwerterfassung und andere Faktoren, die die Messergebnisse beeinflussen könnten, festzustellen.

In der Regel wird die Überbohrung weniger tief als das Pilotbohrloch ausgeführt (vgl. Bild 1d). Damit ist gewährleistet, dass ein Hohlzylinder mit durchgehender Innenbohrung gewonnen wird (vgl. Bild 1e). Wenn die Überbohrung tiefer als das Pilotbohrloch ausgeführt wird und die Elastizitätskennwerte am überbohrten Gesteinskern im Biaxialversuch bestimmt werden sollen (Abschn. 6.1), muss der über das Pilotbohrloch hinausgehende Kern abgesägt werden, damit ein für diesen Versuch erforderlicher Hohlzylinder entsteht.

Nach dem Ziehen des Gesteinskerns erfolgt dessen geologische Aufnahme, die mindestens den Anforderungen der DIN EN ISO 14689 [15] entspricht. Kerne, die für weitere Untersuchungen herangezogen werden, müssen direkt nach Entnahme und Kartierung gemäß DIN EN ISO 22475-1 [16] vor dem Austrocknen geschützt und ins Labor transportiert werden. Die Lagerung muss den Anforderungen der DIN EN 1997-2 [17] entsprechen.

6 Ermittlung der Elastizitätskennwerte

6.1 Biaxialversuch am überbohrten Gesteinskern

Kann ein isotropes Spannungs-Dehnungs-Verhalten des Gesteins angenommen werden, so ist es vorteilhaft, die Elastizitätskennwerte am überbohrten hohlzylindrischen Gesteinskern im Biaxialversuch zu bestimmen. Hierzu muss die Innenbohrung durchgängig sein. Der Biaxialversuch sollte zeitnah zur Entnahme des Kerns direkt vor Ort oder im Labor erfolgen.

Die Versuchseinrichtung besteht aus einem dickwandigen Stahlrohr, in dem innen eine Gummimembran liegt, die an den beiden Rohrenden abgedichtet ist

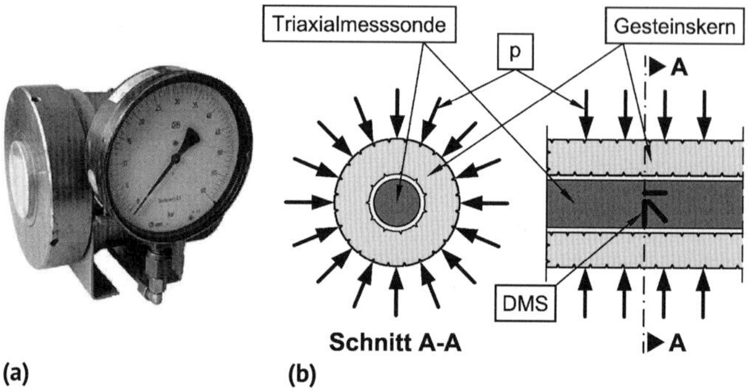

Bild 5 Biaxialzelle: (a) Biaxialzelle mit Manometer; (b) Belastung des Gesteinskerns mit Triaxialmesssonde durch den Manteldruck p.

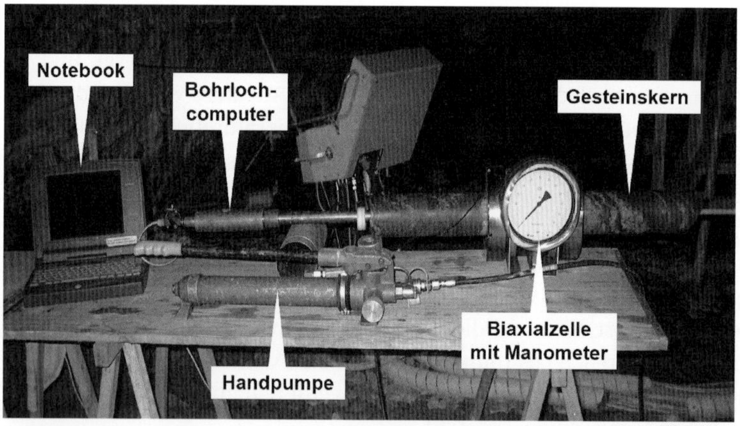

Bild 6 Biaxialversuch an einem Gesteinskern mit einer überbohrten CSIRO-Zelle [18].

(Bild 5a). In diesen Gummischlauch wird der hohlzylindrische Gesteinskern mit der eingeklebten Triaxialmesssonde eingebaut. Zur Erzeugung eines Manteldrucks p (biaxiale Belastung) auf den Gesteinskern (Bild 5b) wird über eine radiale Bohrung durch das Stahlrohr in den Spalt zwischen Gummimembran und Stahlrohr Öl eingepresst. Der Druck wird mittels Manometer oder Druckmessgeber gemessen und mittels Datenlogger aufgenommen.

Der Gesteinskern wird so in die Biaxialzelle eingebaut, dass die DMS der Triaxialmesssonde mittig positioniert sind (Bilder 5b und 6). Dann wird der Kern stufenweise mit dem Manteldruck p belastet und anschließend wieder entlastet. Dabei werden die resultierenden Dehnungen an den DMS der Triaxialmesssonde gemessen. Das höchste Druckniveau ist so zu wählen, dass der erwartete Wert der Gebirgsspannung sicher erreicht wird. Es wird empfohlen, mehrere Belastungs- und Entlastungszyklen mit stufenweise zunehmendem Druckniveau durchzuführen. Die im Biaxialversuch gemessenen Dehnungen in Abhängigkeit vom Manteldruck p werden aufgezeichnet (Bild 7) und als Arbeitslinien bezeichnet.

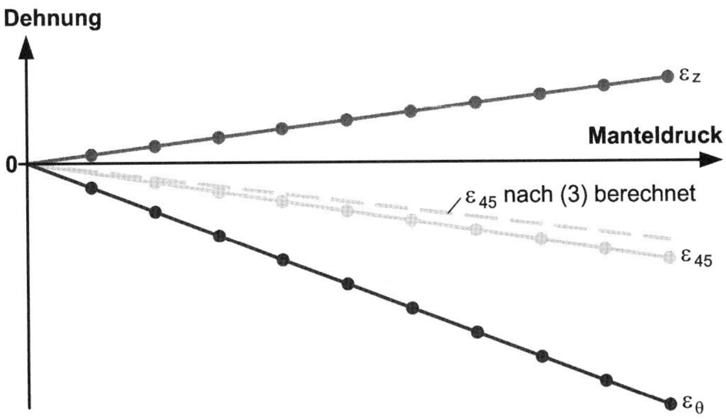

Bild 7 Im Biaxialversuch ermittelte Arbeitslinien (schematisch).

Bei Annahme eines isotropen Spannungs-Dehnungs-Verhaltens des Gesteins werden die Elastizitätskennwerte, der Elastizitätsmodul E und die Querdehnungszahl ν aus den Inkrementen der bei Entlastung gemessenen Dehnungen wie folgt berechnet:

$$E = \frac{2\Delta p \cdot D_B^2}{\Delta\varepsilon_\theta \cdot (D_B^2 - d^2)} \cdot K \tag{1}$$

$$\nu = -\frac{\Delta\varepsilon_z}{\Delta\varepsilon_\theta} \tag{2}$$

mit

Δp Inkrement des aufgebrachten Manteldrucks,
D_B Außendurchmesser des Hohlzyllinders,
d Innendurchmesser des Hohlzylinders,
$\Delta\varepsilon_\theta$, $\Delta\varepsilon_z$ mit den DMS in tangentialer und axialer Richtung gemessene Dehnungsinkremente,
K Faktor, der der Anpassung der ermittelten Elastizitätskennwerte an die Art der DMS-Applikation der verwendeten Sonden dient. Für Sonden, bei denen die DMS direkt an der Wand des Pilotbohrlochs angebracht sind, ist $K = 1$. Für HI-Zellen ist K etwas größer und wird vom Hersteller mitgeteilt. Bei der CSIRO-Zelle wird dieser Faktor mit $K = 1{,}12$ [19] angegeben.

Den Gln. (1) und (2) liegt die Theorie des dickwandigen Rohrs [20] zugrunde.

Mit Biaxialversuchen kann weiterhin die Funktionstüchtigkeit der DMS überprüft und die Isotropie des Gesteins beurteilt werden. Die Arbeitslinien sollten annähernd linear sein und innerhalb einer Gruppe gleich orientierter DMS möglichst gut übereinstimmen. Bild 7 zeigt schematisch die in einem Biaxialversuch gemessenen Arbeitslinien. Dargestellt sind jeweils die an einem axialen, einem tangentialen und einem unter 45° angeordneten DMS bei verschiedenen Druckniveaus gemessenen Dehnungen. Bei isotropem Spannungs-Dehnungs-Verhalten des Gesteins sollte annähernd folgende Beziehung erfüllt sein [14]:

$$\varepsilon_{45} = \frac{1}{2} \cdot (\varepsilon_z + \varepsilon_\theta) \tag{3}$$

Diese Beziehung ist in Bild 7 gestrichelt dargestellt. Abweichungen des Ergebnisses von Gl. (3) größer als 20 % deuten auf einen schwachen Verbund zwischen Gestein und den DMS bzw. dem Kunststoffhohlzylinder oder auf eine Gesteinsanisotropie hin.

Die Ergebnisse von Biaxialtests an überbohrten Gesteinskernen dienen somit auch der Bewertung der Qualität von Triaxialmesssondenversuchen.

Gesteine mit einem flächigen Gefüge, das durch eine Schichtung oder eine Schieferung gebildet wird, können ein anisotropes Verhalten aufweisen. Bei Annahme eines elastischen Spannungs-Dehnungs-Verhaltens kann diese Form der Anisotropie, die als transversal isotrop bezeichnet wird, durch die fünf Elastizitätskennwerte E_1, E_2, G_2, ν_1 und ν_2 beschrieben werden. Die Gefügeebene wird dabei als isotrope Ebene bezeichnet. Die Elastizitätsmoduln E_1 und E_2, der Schubmodul G_2 und die Querdehnungszahlen ν_1 und ν_2 sind in Bild 8 anhand eines mit Normal- und Schubspannungen belasteten Gesteinswürfels definiert.

6.2 Einaxiale Druckversuche

Die Bestimmung aller Elastizitätskennwerte von transversal isotropen Gesteinen ist durch Biaxialversuche nicht möglich. Die Elastizitätskennwerte können dann z. B. aus den Ergebnissen einaxialer Druckversuche an zylindrischen Probekörpern im Labor ermittelt werden [22].

Die zylindrischen Probekörper können aus dem Kern des Pilotbohrlochs oder aus Kernen, die nahe den Messlokationen gewonnen wurden und vergleichbare Eigenschaften erwarten lassen, hergestellt werden.

Zur Messung der axialen Stauchungen und tangentialen Dehnungen infolge einer axial aufgebrachten Belastung werden an den Probekörpern DMS appliziert. Bild 9 zeigt die empfohlenen Anordnungen der DMS bei isotropem und transversal isotropem Spannungs-Dehnungs-Verhalten des Gesteins.

Bei isotropem Spannungs-Dehnungs-Verhalten des Gesteins werden die Elastizitätskennwerte E und ν aus den Inkrementen der bei Be- und Entlastungszyklen gemessenen Dehnungen bzw. Stauchungen mit den Gln. (4) und (5) berechnet:

$$E = \frac{\Delta\sigma}{\Delta\varepsilon_\mathrm{a}} \tag{4}$$

$$\nu = -\frac{\Delta\varepsilon_\mathrm{t}}{\Delta\varepsilon_\mathrm{a}} \tag{5}$$

mit

$\Delta\sigma$ Inkrement der aufgebrachten Belastung,

$\Delta\varepsilon_\mathrm{a}, \Delta\varepsilon_\mathrm{t}$ die an den in axialer und tangentialer Richtung angeordneten DMS gemessenen Stauchungs- bzw. Dehnungsinkremente (vgl. Bild 9a).

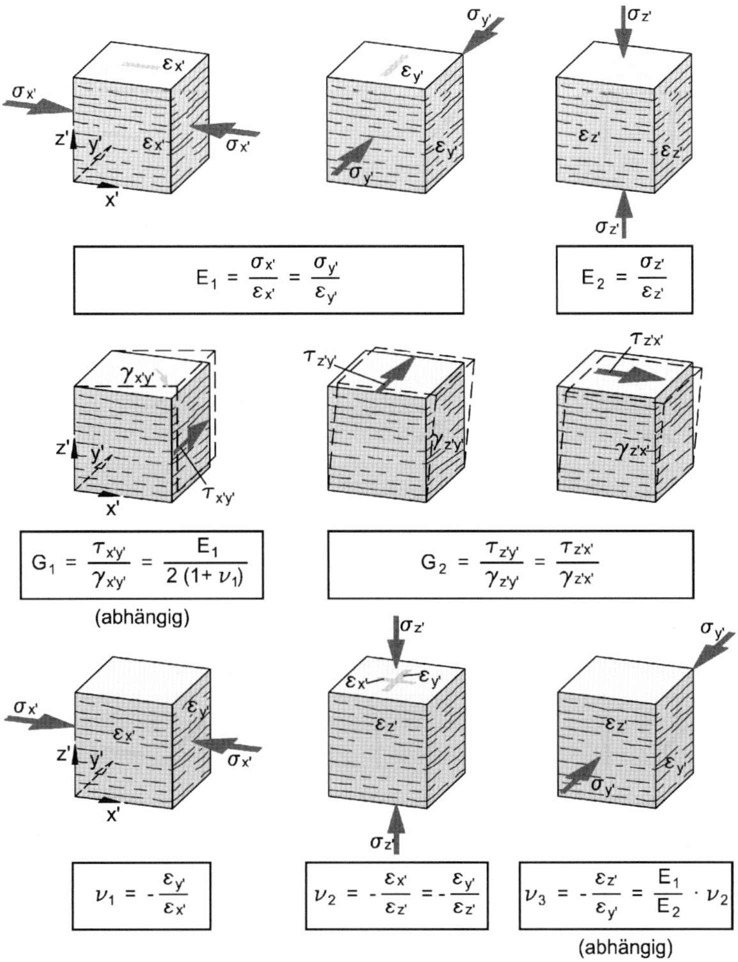

Bild 8 Definition der Elastizitätskennwerte von transversal isotropem Gestein [21].

Bei transversal isotropem Spannungs-Dehnungs-Verhalten des Gesteins werden die Elastizitätskennwerte E_2 und ν_2 aus Versuchen an Probekörpern mit $\beta = 0$ aus den Inkrementen der bei Be- und Entlastungszyklen gemessenen Dehnungen bzw. Stauchungen mithilfe der Gln. (6) und (7) berechnet:

$$E_2 = \frac{\Delta\sigma}{\Delta\varepsilon_z} \tag{6}$$

$$\nu_2 = -\frac{\Delta\varepsilon_x}{\Delta\varepsilon_z} = -\frac{\Delta\varepsilon_y}{\Delta\varepsilon_z} \tag{7}$$

mit

$\Delta\varepsilon_z$, $\Delta\varepsilon_x$, $\Delta\varepsilon_y$ Stauchungs- bzw. Dehnungsinkremente, die an den in axialer und tangentialer Richtung angeordneten DMS gemessen wurden (vgl. Bild 9b).

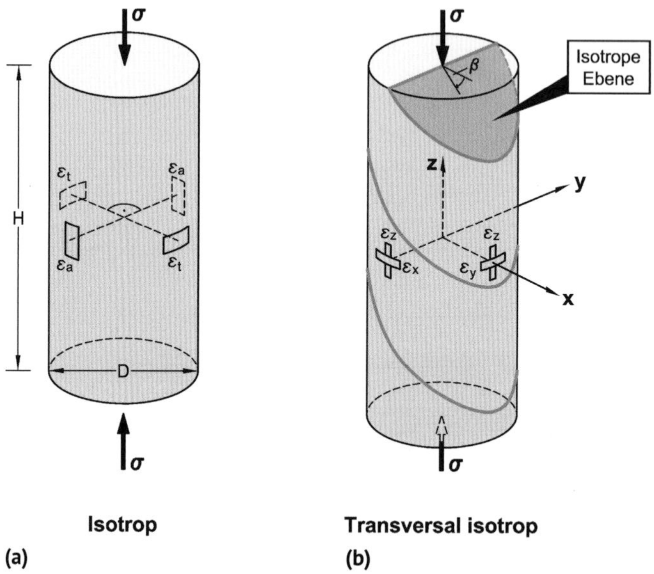

Bild 9 Anordnung der DMS zur Bestimmung der Elastizitätskonstanten des Gesteins aus den Ergebnissen einaxialer Druckversuche [21]: (a) isotropes Spannungs-Dehnungs-Verhalten; (b) transversal isotropes Spannungs-Dehnungs-Verhalten.

Die Elastizitätskennwerte E_1 und ν_1 werden aus Versuchen an Probekörpern mit $\beta = 90°$ mittels der Gln. (8) und (9) berechnet:

$$E_1 = \frac{\Delta\sigma}{\Delta\varepsilon_z} \tag{8}$$

$$\nu_1 = -\frac{\Delta\varepsilon_y}{\Delta\varepsilon_z} \tag{9}$$

G_2 kann aus den Ergebnissen von Versuchen an Probekörpern mit $\beta = 45°$ nach Gl. (10) berechnet werden:

$$G_2 = \frac{\Delta\sigma}{2 \cdot (\Delta\varepsilon_z - \Delta\varepsilon_x)} \tag{10}$$

Alternativ kann G_2 auch mithilfe von Torsionstests bestimmt werden [21, 23].

7 Ermittlung des Gebirgsspannungszustands

Allgemein lassen sich die gemessenen Dehnungskomponenten durch $\varepsilon_{\theta,\phi}$ beschreiben (vgl. Bild 3). Diese sind bei elastischem Spannungs-Dehnungs-Verhalten durch lineare Beziehungen mit den Komponenten σ_x, σ_y, σ_z, τ_{xy}, τ_{yz} und τ_{zx} des lokalen Gebirgsspannungszustands, die auf die Koordinaten x, y und z (vgl. Bild 3) bezogen sind, verknüpft. Damit ergibt sich für die Berechnung der Gebirgsspannungskomponenten σ_x, σ_y, σ_z, τ_{xy}, τ_{yz} und τ_{zx} ein lineares Gleichungssystem (11):

$$\varepsilon_{\theta,\phi} = A_{xx} \cdot \sigma_x + A_{yy} \cdot \sigma_y + A_{zz} \cdot \sigma_z + A_{xy} \cdot \tau_{xy} + A_{yz} \cdot \tau_{yz} + A_{zx} \cdot \tau_{zx} \tag{11}$$

Bei isotropem Spannungs-Dehnungs-Verhalten gelten für die A-Koeffizienten folgende Beziehungen:

$$A_{xx} = -\frac{K_1 - \nu}{2E} + \frac{K_1 + \nu}{2E} \cdot \cos 2\phi + \frac{1 - \nu^2}{E} \cdot K_2(1 - \cos 2\phi) \cdot \cos 2\theta \tag{12}$$

$$A_{yy} = -\frac{K_1 - \nu}{2E} + \frac{K_1 + \nu}{2E} \cdot \cos 2\phi - \frac{1 - \nu^2}{E} \cdot K_2(1 - \cos 2\phi) \cdot \cos 2\theta \tag{13}$$

$$A_{zz} = -\frac{1 - \nu \cdot K_4}{2E} - \frac{1 + \nu \cdot K_4}{2E} \cdot \cos 2\phi \tag{14}$$

$$A_{xy} = \frac{2 \cdot (1 - \nu^2)}{E} \cdot K_2 \cdot (1 - \cos 2\phi) \cdot \sin 2\theta \tag{15}$$

$$A_{yz} = -\frac{2 \cdot (1 + \nu)}{E} \cdot K_3 \cdot \sin 2\phi \cdot \cos\theta \tag{16}$$

$$A_{zx} = \frac{2 \cdot (1 + \nu)}{E} \cdot K_3 \cdot \sin 2\phi \cdot \sin\theta \tag{17}$$

Für transversal isotropes Spannungs-Dehnungs-Verhalten erhält man für den Sonderfall, dass die isotrope Ebene senkrecht zur Bohrlochachse gerichtet ist:

$$A_{xx} = -\frac{K_1 - n \cdot \nu_2}{2E_1} + \frac{K_1 + n \cdot \nu_2}{2E_1} \cdot \cos 2\phi + \frac{1 - n \cdot {\nu_2}^2}{E_1} \cdot K_2 \cdot (1 - \cos 2\phi) \cdot \cos 2\theta \tag{18}$$

$$A_{yy} = -\frac{K_1 - n \cdot \nu_2}{2E_1} + \frac{K_1 + n \cdot \nu_2}{2E_1} \cdot \cos 2\phi - \frac{1 - n \cdot {\nu_2}^2}{E_1} \cdot K_2 \cdot (1 - \cos 2\phi) \cdot \cos 2\theta \tag{19}$$

$$A_{zz} = -\frac{1 - \nu_2 \cdot K_4}{2E_2} - \frac{1 + \nu_2 \cdot K_4}{2E_2} \cdot \cos 2\phi \tag{20}$$

$$A_{xy} = \frac{2 \cdot (1 - n \cdot {\nu_2}^2)}{E_1} \cdot K_2 \cdot (1 - \cos 2\phi) y \cdot \sin 2\theta \tag{21}$$

$$A_{yz} = -\frac{1}{G_2} \cdot K_3 \cdot \sin 2\phi \cdot \cos\theta \tag{22}$$

$$A_{zx} = \frac{1}{G_2} \cdot K_3 \cdot \sin 2\phi \cdot \sin\theta \tag{23}$$

In den Gln. (18), (19) und (21) ist $n = E_1/E_2$. Im allgemeinen Fall transversaler Isometrie lassen sich entsprechende Formeln für die A-Koeffizienten nicht explizit angeben. Sie können aber mithilfe eines Programmcodes berechnet werden [24].

Die Vorzeichen in den Gln. (12)–(23) berücksichtigen, dass die Entlastung von Druckspannungen zu Dehnungen führt. Somit haben die Dehnungskomponenten $\varepsilon_{\theta,\phi}$ und die Spannungskomponenten σ_x, σ_y, σ_z, τ_{xy}, τ_{yz} und τ_{zx} entgegengesetzte Vorzeichen.

Die Faktoren K_1, K_2, K_3 und K_4 betragen bei Anwendung von Triaxialmesssonden, bei denen die DMS an die Wandung des Pilotbohrlochs geklebt werden, z. B. CSIR-Sonde oder Borre-Sonde, $K_1 = K_2 = K_3 = K_4 = 1$. Bei Versuchen mit HI-Zellen berücksichtigen diese Faktoren den Einfluss des im Pilotloch verklebten Hohlzylinders aus Kunststoff. Für isotropes Spannungs-Dehnungs-Verhalten werden in [25] für diese Faktoren explizite Formeln angegeben.

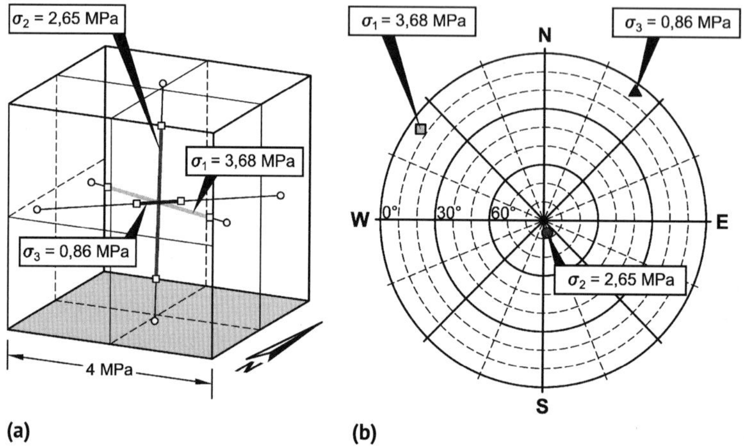

Bild 10 Darstellungsarten von Hauptspannungen: (a) isometrischer Plot; (b) flächentreue Polarprojektion der Lagenkugel.

Wenn das Verhältnis der Gesteinsmoduln E bzw. E_1, E_2 und G_2 zum Elastizitätsmodul des Kunststoffs > 10 beträgt, kann der Einfluss des im Bohrloch verklebten Hohlzylinders vernachlässigt werden, da dann die Abweichungen dieser Faktoren vom Wert 1 nicht mehr als $\pm 10\,\%$ betragen. Bei Epoxidharz ist diese Bedingung in der Regel erfüllt. In diesem Fall können auch bei Versuchen mit HI-Zellen die Faktoren K_1, K_2, K_3 und K_4 gleich 1 gesetzt werden.

Triaxialmesssonden besitzen, je nach Bauart, neun bis zwölf DMS. Damit erhält man mit jeder Messung neun bis zwölf Dehnungswerte. Das Gleichungssystem (11) für die Berechnung der sechs Gebirgsspannungskomponenten ist damit überbestimmt. Die Gebirgsspannungskomponenten werden dann, z. B. mithilfe der Methode der kleinsten Fehlerquadrate, in einer Ausgleichsrechnung ermittelt.

Hersteller oder Anbieter von Triaxialmesssonden stellen in der Regel für die Bestimmung des Gebirgsspannungszustands geeignete Software zur Verfügung.

Die Hauptspannungen werden üblicherweise als isometrische Plots oder als Lagenkugelprojektionen dargestellt. Bild 10 zeigt beispielhaft Darstellungen des Ergebnisses eines mit einer CSIRO-Zelle in Tonstein durchgeführten Triaxialmesssondenversuchs. Im isometrischen Plot (Bild 10a) sind die Magnituden und Richtungen der Hauptspannungen dreidimensional dargestellt. In der flächentreuen Polarprojektion der Lagenkugel sind die Richtungen der berechneten Hauptspannungen direkt ablesbar (Bild 10b).

Die Magnituden der Hauptspannungen sind in beiden Darstellungsarten zusätzlich als Zahlenwerte angegeben. In diesem Beispiel sind die größte und die kleinste Hauptspannung σ_1 und σ_3 annähernd horizontal, die mittlere Hauptspannung σ_2 annähernd vertikal gerichtet. Die größere Horizontalspannung $\sigma_H = 3{,}67$ MPa entspricht dabei nahezu σ_1, die kleinere Horizontalspannung $\sigma_h = 0{,}87$ MPa nahezu σ_3 und die Vertikalspannung $\sigma_v = 2{,}65$ MPa annähernd σ_2 (vgl. Bild 10b).

8 Dokumentation der Bohr- und Messarbeiten

Triaxialmesssondenversuche sind umfassend zu dokumentieren, um sicherzustellen, dass die durchgeführten Bohr- und Messarbeiten von der Versuchsplanung bis zur Darstellung der Ergebnisse nachvollziehbar sind.

Die Dokumentation umfasst mindestens folgende Angaben:

- generelle Angaben zum Projekt,
- Übersichtsskizze des Versuchsorts,
- Lage und Orientierung der Bohrlochansatzpunkte sowie Bohrlochbezeichnungen,
- bohrtechnische Ausrüstung (Bohrmaschinentyp, Bohrwerkzeuge),
- Bohrfirma und verantwortlicher Bohrgeräteführer,
- Bohrdaten (Andruck, Abteufgeschwindigkeit, Stillstände, Spülmedium),
- geologische Aufnahme der Haupt- und Pilotbohrlöcher, die mindestens den Anforderungen der DIN EN ISO 14689 [15] entspricht,
- Beurteilung der Haupt- und Pilotbohrlöcher anhand des gewonnenen Kernmaterials gemäß DIN EN ISO 22475-1 [16] sowie die daraus resultierende Festlegung von Messlokationen,
- Tiefenlage der Messlokationen in den Bohrungen,
- Orientierung der Triaxialmesssonden an den Messlokationen,
- Durchmesser von Haupt- und Pilotbohrloch an den Messlokationen,
- ggf. Lage der Messlokationen relativ zu benachbarten Hohlräumen,
- Bezeichnung und Aushärtezeit des Klebers,
- Datum, Uhrzeit und Dauer der Versuche, einschließlich vorbereitender Arbeiten, u. a. Standzeiten des Haupt- und Pilotbohrlochs, Zeitpunkt der Installation der Messsonde,
- Biaxialtests bzw. einaxiale Druckversuche zur Bestimmung der Elastizitätskennwerte,
- Speicherung, Verarbeitung und Auswertung aller Messdaten (Überbohrversuche, Biaxialversuche, einaxiale Druckversuche), Angaben zur verwendeten Auswertesoftware.

9 Anwendungsbeispiele

9.1 Triaxialmesssondenversuch in isotropem Fels

Der im Folgenden beschriebene Triaxialmesssondenversuch wurde in einer mit ca. 5° ansteigenden Horizontalbohrung in Olkiluoto (Finnland) bei ca. 120 m Gebirgsüberdeckung mit einer CSIRO-Zelle mit neun DMS und einem Temperatursensor in einem Gneis durchgeführt [18]. Der Durchmesser des Hauptbohrlochs beträgt 116 mm, der des Pilotbohrlochs 39 mm. Eine texturelle Vorzugsrichtung war am überbohrten Gesteinskern makroskopisch nicht zu erkennen (Bild 11), sodass ein isotropes Spannungs-Dehnungs-Verhalten des Gesteins angenommen wurde.

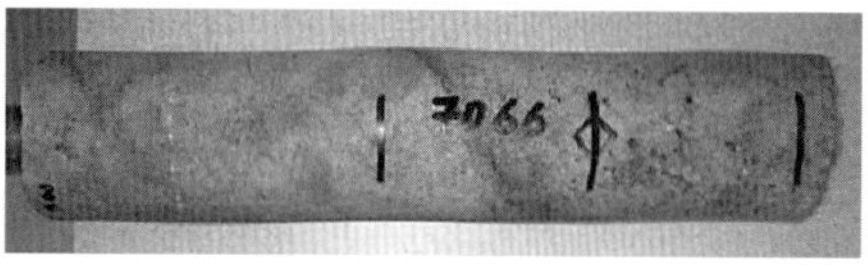

Bild 11 Gneis – überbohrter Gesteinskern [18].

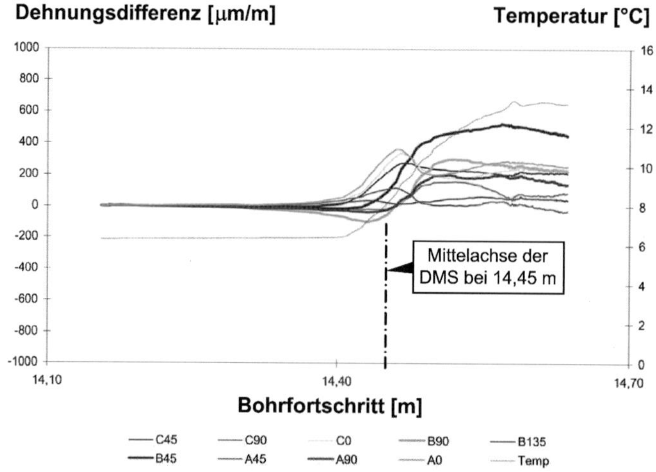

Bild 12 Gneis – gemessene Dehnungsänderungen und Temperaturen in Abhängigkeit vom Bohrfortschritt [18].

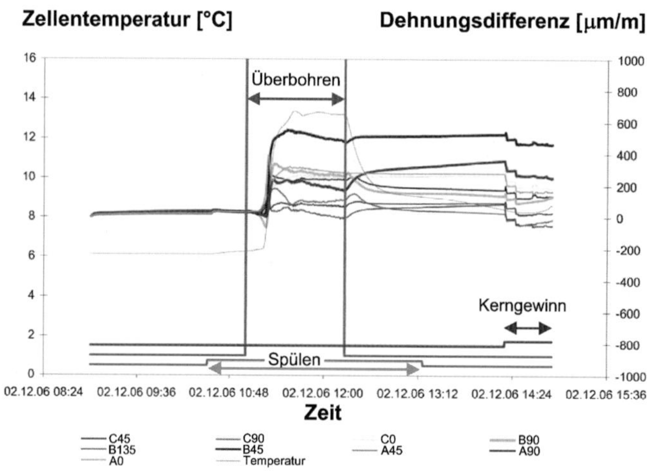

Bild 13 Gneis – gemessene Dehnungsänderungen und Temperaturen in Abhängigkeit von der Zeit sowie Dauer der Spül-, Überbohr- und Kerngewinnungsphasen [18].

Die bei diesem Versuch gemessenen Dehnungsänderungen und Temperaturen sind in Abhängigkeit vom Bohrfortschritt in Bild 12 dargestellt.

Bild 13 zeigt die gemessenen Dehnungsänderungen und Temperaturen in Abhängigkeit von der Zeit. Zusätzlich sind in diesem Bild auch Spül-, Überbohr- und Kerngewinnungsphasen dargestellt.

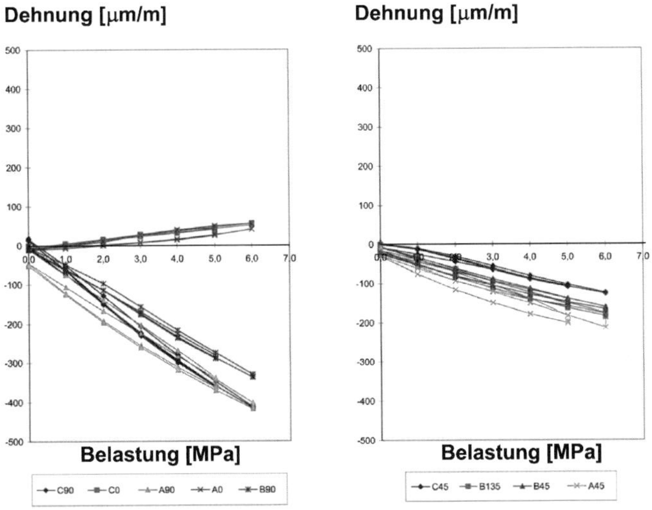

Bild 14 Gneis – im Biaxialversuch am überbohrten Kern gemessene Arbeitslinien [18].

Beim vorliegenden Versuch ist aufgrund bohrtechnischer Probleme eine ungewöhnlich hohe Temperaturänderung von 6,9 °C während des Überbohrvorgangs aufgetreten. Im Normalfall sollte die Temperaturänderung 2 °C nicht überschreiten.

Der Biaxialversuch zur Ermittlung der Elastizitätskennwerte wurde vor Ort direkt nach dem Ziehen des überbohrten Gesteinskerns durchgeführt. Bild 14 zeigt die an den einzelnen DMS gemessenen Arbeitslinien. Es wurden zwei Be- und Entlastungszyklen bis 5 bzw. 6 MPa durchgeführt. Die Ergebnisse zeigen weitgehend lineares Spannungs-Dehnungs-Verhalten des Gesteins bei nur geringer Hysterese. Aus den Spannungs-Dehnungs-Linien wurden durch Mittelwertbildung Elastizitätskennwerte von $E = 45{,}7$ GPa und $\nu = 0{,}16$ abgeleitet. Diese wurden der Ermittlung des lokalen Gebirgsspannungszustands aus den während des Überbohrvorgangs gemessenen Dehnungsänderungen zugrunde gelegt.

Der lokale Gebirgsspannungszustand im bohrlochbezogenen Koordinatensystem wurde jeweils aus den gemessenen Dehnungsänderungen nach Gl. (11) anhand der Gln. (12)–(17) für die A-Koeffizienten mittels einer Ausgleichsrechnung errechnet.

In Tab. 1 sind die berechneten Hauptspannungen sowie deren Fallrichtungen α_F, gemessen im Uhrzeigersinn gegen Nord, und Fallwinkel β angegeben. Die Horizontal- und Vertikalspannungskomponenten sind ebenfalls Tab. 1 zu entnehmen.

In Bild 15 sind die berechneten Hauptspannungen im isometrischen Plot und in der flächentreuen Polarprojektion der Lagenkugel dargestellt. Die größte und die mittlere Hauptspannung σ_1 bzw. σ_2 sind annähernd horizontal, ostwestlich bzw. nordsüdlich orientiert, und die kleinste Hauptspannung σ_3 ist annähernd vertikal gerichtet.

Tab. 1 Gneiss – berechneter Gebirgsspannungszustand [18].

Elastizitätskennwerte	$E = 45{,}7\,\text{GPa}$		$\nu = 0{,}16$
Hauptspannungen			
Magnitude	$\sigma_1 = 14{,}25\,\text{MPa}$	$\sigma_2 = 3{,}45\,\text{MPa}$	$\sigma_3 = 1{,}97\,\text{MPa}$
Fallrichtung	$\alpha_{F1} = 286{,}6°$	$\alpha_{F2} = 19{,}6°$	$\alpha_{F3} = 175{,}1°$
Fallwinkel	$\beta_1 = 8{,}1°$	$\beta_2 = 19{,}4°$	$\beta_3 = 68{,}9°$
Horizontale und vertikale Normalspannungskomponenten	$\sigma_{E\text{-}W} = 13{,}16\,\text{MPa}$	$\sigma_{N\text{-}S} = 4{,}14\,\text{MPa}$	$\sigma_v = 2{,}38\,\text{MPa}$

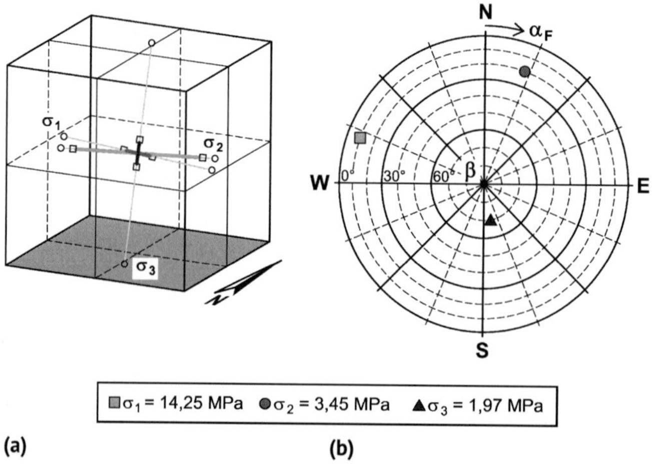

Bild 15 Gneis – berechnete Hauptspannungen: (a) isometrischer Plot; (b) flächentreue Polarprojektion der Lagenkugel [18].

9.2 Triaxialmesssondenversuch in anisotropem Fels

Im Zuge der Vorplanung für ein Tunnelprojekt wurden zur Bestimmung des Gebirgsspannungszustands Versuche mit Triaxialmesssonden durchgeführt, bei denen die Messrosetten direkt an die Wandung des Pilotbohrlochs geklebt werden [1]. Die Vertikalbohrung B4, in der diese Versuche ausgeführt wurden, befindet sich in einer Hanglage und durchörtert Tonstein- und Tonmergelsteinschichten des Braunen Jura der Eisensandstein- und Opalinuston-Formation etwa senkrecht zur annähernd horizontalen Schichtung (Bild 16). Durch die Schichtung ergibt sich eine Gesteinsanisotropie (transversale Isotropie). Die fünf Versuche (Tests Nr. 1, 3, 4, 5 und 6) wurden in Teufen von ca. 76 bis ca. 116 m durchgeführt (Tab. 2).

Die Elastizitätskonstanten des Tonsteins wurden in einaxialen Druckversuchen ermittelt. Auf diese Weise konnten die Moduln E_1, E_2 und G_2 bestimmt werden, die in Tab. 2 angegeben sind. Es ergeben sich Modulverhältnisse E_1/E_2 von 1,75 bis 2,8.

Der lokale Gebirgsspannungszustand im bohrlochbezogenen Koordinatensystem wurde jeweils aus den gemessenen Dehnungsänderungen nach Gl. (11) anhand der Gln. (18)–(23) für die A-Koeffizienten mittels einer Ausgleichsrechnung errechnet.

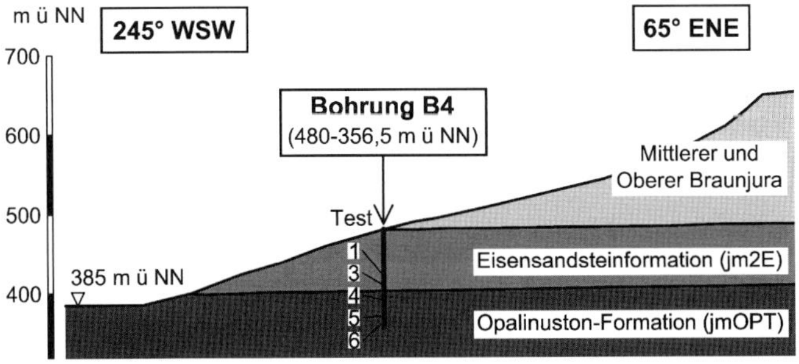

Bild 16 Tonstein – Geologie und Topografie im Bereich der Bohrung B4 (Schnitt A-A in Bild 17) [1].

Tab. 2 Tonstein – berechneter Gebirgsspannungszustand [1].

Test Nr.	Teufe [m]	Elastizitätskennwerte [GPa]	Hauptspannungen Magnitude σ, Fallrichtung α_F, Fallwinkel β			Vertikalspannung σ_v [MPa]
1	75,9	$E_1 = 7{,}0$ $E_2 = 2{,}5$ $G_2 = 0{,}9$	$\sigma_1 = 2{,}8\,\text{MPa}$ $\alpha_{F1} = 65°$ $\beta_1 = 21°$	$\sigma_2 = 2{,}4\,\text{MPa}$ $\alpha_{F2} = 240°$ $\beta_2 = 69°$	$\sigma_3 = 1{,}0\,\text{MPa}$ $\alpha_{F3} = 334°$ $\beta_3 = 2°$	2,4
3	80,7	$E_1 = 7{,}0$ $E_2 = 4{,}0$ $G_2 = 1{,}5$	$\sigma_1 = 2{,}4\,\text{MPa}$ $\alpha_{F1} = 250°$ $\beta_1 = 81°$	$\sigma_2 = 1{,}0\,\text{MPa}$ $\alpha_{F2} = 18°$ $\beta_2 = 6°$	$\sigma_3 = 0{,}7\,\text{MPa}$ $\alpha_{F3} = 109°$ $\beta_3 = 7°$	2,4
4	90,5	$E_1 = 11{,}0$ $E_2 = 4{,}0$ $G_2 = 1{,}5$	$\sigma_1 = 2{,}9\,\text{MPa}$ $\alpha_{F1} = 234°$ $\beta_1 = 76°$	$\sigma_2 = 1{,}9\,\text{MPa}$ $\alpha_{F2} = 60°$ $\beta_2 = 14°$	$\sigma_3 = 1{,}5\,\text{MPa}$ $\alpha_{F3} = 330°$ $\beta_3 = 2°$	2,8
5	111,5	$E_1 = 21{,}0$ $E_2 = 12{,}0$ $G_2 = 4{,}5$	$\sigma_1 = 2{,}5\,\text{MPa}$ $\alpha_{F1} = 244°$ $\beta_1 = 70°$	$\sigma_2 = 2{,}0\,\text{MPa}$ $\alpha_{F2} = 74°$ $\beta_2 = 20°$	$\sigma_3 = 1{,}3\,\text{MPa}$ $\alpha_{F3} = 343°$ $\beta_3 = 3°$	2,4
6	116,2	$E_1 = 7{,}0$ $E_2 = 2{,}5$ $G_2 = 0{,}9$	$\sigma_1 = 3{,}0\,\text{MPa}$ $\alpha_{F1} = 148°$ $\beta_1 = 82°$	$\sigma_2 = 2{,}3\,\text{MPa}$ $\alpha_{F2} = 327°$ $\beta_2 = 8°$	$\sigma_3 = 1{,}8\,\text{MPa}$ $\alpha_{F3} = 57°$ $\beta_3 = 0°$	3,0

Die A-Koeffizienten sind im vorliegenden Fall, in dem die isotrope Ebene senkrecht zur Bohrlochachse gerichtet ist, von der Querdehnungszahl ν_1 unabhängig. Für ν_2 wurde in allen Versuchen ein Wert von 0,2 angenommen.

Die Hauptspannungen sowie deren Fallrichtungen α_F und Fallwinkel β sind Tab. 2 zu entnehmen. Zum Vergleich sind in Tab. 2 jeweils auch die errechneten vertikalen Spannungskomponenten σ_v angegeben.

In Bild 17 sind die errechneten Hauptspannungen in der flächentreuen Polarprojektion der Lagenkugel dargestellt. Man erkennt, dass die Streuungen der Hauptspannungsrichtungen verhältnismäßig gering sind. Es kommen nur annähernd vertikale und horizontale Richtungen vor. Mit einer Ausnahme (Test Nr. 1) sind die größten Hauptspannungen σ_1 nahezu vertikal gerichtet. Ihre Magnitude entspricht

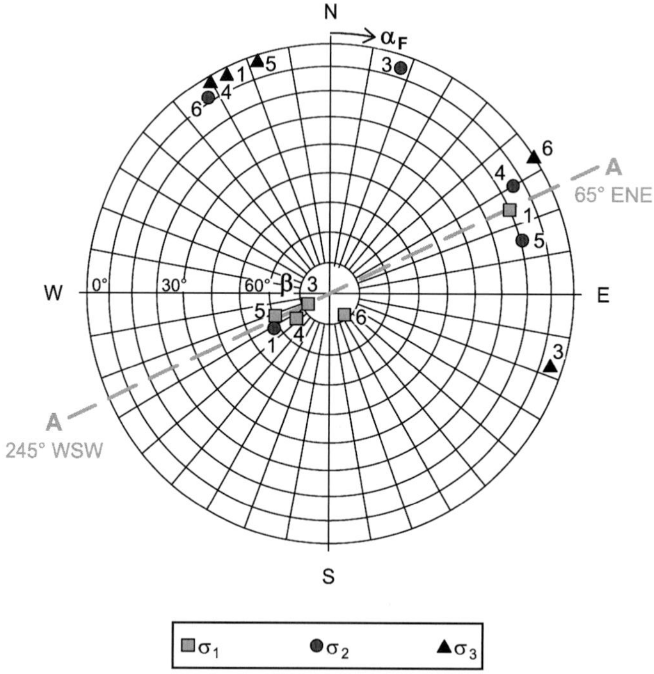

Bild 17 Tonstein – Richtungen der berechneten Hauptspannungen in der flächentreuen Polarprojektion der Lagenkugel [1].

in den Tests Nr. 5 und 6 annähernd dem Überlagerungsdruck des Gebirges. Bei den Tests 1, 3 und 4 sind die errechneten Vertikalspannungen, möglicherweise bedingt durch den Hangschub, etwas größer als der Überlagerungsdruck. Die mittleren und die kleinsten Hauptspannungen σ_2 und σ_3 sind mit Ausnahme von Test Nr. 1 annähernd horizontal gerichtet.

Literatur

1 Kiehl, J.R. und Pahl, A. (1990). Empfehlung Nr. 14 des Arbeitskreises 19 „Versuchstechnik Fels“ der Deutschen Gesellschaft für Erd- und Grundbau: Überbohr-Entlastungsversuche zur Bestimmung von Gebirgsspannungen. *Bautechnik* 67 (9): 308–314.

2 Leichnitz, W. und Müller, G. (1984). Empfehlung Nr. 7 des Arbeitskreises 19 „Versuchstechnik Fels“ der Deutschen Gesellschaft für Erd- und Grundbau: Schlitzentlastungs- und Druckkissenbelastungsversuche. *Bautechnik* 61 (3): 89–93.

3 Paul, A. und Walter, F. (2004). Empfehlung Nr. 19 des Arbeitskreises 3.3 „Versuchstechnik Fels“ der Deutschen Gesellschaft für Geotechnik: Messung der Spannungsänderung im Fels und an Felsbauwerken mit Druckkissen. *Bautechnik* 81 (8): 639–647.

4 Fröhlich, B. und Schlebusch, M. (2021). Empfehlung Nr. 22 des Arbeitskreises 3.3 – Versuchstechnik Fels – der Deutschen Gesellschaft für Geotechnik. Schlitzentlastungs- und Kompensationsmethode zur Messung der Druckspannungen im Randbereich geotechnischer Bauwerke. *geotechnik*, 44, Heft: 3, S. 198–208

5 Leeman, E.R. und Hayes, D.J. (1966). A technique for determining the complete state of stress in rock using a single borehole. *Proc. 1st ISRM Congress*, Vol. 2, Lissabon.

6 Leeman, E.R. (1968). The determination of the complete state of stress in rock using a single borehole – Laboratory and underground measurements. *International Journal of Rock Mechanics and Mining Sciences & Geomechanics Abstracts* 5 (1): 31–56.

7 Leeman, E.R. (1971). The CSIR „doorstopper" and triaxial rock stress measurement instruments. *Rock Mechanics* 3: 25–50.

8 Sjöberg, J. und Klasson, H. (2003). Stress measurements in deep boreholes using the Borre (SSPB) probe. *International Journal of Rock Mechanics and Mining Sciences* 40 (7–8): 1205–1223.

9 Rocha, M., Silverio, A., Pedro, J.O. und Delgado, J.S. (1974). A new development of the LNEC stress tensor gauge. *Proc. 3rd ISRM Congress*, Vol. 1, Denver.

10 Worotnicki, G. und Walton, R.J. (1976). Triaxial hollow inclusion gauges for the determination of rock stress in situ. *Proc. ISRM Symposium Investigation of Stress in Rock and Advances in Shear Measurement*, Sydney.

11 Rocha, M. und Silvério, A. (1969). A new method for the complete determination of the state of stress in rock masses. *Géotechnique* 19 (1): 116–132.

12 Blackwood, R.L. (1977). An instrument to measure the complete stress field in soft rock or coal in a single operation. *Proc. Int. Symp. Field Measurements in Rock Mech.*, Vol. 1, Zürich.

13 Amadei, B. (1985). Application of the theory of hollow inclusions for overcoring stress measurements in rock. *Rock Mechanics and Rock Engineering* 18: 107–130.

14 Amadei, B. und Stephansson, O. (1997). *Rock Stress and Its Measurement*. London: Chapman & Hall.

15 DIN EN ISO 14689-1 (2018). *Geotechnische Erkundung und Untersuchung – Benennung, Beschreibung und Klassifizierung von Fels – Teil 1: Benennung und Beschreibung*. Berlin: Beuth Verlag.

16 DIN EN ISO 22475-1 (2007). *Geotechnische Erkundung und Untersuchung – Probenentnahmeverfahren und Grundwassermessungen – Teil 1: Technische Grundlagen der Ausführung*. Berlin: Beuth Verlag.

17 DIN EN 1997-2:2010-10 (2010). *Eurocode 7: Entwurf, Berechnung und Bemessung in der Geotechnik – Teil 2: Erkundung und Untersuchung des Baugrunds*. Berlin: Beuth Verlag.

18 Fecker, E. (2007). *Rock stress measurements in ONKALO underground characterisation facility at Olkiluoto at depth of 120 m*. Working Report 2007-26. Olkiluoto: Posiva Oy, Finland.

19 Worotnicki, G. (1993). CSIRO triaxial stress measurement cell in: *Comprehensive Rock Engineering*, Vol. 3, Oxford, New York, Seoul, Tokyo: Pergamon.

20 Kastner, H. (1962). *Statik des Tunnel- und Stollenbaues*. Berlin, Göttingen, Heidelberg: Springer.

21 Wittke, W. (2014). *Rock Mechanics based on an Anisotropic Jointed Rock Model (AJRM)*. Berlin: Ernst & Sohn.

22 Mutschler, T. (2004). Neufassung der Empfehlung Nr. 1 des Arbeitskreises 3.3 „Versuchstechnik Fels“ der Deutschen Gesellschaft für Geotechnik: Einaxiale Druckversuche an zylindrischen Gesteinsprüfkörpern. *Bautechnik* 81 (10): 825–834.

23 Wittke, W. (1984). *Felsmechanik, Grundlagen für wirtschaftliches Bauen im Fels.* Berlin, Heidelberg, New York, Tokyo: Springer.

24 Amadei, B. (1982). The influence of rock anisotropy on measurement of stresses in-situ. Dissertation. University of California, Berkeley.

25 Duncan Fama, M.E. und Pender, M.J. (1980). Analysis of the hollow inclusion technique for measuring in situ rock stress. *International Journal of Rock Mechanics and Mining Sciences & Geomechanics Abstracts* 17 (3): 137–146.

Weiterführende Literatur

- ISRM – International Society for Rock Mechanics (1987). Suggested methods for rock stress determination. *International Journal of Rock Mechanics and Mining Sciences & Geomechanics Abstracts* 24 (1): 55–63.
- ISRM – International Society for Rock Mechanics (2003). Suggested methods for rock stress estimation – Part 2: overcoring methods. *International Journal of Rock Mechanics and Mining Sciences & Geomechanics Abstracts* 40: 999–1010.

Empfehlung Nr. 14: Bestimmung von Gebirgsspannungen mit dem Überbohrverfahren – Teil 2: Weggebersonden

Stefan Heusermann und Johannes R. Kiehl

1 Anwendungsbereich und Zweck

In der vorliegenden Empfehlung werden Spannungsmessungen mittels Überbohrversuchen unter Verwendung von Weggebersonden behandelt. Bei der Auswertung dieser Versuche wird linear-elastisches Spannungs-Dehnungs-Verhalten des Gesteins angenommen. Versuche in anelastisch reagierendem Gestein sind nicht Gegenstand dieser Empfehlung. Gebirgsspannungsmessungen mittels Schlitzentlastungs- und Druckkissenbelastungsversuchen werden in der Empfehlung Nr. 7 [1], die Messung der Spannungsänderung im Fels und an Felsbauwerken mit Druckkissen wird in der Empfehlung Nr. 19 [2] und die Schlitzentlastungs- und Kompensationsmethode zur Messung der Druckspannungen im Randbereich geotechnischer Bauwerke wird in der Empfehlung Nr. 22 [3] dieses Arbeitskreises behandelt.

2 Begriffe

2.1 Gebirgsspannungszustand

Der im Gebirge herrschende dreidimensionale Spannungszustand wird als Gebirgsspannungszustand bezeichnet und wird üblicherweise durch die Beträge und die Richtungen der drei Hauptspannungen σ_1, σ_2 und σ_3 oder die auf ein kartesisches Koordinatensystem (x, y, z) bezogenen sechs Spannungskomponenten σ_x, σ_y, σ_z, τ_{xy}, τ_{yz} und τ_{zx} beschrieben. Es werden zwei Gebirgsspannungszustände unterschieden: Im unverritzten Gebirge herrscht der primäre Gebirgsspannungszustand. Durch Baumaßnahmen, z. B. Hohlraumauffahrung, stellt sich infolge von Spannungsumlagerungen der sekundäre Spannungszustand ein. Die maximale und die minimale Gebirgsspannung in einer Ebene werden mit S_1 und S_2 bezeichnet. Druckspannungen haben in dieser Empfehlung, wie in der Geomechanik üblich, ein positives Vorzeichen.

Empfehlungen des Arbeitskreises Versuchstechnik Fels, 1. Auflage. Arbeitskreis 3.3 „Versuchstechnik Fels“.

2.2 Weggebersonde

Die Weggebersonde ist eine Vorrichtung zur Messung radialer Bohrlochrandverschiebungen bzw. von Bohrlochdurchmesseränderungen mittels Weggebern. Aus den Messwerten wird der lokale Gebirgsspannungszustand rückgerechnet.

3 Versuchsprinzip

Das Prinzip von Überbohrversuchen besteht darin, einen Gesteinskern aus dem Gebirge herauszulösen und damit zu entlasten. Die dabei auftretenden Entspannungsdeformationen des Kerns werden gemessen und sind Grundlage für die Auswertung, d. h. für deren Rückrechnung in den gesuchten Gebirgsspannungszustand.

Die Versuchsdurchführung umfasst sechs Schritte. Zunächst wird eine Kernbohrung (Hauptbohrloch in Bild 1) bis zur geforderten Untersuchungstiefe hergestellt (Bild 1a). Gegebenenfalls muss die Bohrlochsohle geglättet, z. B. bei einem schrägen Abbrechen des zuvor erbohrten Gesteinskerns, oder anderweitig bearbeitet werden. Anschließend wird im Bohrlochtiefsten ein vorauseilendes koaxiales Pi-

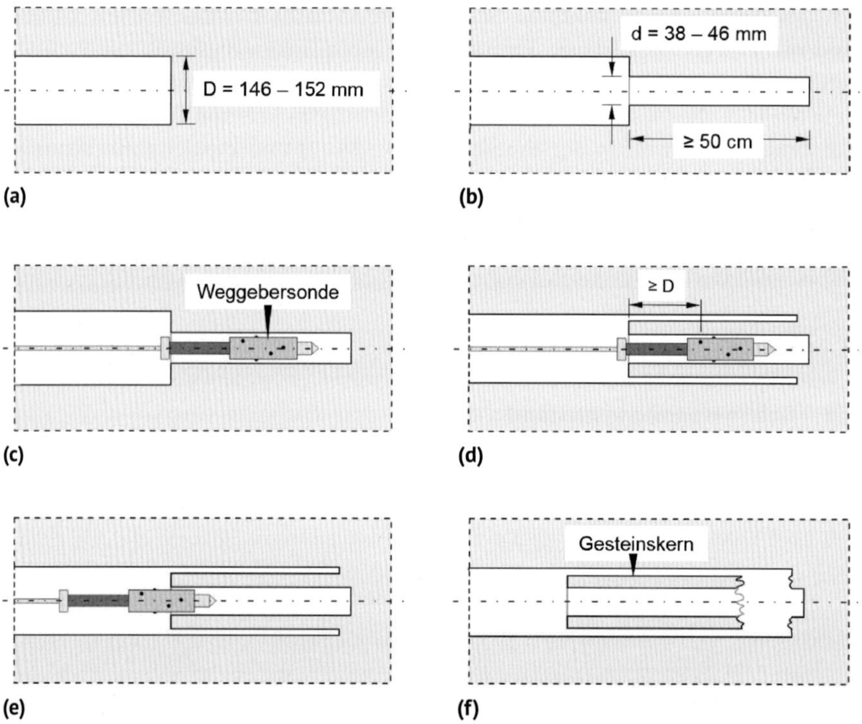

Bild 1 Prinzip eines Überbohrversuchs mit einer Weggebersonde (Zeichnung nicht maßstäblich): (a) Herstellen des Hauptbohrlochs; (b) Herstellen des Pilotbohrlochs; (c) Einbau der Weggebersonde und Nullmessung; (d) Überbohren; (e) Ausbau der Weggebersonde; (f) Fangen, Trennen und Ziehen des Gesteinskerns.

lotbohrloch mit kleinerem Durchmesser abgeteuft (Bild 1b). Darin wird die Weggebersonde installiert (Bild 1c). Nach Durchführung der Nullmessung wird das Pilotbohrloch mit dem Durchmesser des Hauptbohrlochs überbohrt (Bild 1d), wobei sich der dabei entstehende hohlzylindrische Gesteinskern entspannt. Mit der Weggebersonde werden die durch das Überbohren des Pilotbohrlochs verursachten Entspannungsdeformationen des Gesteins als Bohrlochrandverschiebungen oder als Durchmesseränderungen in verschiedenen Richtungen gemessen und in den Gebirgsspannungszustand rückgerechnet. Hierzu müssen die Elastizitätskennwerte des Gesteins bekannt sein (Abschn. 6). Abschließend wird die Sonde ausgebaut (Bild 1e) und der hohlzylindrische Gesteinskern gefangen, vom Gebirge getrennt und gezogen (Bild 1f).

4 Messgeräte

Die durch das Überbohren des Pilotbohrlochs verursachten Entspannungsdeformationen des Gesteins werden von Weggebersonden als radiale Bohrlochrandverschiebungen oder Durchmesseränderungen des Pilotbohrlochs gemessen. Aufgrund der geringen Deformationsbeträge bestehen sehr hohe messtechnische Anforderungen. Ferner ist es zweckmäßig, die beim Überbohrvorgang auftretenden Deformationen kontinuierlich zu beobachten und aufzuzeichnen, damit Ereignisse detektiert werden, die zum Abbruch einer Messung führen können, z. B. Kernbruch. Zusätzlich können Lageänderungsmessungen mit Neigungssensoren in der Sonde Informationen über nicht reguläre Versuchsbedingungen liefern. Aufgrund der Beobachtung des Entspannungsvorgangs in Echtzeit sind auch sehr hohe Anforderungen an die Messwertübertragung vom Bohrlochtiefsten zum Bohrlochmund zu stellen. Nachfolgend werden verschiedene, dem aktuellen Stand der Technik entsprechende Ausführungen von Weggebersonden beschrieben.

Es sind unterschiedliche Bauformen von Weggebersonden gebräuchlich, die sich vorrangig in der Anzahl und Richtung der Messungen sowie dem Verfahren der Verschiebungsmessung unterscheiden.

Der erste Prototyp einer Weggebersonde wurde vom US Bureau of Mines (USBM) konstruiert [4]. Die USBM-Sonde wurde in der Folgezeit weiterentwickelt [5–7]. Diese Bauart beruht auf der Messung radialer Bohrlochrandverschiebungen in sechs Punkten, wobei sich jeweils zwei Punkte diametral gegenüberliegen, sodass Entspannungsdeformationen des Pilotbohrlochs in drei verschiedenen Richtungen ermittelt werden. Die Übertragung der Verschiebungen erfolgt über Taster an Kragarmen, die an der Bohrlochwand anliegen („cantilever transducers"). Die Kragarme sind mit Dehnungsmessstreifen (DMS) bestückt, über die die Auslenkung und damit die Verschiebungsgrößen gemessen werden.

Ende der 1970er-Jahre wurde von der Bundesanstalt für Geowissenschaften und Rohstoffe (BGR) die BGR-Sonde entwickelt, deren Messprinzip auf Differentialtransformator-Weggebern (DTW) bzw. Linear Variable Differential Transformer (LVDT) beruht [8]. Die Weggeber sind so angeordnet, dass die Änderung des Pilotbohrlochdurchmessers in vier verschiedenen Richtungen gemessen wird. Dieser

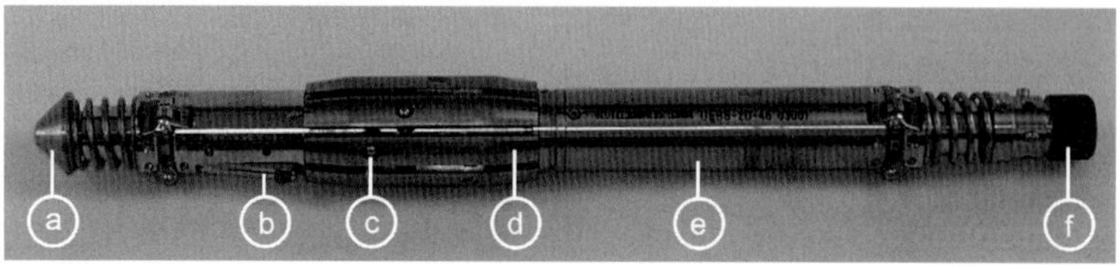

Bild 2 BGR-Sonde, Bauart Glötzl [10]: (a) Zentrierspitze; (b) Markierungsvorrichtung; (c) Weggeber; (d) Segment zur Sondenfixierung; (e) Datenlogger; (f) Anschluss für Messkabel.

Sondentyp wurde für verschiedene Gesteinsarten und Anwendungsbereiche mehrmals modifiziert und weiterentwickelt [9, 10].

Eine weitere Bauart stellt die in Australien entwickelte Weggebersonde Sigra IST dar, die hinsichtlich des Messprinzips weitgehend der USBM-Sonde entspricht, jedoch im Unterschied dazu die Radialverschiebungen an der Pilotbohrlochwand in sechs verschiedenen Richtungen misst [11]. Die Messstellen liegen dabei nicht gegenüber.

Die kontinuierliche Registrierung der während des gesamten Überbohrvorgangs auftretenden Entspannungsdeformationen erfolgt über ein durch das Bohrgestänge geführtes Messkabel (USBM-Sonde, BGR-Sonde) oder einen mit der Sonde im Bohrloch installierten Datenlogger (BGR-Sonde, Sigra-Sonde). Die Registrierung über ein Messkabel bietet die Möglichkeit der bohrbegleitenden Beobachtung der Messwerte. Bei unerwarteten Messkurvenverläufen, z. B. bei Kernbruch, kann der Versuch ggf. abgebrochen werden, um eine Sondenbeschädigung zu vermeiden.

Mit allen beschriebenen Weggebersonden können aufgrund der ausschließlich in radialer Richtung angeordneten Weggeber lediglich Verschiebungen in der Ebene orthogonal zur Bohrlochachse und damit auch nur Spannungskomponenten in dieser Ebene ermittelt werden. Bei Verwendung spezieller Sondenbauarten, z. B. der quasi dreidimensional messenden BGR-Sonde [12], kann jedoch zusätzlich die axiale Deformationskomponente gemessen und damit die axiale Gebirgsspannung bestimmt werden.

Bild 2 zeigt exemplarisch eine aktuelle Bauart der BGR-Sonde, die neben den vier Weggebern mit einem Temperatursensor, zwei Neigungsgebern zur Lagebestimmung der Sonde, einer Markierungsvorrichtung zur Kennzeichnung der Orientierung im Bohrloch sowie einer Digitalisierungs- und Speichereinheit ausgestattet ist. Die Sonde wird mithilfe von acht federnd gelagerten Segmenten mittig im Pilotbohrloch fixiert. Für die in der Praxis bei den üblichen Untersuchungsteufen und Gebirgssteifigkeiten zu erwartenden Messgrößen wird ein Wegmesssystem, z. B. ein induktiver Wegaufnehmer mit geeigneter Datenerfassung, empfohlen, das einen Deformationsweg von 0,5 % des initialen Durchmessers des Pilotbohrlochs mit einer Genauigkeit von 0,5 % erfassen kann. Bei der hier beschriebenen BGR-Sonde bedeutet dies für einen Deformationsweg von bis zu $\pm 200\,\mu m$ eine Messgenauigkeit von $\pm 1\,\mu m$. Für weitere grundlegende Angaben zur Eignung und Prüfung geotechnischer Messsysteme wird auf [13] verwiesen.

Die wesentlichen Komponenten der Messausrüstung, die für Überbohrversuche mit einer BGR-Sonde erforderlich ist, sind in Bild 3 dargestellt und umfassen neben

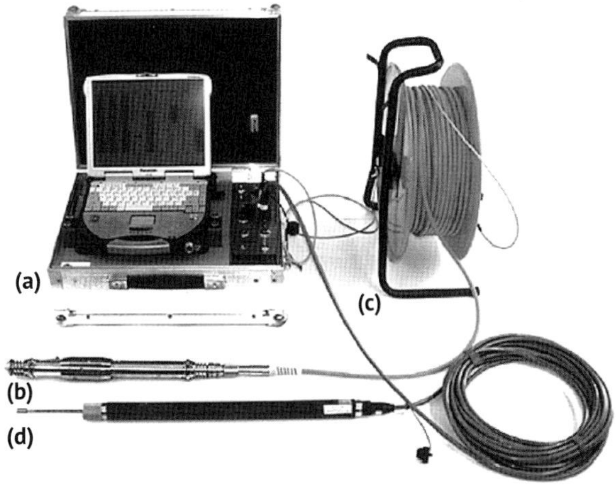

Bild 3 Messgeräte und Datenerfassung für Überbohrversuche mit einer BGR-Sonde [10]: (a) Datenerfassungseinheit mit integriertem Notebook, Batterie und Ladegerät; (b) Weggebersonde; (c) Kabeltrommel mit Messkabel; (d) Bohrmaschinenweggeber mit Messkabel zur Messung des Überbohrfortschritts an der Bohrmaschine.

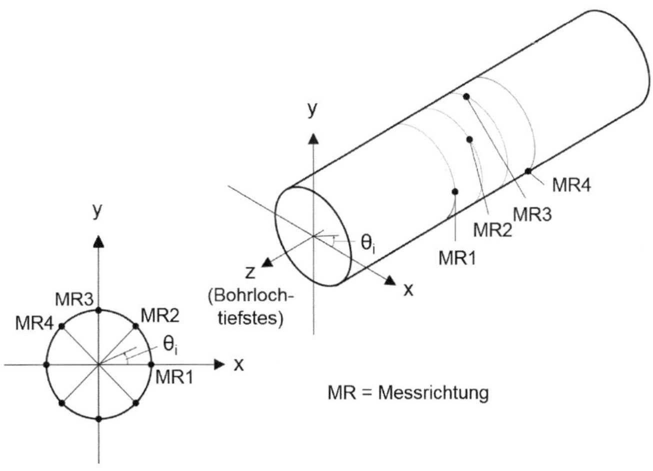

Bild 4 Orientierung der Weggeber am Beispiel einer BGR-Sonde nach Bild 2.

der Weggebersonde mit integrierten Weggebern, Neigungsgebern und Temperaturgeber die Datenerfassungseinheit, die Kabeltrommel mit Messkabel für die Weggebersonde sowie einen zusätzlichen Weggeber mit Messkabel zur kontinuierlichen Messung des Überbohrfortschritts an der Bohrmaschine.

Bild 4 zeigt die Orientierung der vier Weggeber einer BGR-Sonde. Die vier Messrichtungen MR1 bis MR4 sind jeweils um 45° versetzt angeordnet, fortlaufend gegen den Uhrzeigersinn nummeriert und entsprechen der Weggeberanordnung in Bild 2. Eine davon abweichende Anordnung der Messrichtungen ist bei der Auswertung der Messergebnisse zu berücksichtigen (Abschn. 8).

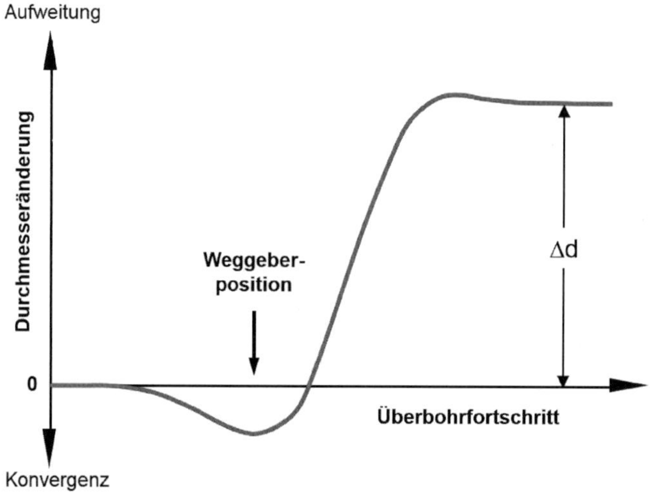

Bild 5 Schematischer Verlauf der gemessenen Durchmesseränderung des Pilotbohrlochs in Abhängigkeit vom Überbohrfortschritt.

Der in Bild 5 dargestellte schematische Messkurvenverlauf ist charakteristisch für die mit einer Weggebersonde gemessenen Durchmesseränderungen in Abhängigkeit vom Überbohrfortschritt (Überbohrtiefe oder -zeit). Nach der Nullmessung tritt zunächst eine Konvergenz des Pilotbohrlochs auf, die durch temporäre Spannungskonzentrationen an der Überbohrfront hervorgerufen wird. Im weiteren Verlauf führt der Entspannungsvorgang im überbohrten Kern zu einer Aufweitung des Pilotbohrlochs. Nach ausreichendem Überbohrfortschritt stellt sich ein konstanter Wert ein.

Der Ermittlung des lokalen Gebirgsspannungszustands wird die Durchmesseränderung Δd zwischen dem nach Abschluss des Überbohrvorgangs ermittelten Messwert und dem Messwert bei der Nullmessung zugrunde gelegt.

5 Versuchsdurchführung

5.1 Allgemeine Anforderungen, Festlegung der Testlokationen und Versuchsvorbereitung

Zur Durchführung von Überbohrversuchen ist deren Einbindung in ein geeignetes Erkundungs- und Bohrprogramm erforderlich und sollte vorab vertraglich geregelt werden. Dazu ist die Versuchsvorbereitung und -durchführung zwischen dem Bohrpersonal und den Messtechnikern abzustimmen. Insbesondere betrifft dies die Bohrausrüstung und den Ablauf der Bohrarbeiten (Bohren des Pilotlochs und Überbohren). Es ist sicherzustellen, dass Bohrmaschine und Bohrwerkzeuge, z. B. Gestänge, Doppelkernrohr, Bohrkrone, Spülkopf an der Bohrmaschine mit Messkabeldurchführung, eine ausreichende Eignung und Qualität aufweisen. Die Bohrmaschine sollte das Bohren horizontaler, vertikaler und geneigter Bohrungen bei möglichst ruhigem, vibrationsarmen Betrieb gestatten und eine ausreichend hohe Bohrleistung für die geforderten Bohrtiefen ermöglichen. Wichtige Bohrdaten wie Andruck, Drehzahl und Bohrgeschwindigkeit sind zu erfassen.

Die vorgesehenen Messlokationen und deren Tiefenlage sollten vorab anhand geologischer Befunde und anderer bauspezifischer, projektabhängiger Kriterien festgelegt werden.

Vor und nach Durchführung von Überbohrversuchen mit einer Weggebersonde müssen folgende Arbeiten durchgeführt werden:

- Bei Bedarf Kalibrierung der Weggebersonde im Labor, z. B. mittels einer Kalibriervorrichtung mit einer Präzisionsmikrometerschraube (Messauflösung 1/1000 mm, Ablesegenauigkeit ±1/1000 mm, s. dazu Bild 6),
- Reinigung aller Geräte, die am Versuchsort in das Bohrloch eingeführt werden,
- Funktionsprüfung der Weggebersonde und des Messkabels sowie des Bohrlochdatenloggers,
- Abstimmung mit der Bohrmannschaft über den Versuchsablauf, z. B. hinsichtlich der Bohrbedingungen wie Drehzahl und Andruck,
- erneute Funktionsprüfung der o. g. Messeinrichtung am Versuchsort nach Beendigung eines Überbohrversuchs und Ausbau der Sonde,
- bei Bedarf erneute Kalibrierung der Weggebersonde im Labor nach Abschluss einer Messkampagne.

5.2 Herstellen des Hauptbohrlochs

Zunächst wird ein Hauptbohrloch bis zur vorgesehenen Untersuchungstiefe hergestellt (vgl. Bild 1a). Empfohlen wird ein Bohrlochdurchmesser von mindestens 146 mm.

An jeder geplanten Messlokation muss überprüft werden, ob sich der gewählte Ansatzpunkt für die Herstellung des Pilotbohrlochs eignet. Das Hauptkriterium hierfür ist eine ausreichende Homogenität des angetroffenen Gebirges. Diese ist zu erwarten, wenn am Bohrkern des Hauptbohrlochs keine mechanisch wirksamen Trennflächen angetroffen werden. Einzelne Trennflächen können akzeptiert werden, wenn deren Abstand größer ist als die Länge des Pilotbohrlochs.

5.3 Herstellen des Pilotbohrlochs

An der Messlokation werden im Bohrlochtiefsten des Hauptbohrlochs vor der Herstellung des Pilotbohrlochs ggf. vorhandene Bohrstummel entfernt, und die Bohrlochsohle wird bei Bedarf mit einer Glättekrone egalisiert oder mit einer kegelförmigen Vollbohrkrone aufgeweitet. Der Durchmesser des Pilotbohrlochs muss auf den Durchmesser des Hauptbohrlochs abgestimmt sein. Beispielsweise betragen die Durchmesser ca. 46 bzw. 146 mm beim Einsatz der BGR-Sonde oder ca. 38 bzw. 150 mm beim Einsatz der USBM-Sonde. Die Mindestlänge des Pilotbohrlochs beträgt aufgrund der Sondenlänge ca. 50 cm beim Einsatz der BGR-Sonde (vgl. Bild 1b) bzw. 30 bis 45 cm beim Einsatz der USBM-Sonde.

Das Pilotbohrloch ist als zentrische Kernbohrung auszuführen. Für die o. g. Abmessungen sind Exzentrizitäten im Ansatzpunkt von nicht mehr als 1 mm und im Bohrlochtiefsten von nicht mehr als 4 mm zulässig, Durchmesserabweichungen von ±0,5 mm sollten nicht überschritten werden und sind ggf. zu dokumentieren. Nach dem Teufen des Pilotbohrlochs wird dieses ausgeblasen oder ausgespült.

Die Kontrolle des Durchmessers kann direkt mit der Weggebersonde bei der Nullmessung durchgeführt werden. Ersatzweise kann die Kontrolle auch mit anderen Messverfahren, z. B. einer Kalibermessung, erfolgen. Abweichungen sind zu dokumentieren.

Anhand des Kerns des Pilotbohrlochs wird entschieden, ob die Messlokation für eine Spannungsmessung geeignet ist, z. B. durch Bewertung der Gesteinshomogenität oder hinsichtlich vorhandener Trennflächen. Eine Ausführung des Pilotbohrlochs als Vollbohrung wird nicht empfohlen.

5.4 Einbau der Weggebersonde

Nachdem die Weggebersonde auf ihre Funktionstüchtigkeit überprüft wurde, wird sie mittels eines Setzgestänges orientiert in das Pilotbohrloch eingesetzt (vgl. Bild 1c). Die Einbautiefe der Sonde im Pilotbohrloch ist zu vermessen. Der Abstand zwischen Bohrlochmund und den Weggebern sowie zwischen der Sohle des Pilotbohrlochs und den Weggebern sollte mindestens einen Durchmesser, besser aber den 1,5-fachen Wert des Durchmessers des Hauptbohrlochs betragen (vgl. Bild 1d), um den Einfluss von Spannungsumlagerungen an der Front des Hauptbohrlochs und des Pilotbohrlochs auf die Messungen weitgehend zu vermeiden.

Alternativ kann der Einbau in vertikalen, nach unten gerichteten Bohrungen auch durch Einfädeln der Sonde am Messkabel erfolgen. Dazu ist eine Ballastierung der Sonde insbesondere in wassergefüllten Bohrungen zweckmäßig. Eine entsprechend größere Länge des Pilotbohrlochs ist dann vorzusehen. Zur Erfassung der Sondenorientierung ist eine geeignete Vorrichtung, z. B. Kompassaufnahme oder Kernmarkierung, erforderlich.

Bei Verwendung eines Setzgestänges oder bei Installation am Messkabel ist es empfehlenswert, ein großkalibriges Bohrgestänge zu verwenden. Setzgestänge bzw. Messkabel können dann durch das Bohrgestänge geführt werden, sodass die erforderlichen Gestängewechsel auf ein Mindestmaß reduziert werden.

Die Verwendung eines Messkabels erfordert einen Spülkopf mit Kabeldurchführung.

5.5 Überbohren

Das Pilotbohrloch mit installierter Weggebersonde wird konzentrisch mit einem auf den Durchmesser des Hauptbohrlochs abgestimmten Bohrwerkzeug überbohrt (vgl. Bild 1d). Gleichzeitig werden die dadurch verursachten Entspannungsdeformationen mit den Weggebern gemessen. Die Vorschubgeschwindigkeit sollte während des Überbohrens annähernd konstant sein. Eine Geschwindigkeit von ca. 2 cm/min hat sich bewährt. Der Überbohrvorgang wird so lange fortgeführt, bis infolge des Überbohrfortschritts keine Änderungen der Messergebnisse mehr auftreten (vgl. Bild 5). Sofern bei Einsatz eines Bohrlochcomputers während des Überbohrens auf eine Messung mit Kabel verzichtet wird und eine unmittelbare Messwertanzeige nicht möglich ist, ist der Kern bis zu einer Distanz von mindestens einem Durchmesser des Hauptbohrlochs zwischen dem am tiefsten positionierten Weggeber und der Überbohrfront zu überbohren. Die Standzeit des Pilotbohrlochs soll möglichst kurz und im Hinblick auf möglichst einheitliche Versuchsrandbedingungen von Versuch zu Versuch annähernd gleich sein.

5.6 Ziehen der Sonde

Nach dem Überbohren wird die Sonde am Messkabel aus der Bohrung gezogen (vgl. Bild 1e), gereinigt und einer Funktionsprüfung unterzogen. Das Ziehen der Sonde sollte erst 5–10 min nach dem Überbohren erfolgen, in denen weitere Messwerte erfasst werden. Dadurch wird sichergestellt, dass genügend Messwerte vorliegen, um Temperatureffekte, Fehlfunktionen der Messwerterfassung und andere Einflüsse festzustellen zu können, die die Messergebnisse verfälschen könnten.

5.7 Fangen, Lösen und Ziehen des Gesteinskerns

In der Regel wird die Überbohrung mit einer geringeren Tiefe als das Pilotbohrloch ausgeführt (vgl. Bild 1d). Damit ist die Gewinnung eines Hohlzylinders mit durchgehender Innenbohrung gewährleistet (vgl. Bild 1f). Wenn die Überbohrung tiefer als das Pilotbohrloch ausgeführt wird und die Elastizitätskennwerte am überbohrten Gesteinskern im Biaxialversuch bestimmt werden sollen (Abschn. 6.1), muss der über das Pilotbohrloch hinausgehende Kern abgesägt werden, damit ein für diesen Versuch erforderlicher Hohlzylinder entsteht.

Anschließend erfolgt die geologische Aufnahme des Gesteinskerns gemäß den Anforderungen der DIN EN ISO 14689 [14]. Kerne, die für weitere Untersuchungen herangezogen werden, müssen direkt nach Entnahme und Kartierung gemäß DIN EN ISO 22475-1 [15] vor dem Austrocknen geschützt und ins Labor transportiert werden. Die Lagerung muss den Anforderungen der DIN EN 1997-2 entsprechen [16].

6 Ermittlung der Elastizitätskennwerte

6.1 Biaxialversuch am überbohrten Gesteinskern

Die Elastizitätsmoduln, die zur Berechnung der gesuchten Gebirgsspannungen aus den im Überbohrversuch gemessenen Entspannungsdeformationen erforderlich sind, sollen bevorzugt direkt an dem überbohrten hohlzylindrischen Gesteinskern im Biaxialversuch bestimmt werden.

Die Versuchseinrichtung besteht aus einem dickwandigen Stahlrohr, in dem innen eine Gummimembran liegt, die an den beiden Rohrenden abgedichtet ist

Bild 6 Beispiel einer Prüfanlage für Biaxialversuche [17]: (a) Biaxialzelle; (b) Manometer; (c) Gesteinskern; (d) Weggebersonde; (e) Kalibriereinheit; (f) Präzisionsmikrometer.

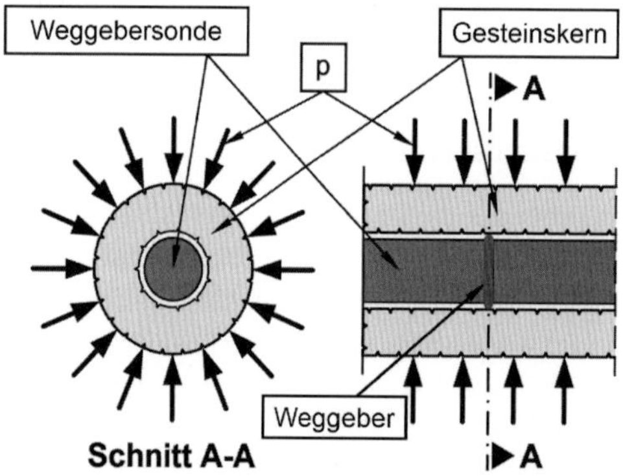

Bild 7 Belastung des Gesteinskerns mit Weggebersonde durch den Manteldruck *p*.

(Bild 6). In diesen Gummischlauch werden der hohlzylindrische Gesteinskern und anschließend die Weggebersonde in das Pilotbohrloch unter Berücksichtigung der im Überbohrversuch herrschenden Sondenorientierung eingebaut. Zur Erzeugung eines Manteldrucks *p* (biaxiale Belastung) auf den Gesteinskern (Bild 7) wird über eine radiale Bohrung durch das Stahlrohr in den Spalt zwischen Gummimembran und Stahlrohr Öl eingepresst. Der Druck wird mittels Manometer abgelesen oder mit einem Druckmessgeber gemessen und mittels Datenlogger aufgenommen.

Der Gesteinskern wird so in die Biaxialzelle eingebaut, dass die Weggeber in der Sonde annähernd mittig positioniert sind (vgl. Bild 7). Dann wird für jeden Weggeber eine Nullmessung durchgeführt. Anschließend wird der Kern stufenweise mit dem Manteldruck *p* belastet und anschließend wieder entlastet. Dabei werden die resultierenden Durchmesseränderungen des Pilotbohrlochs gemessen. Das höchste Druckniveau ist so zu wählen, dass der erwartete Wert der Gebirgsspannung erreicht wird. Es wird empfohlen, mehrere Belastungs- und Entlastungszyklen mit stufenweise zunehmendem Druckniveau durchzuführen. Die im Biaxialversuch gemessenen Durchmesseränderungen (BGR-Sonde) bzw. Radialverschiebungen (USBM-

Sonde) in Abhängigkeit vom Manteldruck p werden aufgezeichnet und als Arbeitslinien bezeichnet.

Für Biaxialversuche an überbohrten Gesteinskernen sind hinsichtlich der Qualität und Geometrie bestimmte Mindestanforderungen gemäß DIN EN ISO 22475-1 [15] einzuhalten.

Unter der Annahme eines isotropen Spannungs-Dehnungs-Verhaltens des Gesteins wird der Elastizitätsmodul E aus den bei der Entlastung gemessenen Durchmesseränderungen nach [18] wie folgt berechnet:

$$E = 2 \cdot \frac{\Delta p \cdot D_B^2 \cdot d}{\Delta d \cdot \left(D_B^2 - d^2\right)} \tag{1}$$

mit

Δp Änderung des aufgebrachten Manteldrucks,
D_B Außendurchmesser des Hohlzylinders,
d Innendurchmesser des Hohlzylinders,
Δd Durchmesseränderung infolge Δp.

Der Gl. (1) liegt die Theorie des dickwandigen Rohrs zugrunde.

Gesteine mit einem flächigen Gefüge, das durch eine Schichtung oder eine Schieferung gebildet wird, können ein anisotropes Verformungsverhalten aufweisen. Bei Annahme eines elastischen Spannungs-Dehnungs-Verhaltens kann diese Form der Anisotropie, die als transversal isotrop bezeichnet wird, durch die fünf Elastizitätskennwerte E_1, E_2, G_2, ν_1 und ν_2 beschrieben werden. Die Gefügeebene wird dabei als isotrope Ebene bezeichnet. Die Definition dieser Kennwerte ist Teil 1 dieser Empfehlung [19] zu entnehmen.

Sofern bei einem transversal isotropen Gestein die isotrope Ebene orthogonal zur Bohrkernachse orientiert ist, kann der Elastizitätsmodul E_1 analog zum Elastizitätsmodul E nach Gl. (1) aus den bei der Entlastung gemessenen Durchmesseränderungen mit Gl. (2) berechnet werden:

$$E_1 = 2 \cdot \frac{\Delta p \cdot D_B^2 \cdot d}{\Delta d_1 \cdot \left(D_B^2 - d^2\right)} \tag{2}$$

mit

Δd_1 Durchmesseränderung parallel zur isotropen Ebene.

Verläuft die Achse des Bohrkerns parallel zur isotropen Ebene, so können die Elastizitätsmoduln E_1 und E_2 nach [6] mit den Gln. (2) und (3) berechnet werden.

$$E_2 = 2 \cdot \frac{\Delta p \cdot D_B^2 \cdot d}{\Delta d_2 \cdot \left(D_B^2 - d^2\right)} \tag{3}$$

mit

Δd_2 Durchmesseränderung senkrecht zur isotropen Ebene.

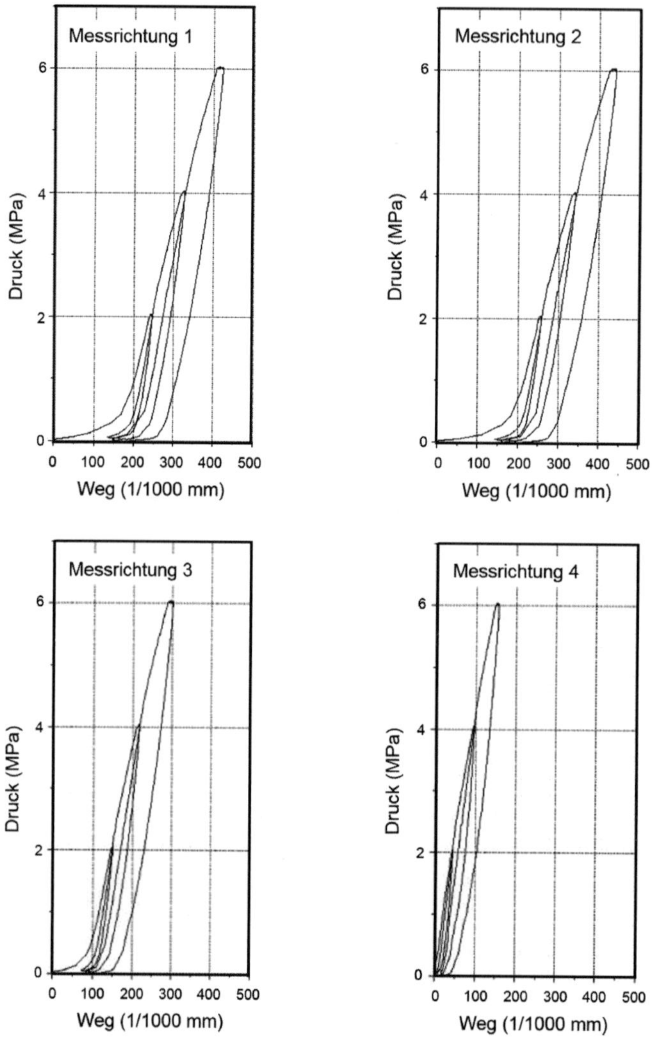

Bild 8 In einem Biaxialversuch an Tonstein ermittelte Arbeitslinien [17].

Bild 8 zeigt exemplarisch vier in unterschiedlichen radialen Richtungen gemessene Arbeitslinien, die aus einem Biaxialversuch an einem Tonsteinkern mit ausgeprägtem, transversal isotropen Spannungs-Dehnungs-Verhalten resultieren. Der Versuch wurde mit drei Belastungsstufen von $p = 2$, 4 und 6 MPa durchgeführt.

6.2 Einaxiale Druckversuche

Die Bestimmung aller Elastizitätskennwerte, die für die Ermittlung der in der Messebene orthogonal zur Pilotbohrlochachse wirkenden maximalen und minimalen Gebirgsspannungen S_1 und S_2 erforderlich sind, ist mittels Biaxialversuchen nicht möglich, da bei Isotropie nur der Elastizitätsmodul E und bei transversaler Isotropie nur die Moduln E_1 und E_2 ermittelt werden können. Die übrigen Elastizitätskennwerte, die Querdehnungszahl ν für Isotropie, der Schubmodul G_2 und die Querdehnungszahlen ν_1 und ν_2 für transversale Isotropie, können dann z. B. aus den Ergebnissen einaxialer Druckversuche an zylindrischen Probekörpern im Labor ermittelt werden.

Die zylindrischen Probekörper können aus dem Kern des Pilotbohrlochs oder aus Kernen hergestellt werden, die nahe den Messlokationen gewonnen wurden und vergleichbare Eigenschaften erwarten lassen.

Die Durchführung einaxialer Druckversuche ist in der Empfehlung Nr. 1 dieses Arbeitskreises [20] beschrieben. Zur Bestimmung der Elastizitätskennwerte von isotropem und transversal isotropem Gestein aus den Ergebnissen einaxialer Druckversuche wird auf den Teil 1 dieser Empfehlung [19] verwiesen.

7 Ermittlung des Gebirgsspannungszustands

7.1 Isotropes Spannungs-Dehnungs-Verhalten des Gebirges

7.1.1 Direkte Ermittlung der Gebirgsspannungen aus den gemessenen Durchmesseränderungen

Bei Weggebersonden mit nur drei Messrichtungen MR1, MR2 und MR3 kann die Ermittlung der Gebirgsspannungen direkt aus den gemessenen Änderungen des Pilotbohrlochdurchmessers mit dem Modell der elastischen, unendlich ausgedehnten, gelochten Scheibe unter biaxialer Beanspruchung (Bild 9) erfolgen. Mit diesem Modell können die in der Ebene orthogonal zur Bohrlochachse wirkenden maximalen und minimalen Gebirgsspannungen S_1 und S_2 folgendermaßen berechnet werden [21]:

$$S_{1,2} = \frac{E}{4 \cdot (1 - \nu^2)} \cdot \left(2 \cdot A \pm \sqrt{B^2 + C^2} + 2 \cdot \nu \cdot \varepsilon_z\right) \tag{4}$$

mit

$$A = \frac{1}{2 \cdot d} \cdot (\Delta d_\mathrm{a} + \Delta d_\mathrm{c}) \tag{5a}$$

$$B = \frac{1}{2 \cdot d} \cdot (\Delta d_\mathrm{a} - \Delta d_\mathrm{c}) \tag{5b}$$

$$C = \frac{1}{d} \cdot \left[\Delta d_\mathrm{b} - \frac{1}{2} \cdot (\Delta d_\mathrm{a} + \Delta d_\mathrm{c})\right] \tag{5c}$$

In Gl. (4) sind E der Elastizitätsmodul und ν die Querdehnungszahl; ε_z ist die axiale Dehnung des überbohrten Gesteinskerns, die mit Weggebersonden im Allgemeinen nicht gemessen werden kann. Eine Ausnahme stellt die Spezialausführung der BGR-Sonde mit zusätzlicher axialer Verschiebungsmessung dar [12]. Sofern diese Messung nicht möglich ist, wird vereinfachend $\varepsilon_z = 0$ gesetzt.

In den Gln. (5) sind Δd_a, Δd_b und Δd_c die in den Messrichtungen MR_a, MR_b und MR_c mit den dort angeordneten Weggebern gemessenen Durchmesseränderungen.

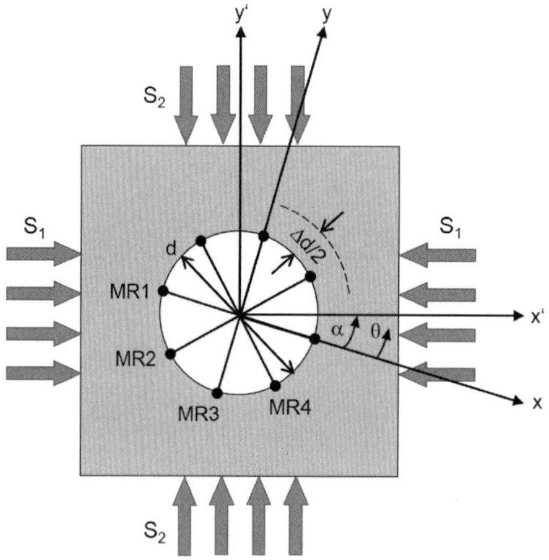

Bild 9 Unendlich ausgedehnte, gelochte Scheibe mit isotropem Verformungsverhalten unter biaxialer Beanspruchung.

Der Winkel α zwischen der Richtung der maximalen Spannung S_1 (x'-Richtung) und der x-Achse (vgl. Bild 9) beträgt:

$$\alpha = \frac{1}{2} \cdot \arctan(C/B) \tag{6}$$

Bei Sondentypen mit vier Messrichtungen MR1, MR2, MR3 und MR4 (vgl. Bild 9) lassen sich vier verschiedene Kombinationen von jeweils drei Durchmesseränderungen in jeweils drei Messrichtungen bilden, mit denen durch Anwendung der Gln. (4) und (5) S_1 und S_2 berechnet werden können. Theoretisch führen alle vier Kombinationen bei ideal isotropem Spannungs-Dehnungs-Verhalten des Gebirges zum gleichen Ergebnis. In der Realität weichen die Ergebnisse jedoch voneinander ab.

7.1.2 Ermittlung der Gebirgsspannungen mittels einer Ausgleichsrechnung nach der Methode der kleinsten Fehlerquadrate

Sofern Sondentypen mit mehr als drei Messrichtungen verwendet werden, ist die Ermittlung eines Verformungsovals unter Berücksichtigung aller Messwerte mithilfe einer Ausgleichsrechnung nach der Methode der kleinsten Fehlerquadrate zweckmäßig. Damit können nach [21] die maximale Spannung S_1 und die minimale Spannung S_2 in der betrachteten Messebene folgendermaßen berechnet werden:

$$S_1 = \frac{E \cdot (3 \cdot \Delta d_1 + \Delta d_2)}{8 \cdot d \cdot (1 - \nu^2)} \tag{7a}$$

$$S_2 = \frac{E \cdot (3 \cdot \Delta d_2 + \Delta d_1)}{8 \cdot d \cdot (1 - \nu^2)} \tag{7b}$$

S_1 und S_2 bilden die Hauptachsen eines Spannungsovals, das in der Literatur als Spannungsellipse bezeichnet wird, obwohl es mathematisch keine Ellipse darstellt. Ferner sind Δd_1 und Δd_2 die beiden Hauptachsen der zugehörigen Verformungsellipse, die ebenfalls ein Oval darstellt und deren Orientierung mit derjenigen der Spannungsellipse identisch ist. Die durch die Ausgleichsrechnung ermittelte Spannungs- und Verformungsellipse wird auch als Best-fit-Spannungs- bzw. Best-fit-Verformungsellipse bezeichnet. Der Winkel zwischen S_1 bzw. S_2 und einer gewählten Bezugslinie, z. B. Nordrichtung, kann ebenfalls aus der durch die Ausgleichsrechnung ermittelten Verformungsellipse bestimmt werden.

Sofern eine Weggebersonde eingesetzt wird, die anstelle von Durchmesseränderungen Δd Radialverschiebungen Δr misst, z. B. USBM-Sonde, ist Gl. (7) zu modifizieren, indem Δd_1 und Δd_2 durch $2\Delta r_1$ und $2\Delta r_2$ ersetzt werden.

7.2 Transversal isotropes Spannungs-Dehnungs-Verhalten des Gebirges

Verläuft die Bohrlochachse in geschichteten oder geschieferten Gesteinen mit transversaler Isotropie parallel zur isotropen Ebene (Bild 10), so können S_1 und S_2 in Anlehnung an [22] folgendermaßen berechnet werden:

$$S_{1,2} = \frac{1}{2} \cdot \frac{A' \cdot t_3 - B' \cdot t_2}{t_1 \cdot t_3 - t_2 \cdot t_2} \pm \frac{1}{2} \cdot \sqrt{{Q_1}^2 + {Q_2}^2} \quad (8)$$

Die einzelnen Terme lauten:

$$Q_1 = \frac{C'}{t_4} \quad (9a)$$

$$Q_2 = \frac{A' \cdot t_2 - B' \cdot t_1}{t_2 \cdot t_2 - t_1 \cdot t_3} \quad (9b)$$

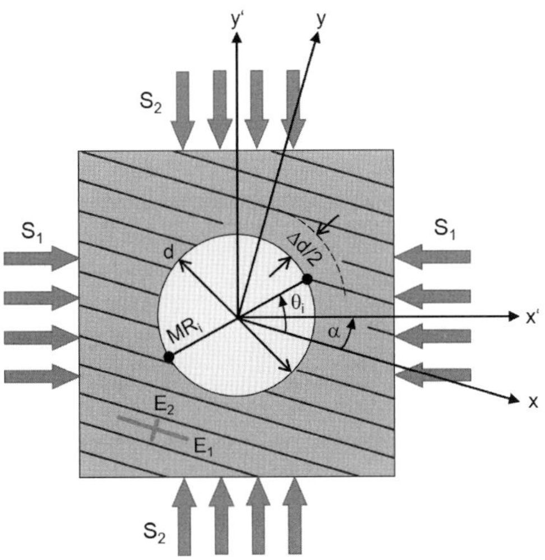

Bild 10 Unendlich ausgedehnte, gelochte Scheibe mit transversal isotropem Verformungsverhalten unter biaxialer Beanspruchung.

$$A' = \frac{d_A}{d_D} - T_{13} \cdot \varepsilon_z \quad (10a)$$

$$B' = \frac{d_B}{d_D} - T_{23} \cdot \varepsilon_z \quad (10b)$$

$$C' = \frac{d_C}{d_D} \quad (10c)$$

mit

$$d_A = U_1 \cdot \sin 2(\Theta_3 - \Theta_2) + U_2 \cdot \sin 2(\Theta_1 - \Theta_3) + U_3 \cdot \sin 2(\Theta_2 - \Theta_1) \quad (11a)$$

$$d_B = U_1 \cdot (\sin 2\Theta_2 - \sin 2\Theta_3) + U_2 \cdot (\sin 2\Theta_3 - \sin 2\Theta_1) + U_3 \cdot (\sin 2\Theta_1 - \sin 2\Theta_2) \quad (11b)$$

$$d_C = U_1 \cdot (\cos 2\Theta_3 - \cos 2\Theta_2) + U_2 \cdot (\cos 2\Theta_1 - \cos 2\Theta_3) + U_3 \cdot (\cos 2\Theta_2 - \cos 2\Theta_1) \quad (11c)$$

$$d_D = \sin 2(\Theta_3 - \Theta_2) + \sin 2(\Theta_2 - \Theta_1) + \sin 2(\Theta_1 - \Theta_3) \quad (11d)$$

und

$$T_{13} = -\frac{1}{2} \cdot (\nu_1 + \nu_2) \quad (12a)$$

$$T_{23} = -\frac{1}{2} \cdot (\nu_1 - \nu_2) \quad (12b)$$

$$t_1 = \frac{s \cdot (1 + c'^2 - d'^2)}{(1 - c' + d')^2} \quad (13a)$$

$$t_2 = \frac{2 \cdot s \cdot c'}{(1 - c' + d')^2} \quad (13b)$$

$$t_3 = \frac{2 \cdot s \cdot (1 + d')}{(1 - c' + d')^2} \quad (13c)$$

$$t_4 = \frac{2 \cdot s \cdot (1 - d')}{(1 - c' + d')^2} \quad (13d)$$

$$c' = \frac{2 \cdot (k_1 - 1)}{k_1 + 1 + \sqrt{2} \cdot \sqrt{k_1 + k_2}} \quad (14a)$$

$$d' = \frac{k_1 + 1 - \sqrt{2} \cdot \sqrt{k_1 + k_2}}{k_1 + 1 + \sqrt{2} \cdot \sqrt{k_1 + k_2}} \quad (14b)$$

$$k_1 = \sqrt{\frac{c_{11}}{c_{22}}} \quad (14c)$$

$$k_2 = \frac{c_{66} + c_{12}}{c_{22}} \quad (14d)$$

$$s = c_{22} \quad (14e)$$

sowie den Koeffizienten der Flexibilitätsmatrix:

$$c_{11} = \frac{1 - \nu_1^2}{E_1} \tag{15a}$$

$$c_{12} = -\frac{\nu_2(1 + \nu_1)}{E_1} \tag{15b}$$

$$c_{22} = \frac{E_1 - \nu_2^2 E_2}{E_1 E_2} \tag{15c}$$

$$c_{66} = \frac{1}{2G_2} \tag{15d}$$

und den normierten Durchmesseränderungen:

$$U_i = \Delta d_i(\Theta_i)/d\,. \tag{16}$$

Die auf die x-Achse des Koordinatensystems bezogenen Winkel der Messrichtungen MR_i werden mit θ_i bezeichnet (vgl. Bild 10).

In Gln. (10a) und (10b) ist ε_z die axiale Dehnung des überbohrten Gesteinskerns, die mit Weggebersonden im Allgemeinen nicht gemessen werden kann. Eine Ausnahme bildet die in [12] beschriebene Spezialausführung der BGR-Sonde mit zusätzlicher axialer Verschiebungsmessung. Sofern diese Messung nicht möglich ist, wird vereinfachend $\varepsilon_z = 0$ gesetzt.

Der Schubmodul G_2 kann in einaxialen Druckversuchen bestimmt werden [19]. Der Winkel α ist der gegen den Uhrzeigersinn gemessene Winkel zwischen der isotropen Ebene und der Richtung von S_1 (vgl. Bild 8) und ergibt sich zu:

$$\tan 2\alpha = \frac{Q_1}{Q_2} \tag{17}$$

Sofern eine Weggebersonde eingesetzt wird, die anstelle von Durchmesseränderungen Radialverschiebungen misst, z. B. USBM-Sonde, sind die Gln. (10), (11) und (16) entsprechend zu modifizieren.

8 Dokumentation der Bohr- und Messarbeiten

Überbohrversuche sind umfassend zu dokumentieren, um sicherzustellen, dass die durchgeführten Bohr- und Messarbeiten von der Versuchsplanung bis zur Auswertung und Darstellung der Ergebnisse nachvollziehbar sind.

Die Dokumentation umfasst mindestens folgende Angaben:

- Allgemeine Angaben zum Projekt,
- Übersichtsskizze des Versuchsorts,
- Lage und Orientierung der Bohrlochansatzpunkte sowie -bezeichnungen,
- bohrtechnische Ausrüstung (Bohrmaschinentyp, Bohrwerkzeuge),
- Bohrfirma und verantwortlicher Bohrgeräteführer,
- Bohrdaten (Andruck, Bohrgeschwindigkeit, Drehzahl, Stillstände, Spülmedium),

- geologische Aufnahme der Haupt- und Pilotbohrlöcher, die mindestens den Anforderungen der DIN EN ISO 14689 [14] entspricht,
- Beurteilung der Haupt- und Pilotbohrlöcher anhand des gewonnenen Kernmaterials gemäß DIN EN ISO 22475-1 [15] sowie die daraus resultierende Festlegung von Messlokationen,
- Tiefenlage der Messlokationen in den Bohrungen,
- Orientierung der Weggebersonden an den Messlokationen,
- Durchmesser von Haupt- und Pilotbohrloch an den Messlokationen,
- ggf. Lage der Messlokationen relativ zu benachbarten Hohlräumen,
- Datum, Uhrzeit und Dauer der Versuche einschließlich vorbereitender Arbeiten, u. a. Standzeit des Haupt- und Pilotbohrlochs, Zeitpunkt der Installation der Weggebersonde,
- Biaxialversuche bzw. einaxiale Druckversuche zur Bestimmung der Elastizitätskennwerte,
- Speicherung, Verarbeitung und Auswertung aller Messdaten (Überbohrversuche, Biaxialversuche, einaxiale Druckversuche).

9 Anwendungsbeispiele

9.1 Überbohrversuch in isotropem Fels

Bild 11 zeigt die mit einer BGR-Sonde während des Überbohrvorgangs in vier Messrichtungen MR1, MR2, MR3 und MR4 (vgl. Bild 9) gemessenen Durchmesseränderungen des Pilotbohrlochs in Abhängigkeit vom Überbohrfortschritt. Der Versuch wurde in Granit mit annähernd isotropem Spannungs-Dehnungs-Verhalten in einer Vertikalbohrung mit ca. 180 m Länge durchgeführt [12].

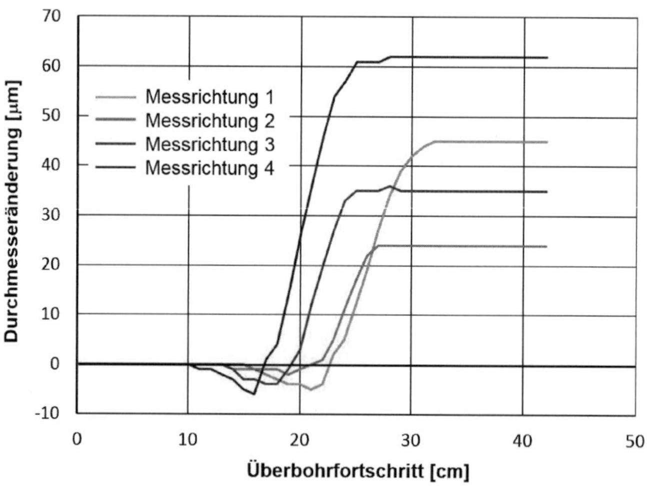

Bild 11 In einer Vertikalbohrung im Granit gemessenen Durchmesseränderungen in Abhängigkeit vom Überbohrfortschritt.

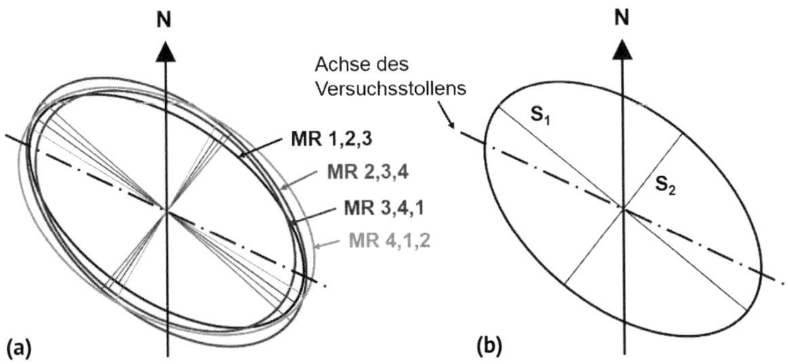

Bild 12 Darstellung der aus den gemessenen Durchmesseränderungen ermittelten maximalen und minimalen Horizontalspannungen im Granit: (a) aus je drei Messrichtungen ermittelte Spannungsellipsen; (b) aus allen vier Messrichtungen ermittelte Best-fit-Spannungsellipse.

Bild 12 zeigt die aus jeweils drei Messrichtungen ermittelten Spannungsellipsen (Bild 12a) und die durch eine Ausgleichsrechnung aus allen vier Messrichtungen nach der Methode der kleinsten Fehlerquadrate ermittelte Best-fit-Spannungsellipse (Bild 12b).

Aus den im Biaxialversuch nach Abschn. 7 gemessenen Arbeitslinien wurde durch Mittelwertbildung nach Gl. (1) ein Elastizitätsmodul von $E = 37\,\text{GPa}$ ermittelt. Die Querdehnungszahl wurde mit $\nu = 0{,}25$ angenommen.

In Tab. 1 sind die nach Gl. (4) berechneten maximalen und minimalen Horizontalspannungen S_1 und S_2 sowie ihre Orientierungen, beschrieben durch den Winkel β_N zwischen Nord und der Richtung von S_1 (positiv definiert gegen den Uhrzeigersinn), angegeben.

Für die Best-fit-Spannungsellipse (vgl. Bild 12b) betragen diese Werte nach Gl. (7) $S_1 = 22{,}7\,\text{MPa}$ und $S_2 = 14{,}4\,\text{MPa}$. Der Winkel zwischen Nord und der Richtung von S_1 ergibt sich zu $\beta_N = 51{,}3°$.

Tab. 1 Im Granit in Überbohrversuchen ermittelte Gebirgsspannungen.

Elastizitätskennwerte	$E = 37\,\text{GPa}$	$\nu = 0{,}25$	
Kombinationen der Messrichtungen	Max. Horizontalspannung S_1 (MPa)	Min. Horizontalspannung S_2 (MPa)	Winkel β_N zwischen Nord und S_1 (°)
MR1, MR2, MR3	21,9	12,0	54,9
MR2, MR3, MR4	23,0	13,9	48,9
MR3, MR4, MR1	20,5	13,4	51,9
MR4, MR1, MR2	22,5	14,3	58,9
„Best-fit"-Ellipse	22,7	14,4	51,3

9.2 Überbohrversuch in anisotropem Fels

Bild 13 zeigt die mit einer BGR-Sonde während des Überbohrvorgangs in vier Messrichtungen gemessenen Durchmesseränderungen des Pilotbohrlochs in Abhängigkeit vom Überbohrfortschritt. Der Versuch wurde in Tonstein mit transversal isotropem Spannungs-Dehnungs-Verhalten in einer Horizontalbohrung parallel zum Streichen der Schichtung bei einem Fallwinkel der Schichtfläche von $\alpha_S = 51°$ durchgeführt [17].

Der Auswertung liegen folgende Elastizitätskennwerte zugrunde: Elastizitätsmoduln von $E_1 = 8{,}3\,\text{GPa}$ und $E_2 = 2{,}0\,\text{GPa}$, die als Mittelwert aus Biaxialversuchen an Tonsteinprobekörpern ermittelt wurden, ein Schubmodul von $G_2 = 1{,}6\,\text{GPa}$ und Querdehnungszahlen $\nu_1 = 0{,}3$ sowie $\nu_2 = 0{,}3$. Für die Kennwerte G_2, ν_1 und ν_2 wurden Erfahrungswerte angenommen.

Nach Gl. (8) ergeben sich für die maximale und die minimale Spannung $S_1 = 8{,}4\,\text{MPa}$ und $S_2 = 2{,}9\,\text{MPa}$. Die Winkel zwischen der isotropen Ebene und S_1 bzw. S_2 betragen 56° bzw. 34° (vgl. Bild 10).

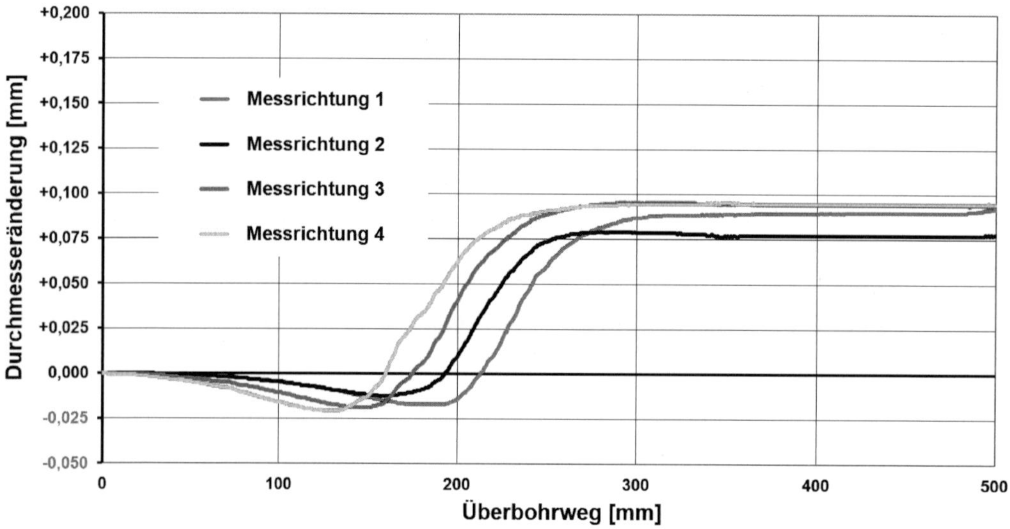

Bild 13 Gemessene Durchmesseränderungen in Tonstein in Abhängigkeit vom Überbohrfortschritt.

Literatur

1 Leichnitz, W. und Müller, G. (1984). Empfehlung Nr. 7 des Arbeitskreises 19 „Versuchstechnik Fels“ der Deutschen Gesellschaft für Erd- und Grundbau. Schlitzentlastungs- und Druckkissenbelastungsversuche. *Bautechnik* 61 (3): 89–93.

2 Paul, A. und Walter, F. (2004). Empfehlung Nr. 19 des Arbeitskreises 3.3 „Versuchstechnik Fels“ der Deutschen Gesellschaft für Geotechnik. Messung der Spannungsänderung im Fels und an Felsbauwerken mit Druckkissen. *Bautechnik* 81 (8): 639–647.

3 Fröhlich, B. und Schlebusch, M. (2021). Schlitzentlastungs- und Kompensationsmethode zur Messung der Druckspannungen im Randbereich geotechnischer Bauwerke – Empfehlung Nr. 22 des Arbeitskreises 3.3 – Versuchstechnik Fels – der Deutschen Gesellschaft für Geotechnik e. V. *geotechnik*, 44, Heft 3, S. 198–208.

4 Merrill, R.H. (1967). Three-component borehole deformation gage for determining the stress in rock. *Report of Investigations 7015*, Washington, DC, USA: US Bureau of Mines.

5 Hooker, V.E. Aggson, J.R und Bickel, D.L. (1974). Improvements in the three-component borehole deformation gage and overcoring technique. *Report of Investigations 7894*, Washington, DC, USA: US Bureau of Mines.

6 Bickel, D.L. (1993). Rock stress determinations from overcoring – an overview. *Bulletin 694*, Washington, DC, USA: US Bureau of Mines.

7 Geokon (2013). *Borehole deformation gage – Model 5000*. Instruction Manual, Rev. Initial 3/13, Lebanon, USA.

8 Pahl, A. und Heusermann, S. (1986). Stress measurements at the Grimsel rock laboratory. *Geologisches Jahrbuch* C 45, Hannover.

9 Pahl, A. und Heusermann, S. (1989). Der Einfluß des zeitabhängigen Stoffverhaltens auf die Bestimmung gebirgsmechanischer Parameter. *Felsbau* 7 (2): 92–98.

10 Heusermann, S. (2010). Überbohrversuche im Tonstein zur Ermittlung primärer Gebirgsspannungen. *Messen in der Geotechnik 2010, Mitteilung des Instituts für Grundbau und Bodenmechanik* 92: 1–12, TU Braunschweig.

11 Sigra (2017). *In-situ stress test by overcoring*. Brochure RM-IST-05/2017, Acacia Ridge, QLD, Australia.

12 Pahl, A., Heusermann, S., Bräuer, V. und Glöggler, W. (1989). *Felslabor Grimsel – Gebirgsspannungsuntersuchungen*. NTB-Bericht 88-39, Baden, Schweiz: NAGRA.

13 Arbeitskreis 2.10 „Geomesstechnik“ der Deutschen Gesellschaft für Geotechnik e. V. DGGT und des DVW – Gesellschaft für Geodäsie, Geoinformation und Landmanagement e. V. (2021). *Empfehlungen des Arbeitskreises Geomesstechnik*. Berlin: Ernst & Sohn, ISBN 978-3-433-03343-2.

14 DIN EN ISO 14689 (2018). *Geotechnische Erkundung und Untersuchung – Benennung, Beschreibung und Klassifizierung von Fels – Teil 1: Benennung und Beschreibung*. Berlin: Beuth Verlag.

15 DIN EN ISO 22475-1 (2007). *Geotechnische Erkundung und Untersuchung – Probenentnahmeverfahren und Grundwassermessungen – Teil 1: Technische Grundlagen der Ausführung*. Berlin: Beuth Verlag.

16 DIN EN 1997-2:2010-10 (2010). *Eurocode 7: Entwurf, Berechnung und Bemessung in der Geotechnik – Teil 2: Erkundung und Untersuchung des Baugrunds*. Berlin: Beuth Verlag.

17 Heusermann, S., Lege, C. und Küchemann, W. (2013). *Rock stress measurements at the Mont Terri rock laboratory (IS-D)*. Final report, Hannover: BGR.

18 Worch, G. (1967). Elastische Scheiben. In: *Betonkalender 1967, Teil II*. Berlin: Ernst & Sohn.

19 Kiehl, J.R. und Heusermann, S. (2021). Bestimmung von Gebirgsspannungen mit dem Überbohrverfahren – Teil 1: Triaxialmesssonden – Neufassung der Empfehlung Nr. 14 des Arbeitskreises „Versuchstechnik Fels" der DGGT. *geotechnik*, 44, Heft 4, S. 290–301.

20 Mutschler, T. (2004). Neufassung der Empfehlung Nr. 1 des Arbeitskreises 3.3 „Versuchstechnik Fels" der Deutschen Gesellschaft für Geotechnik: Einaxiale Druckversuche an zylindrischen Gesteinsprüfkörpern. *Bautechnik* 81 (10): 825–834.

21 Obert, L. und Duvall, W.I. (1967). *Rock Mechanics and the Design of Structures in Rock*. New York: John Wiley & Sons.

22 Rahn, W. (1981) *Zum Einfluss der Gesteinsanisotropie und des bruchbedingten nichtlinearen Materialverhaltens auf die Ergebnisse von Spannungsmessungen im Bohrloch*. Bochumer geologische und geotechnische Arbeiten, H. 5, Ruhr-Universität Bochum.

Weiterführende Literatur

- Kiehl, J.R. und Pahl, A. (1990). Empfehlung Nr. 14 des Arbeitskreises 19 „Versuchstechnik Fels" der Deutschen Gesellschaft für Erd- und Grundbau: Überbohr-Entlastungsversuche zur Bestimmung von Gebirgsspannungen. *Bautechnik* 67 (9): 308–314.
- ISRM – International Society for Rock Mechanics (1987). Suggested methods for rock stress determination. *International Journal of Rock Mechanics and Mining Sciences & Geomechanics Abstracts* 24 (1): 53–73.
- ISRM – International Society for Rock Mechanics (2003). Suggested methods for rock stress estimation – Part 1: overcoring methods. *International Journal of Rock Mechanics and Mining Sciences & Geomechanics Abstracts* 40: 999–1010.

Empfehlung Nr. 15: Verschiebungsmessungen längs der Bohrlochachse – Extensometermessungen

Axel Paul und Erwin Gartung

1 Zweck und Anwendungsgebiet

Extensometer sind Messgeräte, mit denen Verschiebungen im Gebirge längs der Achse eines Bohrlochs gemessen werden können. Die Messergebnisse dienen der Überwachung des Verformungszustands und der Standsicherheit von Felsbauwerken während und nach dem Bau, der Überprüfung der Annahmen und der Ergebnisse von Standsicherheitsberechnungen sowie in besonderen Fällen auch der Ermittlung von Gebirgskennwerten. Beispiele sind die Messung von Verschiebungen im Verformungsbereich von Felshohlraumbauten, von Felsböschungen, von Felsgründungen sowie bei Verpressarbeiten und bei Versuchen in situ.

Zweck dieser Empfehlung ist es, das Messprinzip und die verschiedenen Messgeräte zu beschreiben und die Kriterien hinsichtlich Einsatzmöglichkeiten, Auswertung und Messgenauigkeit darzustellen. Die Empfehlung bezieht sich auf einen Einsatz in Bohrlöchern im Fels. Die sinngemäße Anwendung auf Extensometer parallel zu Felsoberflächen, im Lockergestein oder durch Bauwerksteile ist möglich, sollte im Einzelfall aber überprüft und ggf. ausdrücklich vereinbart werden.

2 Begriffe und Messprinzip

2.1 Allgemeines

Extensometer dienen dazu, Abstandsänderungen von Messpunkten im Gebirge zu messen, wobei die Messpunkte an der Wandung eines Bohrlochs fest mit dem Gebirge verbunden sind. Beim Stangen- oder Drahtextensometer (Bild 1) erfolgt die Verschiebungsmessung mithilfe eines im Bohrloch verankerten, ansonsten aber frei beweglichen Gestänges (Stangenextensometer) oder gespannten Drahts (Drahtextensometer). Bei der Messung mit der Extensometersonde bestehen die Messpunkte aus Präzisionsmessringen, deren Abstandsänderung mithilfe einer durch die Messringe hindurchzuführenden Sonde gemessen wird (Sondenextensometer).

Sind in einem Bohrloch nur zwei Messpunkte installiert, so handelt es sich um ein Einfachextensometer (Bild 1). Sind längs des Bohrlochs mehrere Messpunkte ange-

Empfehlungen des Arbeitskreises Versuchstechnik Fels, 1. Auflage. Arbeitskreis 3.3 „Versuchstechnik Fels".

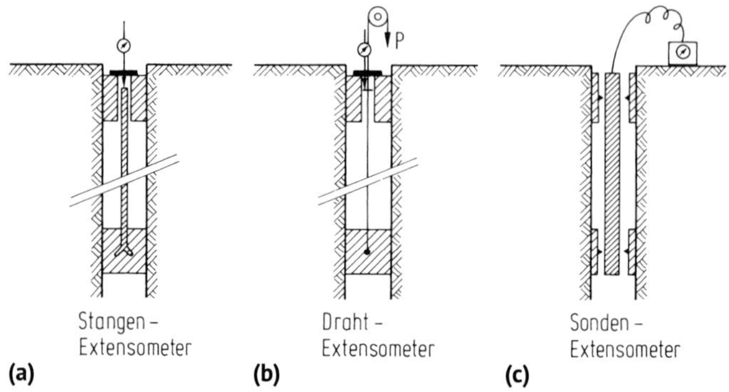

Bild 1 Extensometer-Messprinzipien.

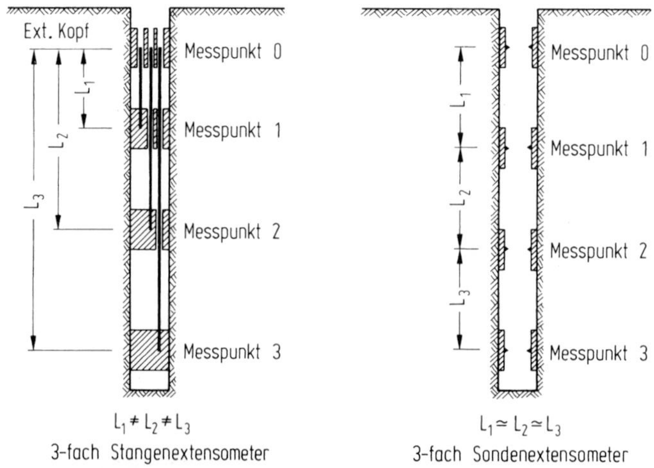

Bild 2 Prinzip-Beispiele von Mehrfachextensometern.

ordnet, so bezeichnet man die Messeinrichtung als Mehrfachextensometer (Bild 2). Bei den Stangen- oder Drahtextensometern werden die Abstandsänderungen der einzelnen Messpunkte in Bezug zum Extensometerkopf (= Messpunkt 0) gemessen.

Die Längen der Verbindungselemente (Stange, Draht) sind dabei unterschiedlich. Beim Sondenextensometer werden die Abstandsänderungen der benachbarten und in nahezu gleichem Abstand angeordneten Messpunkte gemessen.

Die Mittelpunkte der fest mit dem Gebirge verbundenen Anker bzw. Messringe kennzeichnen die exakte Lage der Messpunkte. Der Messpunkt, auf den sich die Abstandsänderungen beziehen, wird als Referenzpunkt bezeichnet. In der Regel ist dies der Messpunkt „0“ am Extensometerkopf. Der Extensometerkopf muss hierzu so ausgebildet sein, dass der Referenzpunkt geometrisch exakt definiert und gekennzeichnet ist. Sollen die Absolutverschiebungen der Messpunkte bezogen auf ein räumliches Koordinatensystem ermittelt werden, so muss für jede Messung die absolute Lage des Referenzpunkts mittels geodätischer Messmethoden bestimmt werden. Kann im Sonderfall vorausgesetzt werden, dass der Messpunkt im Bohrlochtiefsten während des gesamten Messzeitraums seine Lage nicht verändert, so können die Absolutverschiebungen der Messpunkte in Bohrlochrichtung ohne geodätische Messmethoden ermittelt werden. Dieser Messpunkt wird als Fixpunkt bezeichnet.

2.2 Stangen- und Drahtextensometer

Beim Stangen- und Drahtextensometer sind die Abstandsänderungen der einzelnen Messpunkte in Bezug zum Referenzpunkt mittels eines hochauflösenden Längenmessgeräts unmittelbar am Extensometerkopf ablesbar. Die Abstandsänderung ergibt sich hierbei für jeden Messpunkt i aus der Differenz der Folgemessung $s_{i,\mathrm{F}}$ zur Nullmessung $s_{i,0}$:

$$\Delta s_i = s_{i,\mathrm{F}} - s_{i,0} \tag{1}$$

Hat sich die Koordinatenlage des Referenzpunkts während des Messzeitraums verändert, so ist zur Ermittlung der Absolutverschiebungen der einzelnen Messpunkte die bohrlochparallele Komponente Δr zu den gemessenen Abstandsänderungen hinzuzurechnen (Bild 3):

$$\Delta a_i = \Delta r + \Delta s_i \tag{2}$$

Erfolgt die Auswertung mithilfe eines Fixpunkts, so stellt die Abstandsänderung des bohrlochtiefsten Messpunkts in Bezug zum Referenzpunkt unmittelbar die in Gl. (2) einzusetzende Verschiebung Δr dar. Eine zusätzlich durchgeführte geodätische Überwachung des Referenzpunkts kann somit zur Kontrolle des Messergebnisses genutzt werden.

Zur Ermittlung der Verteilung der Verschiebungen längs der Bohrlochachse kann es bei Mehrfachextensometern mit vielen Messpunkten zweckmäßig sein, zusätzlich zu den Absolutverschiebungen die Relativverschiebungen zwischen benach-

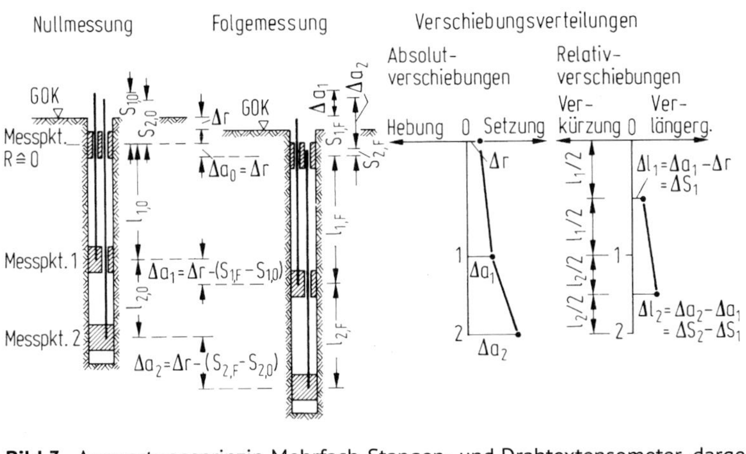

Bild 3 Auswertungsprinzip Mehrfach-Stangen- und Drahtextensometer, dargestellt am Beispiel der Auffahrung eines Hohlraums unter dem Extensometer.

barten Messpunkten (Bild 3)

$$\Delta l_i = l_{i,\mathrm{F}} - l_{i,0} = \Delta a_j - \Delta a_{j-1} \tag{3}$$

oder bei unterschiedlichen Messpunktabständen die auf die Messpunktabstände bezogenen Relativverschiebungen

$$\frac{\Delta l_i}{l_i}$$

zu ermitteln.

2.3 Sondenextensometer

Beim Sondenextensometer werden mittels der Extensometersonde die Relativverschiebungen benachbarter Messpunkte gemessen. Diese ergeben sich für jede Messstrecke l_i aus der Differenz der Folgemessung $l_{i,\mathrm{F}}$ zur Nullmessung $l_{i,0}$ (Bild 4):

$$\Delta l_i = l_{i,\mathrm{F}} - l_{i,0} \tag{4}$$

Die Abstandsänderungen der Messpunkte bezogen auf den Referenzpunkt errechnen sich aus der Summe der Relativverschiebungen $\sum \Delta l_i$ aller Messstrecken zwischen dem Messpunkt und dem Referenzpunkt. Zur Ermittlung der Absolutverschiebungen ist die bohrlochparallele Komponente Δr der Referenzpunktverschiebung hinzuzurechnen (Bild 4):

$$\Delta a_i = \Delta r + \Delta l_i + \Delta l_{i-1} + \cdots + \Delta l_1 \tag{5}$$

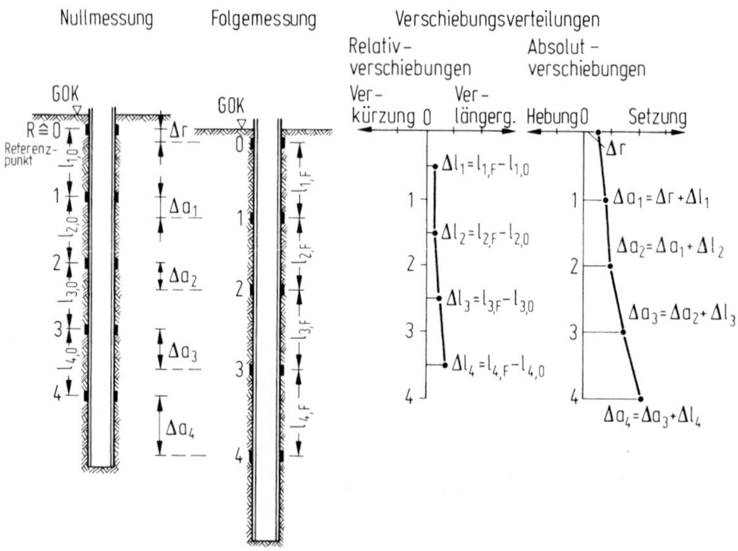

Bild 4 Auswertungsprinzip Sondenextensometer, dargestellt am Beispiel der Auffahrung eines Hohlraums unter dem Extensometer.

Kann der Messpunkt am Bohrlochfuß als Fixpunkt vorausgesetzt werden, so erfolgt die Auswertung mit dem Fixpunkt als Referenzpunkt. Eine zusätzlich durchgeführte geodätische Überwachung des Messpunkts am Extensometerkopf stellt dann wiederum eine Kontrollmöglichkeit dar.

Verschiebungsverteilungen längs der Bohrlochachse können sowohl für die Relativ- als auch für die Absolutverschiebungen ermittelt werden. Wenn die Abstände zwischen den Messpunkten annähernd gleich sind – was bei Sondenextensometern immer der Fall ist – lassen sich aus den Verteilungslinien Gebirgszonen mit geringerer oder ausgeprägterer Verformbarkeit direkt erkennen.

Neben der Ermittlung der Verschiebungsverteilungen für jede Folgemessung beinhaltet eine vollständige Auswertung von Extensometermessungen auch die Auftragung der Absolutverschiebungen in Abhängigkeit von der zwischen den Folgemessungen und der Nullmessung verstrichenen Messzeit. Hieraus ergibt sich der zeitliche Verschiebungsverlauf aller Messpunkte.

3 Messgeräte

3.1 Allgemeines

Die Hauptbestandteile eines Stangen- oder Drahtextensometers sind Anker, Verbindungselement (Stange, Draht), Messkopf und Ableseeinrichtung. Das Sondenextensometer besteht aus Messringen, Messrohr und Extensometersonde mit Ableseeinrichtung.

3.2 Stangen- und Drahtextensometer

3.2.1 Anker

Die Anker müssen im Bohrloch an vorgegebener Stelle dauerhaft und fest mit dem Gebirge verbunden werden, sodass die Bewegungen des Gebirges voll auf den Anker und damit auf das am Anker befestigte Verbindungselement übertragen werden. Unter dem Gestängegewicht bzw. der Messdraht-Vorspannkraft dürfen zwischen Anker und Bohrlochwandung und zwischen Anker und Verbindungselement keine Verschiebungen auftreten.

Für die Verankerung haben sich Systeme bewährt, die auch bei Felsnägeln oder -ankern verwendet werden, z. B. Spreizschalen, Verkeilungen, durch Federn aktivierte Spannringe, zementverpresste Bohrlochpacker oder Ankervermörtelungen mit nicht schwindendem Zement- bzw. Kunstharzmörtel oder mit Ein- oder Zweikomponentenklebern. Bei der Verwendung von Mörteln oder Klebern ist zu beachten, dass diese mit dem umgebenden Gestein, mit dem Grundwasser und mit den Werkstoffen des Extensometers verträglich sein müssen. Sie dürfen andere Messungen im Bohrloch (z. B. Temperatur, Grundwasserstand, Grundwasserleitfähigkeit o. Ä.) nicht beeinträchtigen, und ihre mechanischen und chemischen Eigenschaften dürfen sich im Laufe der Zeit nicht versuchsrelevant verändern. In besonderen Fällen kann es erforderlich sein, hierzu vor dem Einbau der Extensometer für die

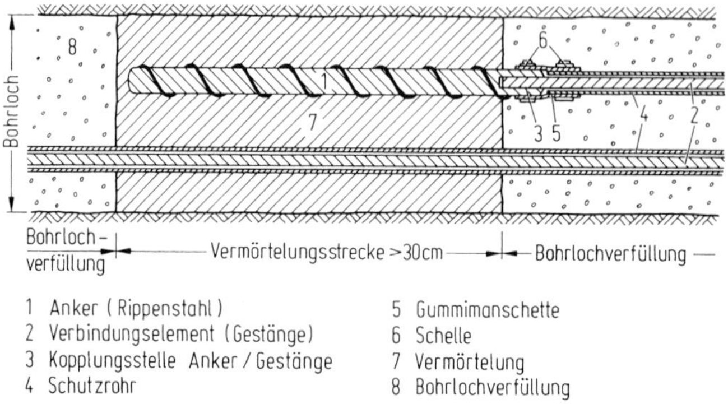

Bild 5 Beispiel eines vermörtelten Ankers bei einem Mehrfach-Stangenextensometer.

erwarteten Milieubedingungen aussagefähige Eignungsprüfungen durchführen zu müssen. Die Länge der Verankerung (Vermörtelungs- oder Klebestrecke) muss plangemäß hergestellt werden. In der Regel ist dabei eine Mindestlänge von 30 cm einzuhalten (Bild 5).

Die Bauart und Wirkungsweise der Anker muss vom Hersteller für jedes Extensometersystem beschrieben werden. Dabei ist auch anzugeben, ob für die Installation, ggf. auch für eine Nachverpressung oder Nachspannung, irgendwelche Schläuche oder Leitungen im Bohrloch verbleiben.

3.2.2 Verbindungselement

Das Verbindungselement zwischen Anker und Messkopf bestimmt weitgehend die erzielbare Messgenauigkeit des Extensometers. Bewährt haben sich z. B. Gestänge, Drähte und mit Schutzummantelung versehene Glasfaserstäbe. Ihre Spannungs- und Dehnungseigenschaften sowie die Temperatur-Dehnungskennwerte müssen bekannt sein und in einer für die Auswertung geeigneten Form vorliegen. Die Auswahl des geeigneten Werkstoffs und Querschnitts ist von der Messaufgabe, den Umgebungsbedingungen, der geforderten Messgenauigkeit und von der Länge der Messstrecke abhängig. Sofern der Anschluss des Verbindungselements an den Anker nicht starr, sondern verschraubbar ausgeführt wird, ist sicherzustellen, dass an der Koppelstelle keine Bewegungen auftreten, die die angestrebte Messgenauigkeit überschreiten.

Die Verbindungselemente müssen vor mechanischer Beschädigung geschützt werden. Ferner dürfen keine Verfälschungen der Messergebnisse durch Reibung auftreten. Werden mehrere Verbindungselemente zum Referenzpunkt geführt (Mehrfachextensometer), so muss insbesondere im Bereich der Anker die ungehinderte Verschieblichkeit der Verbindungselemente untereinander gewährleistet sein. Dazu werden häufig Schutzrohre aus Kunststoff verwendet, die jeweils meist nur ein Verbindungselement aufnehmen (z. B. Bild 5). Wie das Verbindungselement selbst müssen auch die Schutzrohre geradlinig, eventuell mithilfe von Abstandshaltern in das Bohrloch eingebaut werden. Damit eine reibungsfreie Längenverschieblichkeit des Verbindungselements innerhalb des Schutzrohrs auf Dauer sichergestellt ist, muss der Anschluss des Schutzrohrs an den Anker flexibel, aber dennoch dicht gegen das Eindringen von Boden oder Verpressmittel hergestellt werden. Für länger andauernde Messprogramme und tiefe Bohrlöcher ist eine vollständige Bohrlochverfüllung mit geeignetem Material (hydraulisch abbindender Mörtel, Dämmer, rundkörnige Sande oder Feinkiese) erforderlich.

Der Ringraum zwischen Verbindungselement und Schutzrohr wird – insbesondere bei größeren Längen – häufig mit Wasser oder einer anderen geeigneten Flüssigkeit gefüllt. Dadurch wird die Reibung zwischen Schutzrohr und Verbindungselement verringert und das Schutzrohr wird durch den Flüssigkeitsinnendruck gegen den Druck der Verpressung oder der Bohrlochverfüllung stabilisiert. Wird diese Ringraumverfüllung nicht ausgeführt, so muss das Schutzrohr so dimensioniert sein, dass es dem Druck der Bohrlochverpressung oder -verfüllung sowie des Grundwassers widerstehen kann.

Messdrähte müssen für die Messung vorgespannt werden. In der Regel wird eine konstante Vorspannkraft gewählt, für die das Ablesegerät kalibriert ist. Wird die Vorspannkraft verändert, so muss der Messwert um die Dehnung des Drahts korrigiert werden.

3.2.3 Messkopf und Ableseeinrichtung

Am Extensometerkopf enden die Verbindungselemente. Der Extensometerkopf besteht aus dem Trägerelement und den Messanschlägen am Verbindungselement und am Trägerelement (Bild 6). Das Trägerelement ist am Bohrlochmund dauerhaft und fest mit dem Gebirge verbunden. Je nach Anordnung am Bohrlochmund kann es sich hierbei um eine aufmontierte Kopfplatte oder um einen im Bohrloch versenkten Extensometerkopf handeln. Durch die Lage des Trägerelements ist auch die Lage des Referenzpunkts definiert. Auf dem Trägerelement befinden sich für jedes Verbindungselement die Messanschläge für die Ableseeinrichtung. Innerhalb der

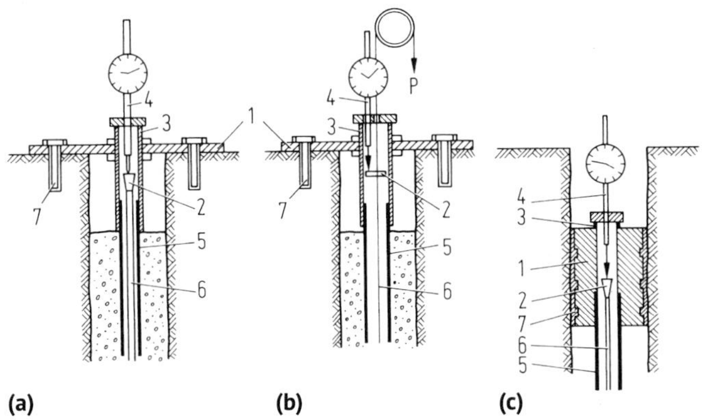

1 Trägerelement (Kopfplatte, versenkter Kopf)
2 Messanschlag am Verbindungselement
3 Messanschlag am Trägerelement
4 mechanische Messuhr
5 Schutzrohr
6 Verbindungselement (Gestänge, Messdraht)
7 Kopfbefestigung am Gebirge (Verdübelung, Vermörtelung)

Bild 6 Prinzip-Beispiele Extensometerkopf. (a) Stangenextensometer mit Kopfplatte; (b) Drahtextensometer mit Kopfplatte; (c) Stangenextensometer mit versenktem Kopf.

Messanschläge verlaufen die Schutzrohrenden sowie die frei längenverschieblichen Verbindungselemente, an deren Enden die Messanschläge der Verbindungselemente befestigt sind. Messgröße ist die Abstandsänderung zwischen dem Messanschlag am Trägerelement und dem Messanschlag am Verbindungselement.

Wird der Extensometerkopf in Form einer Kopfplatte an einer zugänglichen Felsoberfläche aufmontiert, so kann die Verschiebungsmessung mit mechanischen Längenmessgeräten wie Messuhren oder Tiefenmikrometern erfolgen. Bei sehr großen Verschiebungen können auch einfache Ablesungen mit Maßstäben mit Millimetereinteilung genügen. Wird der Extensometerkopf zum Schutz gegen mechanische Beschädigungen – z. B. bei Sprengungen unter Tage o. Ä. – im Bohrloch versenkt angeordnet, so ist häufig ein Ablesen mit mechanisch wirkenden Längenmesstastern nicht mehr möglich. Dann werden elektrische Längenmessgeräte, wie z. B. induktive Wegaufnehmer, Widerstandsferngeber oder Aufnehmer nach dem Messprinzip der schwingenden Saite verwendet. Auch an schwer zugänglichen Stellen, wie z. B. an Tunnelfirsten, unter der Fahrbahn von Straßentunneln oder an unzugänglichen Felsböschungen und Rutschhängen, werden häufig elektrisch wirkende Längenmessgeräte eingesetzt. Die elektrischen Messsignale können durch Kabel weitergeleitet, durch Sender fernübertragen oder durch geeignete elektronische Speichereinheiten an Ort und Stelle aufgezeichnet werden. Werden die Extensometer zur Überwachung der Sicherheit verwendet, so können die Messsignale beim Erreichen bestimmter kritischer Verschiebungsbeträge auch mit Alarmgebern gekoppelt werden.

In bestimmten Fällen ist es notwendig, die Verbindungselemente einschließlich Schutzrohr während der Messzeit zu verkürzen oder zu verlängern. Dies ist z. B. der Fall, wenn die Abstandsänderungen zwischen den beiden Messanschlägen so groß werden, dass der Messbereich des Längenmessgeräts überschritten wird, oder wenn aufgrund bautechnischer Maßnahmen ein Teil des Extensometers freigelegt wird. Hier hat es sich bewährt, Extensometersysteme zu verwenden, die auf einfache Weise verlängerbar oder verkürzbar sind und eine leichte Ummontage des Extensometerkopfs gestatten. Dies ist insbesondere dann von Bedeutung, wenn ein sog. abkoppelbares Extensometer installiert wird. Dieses weist für alle Verbindungselemente eines Mehrfachextensometers an einer vorgegebenen Stelle planmäßig eine Entkopplungsstelle auf, an die ein Extensometerkopf leicht anmontiert werden kann. Mit abkoppelbaren Extensometern können die Verformungen einzelner Ausbruch- oder Aushubphasen kontrolliert werden (Beispiele Bild 7).

3.3 Sondenextensometer

3.3.1 Messring und Messrohr

Beim Sondenextensometer werden speziell angefertigte Präzisionsmessringe, die im gleichen Abstand auf einem durchgängigen oder einem aus vielen Rohrstücken zusammengesetzten Messrohr fixiert sind, dauerhaft und fest mit dem Gebirge verbunden. Die Fixierung auf dem Messrohr ist hierbei so eingestellt, dass der Abstand zwischen den Messringen während des Einbaus der Messringe in das Bohrloch er-

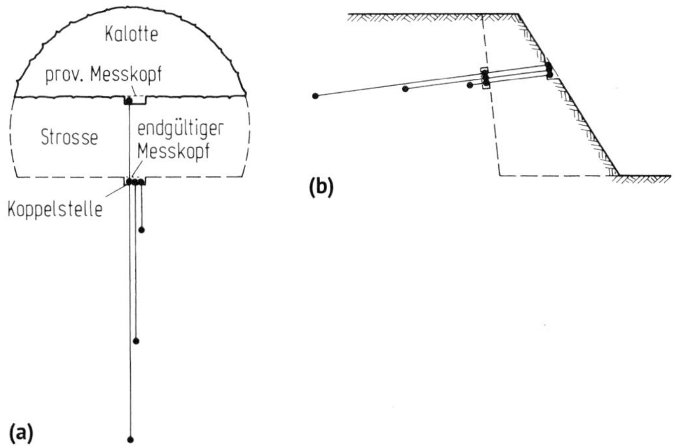

Bild 7 Prinzip-Beispiele abkoppelbarer Extensometer. (a) Tunnelauffahrung mit vorauseilendem Kalottenausbruch; (b) Felsböschung.

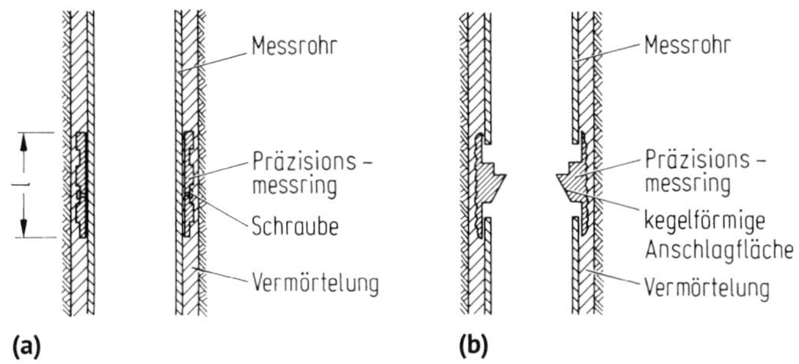

Bild 8 Beispiele von Messringfixierungen. (a) Durchgehendes Messrohr; (b) unterbrochenes Messrohr.

halten bleibt, nach der Verbindung mit dem Gebirge die Bewegungen des Gebirges aber voll auf die Messringe übertragen werden, ohne dass eine die Messgenauigkeit beeinträchtigende Behinderung durch Reibung der Messringe auf dem Kunststoffrohr eintritt. Das Kunststoffrohr stellt somit eine Einbauhilfe zur Fixierung der Messringe dar. Ferner dient es als hindernisfreie Führungsbahn zum Befahren des Bohrlochs mit der Extensometersonde.

Für das Fixieren der Messringe sind je nach Messsystem verschiedene Varianten bekannt. Bei der auf Bild 8a dargestellten Variante sind die Messringe außen auf dem durchgehenden Messrohr durch kleine Schrauben punktuell befestigt, wobei die Einschraubtiefe so gering ist, dass die Messringe bei einer Verformung des Gebirges unter Hinterlassen einer Kratzspur relativ leicht auf dem Messrohr verschoben werden können. Bei dem auf Bild 8b dargestellten System ragen die Messringe in die Führungsbahn der Extensometersonde hinein. Das Messrohr ist an den Messringen jeweils unterbrochen. Die Messrohrstücke sind in die zylinderförmigen Messringe auf Lücke passgenau eingesetzt, wobei die Reibung zwischen Messring und Mess-

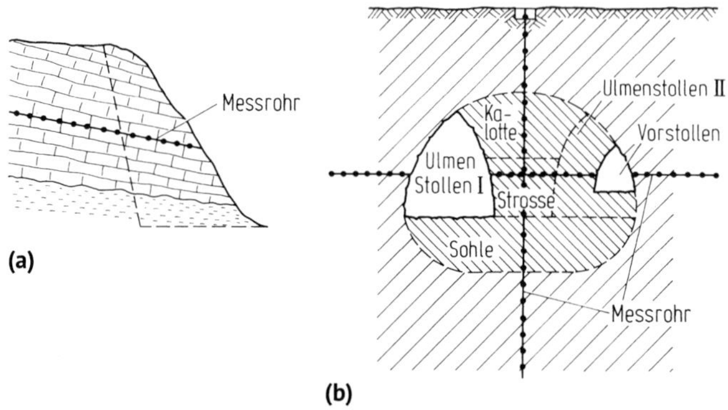

Bild 9 Beispiele für Kürzungen von Sondenextensometern. (a) Böschungsrückversetzung; (b) Tunnelbau in mehreren Ausbruchphasen.

rohrstück so hoch ist, dass die Lage der Messringe während des Einbaus in das Bohrloch nicht verändert wird. Andererseits ist diese Reibung aber auch nicht so groß, dass dadurch die Messgenauigkeit beeinträchtigt wird. Hinzu kommt, dass auch der Werkstoff der Messrohrstücke eine hohe Längsverformbarkeit aufweist, sodass auch bei direktem Stoßkontakt keine zu große Behinderung der Längsverschieblichkeit zu erwarten ist. Vor Einsatz des Messrohrsystems sollte die Längsverschieblichkeit durch Eignungsprüfungen nachgewiesen sein, wobei bei einem Mindestverschiebungsweg von ±1 % des Messpunktabstandes der Verschiebungswiderstand nicht größer als 1,0 kN betragen sollte.

Für die Verankerung der Messringe am Gebirge wird der Ringraum zwischen Messrohr und Bohrlochwandung mit Dämmer oder Verpressmittel auf Zement- oder Kunsharzbasis verfüllt. Hierbei ist wiederum darauf zu achten, dass diese mit dem umgebenden Gestein, mit dem Grundwasser und mit den verwendeten Werkstoffen verträglich sind. Bei einem Einbau unter Wasser ist ein hydraulisch abbindendes Bindemittel zu verwenden. Bei der Ringraumverfüllung ist darauf zu achten, dass kein Verpressmittel in das Innere des Messrohrs gelangt, das heißt, dass das Messrohr unten geschlossen und auf voller Länge wasserdicht ausgebildet ist. Das Messrohr muss dementsprechend so dimensioniert sein, dass es den hydrostatischen Drücken während des Einbaus und der Messzeit standhält.

Für den Fall, dass der Messpunkt am Bohrlochmund als Referenzpunkt dient und dass dieser Punkt zur Bestimmung der Absolutverschiebungen geodätisch überwacht wird, ist lediglich darauf zu achten, dass dieser Messring gleichzeitig als geodätischer Messpunkt mit allen seinen diesbezüglichen Anforderungen ausgebildet wird. Die Messrohröffnung ist mit einer Rohrkappe abzudecken.

Die Messrohre können nach ihrem Einbau entsprechend den Ausbruchphasen des Felsbauwerks an beliebiger Stelle durch einfaches Abtrennen gekürzt oder bereichsweise auch unterbrochen werden (Beispiele Bild 9). Nach der Abtrennung oder nach dem Entfernen eines Rohrstücks können die noch im Gebirge befindlichen Messpunkte weiter gemessen werden.

Die Ausbildung der Messringe ist auf die Wirkungsweise der jeweiligen Extensometersonde abgestimmt. Bei dem auf Bild 8a dargestellten Messring handelt es sich um einen Messingring mit vorgegebener Länge 1, der induktiv auf die im Rohrinneren befindliche Sonde einwirkt. Der auf Bild 8b dargestellte Messring weist zur Rohrachse hin eine kegelförmige Anschlagfläche auf, in die die kugelförmigen Messköpfe der Sonde entsprechend dem Kugel-Kegel-Prinzip mechanisch verspannt werden können. Durch eine Drehung der Sonde um 45° gelangen die mit Aussparungen versehenen Messköpfe in die sogenannte Gleitposition, bei der die Aussparungen der Messköpfe durch kongruente Aussparungen in den Messringen hindurchgeführt werden können. An die Herstellgenauigkeit dieser Messringe sind somit erhöhte Anforderungen zu stellen, damit der mit dem Gestänge auszuführende Hin- und Herwechsel zwischen Gleit- und Messposition störungsfrei vonstatten geht.

3.3.2 Extensometersonde

Die derzeit auf dem Markt erhältlichen Extensometersonden unterscheiden sich in ihrer Wirkungsweise und Handhabung. Bei den induktiv wirkenden Sonden (Bild 8a) wird die Sonde am Seil oder am Gestänge zunächst in den Messbereich zwischen zwei Messringe einpositioniert. Das Einfahren in die Messposition wird hierbei am Messgerät angezeigt. In Ruhestellung wird dann die eigentliche Messung durchgeführt, wobei am Messgerät direkt die Abwertung des Abstands zwischen zwei Messringen von der Basislänge abgelesen werden kann. Die Übertragung des Messsignals von der Sonde zum Ablesegerät erfolgt elektrisch mittels Kabel.

Bei der mechanisch wirkenden Messsonde (Bild 8b) wird die Sonde mithilfe eines speziellen Bedienungsgestänges in Gleitposition zwischen zwei Messringe eingeführt und dann durch Verspannung zwischen zwei benachbarte Messringe in Messposition gebracht. Über einen induktiven Wegaufnehmer im Inneren der Sonde wird dann die Abstandsabweichung von der Basislänge ermittelt und am Digitalablesegerät angezeigt. Die Übertragung des Messsignals erfolgt mittels Kabel.

Die Extensometersonden sollten eine Druckwasserdichtigkeit von mindestens 10 bar aufweisen. Ferner müssen die Sonden in regelmäßigen Zeitabständen mittels einer Kalibriervorrichtung kontrolliert werden. Hierzu wird die Sonde nacheinander in zwei Kalibrierrohre gegeben, in denen der Messpunktabstand auf genau vorgegebene Längen stabilisiert ist.

3.4 Genauigkeitsanforderungen

Die erzielbare Messgenauigkeit ist von dem verwendeten Gerät, dem Messprinzip, der Einbauqualität, dem Größenordnungsbereich der Messstreckenlängen und von sonstigen äußeren Gegebenheiten abhängig. In Tab. 1 sind Werte für die erzielbare Messgenauigkeit für verschiedene Extensometerbereiche zusammengestellt. In Zeile 6 der Tabelle sind auch Beispiele für typische Einsatzbereiche enthalten.

Tab. 1 Erzielbare Genauigkeit von Bohrlochextensometern.

Extensometertyp	**Stangen- und Drahtextensometer Sondenextensometer**				
Messauflösung	0,001 mm	0,0025 mm	0,025 mm	0,25 mm	2,5 mm
Messgenauigkeit	0,001–0,01 mm	0,0025–0,01 mm	0,025–0,10 mm	0,25–1,0 mm	2,5–10 mm
Messbereich	±10 mm	25 mm	25 mm	50 mm	±250 mm
Verschiebungsmaß mit Nachstellmaßnahmen	20 mm (±20 mm)	50 mm	150 mm	300 mm	1000 mm
Länge der Messstrecke	≤ 1 m	≤ 10 m	≤ 30 m	≤ 100 m	> 100 m
Anwendungsbeispiele	Auflockerungszonen, Quellhebungen Bewegungen infolge Ausbruchphasen	In-situ-Versuche (z. B. Lastplatten- oder Scherversuche) Auflockerungszonen	Tunnel, Einschnitte, Fundamentsetzungen	Große Kavernen, Tunnel in Fels geringerer Festigkeit, Hangbewegungen	Lange Messstrecken bei großen Hängen, Hangrutschungen

4 Extensometerbohrungen und -einbau

4.1 Allgemeines

Die Herstellung der Extensometerbohrung und der Einbau des Extensometers sind anspruchsvolle Arbeiten, die nur von erfahrenem und zuverlässigem Personal ausgeführt werden sollten. Die Zuverlässigkeit und Genauigkeit der Messungen ist entscheidend von der Qualität der Messgeräteinstallation abhängig.

4.2 Herstellen des Bohrlochs

Der Durchmesser des Bohrlochs ist abhängig von der Anzahl, Art und Ausführung der Anker und der Verbindungselemente bzw. vom Durchmesser des Messrohrs und der Messringe. Der Bohrlochdurchmesser ist vom Hersteller des Extensometers vorzugeben. Die Ausführung muss genau den Vorgaben entsprechen.

Die Bohrmethode ist im Einzelfall festzulegen. Wenn das Gebirge bereits vorher sehr genau erkundet wurde, können Vollkronenbohrungen ohne Kerngewinn genügen. In der Regel sind jedoch Kernbohrungen vorzuziehen, da sie einen guten Aufschluss entlang der Messrohre ermöglichen und Gebirgsbereiche größerer Verformbarkeit anhand der Messergebnisse identifiziert werden können. Die Bohrungen sind dann nach DIN 4021 auszuführen und zu protokollieren.

Vor dem Einbau des Extensometers ist das Bohrloch sorgfältig mittels Luft- oder Wasserspülung zu reinigen. Bohrlöcher in nicht standfestem Fels müssen ganz oder teilweise verrohrt werden. Die Verrohrung ist beim Einbau des Extensometers abschnittsweise zu ziehen, sodass die Anker unterhalb der Verrohrung kraftschlüssig mit dem Gebirge verbunden werden können bzw. eine konzentrische Ringraumverfüllung zwischen Messrohr und Bohrlochwandung hergestellt werden kann.

4.3 Einbau der Extensometer

Beim Stangen- und Drahtextensometer sollte die Anordnung der Anker so erfolgen, dass ein Maximum an Informationen aus den Messungen gewonnen werden kann. Diesbezüglich sind die Bohrprotokolle, fernoptische Bohrlochinspektionen oder Bohrkerne auf Diskontinuitäten, Fazieswechsel und andere geologische Besonderheiten auszuwerten und diese Auswertungsergebnisse bei der endgültigen Entscheidung über die Position der Anker zu berücksichtigen.

Werden die Anker mittels Vermörtelung von erhärtenden Pasten oder Suspensionen mit dem Gebirge verbunden, so ist eine ausreichend lange Erhärtungszeit einzuhalten, bevor mit den Messungen begonnen wird. Das gilt auch für die Fixierung der Messringe von Sondenextensometern. Bei der Planung der Nullmessung ist dies zu beachten. Die Zusammensetzung und Eigenschaften des Ankermörtels sind zu protokollieren.

Beim Einbau der Sondenextensometer-Messrohre ist darauf zu achten, dass das geschlossene Messrohr bei der Hohlraumverfüllung nicht aufschwimmen kann. Hierfür hat es sich bewährt, den Rohrinnenraum entsprechend dem Stand der Ringraumverfüllung mit Wasser aufzufüllen.

Alle aus dem Bohrloch herausragenden Teile der Extensometer, wie z. B. Messköpfe, Messrohrabdeckungen und Messkabel müssen robust ausgerüstet sein und erforderlichenfalls durch Schächte oder Stahlabdeckungen geschützt werden. Messkabel sind so zu verlegen, dass sie durch den Baubetrieb nicht beschädigt werden.

4.4 Extensometerschächte

An der Geländeoberfläche werden die Messköpfe und die Messrohrabdeckungen in der Regel innerhalb verschließbarer, frostfrei gegründeter Schächte angeordnet. Befindet sich die vorgesehene Gründungstiefe noch innerhalb einer Rutschzone, so kann es zweckmäßig sein, die Gründungssohle noch tiefer zu legen. Zweck dieser Maßnahme ist es, eine Verfälschung der Messergebnisse durch externe Einflüsse zu vermeiden. Hierbei ist zu beachten, dass die Messgenauigkeit der geodätischen Höhenmessmethoden im Regelfall mindestens um eine Zehnerpotenz geringer ist als diejenige der Extensometermessungen.

Wird ein tiefer Schacht hergestellt, so kann es zweckmäßig sein, den Schacht zugänglich auszubilden, damit z. B. die Messungen am Extensometerkopf durchgeführt werden können. Der tief liegende Schachtraum bewirkt einen gewissen Temperaturausgleich, sodass die Fehleranfälligkeit infolge größerer Temperaturschwankungen geringer ist. Alternativ ist es auch möglich, die Schachtsohle durch Auffüllung des Schachts mit Beton bis nahe an die Geländeoberfläche hochzuziehen und die Messungen von der Geländeoberfläche aus durchzuführen. Die Auswahl der Schachtausbildung ist von Fall zu Fall entsprechend der örtlichen Situation zu treffen, wobei Temperatureinflüsse und Empfindlichkeit des Messsystems zu berücksichtigen sind.

5 Durchführung der Messungen

In der Regel ist bereits bei der Planung des Messprogramms die zeitliche Folge der Ablesungen festzulegen. Sie wird sich z. B. nach dem Ablauf der Bauarbeiten richten und am Zweck der speziellen Messung orientieren. Nach Möglichkeit sind die Ablesungen eines Extensometers immer von derselben Messperson durchzuführen. Diese sollte über den Zweck der Messungen informiert sein und in Grundzügen die Vorgänge im Gebirge, die mit der Baumaßnahme einhergehen, verstehen.

Vor jedem Messzyklus ist das mechanische oder elektrische Anzeigegerät zu überprüfen. Dazu gehört insbesondere die Kontrolle des Nullpunkts. Elektrische Anzeigesysteme und Extensometersonden müssen in bestimmten, vom Hersteller anzugebenden Zeitabständen von Fachleuten kalibriert werden. Bei besonders kritischen Bauzuständen ist es zweckmäßig, diese Kalibrierungen zusätzlich auch vor jeder Messung durchzuführen.

Das Extensometer sollte so früh vor Baubeginn installiert werden, dass die Nullmessung mindestens einmal wiederholt werden kann. Während der Bauphase ist nach jeder Messung zu überprüfen, ob gegenüber der vorherigen Messung signifikante Verschiebungen festzustellen sind. Falls an der Richtigkeit der Ablesung Zweifel bestehen, ist die Messung zu wiederholen. Erforderlichenfalls ist zu überprüfen, ob ein gerätetechnischer Defekt vorliegt (z. B. Verschmutzung des Extensometerkopfes) bzw. ob aus dem Bauablauf die gemessenen Werte erklärt werden können.

Die Temperatur ist festzustellen und zu protokollieren. Ferner ist der Bauzustand in Stichworten im Messprotokoll anzugeben. Zur Interpretation von Extensometermessungen können z. B. folgende Beobachtungen in situ von Nutzen sein:

- Öffnung von Trennflächen, Verschiebungen in Scherzonen, Lageveränderungen von Felsblöcken sowie andere geologische Besonderheiten, die auf Bewegungen im Gebirge schließen lassen,
- Beobachtung von Unterprofilen im Untertagebau, Auflockerungszonen, Störungszonen u. a.,
- Rissbeobachtungen im Spritzbeton (Rissbreite, -länge, Relativbewegungen),
- Hinweise auf Entspannungen, Verformungen oder Überbeanspruchungen von Sicherungsmitteln z. B. von Felsnägeln oder Felsankern, Stahlbögen, Keilen, Verzugsblechen o. Ä.,
- Veränderungen in der Bergwasserführung.

Solche Beobachtungen sind im Messprotokoll zu vermerken.

6 Auswertung und Darstellung der Ergebnisse

Die Auswertung der Ablesungen sollte auf der Baustelle unmittelbar nach der Messung erfolgen. Diese Sofortauswertung sollte die Auftragung der Relativverschiebungen in tabellarischer und grafischer Form umfassen. Grafisch sind zumindest die Relativverschiebungen der Messpunkte in Bezug zum Referenzpunkt in Abhängigkeit von der Messzeit darzustellen. Sofern bei Mehrfachextensometern die Auswertung mithilfe eines Fixpunkts erfolgt, sollte die Sofortauswertung auch die tabellarische und grafische Auftragung der Absolutverschiebungen und der Verschiebungsverteilungen umfassen. Werden die Referenzpunkte geodätisch überwacht, so werden die Absolutverschiebungen, die Verschiebungsverteilungen und der zeitliche Verschiebungsverlauf der Messpunkte im Rahmen einer genaueren Nachauswertung durchgeführt. Diese sollte erforderlichenfalls auch Korrekturen infolge Temperaturänderungen, Messdrahtdehnungen oder dergleichen enthalten. Die nach den Gln. (1) oder (4) ermittelten Relativverschiebungen sind kritisch zu überprüfen. Werden Unstimmigkeiten oder offensichtliche Fehler festgestellt, sind die Messungen umgehend zu wiederholen. Falsche Messungen sind im Protokoll durchzustreichen. Sie dürfen nicht daraus entfernt werden.

Die Ermittlung der Absolutverschiebungen erfolgt nach den Gln. (2) oder (5). Für die Bestimmung der Verschiebungsverteilungen längs der Bohrlochachse wird beim Stangen- oder Drahtextensometer die Gl. (3) herangezogen; beim Sondenextensometer ergibt sich die Verschiebungsverteilung unmittelbar aus den Relativverschiebungen Gl. (4).

Bei der Beobachtung von Langzeitvorgängen wie Hangkriechen oder Kriechverformungen im Gebirge kann es aufschlussreich sein, aus den Verschiebungsbeträgen auch die Verschiebungsgeschwindigkeiten abzuleiten und über der Zeitachse, eventuell in halblogarithmischer Auftragung, darzustellen. Im Tunnelbau werden oft für signifikante Bauzustände, wie z. B. vor Einbau der Innenschale, die Verschiebungsmessungen mehrerer Extensometer in einem Messquerschnitt grafisch dargestellt. Bei Einsatz von Mehrfachextensometern ergibt sich hieraus z. B. ein Bild von den Setzungsmulden in unterschiedlichen Tiefen unter der Geländeoberfläche.

Extensometermessungen sind nur dann von Nutzen, wenn sie entsprechend dem vorgesehenen zeitlichen Ablauf des Messprogramms regelmäßig und zuverlässig durchgeführt, formgerecht protokolliert und so rasch als möglich ausgewertet werden. Während der Laufzeit des Messprogramms sollten daher stets baubegleitende Ingenieurleistungen vorgesehen werden, damit eine sachverständige Auswertung und Interpretation der Messergebnisse, insbesondere für eventuell notwendige Sofortentscheidungen bei kritischen Situationen, gewährleistet ist.

7 Dokumentation

Jedes Extensometer-Messprogramm ist zu dokumentieren. Zur Dokumentation gehören der Bericht über die Installation der Extensometer einschließlich der Bohrprotokolle und sonstiger Aufnahmen sowie eine Beschreibung des Extensometertyps, der Lage der Messpunkte und der Verbindung der Anker oder Messringe mit dem Gebirge. Ferner umfasst die Dokumentation eine vollständige Zusammenstellung aller Messprotokolle sowie aller tabellarischen und grafischen Ergebnisdarstellungen. Schließlich sollte die Dokumentation auch eine Interpretation der Messergebnisse in Abhängigkeit von der Geologie, dem Baugeschehen und den eingesetzten Sicherungsmitteln enthalten. Die Dokumentation sollte im Rahmen eines messtechnischen Schlussberichts von demjenigen erstellt werden, der die Messungen verantwortlich betreut hat.

8 Anwendungsbeispiele

8.1 Stangenextensometer (Bilder 10 und 11)

Extensometerart:	5-Fach-Stangenextensometer
Lage:	vertikal über Tunnelfirste
Zweck:	Messung der Gesamt-Vertikalverschiebungen im Gebirge über der Tunnelfirste infolge der Tunnelauffahrung
Bohrlochherstellung:	Kernbohrung, ∅ 146 mm, mit Wasserspülung, ohne Verrohrung
Ankertiefen:	15 m, 10 m, 6 m, 2,5 m, 1 m über der Tunnelfirste
Ankerart:	Rippenstahl, 0,5 m lang, zementvermörtelt (PZ-Zement)
Verbindungselemente:	Glasfaserstangen durchgängig (ohne Muffenverbindung), ∅ 8 mm
Schutzrohre:	PVC-Schlauch, stahlverstärkt, durchgängig, $\varnothing_i = 10\,\text{mm}$
Verbindung Anker/Glasfaserstab:	Epoxidharzklebung
Verbindung Anker/Schutzrohr:	Gummimanschette
Extensometerkopf:	auf der Betonauffüllung innerhalb eines Extensometerschachts aufmontierte Trägerplatte
Extensometerschacht:	Betonschachtringe ∅ 80 cm auf 20 cm dicker Sohlplatte aus Ortbeton, Gründungstiefe 1,0 m unter Gelände, innen Betonauffüllung bis 20 cm unter Schachtabdeckung
Schachtabdeckung:	Stahlblech, verschließbar
Ableseeinrichtung:	mechanische Messuhr, Ablesegenauigkeit 0,01 mm
Referenzpunkt:	Extensometerkopf
Referenzpunktmessung:	geodätisches Nivellement, Messgenauigkeit: ±1 mm

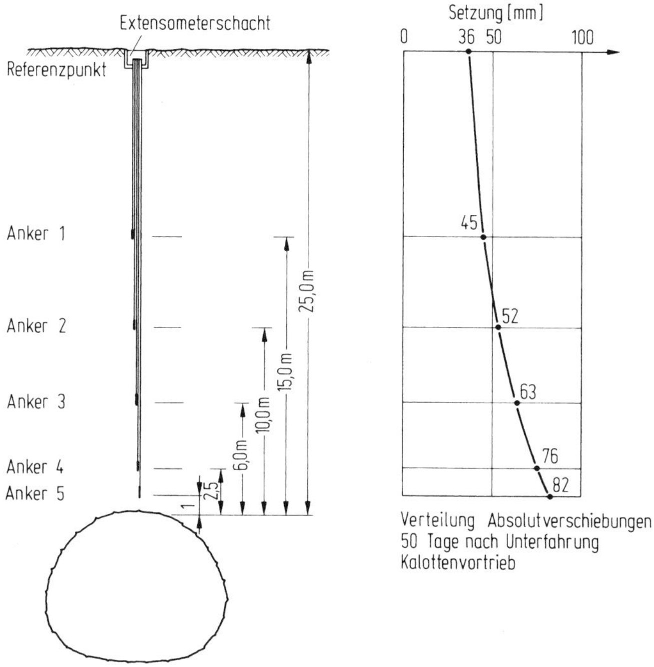

Bild 10 5-Fach-Stangenextensometer über der Tunnelfirste.

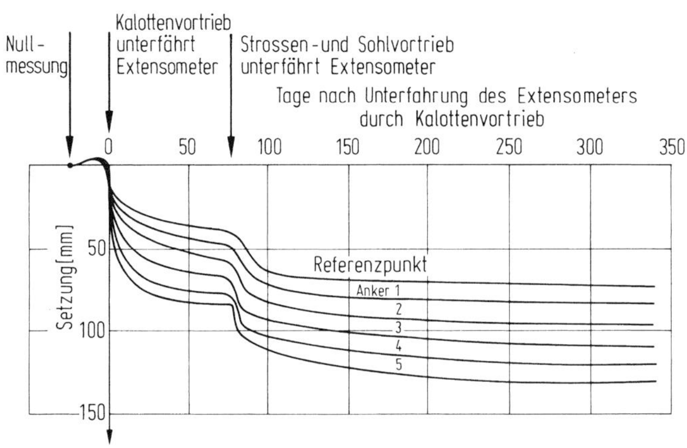

Bild 11 Verschiebangsverlauf 5-Fach-Stangenextensometer.

8.2 Sondenextensometer (Bilder 12 und 13)

Extensometerart:	15-Fach-Sondenextensometer
Lage:	vertikal unter Tunnelsohle
Zweck:	Messung von quellungsbedingten Langzeithebungen im Gebirge unter der Tunnelsohle
Bohrlochherstellung:	Kernbohrung, ∅ 116 mm, mit Luftspülung, ohne Verrohrung
Messrohr:	5 Stück PVC-Rohre, ∅5 8/70 mm à 3,0 m Länge, durchgängig durch Muffenklebungen miteinander verbunden
Messringe:	Präzisionsmessringe, mit Arretierschraube außen auf dem Messrohr fixiert
Messringabstand:	1,0 m
Messringverankerung:	vollständige Ringraumverfüllung zwischen Messrohr und Bohrlochwandung mit Dämmer
Messrohrmund:	Abdeckung mit Rohrkappe innerhalb eines verschließbaren Stahlrohrschachts
Extensometersonde:	induktiv wirkende Sonde
Ablesegenauigkeit:	0,001 mm
Referenzpunkt:	Fixpunkt im Bohrlochtiefsten (Tiefe: 15 m unter OK Tunnelsohle)

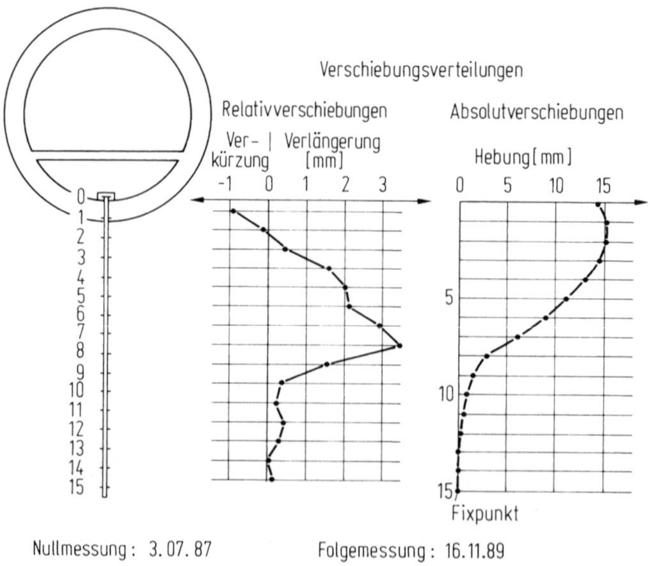

Bild 12 15-Fach-Sondenextensometer vertikal unter der Tunnelsohle.

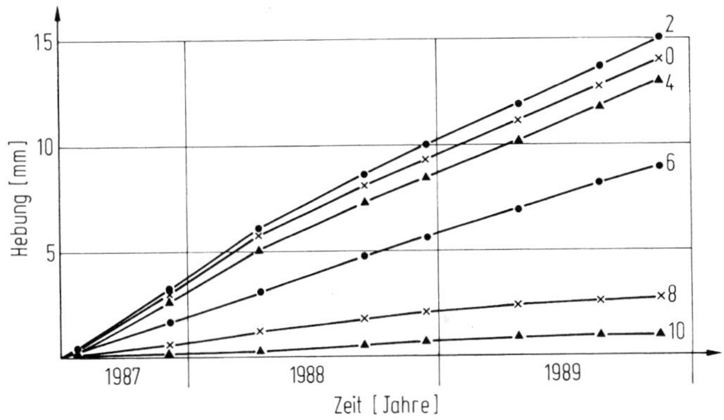

Bild 13 Verschiebungsverlauf Sondenextensometer.

Empfehlung Nr. 16: Ein- und dreiaxiale Kriechversuche an Gesteinsproben

Udo Hunsche

1 Zweck

Zweck dieser Empfehlung ist es, Verfahren und Geräte zur Bestimmung des Kriechverhaltens von Gesteinsprüfkörpern im Ein- und Dreiaxialversuch so zu vereinheitlichen, dass die Versuchsergebnisse miteinander verglichen werden können.

Kriechversuche dienen der Ermittlung des zeitlichen Verlaufs der Verformungen in einem Prüfkörper bei einem bestimmten Spannungszustand. Ziel der Versuche ist die Ermittlung von Materialkennwerten. Die Versuchsergebnisse finden Verwendung bei der Charakterisierung und der Klassifizierung von Gesteinen sowie bei der Berechnung zeitabhängiger Vorgänge. Kriechen unter konstanter Spannung ist ein Sonderfall zeitabhängigen Materialverhaltens. Der Ermittlung des zeitlichen Verlaufs der Spannung in einem mit konstanter Längsdehnung beaufschlagten Prüfkörper dient der Relaxationsversuch (siehe Empfehlung Nr. 17).

Bezüglich der Versuchsbedingungen sind ein- und dreiaxiale Kriechversuche zu unterscheiden. Beide Versuchsarten werden im Folgenden beschrieben. Die Empfehlung bezieht sich auf Versuche an zylindrischen Prüfkörpern.

2 Begriffe

Als Kriechen wird der durch eine äußere Spannung hervorgerufene Prozess zeitabhängiger Verformungen bezeichnet.

Mit Übergangskriechen (transientem Kriechen) bezeichnet man ein Kriechen mit veränderlicher Kriechrate zu Versuchsbeginn (primäres Kriechen) oder nach Änderung der Versuchsbedingungen.

Mit stationärem (sekundärem) Kriechen bezeichnet man ein Kriechen mit konstanter Kriechrate $\dot{\varepsilon}_s$ über einen größeren Verformungsbereich unter konstanten Versuchsbedingungen. Dieses wird bei vielen Stoffen nach hinreichend langer Zeit beobachtet.

Beschleunigtes (tertiäres) Kriechen sowie Volumenveränderungen während des Versuchs werden im Folgenden nicht berücksichtigt.

Empfehlungen des Arbeitskreises Versuchstechnik Fels, 1. Auflage. Arbeitskreis 3.3 „Versuchstechnik Fels".

Die Druckspannung σ ist der Quotient aus der axialen Prüfkraft F und dem momentanen Prüfkörperquerschnitt A (siehe Gl. (1)). Druckspannungen haben positives Vorzeichen. Spannungen werden in $[\mathrm{MN/m^2}] = [\mathrm{MPa}]$ angegeben.

$$\sigma = \frac{F}{A} \tag{1}$$

Die Spannungsrate $\dot{\sigma}$ gibt die Änderung der Spannung $\Delta\sigma$ pro Zeitintervall Δt an.

$$\dot{\sigma} = \frac{\Delta\sigma}{\Delta t} \tag{2}$$

Die technische Längsdehnung $\varepsilon_{\mathrm{l,t}}$ ist der Quotient aus der Veränderung der Prüfkörperlänge Δl und der Anfangslänge l_0. Verkürzungen (Stauchungen) haben positives Vorzeichen.

$$\varepsilon_{\mathrm{l,t}} = \frac{\Delta l}{l_0} \tag{3}$$

Die wahre (logarithmische) Längsdehnung $\varepsilon_{\mathrm{l,w}}$ ist das Integral des Quotienten aus der momentanen (infinitesimalen) Änderung der Prüfkörperlänge $\mathrm{d}l$ und der momentanen Länge $l = l_0 - \Delta l$.

$$\varepsilon_{\mathrm{l,w}} = \int_{\mathrm{l_0}}^{l} \frac{\mathrm{d}l}{l} = -\ln\frac{l}{l_0} = -\ln(1 - \varepsilon_{\mathrm{l,t}}) \tag{4}$$

Bei Dehnungen bis ca. 5 % ist der Unterschied zwischen $\varepsilon_{\mathrm{l,w}}$ und $\varepsilon_{\mathrm{l,t}}$ in der Regel vernachlässigbar. Wegen der im Allgemeinen großen Verformungen ist bei Kriechversuchen die wahre Längsdehnung zu verwenden.

Die technische Querdehnung $\varepsilon_{\mathrm{d,t}}$ ist der Quotient aus der Änderung des Prüfkörperdurchmessers Δd und dem Anfangsdurchmesser d_0. Verringerungen des Durchmessers haben positives Vorzeichen.

$$\varepsilon_{\mathrm{d,t}} = \frac{\Delta d}{d_0} \tag{5}$$

Die Kriechrate $\dot{\varepsilon}_{\mathrm{l,w}}$ (Verformungsrate, Dehnungsgeschwindigkeit) in Richtung der Prüfkörperachse ist die Änderung der wahren Längsdehnung $\varepsilon_{\mathrm{l,w}}$ pro Zeitintervall Δt.

$$\dot{\varepsilon}_{\mathrm{l,w}} = \frac{\Delta\varepsilon_{\mathrm{l,w}}}{\Delta t} \tag{6}$$

Im dreiaxialen Kriechversuch entspricht die Radialspannung σ_{r} dem Zellendruck (Manteldruck) p:

$$\sigma_{\mathrm{r}} = p \tag{7}$$

Die Axialspannung im Dreiaxialversuch ist σ_{a} (siehe Abschn. 5.3); sie kann größer oder kleiner als p sein (Kompressions- bzw. Extensionsversuch).

Die Differenzspannung (Deviatorspannung) ist die Differenz aus Axialspannung σ_{a} und Radialspannung σ_{r}: $\sigma_{\mathrm{a}} - \sigma_{\mathrm{r}}$.

3 Prüfeinrichtung

3.1 Einaxiale Versuche

Die Prüfeinrichtung für einaxiale Versuche muss geeignet sein, über einen längeren Zeitraum (Monate) eine konstante Axialspannung im Prüfkörper zu gewährleisten. Die zeitlichen Schwankungen der Spannung dürfen maximal 1 % des Sollwerts betragen. Hierbei sind die Spannungsänderungen entsprechend den Toleranzen bei der Kraftmessung und -regelung sowie aufgrund der verformungsbedingten Querschnittsänderung des Prüfkörpers zu berücksichtigen. Die Prüfmaschine muss der Klasse 1 nach DIN 51223 genügen. Die Vorrichtung zur Messung der Längenänderung muss in ihrer Genauigkeit den zu erwartendem minimalen Kriechraten angepasst sein. Eine Auflösung von 0,01 mm ist bei der üblichen Prüfkörpergröße mindestens erforderlich. Das Messsystem muss eine ausreichende Langzeitstabilität haben, um systematische Fehler auszuschließen. Auf den Prüfkörper aufgeklebte Dehnungsmessstreifen erfüllen diese Bedingung im Allgemeinen nicht. Die Wegmesseinrichtungen (z. B. Messuhren, induktive oder kapazitive Wegaufnehmer, optische Aufnehmer) sollen den Weg prüfkörpernah abgreifen. Auf eine der Längenmessgenauigkeit entsprechende Temperaturstabilität ist unter Berücksichtigung der thermischen Ausdehnung aller in der Messstrecke liegenden Bauteile einschließlich des Prüfkörpers zu achten. Im Normalfall ist eine Toleranz von maximal ±1 K zulässig. Eine geringere Toleranz ist in einer Temperaturkammer möglich.

3.2 Dreiaxiale Versuche

Bei dreiaxialen Kriechversuchen wird zusätzlich zur Axialspannung ein konstanter Manteldruck aufgebracht. Hierzu wird im Allgemeinen eine mit Hydrauliköl gefüllte Zelle verwendet. Für die Wegmessung, die Temperaturtoleranz und die Konstanz der Differenzkraft gelten die gleichen Aussagen wie unter Abschn. 3.1. In der Druckzeile prüfkörpernah angebrachte Wegaufnehmer sind außerhalb angebrachten Wegaufnehmern vorzuziehen.

Der Prüfkörper muss gegen das Eindringen des Druckmediums geschützt werden. Hierfür haben sich Kunststoff- und Gummiummantelungen bewährt. Mantelmaterial hoher Steifigkeit (z. B. Metall) kann die Spannungen im Prüfkörper beeinflussen.

3.3 Krafteinleitung

Die Druckplatten müssen größer als der Prüfkörperquerschnitt sein. Ihre Dicke muss mindestens 1/8 des Prüfkörperdurchmessers, jedoch mindestens 15 mm betragen. Die Platten müssen glatt sein und eine Mindesthärte von Rockwell HRC-50 besitzen. Sie müssen möglichst starr und parallel geführt werden. Zur Ausschaltung von Messfehlern durch nicht vermeidbare geringfügige Kippung der Druckplatten muss der axiale Weg entweder zentral in der Symmetrieachse gemessen werden oder mit drei um jeweils 120° versetzten Aufnehmern auf dem Prüfkörperumfang, deren Wege gemittelt werden. Die Prüfkörper sind zu zentrieren. Eine Endflächenschmierung ist nicht erforderlich,

Die Messung der Umfangs- bzw. Durchmesseränderung, möglichst in mehreren Ebenen, ist möglich. Sie gibt Hinweise auf die Volumenänderung des Prüfkörpers.

4 Prüfkörper

4.1 Prüfkörperabmessungen

Der Kriechversuch wird an geraden, kreiszylindrischen Prüfkörpern durchgeführt, deren Länge mindestens dem zweifachen, besser dem 2,5-Fachen Durchmesser entspricht. Der Durchmesser der Prüfkörper soll mindestens das 10-Fache des größten Einzelkorndurchmessers betragen und nicht kleiner als 30 mm sein. Größere Prüfkörper sind kleineren vorzuziehen.

4.2 Bearbeitung der Proben

Zur Erzielung der in Abschn. 4.1 angegebenen Form sind die Proben möglichst schonend zu bearbeiten. Angewandte Spül- und Kühlmittel sollen die Eigenschaften des Materials möglichst wenig verändern. Die Mantelflächen der Prüfkörper sollen glatt und frei von Unregelmäßigkeiten sein. Die Endflächen sollen eben sein und mit der Prüfkörperachse rechte Winkel bilden. Abweichungen von der Sollform bewirken Störungen des angestrebten gleichförmigen Spannungszustandes im Prüfkörper. Sie sind gering, wenn die in Tab. 1 angegebenen Toleranzen eingehalten werden.

4.3 Wassergehalt der Prüfkörper

Der Wassergehalt der Prüfkörper kann auf das Kriechen einen starken Einfluss haben. Daher ist darauf zu achten, dass diese ihren natürlichen Wassergehalt behalten. Auch bei der Probenbearbeitung soll möglichst eine Veränderung des Wassergehaltes vermieden werden. Bei feuchtigkeitsempfindlichem Gestein (z. B. Ton, Salz) sind die Prüfkörper im einaxialen Versuch mit geeignetem Material zu umhüllen, sofern eine Feuchtigkeitsänderung nicht mit anderen Maßnahmen verhindert werden kann. Für die Schutzumhüllung hat sich bei hohen Anforderungen Metall oder metallbeschichtete Folie bewährt, bei geringen Anforderungen PE-Kunststoff.

Tab. 1 Toleranzen bei der Bearbeitung von Gesteinsproben für Kriechversuche.

Abweichung der Mantellinien von der Geradlinigkeit	±0,5 mm
Unebenheit der Endflächen	±0,1 mm
Abweichungen der Endflächen von der Planparallelität	±3′

5 Versuchsdurchführung

5.1 Bestimmung der Abmessungen der Prüfkörper

Der Durchmesser der Prüfkörper ist am oberen und am unteren Ende sowie in der Mitte jeweils in zwei zueinander senkrechten Richtungen auf 0,1 mm genau zu bestimmen. Die Querschnittsfläche A_0 ist aus dem Mittel der Durchmesser zu ermitteln. Die Prüfkörperlänge ist an drei Stellen im Umfang auf mindestens 0,1 mm genau abzulesen. Das Mittel daraus ist die Anfangslänge l_0.

5.2 Ablauf des Versuchs

Bei einem Kriechversuch wird der Prüfkörper über einen längeren Zeitraum mit konstanter Differenzspannung $\sigma_a - \sigma_r$ und konstantem Manteldruck p bei sonst konstanten Versuchsbedingungen (Temperatur, Feuchte) belastet.

Beim einaxialen Versuch sollte der Prüfkörper vor Versuchsbeginn zur Konsolidation der Endflächen für einige Zeit unter geringem Andruck vorbelastet werden. Eine anfängliche Temperaturänderung erfolgt vor der Spannungsaufgabe. Um während des Versuchs die Axialspannung σ_a konstant zu halten, muss wegen der verformungsbedingten Änderung des Prüfkörperquerschnittes die Axialkraft F von Zeit zu Zeit korrigiert werden (siehe Abschn. 5.3).

Der dreiaxiale Versuch unterscheidet sich vom einaxialen im Vorgehen bei der Spannungsaufgabe. Zunächst werden Manteldruck p ($= \sigma_r$) und Axialspannung σ_a gleichzeitig erhöht, bis die hydrostatische Spannung im Prüfkörper die kleinere der angestrebten Spannungen σ_a und σ_r erreicht hat. Anschließend wird zur Erzeugung der Differenzspannung $\sigma_a - \sigma_r$ auch die größere der beiden Spannungen auf den gewünschten Wert gesteigert.

Zur Gewährleistung der Vergleichbarkeit von Versuchsergebnissen sollen alle Spannungsänderungen mit einer Geschwindigkeit von etwa 1 [MN/(m^2·min)] erfolgen. Bei Temperaturänderungen soll 1 [K/min] nicht überschritten werden, um Mikrorissbildung zu vermeiden.

In der Versuchspraxis kann ein Versuch mehrere aufeinanderfolgende Versuchsabschnitte mit jeweils konstanten Versuchsbedingungen umfassen. Die Änderung der Bedingungen bewirkt im Allgemeinen ein erneutes Übergangskriechen.

Das Übergangskriechen bzw. die einzelnen Versuchsphasen sind beendet, wenn sich eine ungefähr konstante Kriechrate eingestellt hat (siehe Beispiel).

5.3 Berechnung der Axialspannung

Damit die Axialspannung σ_a während der einzelnen Versuchsabschnitte hinreichend konstant bleibt, muss sie häufig genug berechnet und gegebenenfalls durch Änderung der Axialkraft F korrigiert werden. Bei der Berechnung der Axialspannung σ_a muss die aufgrund der Verformung veränderliche Querschnittsfläche A sowie (im Dreiaxialversuch) der Einfluss des Manteldruckes p auf σ_a bzw. $\sigma_a - \sigma_r$ berücksichtigt werden.

Die mit der Verformung veränderliche Querschnittsfläche des Prüfkörpers wird in der Regel unter der Annahme der Volumenkonstanz und der Annahme, dass der Prüfkörper zylinderförmig bleibt, berechnet. Bei der Berücksichtigung des Manteldruckes auf σ_a gehen die momentane kreisförmige Querschnittsfläche A des Prüfkörpers und der Querschnitt des Druckstempels beim Durchgang durch die Zellenwand A_{st} in die Berechnung ein. Eine Ummantelung aus Gummi bleibt bei der Spannungsberechnung unberücksichtigt.

Die folgenden Formeln gelten unter der Annahme von Volumenkonstanz.

Die Berechnung der Axialspannung für einaxiale Versuche erfolgt nach Gl. (1) mit

$$A = A_0 \cdot \frac{l_0}{l} = \frac{A_0}{1 - \varepsilon_{l,t}} \tag{8}$$

A momentane Prüfkörperquerschnittsfläche
A_0 Anfangsquerschnitt des Prüfkörpers

Die Berechnung der Axialspannung für dreiaxiale Versuche erfolgt in der Regel nach Gl. (9).

$$\sigma_a = \frac{1}{A}\left[F + p \cdot (A - A_{st})\right] \tag{9}$$

A momentane Prüfkörperquerschnittsfläche
A_{st} Querschnittsfläche des Druckstempels beim Durchtritt durch den Zellendeckel oder Zellenboden

Bei einer innenliegenden Kraftmessdose oder bei einer Maschine mit Selbstkompensation gelten von Gl. (9) abweichende Formeln.

5.4 Kraft-, Temperatur- und Längenänderungsmessung

Die Häufigkeit der Längenänderungsmessung und -aufzeichnung hängt von der Verformungsgeschwindigkeit und der Versuchsdauer ab. Die abschnittsweise konstant gehaltenen Größen (σ_a, p, T) sollten ebenfalls aufgezeichnet werden, um Störungen besser erfassen und bei der Auswertung berücksichtigen zu können. Die für die Regelung der konstant gehaltenen Größen erforderlichen Messungen sind hiervon möglichst unabhängig und im Allgemeinen wesentlich häufiger vorzunehmen.

6 Versuchsauswertung und Darstellung der Ergebnisse

Die Versuchsauswertung beschränkt sich häufig auf die Bestimmung der stationären Kriechraten und der daraus abzuleitenden Größen. Für die Analyse des Übergangskriechens nach Last-, Temperatur- oder Feuchteänderungen sind im Allgemeinen aufwendigere Verfahren erforderlich, die noch Gegenstand der Forschung sind.

Zur Analyse eines Kriechversuches ist es vorteilhaft, zwei Darstellungen der Messungen zu wählen (Bilder 1–3):

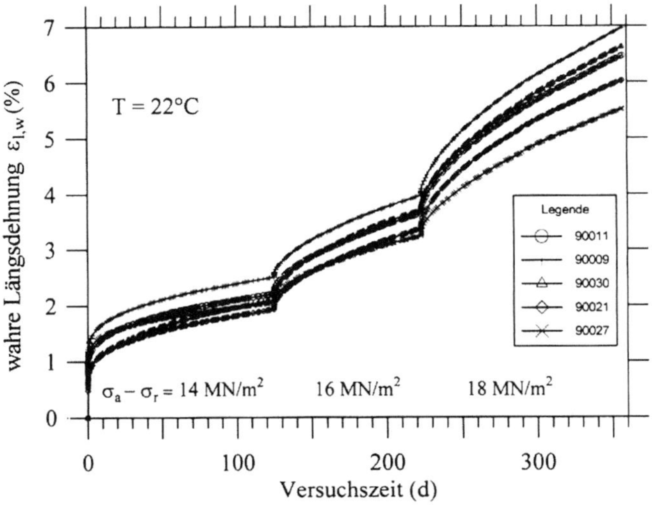

Bild 1 Wahre Längsdehnung in Abhängigkeit von der Versuchszeit.

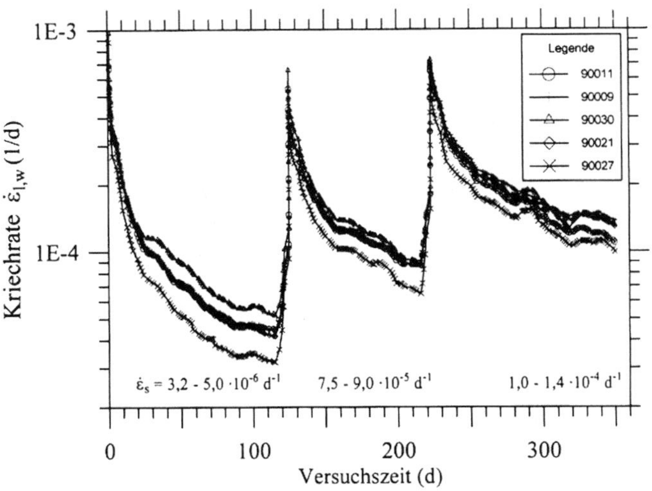

Bild 2 Kriechrate in Abhängigkeit von der Versuchszeit als Steigung über jeweils 11 Werte, $\dot{\varepsilon}_s$ = stationäre Kriechrate.

$$\varepsilon_{l,w} = f(t) \quad \text{(Kriechkurve)} \tag{10}$$

$$\dot{\varepsilon}_{l,w} = f(t) \quad \text{(Kriechratenkurve)} \tag{11}$$

In besonderen Fällen kann auch die Darstellung

$$\dot{\varepsilon}_{l,w} = f(\varepsilon_{l,w}) \tag{12}$$

sehr aufschlussreich sein. Die Diagramme nach den Gln. (11) und (12) erlauben es, auf grafischem Wege rasch festzustellen, ob stationäres Kriechen erreicht ist und welches die jeweiligen stationären Kriechraten sind. Ferner ist aus den Streuungen

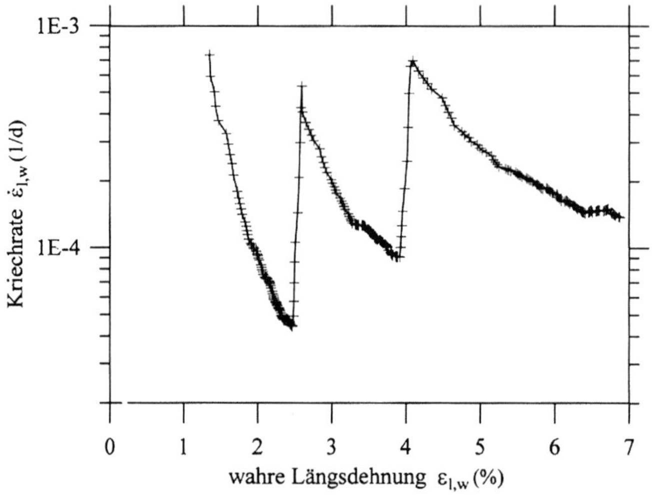

Bild 3 Kriechrate in Abhängigkeit von der wahren Längsdehnung für Probe 90009.

auch eine Abschätzung der Genauigkeit möglich. Die Kriechraten werden normalerweise durch gleitende Berechnung der Steigung der Kriechkurve über *n* Messwerte bestimmt. Die Anzahl der Werte richtet sich nach den Erfordernissen. Das verwendete numerische Verfahren ist anzugeben.

Einheitliche Regeln zur Bestimmung von Kennwerten können hier nicht angegeben werden. Die weitere Auswertung der Messungen hängt vom untersuchten Gestein ab, da bei unterschiedlichen Gesteinen unterschiedliche Formeln zur Beschreibung des Kriechens geeignet sind. In Abschn. 7 werden Auswertebeispiele für Steinsalz gezeigt.

Mit dem Ergebnis eines Kriechversuches sollen folgende Angaben mitgeteilt werden:

- Beschreibung des untersuchten Materials (z, B. Stratigrafie, Petrografie)
- Herkunft der Probe bzw. des Prüfkörpers, Tiefe unter GOK, Orientierung, Zeitpunkt der Entnahme
- eventuell vorhandene Schieferung, Schichtung oder sonstige erkennbare Anisotropie und deren Lage zur Belastungsrichtung (ggf. Skizzen, Fotos, Längs- und Querschnitte)
- Proben- bzw. Prüfkörperlagerungsbedingungen und -dauer
- Zeitpunkt und Dauer der Versuchsdurchführung
- Prüfkörperabmessungen (gemäß Abschn. 5.1) und -zustand (z. B. Risse) vor und nach dem Versuch
- Gewicht und Dichte des Prüfkörpers, möglichst vor und nach dem Versuch
- Versuchsbedingungen: Spannungen, Temperaturen, Luftfeuchte, Besonderheiten, Störungen
- Messmethoden
- eventuelle Abweichungen von den Empfehlungen.

7 Anwendungsbeispiele

Im Folgenden werden zwei Anwendungsbeispiele für Kriechversuche an Steinsalz gezeigt.

7.1 Beispiel 1

Hier handelt es sich um fünf gleichartige mehrstufige Kriechversuche an Steinsalzprüfkörpern bei Raumtemperatur. Die fünf Prüfkörper sind weitgehend gleichartig und stammen aus der gleichen Bohrung.

Angaben zu den fünf Prüfkörpern:

- Stratigrafische Bezeichnung: z3OS/LS (Zechstein 3, Orangesalz/Liniensalz).
- Petrografische Ansprache: fein- bis gelegentlich mittelkristallin, Farbe: Lichtorange, keine Verunreinigungen.
- Herkunft: Bergwerk Asse, 490-m-Sohle, alle fünf Prüfkörper stammen aus Bohrung 1/90, Tiefe 1,70–6,30 m, trocken erbohrt: 1990, Anfertigung des Prüfkörpers: 1990.
- Eine Schichtung oder Einregelung ist nicht erkennbar.
- Die Prüfkörper wurden für einige Wochen bei 22 °C und ca. 35 % relativer Luftfeuchtigkeit gelagert.
- Versuchsbeginn: 4.9.1990, Versuchsende: 27.8.1991.
- Prüfkörperabmessungen vor Versuchsbeginn: Länge: 250 mm, Durchmesser: 100 mm.
- Dichte vor Versuchsbeginn: Nr. 90030, 90027, 90011: 2,16 g/cm^3, 90029: 2,14 g/cm^3, 90021: 2,15 g/cm^3.
- Versuchsbedingungen: einaxialer Kriechversuch mit fünf Prüfkörpern in einem Mehrfach-Versuchsstand bei geregelter Raumtemperatur (22 °C) und Luftfeuchte (45 %). Die Spannung σ_a betrug in den einzelnen Stufen 14, 16, 18 MN/m^2.
- Die Spannung wurde auf besser als 0,5 % konstant gehalten, die Temperatur auf besser als 1 K. Die Längenänderungen wurden mit jeweils drei Messuhren, deren Werte gemittelt wurden, täglich gemessen, nach Spannungsänderungen und zu Beginn häufiger.

In den Bildern 1 und 2 sind die Messergebnisse für alle fünf Prüfkörper gemeinsam dargestellt. Die Kriechrate wurde durch gleitende Berechnung der Steigung der Kriechkurven mit dem Verfahren der kleinsten Fehlerquadrate über jeweils 11 Messwerte bestimmt. Es zeigt sich, dass die Kriechraten innerhalb eines engen Bereiches liegen und augenscheinlich geringe Streuungen aufweisen. In Bild 3 ist die Kriechrate eines der Prüfkörper in Abhängigkeit von der Verformung dargestellt. Es ist erkennbar, dass die stationäre Kriechrate in der ersten Stufe eventuell noch nicht ganz erreicht wurde.

Bei Steinsalz wird häufig die stationäre Kriechrate $\dot{\varepsilon}_s$ (= $\dot{\varepsilon}_{1,w}$ [stationär]) in Abhängigkeit von Differenzspannung $\sigma_a - \sigma_r$ und Temperatur T durch Gl. (13) dargestellt:

$$\dot{\varepsilon}_s = A\left(\frac{(\sigma_a - \sigma_r)}{\sigma^*}\right)^n \exp\left(-\frac{B}{T}\right) \tag{13}$$

$B = Q/\mathrm{R}$	Temperaturempfindlichkeit
A	Strukturfaktor
n	Spannungsexponent
Q	Aktivierungsenergie
$R = 8{,}314 \cdot 10^{-3}$	universelle Gaskonstante in [kJ mol^{-1} K^{-1}]
T	Temperatur in Kelvin [K]
$\sigma^* = 1\,\mathrm{MN/m^2}$	Normierung

Zur näheren Erläuterung siehe [1].

B lässt sich aus Versuchen mit Temperaturwechseln bestimmen und n aus Versuchen mit Spannungswechseln; A ergibt sich anschließend rechnerisch durch Anpassung an die Messergebnisse. Zur Bestimmung von n und B werden folgende Gleichungen verwendet:

$$n = \frac{\log(\dot{\varepsilon}_{s,1}/\dot{\varepsilon}_{s,2})}{\log[(\sigma_a - \sigma_r)_1/(\sigma_a - \sigma_r)_2]} \tag{14}$$

$$B = \frac{Q}{\mathrm{R}} = \frac{\ln(\dot{\varepsilon}_{s,2}/\dot{\varepsilon}_{s,1})}{1/T_1 - 1/T_2} \tag{15}$$

Index 1 bzw. 2: Werte in den Versuchsstufen 1 bzw. 2

Für das Beispiel 1 lassen sich aus den mittleren Werten für die jeweils fünf stationären Kriechraten und den zugehörigen Spannungen Werte für den Spannungsexponenten n mit Gl. (14) bestimmen:

$\sigma_a - \sigma_r$ [MN/m^2]	$\dot{\varepsilon}_s$ [1/d]	n
14	$4{,}1 \cdot 10^{-5}$	5,3
16	$8{,}3 \cdot 10^{-5}$	3,1
18	$1{,}2 \cdot 10^{-4}$	

7.2 Beispiel 2

Hier handelt es sich um einen einaxialen Kriechversuch bei konstanter Spannung und veränderlicher Temperatur.

Angaben zum Prüfkörper:

- Stratigrafische Bezeichnung: z3OSU (Zechstein 3, Unteres Orangesalz).
- Petrografische Ansprache: fein- bis gelegentlich mittelkristallin, Farbe: Orange bis Dunkelorange, keine Verunreinigungen.
- Herkunft: Salzstock Gorleben, Bohrung Go5002, mit Laugenspülung erbohrt 1982, Prüfkörperbezeichnung: Go5002/195/0588/01, Teufe 467,75 m, Anfertigung des Prüfkörpers: 1983.

- Eine Schichtung oder Einregelung ist nicht erkennbar.
- Die Prüfkörper wurden für zwei Jahre bei 22 °C und ca. 35 % relativer Luftfeuchtigkeit gelagert.
- Versuchsbeginn: 10.6.1985, Versuchsende: 12.12.1985.
- Prüfkörperabmessungen vor Versuchsbeginn: Länge: 250 mm, Durchmesser: 100 mm.
- Dichte vor Versuchsbeginn: 2,17 g/cm^3.
- Versuchsbedingungen: einaxialer Kriechversuch in einem mit einer Heizkammer versehenen einaxialen Versuchsstand. Die Spannung σ_a betrug 9,6 MN/m^2, die Temperatur 60, 80, 100 und 120 °C.
- Die Spannung wurde auf besser als 0,5 % konstant gehalten, die Temperatur auf besser als 1 K. Die Verformungen wurden mit drei Messuhren, deren Werte gemittelt wurden, täglich gemessen, zu Beginn häufiger.
- Vom 35. bis zum 39. Tag trat einen Temperaturstörung in der Klimaanlage auf.

In den Bildern 4 und 5 sind die Messergebnisse dargestellt. Die Kriechraten, hier berechnet über jeweils 9 Messwerte, weisen ein recht stabiles Verhalten mit augenscheinlich geringen Streuungen auf.

Aus den stationären Kriechraten und den zugehörigen Temperaturen lassen sich Werte für die Temperaturempfindlichkeit B bzw. die Aktivierungsenergie Q aus Gl. (15) bestimmen:

T [°C]	$\dot{\varepsilon}_s$ [1/d]	B [K]	Q [kJ/mol]
60	$8{,}0 \cdot 10^{-6}$	5389	44,8
80	$2{,}0 \cdot 10^{-5}$	10 609	88,2
100	$1{,}0 \cdot 10^{-4}$	12 821	106,6
120	$5{,}7 \cdot 10^{-4}$		

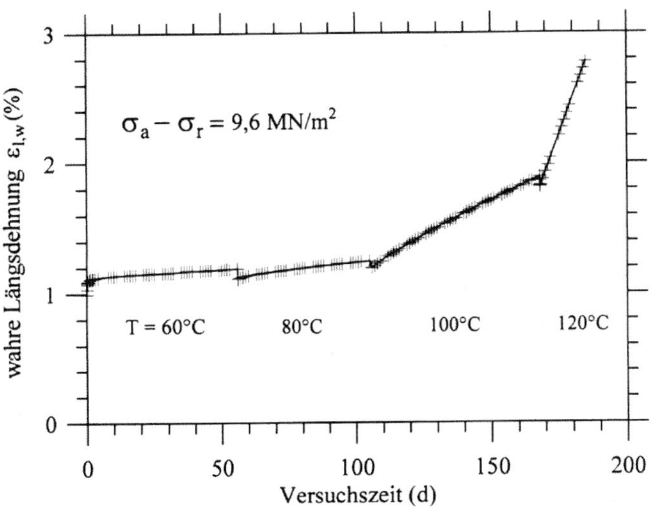

Bild 4 Wahre Längsdehnung in Abhängigkeit von der Versuchszeit.

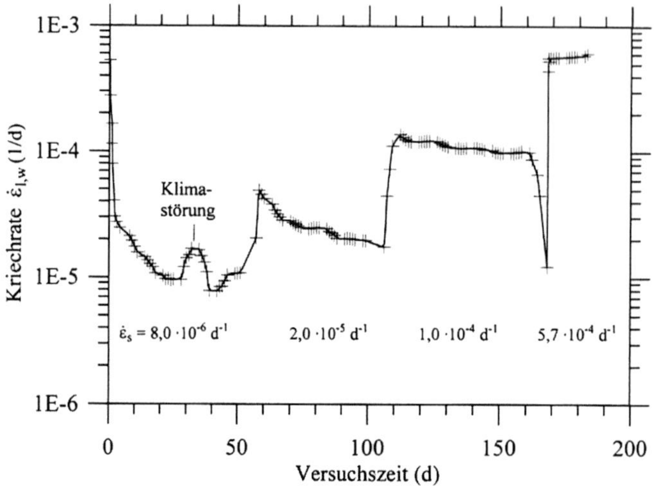

Bild 5 Kriechrate in Abhängigkeit von der Versuchszeit als Steigung über jeweils 9 Werte, $\dot{\varepsilon}_s$ = stationäre Kriechrate.

Literatur

1 Albrecht, H. und Hunsche, U. (1980). Gebirgsmechanische Aspekte bei der Endlagerung radioaktiver Abfälle in Salzdiapiren unter besonderer Berücksichtigung des Fließverhaltens von Steinsalz. *Fortschr. Miner.* 58 (2): 212–247.

Empfehlung Nr. 17: Einaxiale Relaxationsversuche an Gesteinsproben

Manfred Haupt und Thomas Mutschler

1 Zweck

Zweck dieser Empfehlung ist es, Verfahren und Geräte zur Bestimmung zeitabhängiger Eigenschaften von Gesteinsproben im Relaxationsversuch so zu vereinheitlichen, dass Versuchsergebnisse miteinander verglichen werden können.

Relaxationsversuche dienen der Ermittlung des zeitlichen Verlaufs der Spannung in einem mit einer konstanten Längsdehnung beaufschlagten Prüfkörper. Die Versuchsergebnisse finden Verwendung bei der Charakterisierung und der Klassifizierung von Gesteinen sowie bei der Berechnung zeitabhängiger Vorgänge. Relaxation unter konstanter Verformung ist ein Sonderfall zeitabhängigen Materialverhaltens. Der Ermittlung des zeitlichen Verlaufs der Verformungen in einem mit konstanten Spannungen beaufschlagten Prüfkörper dient der Kriechversuch (siehe Empfehlung Nr. 16).

Die Empfehlung bezieht sich auf Druckversuche an zylindrischen Proben.

2 Begriffe

Im einaxialen Relaxationsversuch wird ein Prüfkörper einaxial verformt und dann die Längsdehnung über einen längeren Zeitraum konstant gehalten.

Die Druckspannung σ ist der Quotient aus der axialen Prüfkraft F und dem Prüfkörperquerschnitt A. Druckspannungen haben positives Vorzeichen.

$$\sigma = \frac{F}{A} \tag{1}$$

Die Anfangsspannung σ_0 ist die Druckspannung σ zu Beginn der Relaxationsphase. Sie ist die maximale Druckspannung des Relaxationsversuchs.

$$\sigma_0 = \frac{F_0}{A} \tag{2}$$

Die Spannungsrate $\dot{\sigma}$ gibt die Änderung der Spannung $\Delta\sigma$ pro Zeitintervall Δt an.

$$\dot{\sigma} = \frac{\Delta\sigma}{\Delta t} \tag{3}$$

Empfehlungen des Arbeitskreises Versuchstechnik Fels, 1. Auflage. Arbeitskreis 3.3 „Versuchstechnik Fels“.

Die Längsdehnung ε_l ist der Quotient aus der Veränderung der Prüfkörperlänge Δl und der Länge des unbelasteten Prüfkörpers l_0 vor Versuchsbeginn. Verkürzungen (Stauchungen) haben positives Vorzeichen.

$$\varepsilon_l = \frac{\Delta l}{l_0} \tag{4}$$

Die während der Relaxationsphase konstant gehaltene Längsdehnung wird mit ε_0 bezeichnet.

Die Dehnungsgeschwindigkeit $\dot{\varepsilon}_l$ ist die Dehnungsänderung $\Delta\varepsilon_l$ pro Zeitintervall Δt.

$$\dot{\varepsilon}_l = \frac{\Delta \varepsilon_l}{\Delta t} \tag{5}$$

Die Querdehnung ε_d ist der Quotient aus der Änderung des Prüfkörperdurchmessers Δd und dem Durchmesser des unbelasteten Prüfkörpers d_0 vor Versuchsbeginn. Verringerungen des Durchmessers haben positive Vorzeichen.

$$\varepsilon_d = \frac{\Delta d}{d_0} \tag{6}$$

3 Prüfeinrichtung

Die Prüfeinrichtung zur Durchführung eines einaxialen Relaxationsversuchs besteht aus einer Vorrichtung zur Aufbringung der axialen Prüfkraft, Messeinrichtungen zur Erfassung der Axialverformung und der Axialkraft sowie einem Regelungsmechanismus zum Konstanthalten der Axialverformung.

Zur Krafteinleitung sind an den Prüfkörperenden Belastungsplatten mit einer Mindesthärte HRC-50 anzuordnen, deren Abmessungen mindestens denen der Prüfkörperendflächen entsprechen. Die Dicke der Belastungsplatten muss mindestens ein Achtel des Prüfkörperdurchmessers, minimal jedoch 15 mm betragen. Sie dürfen keine Unebenheiten > 0,02 mm aufweisen.

Die Kraftmesseinrichtung soll den Anforderungen der Klasse 1 nach DIN 51223 genügen.

Die anzustrebende Konstanz der Längsdehnung des Prüfkörpers lässt sich mit herkömmlichen Prüfmaschinen in der Praxis nicht erreichen, da die abnehmende Axialspannung eine Rückverformung der Prüfmaschine verursacht, die stets mittels einer Regelung kompensiert werden muss. Eine Konstruktion der Prüfmaschine, die keine Kompensation der gerätebedingten Verformungen erfordert, ist in der Regel nicht möglich. Die Regelungstoleranz sollte, bezogen auf die Probenhöhe, maximal $\pm 10^{-5}$ betragen. Das Messsystem muss eine ausreichende Langzeitstabilität haben, um systematische Fehler auszuschließen. Auf den Prüfkörper aufgeklebte Dehnungsmessstreifen erfüllen diese Bedingung im Allgemeinen nicht. Die Wegmesseinrichtungen (z. B. Messuhren, induktive oder kapazitive Wegaufnehmer) sollen den Weg probennah oder direkt an der Probe abgreifen.

Um thermisch induzierte Spannungsschwankungen weitgehend zu vermeiden, sollte die Temperatur des Prüfkörpers mit einer maximalen Toleranz von $\pm 0{,}2$ K konstant gehalten werden. Eine thermische Trennung von Prüfkörper und Belastungseinrichtung kann erforderlich sein. Bewährt hat sich die Unterbringung der Prüfeinrichtung in einer Temperaturkammer.

4 Prüfkörper

4.1 Prüfkörperabmessungen

Der einaxiale Relaxationsversuch wird an geraden, kreiszylindrischen Prüfkörpern durchgeführt, deren Länge mindestens dem zweifachen, besser dem 2,5-Fachen Durchmesser entspricht. Der Durchmesser der Prüfkörper soll mindestens das Zehnfache des größten Einzelkorndurchmessers des Gesteins betragen und nicht kleiner als 30 mm sein. Größere Prüfkörper sind kleineren vorzuziehen.

4.2 Bearbeitung der Prüfkörper

Zur Erzielung der unter Abschnitt 4.1 angegebenen Form sind die Proben möglichst schonend zu bearbeiten. Spül- und Kühlmittel sollen vermieden werden. Bei deren Anwendung sollen sie die Eigenschaften des Gesteins möglichst wenig verändern. Die Mantelflächen der Prüfkörper sollen glatt und frei von Unregelmäßigkeiten sein. Die Endflächen sollen eben sein und mit der Prüfkörperachse rechte Winkel bilden, Abweichungen von der Sollform bewirken Störungen des angestrebten gleichförmigen einaxialen Spannungszustands in den Prüfkörpern. Sie haben einen geringen Einfluss, wenn die in Tab. 1 angegebenen Toleranzen eingehalten werden.

4.3 Wassergehalt der Prüfkörper

Der Wassergehalt kann auf die Relaxationseigenschaften von Gesteinsprüfkörpern starken Einfluss haben. Daher ist darauf zu achten, dass die Prüfkörper so versiegelt, verpackt und aufbewahrt werden, dass sie ihren natürlichen Wassergehalt behalten. Auch bei der Probenbearbeitung soll eine Veränderung des natürlichen Wassergehalts vermieden werden.

Die Prüfkörper sollten vor der Versuchsdurchführung gewogen werden und mittels ihres Gesamtvolumens sollte die Dichte berechnet werden.

Bei feuchtigkeitsempfindlichem Gestein ist der Prüfkörper mit geeignetem Material zu umhüllen, sofern eine Feuchtigkeitsänderung nicht mit anderen Maßnahmen verhindert werden kann. Für die Schutzumhüllung hat sich bei hohen Anforderungen Metall oder metallbeschichtete Folie bewährt, bei geringen Anforderungen Kunststoff.

Tab. 1 Toleranzen bei der Bearbeitung von Gesteinsproben für Kriechversuche.

Abweichung der Mantellinien von der Geradlinigkeit	±0,5 mm
Unebenheit der Endflächen	±0,1 mm
Abweichungen der Endflächen von der Planparallelität	±3′

5 Versuchsdurchführung

5.1 Bestimmung der Abmessungen der Prüfkörper

Der Durchmesser der Proben ist am oberen und unteren Ende sowie in der Mitte jeweils in zwei zueinander senkrechten Richtungen auf 0,1 mm zu bestimmen. Die Querschnittsfläche ist aus dem Mittel der Messwerte zu ermitteln. Die Prüfkörperlänge ist an drei Stellen im Umfang auf 0,1 mm zu messen. Das Mittel daraus ist die Anfangslänge l_0.

Eine Korrektur der Querschnittsfläche A für die bis zur Anfangsspannung σ_0 eingetretene Querdehnung ε_d braucht in der Regel nicht vorgenommen zu werden.

5.2 Ablauf des Versuchs

Nach dem zentrischen Einbau des Prüfkörpers erfolgt die Belastung mit konstanter Dehnungsgeschwindigkeit. Zur Verbesserung der Vergleichbarkeit sollte die Dehnungsgeschwindigkeit $\dot{\varepsilon}_l = 0{,}05$ [%/min] betragen. Beim Erreichen einer vorgegebenen Spannung σ_0 oder einer vorgegebenen Dehnung ε_0 ist die Dehnung konstant zu halten. Die Versuchsdauer sollte mindestens eine Woche betragen.

5.3 Kraft- und Längenänderungsmessung

Da in der Regel unmittelbar nach der Belastungsphase ein rascher Spannungsabfall eintritt, soll die Kraft während der Belastungsphase und zu Beginn der Relaxationsphase bis zum Erreichen einer hinreichend geringen Spannungsrate kontinuierlich aufgezeichnet werden. Eine hinreichend geringe Spannungsrate ist in der Regel nicht vor Ablauf eines Tages erreicht. Anschließend kann auf eine diskontinuierliche Registrierung der Kraft übergegangen werden. Die Messintervalle richten sich nach den Spannungsraten und können mit fortschreitender Versuchsdauer verlängert werden.

Die während der Relaxationsphase konstant zu haltende Längsdehnung ε_0 ist kontinuierlich zu messen. Eine Aufzeichnung der in vorgegebenen Toleranzen schwankenden Längsdehnung ε_0 kann hilfreich sein, um auftretende Störungen besser erkennen zu können. Die Genauigkeit der Längsdehnungsmessung ergibt sich aus der Regelungstoleranz (siehe Abschn. 3).

6 Versuchsauswertung und Darstellung der Ergebnisse

Die nachfolgenden Ausführungen beschränken sich auf die Relaxationsphase. Die Auswertung der Belastungsphase kann sinngemäß nach der DGGT-Empfehlung Nr. 1 (Einaxiale Druckversuche an Gesteinsproben) erfolgen.

Die Auftragung der Spannung über der Zeit wird als Relaxationskurve bezeichnet. Die Relaxationskurve ist in der Regel derart darzustellen, dass auf der Ordinate die Spannung in linearem Maßstab und auf der Abszisse die Zeit in logarithmischem Maßstab aufgetragen wird. Anstelle der Spannung kann auch der Quotient aus aktueller Spannung σ und Anfangsspannung σ_0 – das entspricht bei gleicher Querschnittsfläche A dem Quotienten aus aktueller Kraft F und Anfangskraft F_0 – aufgetragen werden. In diesem Fall ist die Anfangsspannung σ_0 anzugeben. Die Anfangsphase soll vollständig dargestellt werden.

Sofern als Folge einer diskontinuierlichen Regelung der Axialverformung sprungartige Spannungsänderungen auftreten und diese hinreichend klein sind, können sie in der Darstellung der Versuchsergebnisse durch den Mittelwert der unmittelbar vor und unmittelbar nach der diskontinuierlichen Nachregelung der Verformung gemessenen Spannung ersetzt werden. Die Spannungssprünge sind hinreichend klein, wenn sie 5 Prozent des gesamten Spannungsabfalls nicht überschreiten.

Für weitergehende Auswertungen, insbesondere zur Überprüfung der Frage, ob sich eine konstante Spannung einstellt, sollte die Spannungsrate ermittelt und in einer doppeltlogarithmischen Darstellung über der Zeit aufgetragen werden.

Mit dem Ergebnis des einaxialen Relaxationsversuchs sollen noch folgende Angaben mitgeteilt werden:

- Beschreibung des untersuchten Materials (z. B. Stratigrafie, Petrologie)
- Herkunft der Probe, Tiefe unter GOK, Orientierung, Zeitpunkt der Entnahme
- eventuell vorhandene Schieferung, Schichtung oder sonstige erkennbare Anisotropie und deren Lage zur Belastungsrichtung (ggf. Skizzen, Fotos, Längs- und Querschnitte)
- Probenlagerungsbedingungen und -dauer
- Zeitpunkt und Dauer der Versuchsdurchführung
- Prüfkörperabmessungen (gemäß Abschnitt 5.1) und -zustand (z. B. Risse)
- Dichte
- Versuchstemperatur, Feuchte, Besonderheiten, Störungen
- Dehnungsgeschwindigkeit der Belastungsphase
- Messmethoden
- eventuelle Abweichungen von den hier gegebenen Empfehlungen

7 Anwendungsbeispiel

An einem Prüfkörper aus Steinsalz wurde ein einaxialer Relaxationsversuch durchgeführt. Tabelle 2 zeigt das Versuchsprotokoll. Zur Auftragung der in Bild 1 dargestellten Relaxationskurve wurden einzelne Werte aus der analog aufgezeichneten Kraft-Zeit-Kurve übertragen. In Bild 2 ist die Spannungsrate in doppeltlogarithmischem Maßstab über der Zeit aufgetragen.

Tab. 2 Versuchsprotokoll eines Relaxationsversuchs.

Einaxialer Relaxationsversuch an Gesteinsproben
Gestein: Steinsalz Bohrung Nr.: B 22 Entnahmetiefe: 5,80 m Angaben zur Bohrung: — Zeitpunkt der Entnahme: 19.4.1985 Anisotropie: — Probenlagerung: in Kunststoffhüllen verschweißt Datum der Versuchsdurchführung: 3.10.1985 bis 14.10.1985 Verformungsmessung: • Längsdehnung: Digitalmessuhr mit fotooptischer Abtastung • Querdehnung: Messspange auf DMS-Basis Versuchstemperatur: 35 °C Dehnungsgeschwindigkeit der Belastungsphase: $3{,}75 \cdot 10^{-5}\ s^{-1}$ Prüfkörperlänge: 133,8 mm Prüfkörperdurchmesser: 53,7 mm Dichte: $2{,}21\ g/cm^2$ Sonstiges: —

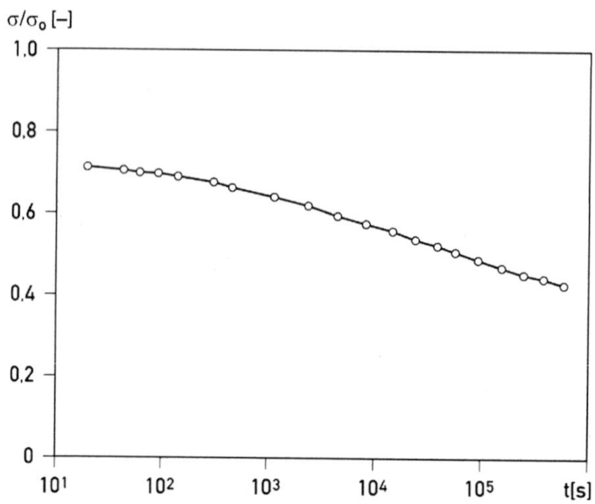

Bild 1 Relaxationskurve.

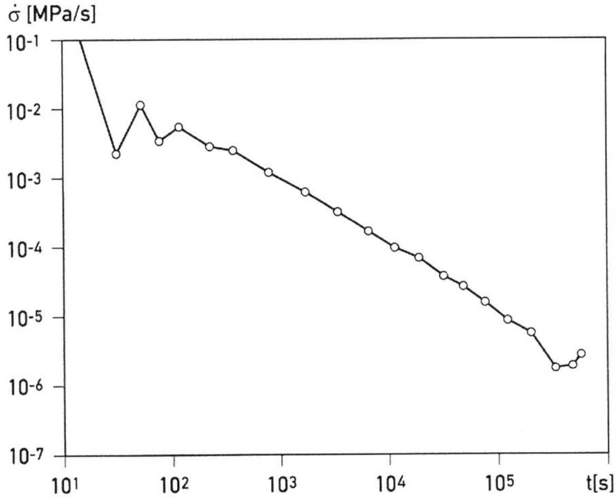

Bild 2 Zeitliche Entwicklung der Spannungsrate im Relaxationsversuch.

Empfehlung Nr. 18: Konvergenz- und Lagemessungen

Gerhard Reik und Ulrich Völter

Teil I: Messung von Abstandsänderungen mit Konvergenzmessgeräten

1 Allgemeines

Messungen mittels Konvergenzmessgeräten dienen dazu, Abstandsänderungen von Messpunkten im Verlaufe der Zeit zu erfassen, wobei die Messpunkte fest mit dem Gebirge oder Teilen des Bauwerks, z. B. der Tunnelschale, verbunden sind.

Zur Relativmessung der Strecke zwischen jeweils zwei Mess- bzw. Verankerungspunkten werden die Messpunkte durch ein gespanntes Messband bzw. einen Messdraht und das sogenannte Konvergenzmessgerät, wie in Bild I-1 dargestellt, verbunden. Die Abstandsänderungen ergeben sich als Relativwerte aus der Differenz der als Relativwerte ermittelten Streckenlängen von Folgemessungen.

Zur Messung kurzer Strecken – z. B. in Stollen des Bergbaus – werden auch teleskopierbare Stangen-Konvergenzmessgeräte eingesetzt. Messungen mit diesen Geräten werden hier nicht weiter behandelt. Die Empfehlungen sind sinngemäß anzuwenden.

2 Messgeräte

2.1 Allgemeines

Zur Durchführung von Messungen mit Konvergenzmessgeräten gehören gemäß Bild I-1

- Messpunkte, die fest mit dem Gebirge bzw. den Bauteilen verbunden sind (Konvergenzbolzen),
- ein Messband bzw. ein Messdraht,
- das Konvergenzmessgerät,
- Elemente zur Verbindung von Messband oder Messdraht mit dem ersten Messpunkt (Konvergenzbolzen) und dem Konvergenzmessgerät sowie dem Konvergenzmessgerät und dem zweiten Messpunkt.

Empfehlungen des Arbeitskreises Versuchstechnik Fels, 1. Auflage. Arbeitskreis 3.3 „Versuchstechnik Fels".

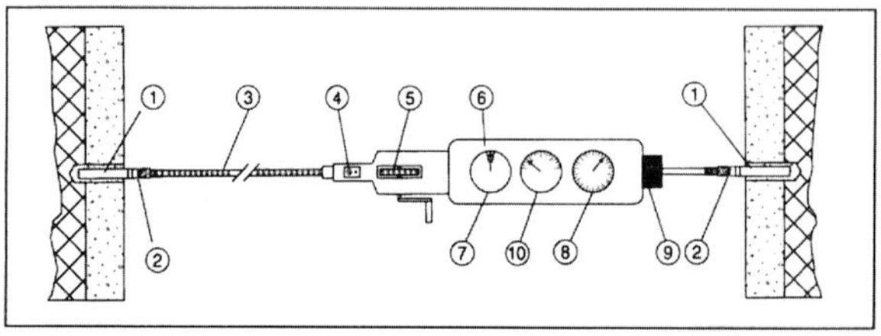

1 Konvergenzbolzen
2 Verbindungselement mit Wellengelenk
3 Stahlmessband (Messdraht)
4 Arretierungselement mit Steckstift zur Längen-Grobeinstellung bei Messgeräten mit gelochten Messbändern (Verbindungselement mit Wellengelenk bei Messgeräten mit Messdrähten)
5 Messbandrolle (entfällt bei Messung mit vorgefertigten Messdrähten)
6 Gehäuse mit Längenmesseinrichtung und Spannvorrichtung
7 Anzeige der Bandspannung
8 Messuhr für Längenmessung
9 Längen- Feineinstellung
10 Thermometer

Bild I-1 Prinzipskizze einer Konvergenzanordnung.

2.2 Geräte und Zubehör

2.2.1 Messpunkte (Konvergenzbolzen)

Die Messpunkte müssen an vorgegebener Stelle dauerhaft und fest mit dem Gebirge bzw. dem Bauwerkteil verbunden werden, sodass dessen Bewegungen vollständig auf den Messpunkt übertragen werden. Infolge der Vorspannung des Messbands bzw. Messdrahts dürfen keine das Messergebnis beeinträchtigende Verformungen auftreten.

Im Untertagebau ist die Verwendung sogenannter Konvergenzbolzen als Messpunkt üblich (Bild I-2). Die im Allgemeinen mit einem Profil versehenen Konvergenzbolzen werden in Bohrlöcher mit Zement- bzw. Kunstharzmörtel oder Ein- oder Zweikomponentenklebern befestigt. Möglich ist auch eine Befestigung mit Expansionsankern. Auch eine Befestigung durch Anschweißen (z. B. an Tunnelausbaubögen oder Bewehrungen – soweit dies zulässig ist) oder durch Einspritzen in Spritzbeton nach vorläufiger Befestigung an Baustahlmatten ist gebräuchlich. Verwendung finden auch Befestigungen mit Spreizdübeln in Bohrlöchern. Diese Befestigungsart hat sich als weniger zuverlässig erwiesen und darf nur in festem Fels oder Beton angewandt werden. Bei der Verwendung von Mörteln oder Klebern ist zu beachten, dass diese mit dem umgebenden Gestein, mit dem Grundwasser und mit den Werkstoffen des Messpunkts verträglich sein müssen. Sie dürfen ihre mechanischen und chemischen Eigenschaften im Laufe der Zeit nicht so verändern, dass dies die Messergebnisse beeinflusst.

Der eigentliche Messanschlag (im Allgemeinen die ebene Kopffläche des Messbolzens) soll aus dauerhaft festem, korrosionsbeständigem Material (z. B. Stahl

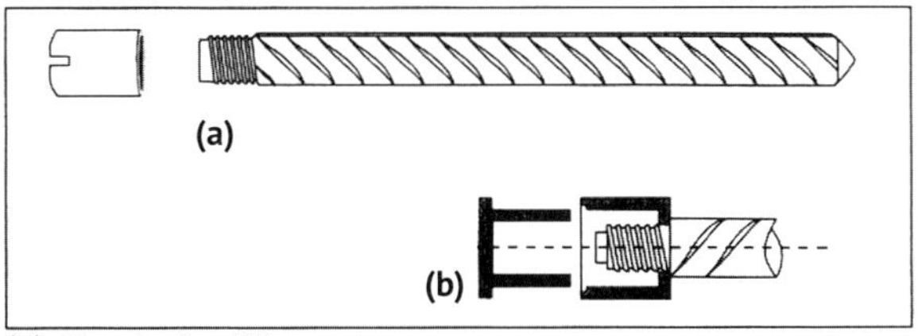

(a) Standardausführung
(b) zum versenkten Einbau, mit Schutzkappe

Bild I-2 Konvergenzbolzen für Messungen mit Messband. Gewinde G3/8″ und Messanschlag aus geripptem Stahl ∅ 20 mm mit galvanischem Oberflächenschutz und Schutzkappe.

mit galvanischem Oberflächenschutz oder rostfreier Stahl) bestehen. Messanschlag und Anschlussstücke müssen kompatibel sein. Gegebenenfalls sind entsprechende Zwischenstücke notwendig. Messanschlag und Befestigungsgewinde sind vor Verschmutzung und Beschädigung zu schützen. Hierzu dienen Schutzkappen oder ein versenkter Einbau der Konvergenzbolzen.

Um Messungen zwischen Firstmessbolzen und tiefer liegenden Messpunkten in Tunneln auch ohne Hebebühne ausführen zu können, wird ein Firstgehänge eingesetzt. Dieses besteht aus einem rostfreien Stahlband oder Draht und wird mit Wellen- oder Kugelgelenkanschluss an den Firstmessbolzen befestigt. An der anderen Seite befindet sich der Anschluss für das Konvergenzmessgerät. Das Firstgehänge kann über den Messzeitraum montiert bleiben und wird zwischen den einzelnen Messungen z. B. an der Ulme in geschützter Position befestigt.

Konvergenzbolzen sollen sich zur zentriergenauen Befestigung von Zielmarken für die geodätische Lagemessung eignen, sodass bedarfsweise Messungen mit dem Konvergenzmessgerät oder geodätische Lagemessungen vorgenommen werden können (siehe Teil II). Besondere Ausführungsarten eignen sich zusätzlich auch zum Einhängen oder Aufsetzen von Nivellierlatten.

2.2.2 Messband, Messdraht

In gebräuchlichen Konvergenzmessgeräten werden Stahlmessbänder zur Messung verwendet. Um auch die Änderung sehr unterschiedlich langer Messstrecken mit einem Gerät, das nur einen beschränkten Messbereich (im Allgemeinen 20–100 mm) aufweist, messen zu können, sind in die Messbänder Löcher zur Grobeinstellung eingestanzt. In diese greifen Rasterstifte des Konvergenzmessgeräts ein. Nachdem das perforierte Messband arretiert und mit einem Spannelement unter eine definierte reproduzierbare Zugspannung gebracht wurde, kann die Längenänderung gegenüber der Nullmessung mit einer Messuhr bestimmt werden.

Das Messband soll aus hochwertigem Stahl gefertigt sein und einen auf die Vorspannkraft abgestimmten Querschnitt aufweisen, um eine zu rasche Aufweitung der Löcher sowie eine bleibende Längung des Bands zu vermeiden. Als beschädigungsanfälliger Teil soll es rasch und einfach auswechselbar sein. Bei längeren

Messstrecken und größeren Temperaturveränderungen am Messort ist eine Korrektur der Messwerte vorzunehmen.

Für Präzisionsmessungen müssen auf die jeweilige Messstrecke längenmäßig abgestimmte Invardrähte verwendet und vorgehalten werden. Der Invardraht weist bei einer konstanten Vorspannung eine gleichbleibende und weitgehend temperaturunabhängige Länge auf. Die Messdrähte müssen mit Kupplungen versehen sein, die genaues Verbinden mit dem Messgerät bzw. Messbolzen gewährleisten. Die Drähte sind empfindlich gegen Knicken und Schlag. Die Herstellerangaben bezüglich Handhabung und Aufbewahrung sind zu beachten.

Angaben zur Maßgenauigkeit (Lochabstand) der gelochten Messbänder sowie zum Temperaturgang der Messbänder oder -drähte sind vom Hersteller zu fordern und in der Dokumentation (siehe Abschn. 5) anzugeben.

2.2.3 Konvergenzmessgeräte

Konvergenzmessgeräte bestehen aus einer Vorrichtung zur Einstellung einer reproduzierbaren Zugspannung zur Straffung des Messbands bzw. Messdrahts und einem Längenmessteil zur Bestimmung der eingetretenen Längenänderung der Messstrecken zwischen den jeweiligen Messpunkten (siehe Bild I-1). Bei den zurzeit am Markt befindlichen Konvergenzmessgeräten wird die Längenänderung mittels einer mechanischen Messuhr ermittelt. Prinzipiell können hierzu auch andere Längenmessgeräte – z. B. elektrische Wegaufnehmer – verwendet werden. Die Vorspannung des Messbands bzw. der Messdrähte erfolgt üblicherweise durch Federkraft oder pneumatisch.

2.2.4 Anschlussstücke

Zur Verbindung zwischen Konvergenzbolzen (Messpunkt) und Messband bzw. -draht sowie Bolzen und Messgerät sind Wellen- oder Kugelgelenke zu verwenden. Bei geringen Anforderungen an die Messgenauigkeit (siehe Tab. I-1) können auch Verbindungen mittels Haken und Ösen o. Ä. Verwendung finden.

2.3 Messgenauigkeit, Kalibriermessung, Kontrollmessung

Die erzielbare Messgenauigkeit ist wesentlich von den verwendeten Geräten und deren Zustand, dem Messprinzip, der Messstreckenlänge und von sonstigen Messbedingungen abhängig. In Tab. I-1 sind Werte für die unter üblichen Einsatzbedingungen erzielbare Messgenauigkeit für verschiedene Konvergenzmesssysteme zusammengestellt. Dabei handelt es sich um Systemgenauigkeiten. Die Ablesegenauigkeit der verwendeten Wegmesseinrichtung (im Allgemeinen eine Messuhr) muss höher sein.

Eine Kalibrierung des Konvergenzmessgeräts ist mindestens arbeitstäglich durch Messungen in einem Kalibrierrahmen vor Aufnahme und nach Abschluss der Messarbeiten vorzunehmen. Mindestens einmal monatlich ist eine Überprüfung der Reproduzierbarkeit der Messergebnisse durch Mehrfachmessung einer Referenzstrecke erforderlich.

Tab. I-1 Genauigkeitsklassen und Systemgenauigkeiten von handelsüblichen Konvergenzmessgeräten.

Genauigkeitsklasse	Geräteangaben		Systemgenauigkeit [mm] Messstrecke bis 15 m	15–30 m	Typische Anwendungsbeispiele
I	Präzisionsmessgeräte, Verwendung von Messdrähten mit Schraubkupplungen, Präzisionswellengelenke	Ablesegenauigkeit: 0,01 mm Messbereich: 20 mm nachstellbar bis 100 mm	±0,02	±0,03	Verformungsmessungen der Innenschale von Tunnel- und Schachtbauwerken, Verformungsmessungen an Betonbauwerken; Erfassung von Kriech- und Quellverformungen; Verformungsmessungen zur Rückrechnung von Gebirgsparametern
II	Konvergenzmessgeräte mit gelochtem Stahlmessband, Schraubanschluss und Wellengelenken	Ablesegenauigkeit: 0,01 mm Messbereich: 20–100 mm beliebig nachstellbar	±0,1	±0,3	Standsicherheitskontrolle beim Tunnelvortrieb, Abteufen von Schächten, Aushub von Baugruben; Bestimmung des Einbauzeitpunkts der Innenschale im Tunnel- und Schachtbau; Kontrolle der Wirksamkeit von Sicherungs- und Stützmaßnahmen; Änderung des Bauverfahrens etc.
III	Konvergenzmessgeräte mit gelochtem Stahlmessband, Verbindung zum Messbolzen mittels Haken/Öse	Ablesegenauigkeit: 0,01 mm Messbereich: 20–100 mm beliebig nachstellbar	±0,5	±1,0	Standsicherheitskontrolle beim Tunnelvortrieb, Schachtbau, Baugrubenaushub; Wirksamkeitskontrolle von Sicherungs- und Stützmaßnahmen jedoch vielfach nur nach längerer Beobachtungszeit (> 1–2 Tage) möglich

Die Referenzstrecke ist zwischen unverschieblichen, mit Konvergenzbolzen versehenen Festpunkten anzulegen. Die Länge der Referenzstrecke muss mindestens so lang sein wie die längste bei der Messaufgabe zu messende Strecke.

Ist der Zeitraum zwischen zwei Messgängen größer als ein Monat, ist die Kontrollmessung an der Referenzstrecke vor jedem Messgang durchzuführen.

3 Einbau der Konvergenzbolzen und Durchführung der Messungen

3.1 Allgemeines

Bei der Planung der Messarbeiten sind Art der Geräte, Einbau der Konvergenzbolzen, Schutzmaßnahmen zum Erhalt der Messpunkte über den geplanten Messzeitraum, Einbauzeitpunkt und Messzyklus sowie Datenerfassung, -übermittlung und -auswertung festzulegen.

Der Einbau der Konvergenzbolzen und die Durchführung und Auswertung der Messungen sind Arbeiten, die von erfahrenem und zuverlässigem Personal ausgeführt werden müssen. Die Zuverlässigkeit und Genauigkeit der Messungen sind entscheidend von der Qualität der Installation der Konvergenzbolzen, dem Schutz der Messpunkte, der Wartung und Kontrolle der Messgeräte und der sorgfältigen Durchführung der Messungen selbst abhängig.

Es wird empfohlen, den ordnungsgemäßen Einbau der Messpunkte und die Durchführung der Messungen zu überwachen. Die Konvergenzbolzen sind möglichst frühzeitig zu installieren. Mit der Durchführung der Messungen ist zum frühestmöglichen Zeitpunkt zu beginnen.

3.2 Durchführung der Messungen

In der Regel ist bereits bei der Planung des Messprogramms die zeitliche Folge der Ablesungen festzulegen. Sie wird sich z. B. nach dem Ablauf der Bauarbeiten richten und an dem Zweck der Messung orientieren. Nach Möglichkeit sind die Ablesungen immer von derselben Person durchzuführen. Diese sollte über den Zweck der Messungen informiert sein und in Grundzügen die Vorgänge im Gebirge, die mit der Baumaßnahme einhergehen, verstehen.

Die Handhabung des Messgeräts sollte nach den Angaben des Geräteherstellers oder, sofern hiervon abgewichen wird, nach dokumentiert festgelegten Anweisungen erfolgen.

Vor jedem Messgang, mindestens arbeitstäglich, ist eine Kalibrierung, mindestens einmal monatlich eine Überprüfung durch Mehrfachmessung an einer Referenzstrecke (siehe Abschn. 2.3) durchzuführen.

Nach jeder Messung ist zu überprüfen, ob gegenüber der vorherigen Messung signifikante Verschiebungen festzustellen sind. Falls an der Plausibilität des Messergebnisses Zweifel bestehen, ist die Messung zu wiederholen. Erforderlichenfalls ist zu überprüfen, ob ein gerätetechnischer Defekt vorliegt (z. B. Verschmutzung der Messanschläge, Knicke im Messband) oder ob die gemessenen Werte aus dem Bauablauf erklärt werden können.

Abhängig vom Verformungsverhalten ist der im Messprogramm vorgesehene Messzyklus gegebenenfalls den Erfordernissen anzupassen.

Die Temperatur am Messort ist festzustellen und zu protokollieren. Ferner ist der Bauzustand im Messprotokoll zu vermerken.

Sonstige Beobachtungen, die bei der Bewertung der Messergebnisse von Bedeutung sein könnten, wie z. B. sichtbare Verformungen, Risse in Bauteilen, Überbeanspruchungen sonstiger Sicherungsmittel etc., sind ebenfalls in das Messprotokoll aufzunehmen. Ein Beispiel für ein Formular zur Protokollierung der Ergebnisse von Konvergenzmessungen zeigt Bild I-7.

4 Auswertung und Darstellung der Ergebnisse, Qualitätskontrolle

Die Auswertung der Ablesungen sollte auf der Baustelle unmittelbar nach der Messung erfolgen. Diese Sofortauswertung sollte die Auftragung der Relativverschiebungen in tabellarischer und grafischer Form umfassen.

Grafisch ist zumindest der zeitliche Verlauf der ermittelten Längenänderungen aller Messstrecken darzustellen. Verlängerungen der Messstrecke werden dabei als positiv definiert.

Bei der Auswertung sind Korrekturen infolge von Temperaturänderungen und Ergebnissen der Kalibrierung vorzunehmen.

Die Temperaturkorrektur beträgt:

$$K_{T,i} = \alpha_T \cdot S \cdot \Delta T_i \qquad (1)$$

α_T Wärmedehnungskoeffizient des Messbandes oder Messdrahts $[K^{-1}]$
S Länge der Messstrecke [m]

$$\Delta T_i = T_i - T_o$$

Temperaturänderung gegenüber der ersten Messung (Nullmessung) [K]

Die Kalibrierkorrektur beträgt:

$$K_{K,i} = \frac{K_{V,i} + K_{N,i}}{2} - K_o \qquad (2)$$

$K_{V,i}$ Ablesewert der Referenzstreckenmessung vor dem i-ten Messgang [m]
$K_{N,i}$ Ablesewert der Referenzstreckenmessung nach dem i-ten Messgang [m]
K_o Bezugs-Ablesewert der Referenzstrecke [m] zu Beginn der Messarbeiten [m] (zur Erläuterung siehe Abschn. 2.3)

Der Messwert ergibt sich dann zu:

$$M_i = A_i + K_{T,i} - K_{K,i} \qquad (3)$$

M_i Messwert der i-ten Wiederholungsmessung [m]
A_i Ablesewert der i-ten Wiederholungsmessung [m]

Von Interesse ist im Allgemeinen die Längenänderung einer Messstrecke, die sich aus der Differenz der Messwerte zur ersten Messung (Nullmessung) ergibt

$$M_{i,o} = M_i - M_o \qquad (4)$$

bzw. zur vorhergehenden Messung

$$M_{i,i-1} = M_i - M_{i-1} \qquad (5)$$

Die ermittelten Ergebnisse sind kritisch zu überprüfen. Werden Unstimmigkeiten oder offensichtliche Fehler festgestellt, sind die Messungen umgehend zu wiederholen. Falsche Messungen sind im Protokoll durchzustreichen. Sie dürfen nicht daraus entfernt werden.

Die Messungen sind entsprechend dem vorgesehenen zeitlichen Ablauf des Messprogramms regelmäßig und zuverlässig durchzuführen, formgerecht zu protokollieren und auszuwerten. Während der Laufzeit des Messprogramms soll die sachverständige Interpretation der Messergebnisse gewährleistet sein.

5 Dokumentation

Jedes Konvergenz-Messprogramm ist zu dokumentieren. Zur Dokumentation gehören der Bericht über die Installation der Messpunkte sowie eine Beschreibung des Konvergenzmessgeräts und Angaben zur Lage der Messpunkte bzw. Messstrecken. Ferner umfasst die Dokumentation eine vollständige Zusammenstellung aller Messprotokolle sowie der tabellarischen und grafischen Ergebnisdarstellungen. In der Dokumentation können Zusammenhänge zwischen dem Bauablauf und den Messergebnissen dargestellt werden (siehe Beispiel Bild I-4).

6 Anwendungsbeispiele von Konvergenzmessungen

6.1 Anwendung im Tunnel- und Stollenbau

Im Tunnel- und Stollenbau werden Konvergenzmessungen zur Überwachung des Verformungsablaufes und der Standsicherheit routinemäßig eingesetzt. Die Messergebnisse müssen den zeitlichen Ablauf der Verformungsvorgänge erkennen lassen und aufzeigen, ob und wann eine Stabilisierung des ausgebrochenen und gesicherten Hohlraums erreicht ist.

Bild I-3 zeigt ein Beispiel für die in einem Messquerschnitt eines Verkehrstunnels vorgesehenen Messstrecken. Bei Messung mit Konvergenzmessgeräten empfiehlt sich eine Ergänzung der Konvergenzmessungen mit einem Nivellement der

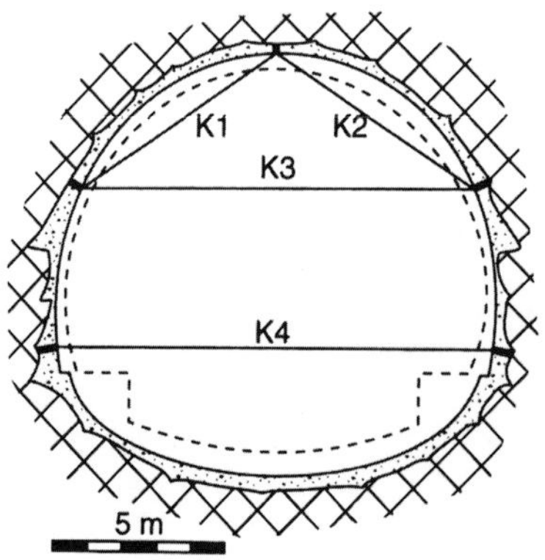

Bild I-3 Konvergenzmessquerschnitt mit Konvergenzmessstrecken K1, K2, K3, K4.

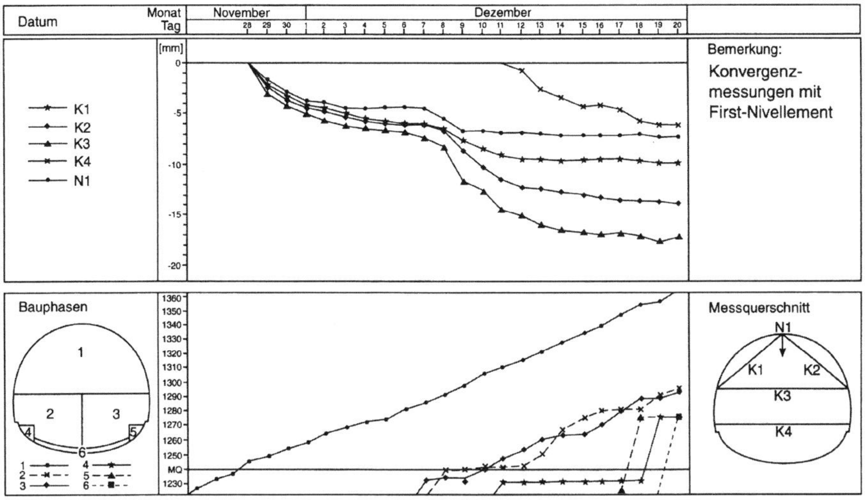

Bild I-4 Zeitlicher Verlauf der Längenänderung der Konvergenzmessstrecken in Abhängigkeit von den Bauphasen.

First- oder Kalottenmesspunkte. Je nach Gebirgsverhältnissen und sonstiger Notwendigkeit (z. B. Beweissicherung in bebautem Gelände) werden Konvergenzmessquerschnitte in Abständen von etwa 10–50 m vorgesehen. Im Regelfall werden die Messungen bis zum erkennbaren Abklingen der Verformungen täglich, später in größeren Zeitabständen durchgeführt.

Bild I-4 zeigt die Auftragung der Ergebnisse einer Konvergenzmessung mit First-Nivellement und den Zusammenhang mit dem Baufortschritt.

Außer den Konvergenz- oder Lagemessungen werden an einigen Messquerschnitten häufig noch andere Messungen im Tunnel, im umgebenden Gebirge oder an der Geländeoberfläche ausgeführt. Je nach Problemstellung kommen hierbei z. B.

- Extensometermessungen
- Inklinometermessungen
- Nivellements an der Geländeoberfläche
- Gebirgsdruck- und Betonspannungsmessungen
- Ankerkraftmessungen
- Dehnungsmessungen an Ausbaubögen

infrage.

6.2 Weitere Anwendungsbeispiele

Weitere Anwendungsbeispiele für Konvergenzmessungen im Schachtbau sowie bei der Überwachung tiefer Baugruben sind in den Bildern I-5 und I-6 dargestellt.

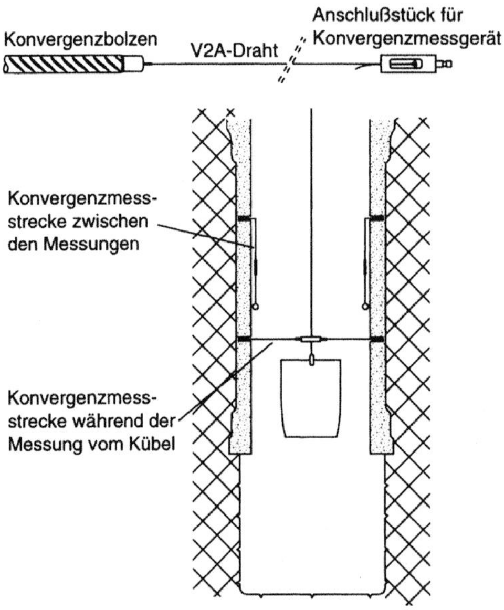

Bild I-5 Konvergenzmessungen in einem Schacht unter Verwendung von Gehängen.

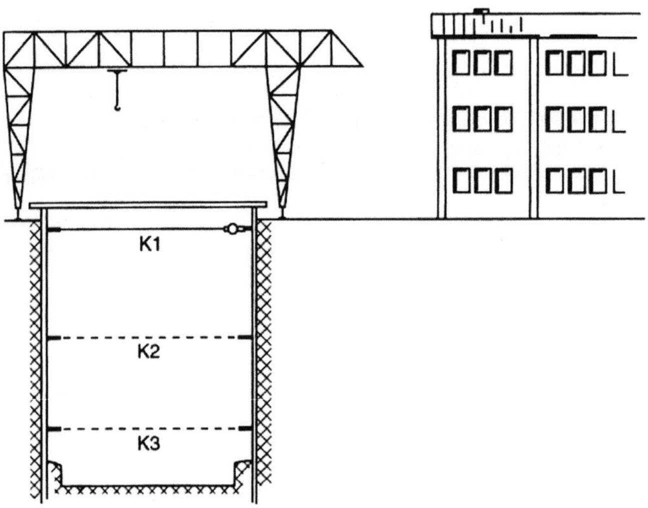

Bild I-6 Konvergenzmessungen zur Überwachung einer tiefen Baugrube. Messstrecken K1, K2, K3.

	Konvergenzmessung Projektname	 Blatt Nr.: Zahl der Blätter:

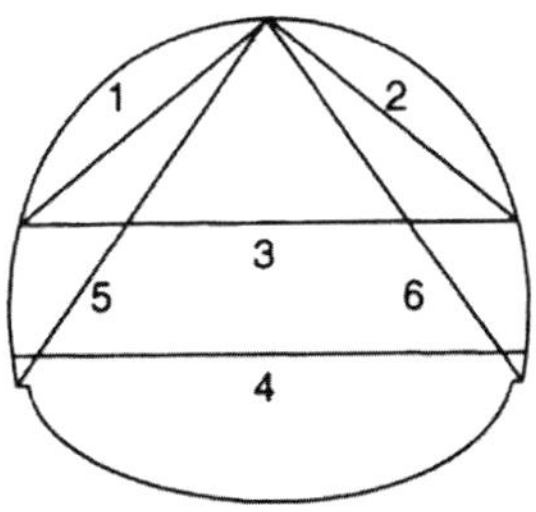

Messquerschnitt:
Datum:
Uhrzeit:
Kalibrierwert vor der Messung (K_V): [m]
Kalibrierwert nach der Messung (K_N): [m]
Temperatur: [K]
Bezugswert der Referenzstrecke (K_0): [m]

Vortriebstand
- Kalotte: [m]
- Strosse li: [m]
- Strosse re: [m]
- Sohle: [m]

Strecke Nr:	Ablesewert A [m]	Kalibrierwert 1) K_K [m]	Temp.-Korrektur 2) K_T [m]	Messwert $M = A - K_K + K_T$ [m]	Vorhergehende Messung M_V [m]
1					
2					
3					
4					
5					
6					

Bemerkungen:

Beobachter:

1) $K_K = \frac{K_V + K_N}{2} - K$

2) $K_T = \alpha_T \cdot S \cdot \Delta T$

Bild I-7 Beispiel eines Formulars zur Protokollierung der Ergebnisse von Konvergenzmessungen.

Teil II: Geodätische Lagemessungen

1 Allgemeines

Geodätische Lagemessungen dienen dazu, die Position von Messpunkten im dreidimensionalen Raum zu bestimmen und deren Veränderung im Verlauf der Zeit zu erfassen, wobei die Messpunkte wie bei der Messung mit Konvergenzmessgeräten (Teil I) fest mit dem Gebirge oder Teilen des Bauwerks verbunden sind.

Position und eventuelle Lageänderung diskreter Punkte werden von koordinatenmäßig bekannten Festpunkten aus mithilfe eines elektronischen Tachymeters dreidimensional eingemessen, d. h. also dadurch, dass man die Richtung, die Entfernung und den Höhenwinkel vom bekannten Festpunkt zum gewünschten Messpunkt (Objektpunkt) bestimmt. Diese auf den jeweiligen Instrumentenstandpunkt bezogenen Messwerte in Polarkoordinaten werden in kartesische Koordinaten eines einheitlichen Koordinatensystems transformiert. Die so ermittelten rechtwinkligen Koordinaten werden dann mit den Ergebnissen früherer und späterer Messgänge verglichen. Aus den sich dabei ergebenden Koordinatendifferenzen können die vektoriellen Verschiebungen des Messpunkts in Raum und Zeit abgeleitet werden.

2 Messgeräte

2.1 Allgemeines

Zur geodätischen Lagemessung im Tunnel-, Stollen- und Schachtbau gehören

- Messpunkte (Zieltafeln, Leuchtdioden, Reflektoren), die fest mit dem Gebirge bzw. den zu beobachtenden Bauteilen verbunden sind,
- ein elektronisches Tachymeter, möglichst mit selbstregistrierender Datenerfassung,
- ein Computer mit Auswertesoftware.

2.2 Messpunkte

Art und Einbau der Messpunkte werden in Teil I beschrieben. Ein Messpunkt sollte aus drei Teilen bestehen: einem Dübel- oder Ankerstück, einem Zielpunktteil und einem dazwischenliegenden abnehmbaren Adapter mit einer Sollbruchstelle. Das Dübel- oder Ankerstück soll möglichst aus einem konventionellen Konvergenzmessbolzen mit Messanschlag bestehen (s. Teil I). Über den Adapter können verschiedenartige Zielpunktteile auf das im Spritzbeton oder an Bewehrungsteilen befestigte Dübel- bzw. Ankerstück aufgesteckt werden. Wird der in den Tunnelquerschnitt hineinragende Zielpunktteil durch den Spreng- oder Fährbetrieb beschädigt, verbogen oder an der Sollbruchstelle abgebrochen, so muss ein neues Zielpunktteil auf das im Spritzbeton sitzende oder an der Bewehrung haftende und unbeschädigt gebliebene Dübel- bzw. Ankerstück positionsgenau wieder aufgesteckt werden.

Als Zielpunktteil werden je nachdem, ob nur Richtungen oder Richtungen und Entfernungen gemessen werden, Leuchtdioden, kleine Zieltafeln, Tripelprismen oder Reflextargets verwendet.

Bei der **Leuchtdiode** bildet ein kleines Loch in einer Metallplatte die Anzielmarke, die von hinten beleuchtet wird. Leuchtdioden erfordern eine Stromversorgung. Sie sind nur für Richtungsbeobachtungen geeignet.

Die **kleine Zieltafel** ist eine einfache Plastikscheibe mit aufgedruckter Markierung und zentrisch durchgefrästem Fadenkreuz. Sie wird vom Instrumentenstandpunkt, d. h. von vorn, angeleuchtet. Sie ist nur für Richtungsbeobachtungen geeignet.

Das **Tripelprisma** besteht aus einem Glaskörper mit drei senkrecht aufeinanderstehenden Flächen, die elektrooptische oder elektromagnetische Wellen streng parallel zu sich selbst zurückwerfen. Das Tripelprisma ist in zwei, besser in drei senkrecht aufeinanderstehenden Achsen so zu lagern, dass der Messpunkt, d. h. die Spitze des Prismas immer im Drehzentrum liegt und immer einen konstanten Abstand vom Messanschlag besitzt. Damit kann das Prisma nahezu aus allen Richtungen angezielt werden. Das Tripelprisma eignet sich für Richtungs- und Streckenmessungen hoher Genauigkeit.

Das **Reflextarget** ist eine runde Metall- oder Plastikscheibe mit ein- oder doppelseitig aufgeklebter Reflexfolie und zentrisch angebrachter Bohrung. Es ist kippbar, am besten kardanisch, so zu lagern, dass die zentrisch angebrachte Bohrung immer im Drehzentrum liegt und immer einen konstanten Abstand vom Messanschlag besitzt. Das Reflextarget eignet sich für Richtungs- und Streckenmessungen, wobei im Streckenmessbereich zwischen 15 und 120 m eine annähernd gleiche Messgenauigkeit erreicht wird wie bei der Verwendung eines Tripelprismas.

2.3 Elektronisches Tachymeter

Das elektronische Tachymeter ist ein Messgerät, das elektronisch Horizontalwinkel, Vertikalwinkel und Distanzen misst. In der Regel werden die Daten automatisch registriert und über einen automatischen Datenfluss von der Erzeugung der Messdaten im Feld zur Datenauswertung und zur Herstellung von Registern und Karten geführt.

3 Durchführung der Messung

3.1 Konvergenzmessung mithilfe des optischen Verfahrens

Der Abstand zwischen zwei diskreten Punkten der Tunnellaibung (Konvergenzstrecke) wird nicht direkt gemessen, sondern mittels einer Winkelmessung indirekt bestimmt. Aus einer Entfernung von 50 bis 100 m werden die Richtungen zu den Objektpunkten mithilfe des Tachymeters gemessen und der gesuchte Abstand zwischen zwei Punkten (Länge der Konvergenzstrecke) mithilfe des ermittelten Richtungsunterschieds und der Entfernung zwischen der Konvergenzstrecke und dem Tachymeterstandpunkt berechnet. Die genannte Entfernung zwischen Konvergenzstrecke und Tachymeterstandpunkt wird unter Verwendung fehlertheoretischer Überlegungen ermittelt. Dabei ist zu berücksichtigen, dass nicht das Abstandsmaß zwischen den zu beobachtenden Objektpunkten (die Länge der Konvergenzstrecke) interessiert, sondern nur die eventuellen Abstandsänderungen (Konvergenzen bzw. Divergenzen).

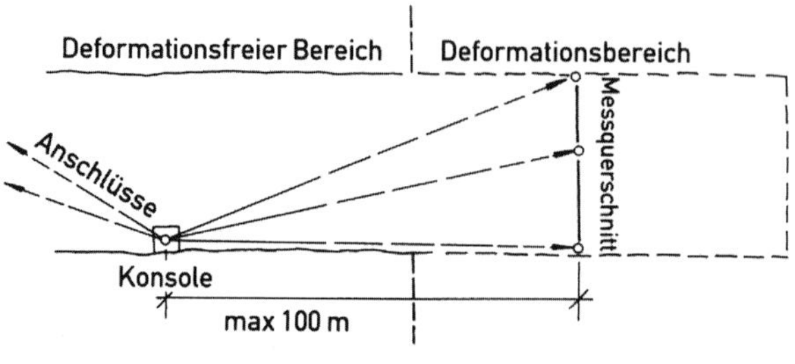

Bild II-1 Aufnahmestandpunkt im deformationsfreien Bereich fest vermarkt.

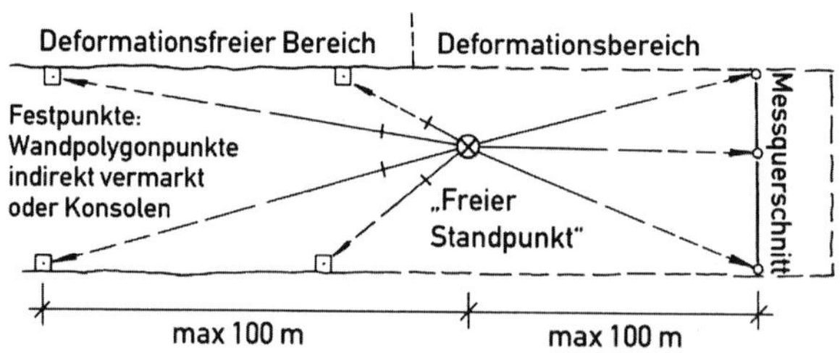

Bild II-2 Aufnahmestandpunkt als „Freier Standpunkt" unvermarkt.

Das Tachymeter wird so platziert, dass es das Baugeschehen nicht oder nur unwesentlich behindert. Benutzt man selbstregistrierende Tachymeter, werden die Daten objektiv nachprüfbar und frei von subjektiven Fehlern erfasst. Wählt man feste Aufnahmestandpunkte (Bild II-1), in der Regel Konsolen an den Ulmen, kann auf die Entfernungsmessung verzichtet werden. Diese Standpunkte bzw. Konsolen dürfen sich während des gesamten Messprogramms, in Tunnellängsrichtung gesehen und abhängig von ihrer Entfernung zu den Objektpunkten, nicht mehr als 5–10 mm bewegen. Bewegungen bis 10 cm quer zur Tunnelachse wirken sich auf das Messergebnis dagegen nicht aus, da Umfangswinkel über derselben Sehne gleich sind. Zu beachten ist, dass bei Richtungsmessungen entlang der Ulme der Zielstrahl Schichten wechselnder Temperatur und Dichte passiert und durch die dadurch bedingte Seitenrefraktion bis zu 0,5 mgon verfälscht werden kann. Bei einer Entfernung von 100 m zwischen Objektpunkt und Tachymeterstandpunkt bedeutet dies eine Querabweichung von bis zu 0,8 mm.

Stehen keine festen Standpunkte zur Verfügung, etwa weil Konsolen aus baubetrieblichen Gründen nicht angebracht werden können oder weil man sich noch in deformationsgefährdetem Gebiet befindet, kann das Tachymeter frei aufgestellt werden (Bild II-2).

Man muss dann entweder zu jedem Objektpunkt die Entfernung mit einer Genauigkeit von ±5 mm messen oder die Koordinaten des freien Standpunkts über rückwärtige Festpunkte mit ebenso hoher Genauigkeit bestimmen. Ist dies nicht möglich, müssen die Richtungsmessungen von zwei verschiedenen, nahe beieinanderliegenden Standpunkten durchgeführt werden. Die Entfernungen zwischen Tachymeter und Objektpunkt benötigt man dann zwar nicht, wohl aber die Strecke zwischen den beiden Standpunkten. Diese kann mithilfe einer Basislatte oder mit-

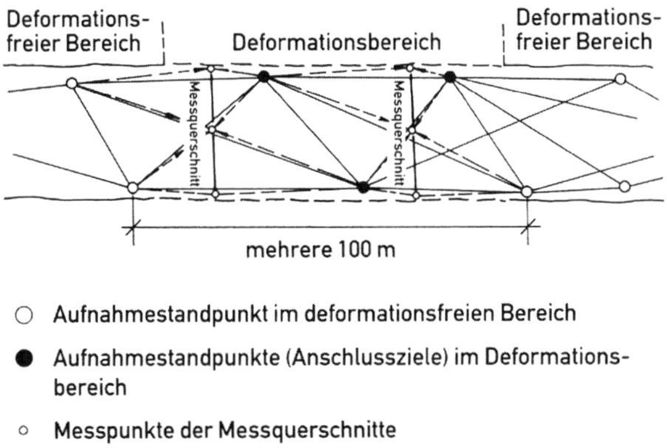

Bild II-3 Dreidimensionale Koordinatenbestimmung in einem Polygonnetz.

hilfe eines Tachymeters, das für die Entfernungsmessung die geforderte Genauigkeit von ± 1 mm aufweist, gemessen werden.

3.2 Dreidimensionale Koordinatenbestimmung eines Messpunkts

Will man die gebirgsmechanischen Vorgänge beim Tunnelausbruch nicht nur mithilfe von Abstandsänderungen zwischen zwei Messpunkten (Konvergenzmessungen) beschreiben, sondern auch mithilfe der Bewegungen der zu untersuchenden Objektpunkte im Raum, müssen deren dreidimensionale Koordinaten in einem einheitlichen Koordinatensystem zeitabhängig und mit einer der Aufgabenstellung entsprechenden Genauigkeit bestimmt werden.

Grundlage der dreidimensionalen Punktbestimmung sind in deformationsfreien Bereichen liegende „feste" Aufnahmestandpunkte, mindestens „feste" Anschlussziele. Gibt es keine „festen" Anschlussziele, weil sich die möglichen Anschlusspunkte selbst noch bewegen oder ist ein größerer Deformationsbereich zu überbrücken, so müssen verkettete Polygonzüge (Bild II-3) von außerhalb des Deformationsbereichs angelegt und die Beobachtungswerte ausgeglichen werden. Die Netzelemente und die Messwerte zu den Objektpunkten sind „in einem Guss" zu beobachten und zu berechnen, um Homogenität und Wiederholgenauigkeit zu gewährleisten.

Es werden dabei nicht nur, wie bei der Messung mit Konvergenzmessgeräten, einzelne Werte gemessen, die eine Fehlerbetrachtung nicht zulassen. Vielmehr müssen bei der Messanordnung durchgreifende Kontrollen und Redundanzen eingebaut werden, um nach der Auswertung Genauigkeit und Zuverlässigkeit der errechneten Koordinaten angeben zu können.

3.3 Auswertung der Messergebnisse

Die Messwerte sind vor Ort auf elektronische Datenträger zu speichern und per automatischem Datenfluss in einen Computer zu übertragen. Dort werden sie dann, frei von Hör- und Schreibfehlern, mithilfe von Prüf-, Sortier- und Rechenprogrammen gefiltert, gewichtet, sortiert und ausgewertet.

Als Auswerteergebnis erhält man bei der Messmethode nach Abschn. 3.1 relative Abstandsänderungen zwischen den beobachteten Objektpunkten als Funktion der

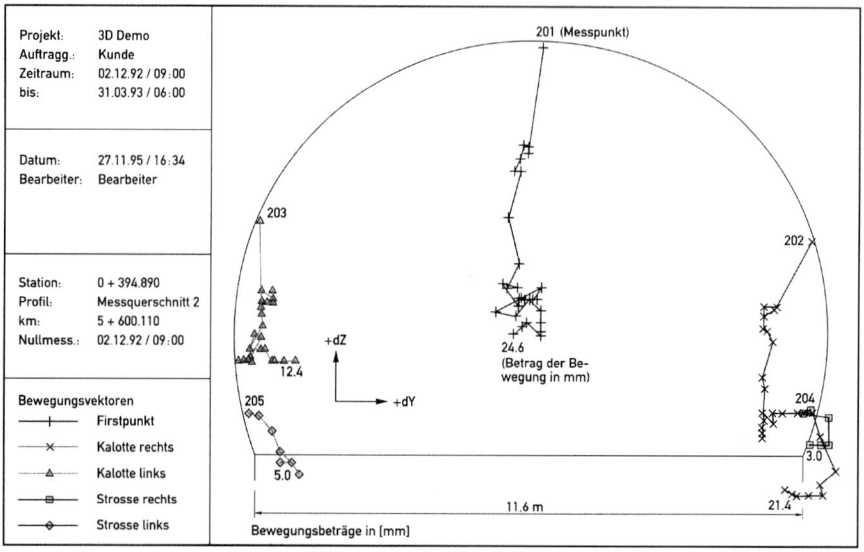

Bild II-4 Bewegungsvektoren quer zur Hohlraumachse bei einer dreidimensionalen Koordinatenbestimmung der Messpunkte.

Zeit; bei der Messmethode nach Abschn. 3.2 erhält man dagegen absolute vektorielle Verschiebungen der Objektpunkte in Raum und Zeit (Bild II-4).

3.4 Dokumentation

3.4.1 Grundsätzliches

Vgl. hierzu Abschn. I-5.

3.4.2 Tabellarische Darstellung

In einer Tabelle sind die Messpunkte bzw. die Messstrecken zu benennen und die Ergebnisse der Nullmessung einzutragen. In den weiteren Zeilen oder Spalten sind dann die zum Zeitpunkt der aktuellen Messkampagne festgestellten geometrischen Veränderungen (Strecke, Höhe, Abstand) zur Nullmessung anzugeben (Bild II-5).

3.4.3 Grafische Darstellung – Zeit-/Veränderungskurve

Die festgestellten geometrischen Veränderungen sind in einem Diagramm darzustellen, dessen horizontale Achse die Zeit und dessen vertikale Achse die geometrische Veränderung repräsentiert (Bild II-6).

3.4.4 Grafische Darstellung – vektoriell

Die bei der dreidimensionalen Punktbestimmung festgestellten Bewegungsvektoren können gemäß Bild II-4 dargestellt werden.

Projekt: Besigheim Deformationsmessung Sachbearbeiter: Bearbeiter Datum: 27.11.1995

Geotechnik 3D Datenauswertung – Bewegungsprotokoll

Messstellengruppe 1 Querschnitt 1 Höhen in NN

dY, dX, dZ Differenzen zur Nullmessung in Querrichtung, in Längsrichtung, in der Höhe in [mm]

Meßstelle	101			102			103			104			105			106			107					
Nullmess.			27.12.1993			27.12.1993			27.12.1993			27.12.1993			27.12.1993			27.12.1993			27.12.1993			
Y [m]			22.2042			21.7035			21.4876			24.0409			22.2701			21.8207			21.7675			
X [m]			17.9236			25.1957			47.1171			73.2845			88.4452			101.3430			116.5227			
Z [m]			231.1747			230.3168			227.4646			225.7676			227.3077			227.4218			227.9038			
	dY	dX	dZ	dY	dX	dZ	dY	dX	dZ	dY	dX	dZ	dY	dX	dZ	dY	dX	dZ	dY	dX	dZ	dY	dX	dZ
01.01.1994 14:15	-2	6	-28	-3	2	-31	1	-6	-29	-16	-7	-33	-2	-1	-19	-1	-1	-22	1	2	-16			
02.01.1994 09:15	1	-1	-17	7	-1	-20	1	-2	-26	-16	-11	-34	3	1	-24	1	-6	-10	1	-2	-20			
03.01.1994 08:15	-4	2	-37	-4	6	-40	-4	-4	-43	-24	-9	-50	-2	4	-42	0	-1	-40	3	1	-36			
04.01.1994 08:00	-2	2	-39	-4	-0	-46	-1	1	-44	-21	-11	-55	-0	3	-44	-4	3	-43	3	2	-47			
05.01.1994 08:05	-5	1	-38	-1	5	-43	-3	-4	-44	-24	-7	-50	-1	4	-47	-4	1	-36	2	2	-41			
07.01.1994 08:00	-11	2	-25	-9	6	-33	-0	-2	-32	-26	-13	-42	-5	9	-30	-7	3	-29	-9	9	-26			
10.01.1994 08:15	-14	3	-34	-4	1	-40	4	3	-44	-23	-16	-52	2	0	-38	1	1	-37	5	3	-38			
13.01.1994 08:30	-2	2	-44	-6	-2	-50	2	4	-49	-20	-15	-55	-1	-2	-44	3	4	-48	0	-0	-49			
17.01.1994 08:20	-1	3	-29	4	4	-38	-0	8	-41	-21	-11	-47	2	2	-33	8	4	-29	7	3	-29			
20.01.1994 08:30	-3	1	-35	-3	3	-36	-2	4	-44	-22	-5	-54	-1	4	-42	1	3	-35	1	8	-41			
24.01.1994 09:15	0	1	-33	0	5	-36	-5	-5	-39	-20	-9	-49	2	3	-34	9	4	-28	6	1	-27			
27.01.1994 08:45	-3	1	-49	-6	4	-42	-2	1	-45	-23	-13	-57	-1	-0	-46	4	4	-35	5	7	-40			
31.01.1994 08:30	-5	13	-31	1	11	-34	-6	6	-29	-26	1	-35	4	4	-25	9	4	-16	5	9	-28			
03.02.1994 08:10	-2	-3	-39	-1	-2	-41	1	1	-46	-29	-21	-54	-5	-3	-42	0	-1	-37	1	3	-44			
07.02.1994 08:30	-1	4	-36	2	5	-40	1	7	-41	-26	-12	-59	-0	1	-48	16	9	-35	3	4	-42			
10.02.1994 09:00	-2	3	-34	0	5	-41	-0	-5	-43	-29	-13	-56	-3	-1	-43	10	9	-33	2	2	-39			
10.02.1994 09:45	-2	3	-34	0	5	-41	-0	-5	-43	-29	-13	-56	-3	-1	-43	10	9	-33	2	2	-39			
14.02.1994 08:00	-6	9	-39	-2	9	-44	-5	0	-47	-33	-10	-64	-4	8	-52	9	11	-32	6	7	-37			

Seite 1

Bild II-5 Beispiel der tabellarischen Darstellung einer dreidimensionalen Deformationsmessung.

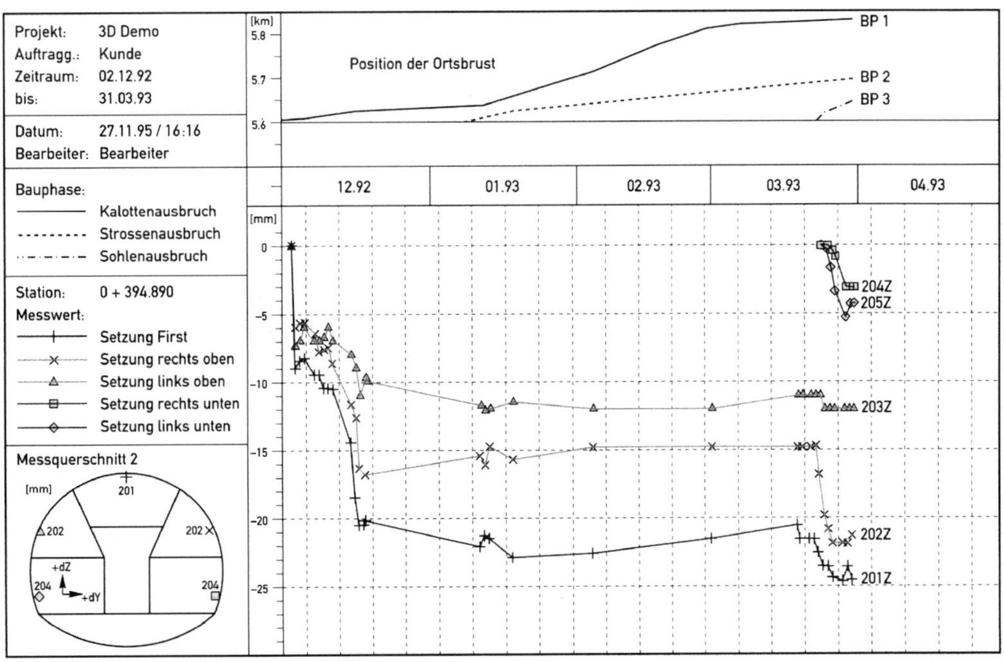

Bild II-6 Diagramm der Vertikalbewegungen der Messpunkte eines Messquerschnitts (siehe auch Bild II-4) BP = Bauphase.

Empfehlung Nr. 19: Messung der Spannungsänderung im Fels und an Felsbauwerken mit Druckkissen

Axel Paul und Fritz Walter

1 Zweck und Anwendungsbereich

Während und häufig auch nach einer Felsbaumaßnahme ändern sich die Spannungen im umliegenden Gebirge, an der Grenzfläche Gebirge/Bauwerk sowie innerhalb des Bauwerks. Die Kenntnis dieser Spannungsänderungen kann zur Kontrolle der statischen Annahmen dienen und für die Beurteilung der Standsicherheit des Bauwerks von entscheidender Bedeutung sein.

Diese Empfehlung beschreibt Verfahren zur Messung von Spannungsänderungen, bei denen Druckkissen stationär und nicht rückgewinnbar innerhalb des beanspruchten Körpers oder in der Kontaktfläche zwischen zwei Körpern eingebaut werden. Häufig werden diese Verfahren als direkte Spannungsmessverfahren bezeichnet.

Verfahren, bei denen Spannungen aus Messungen anderer physikalischer Größen hergeleitet werden, sind nicht Gegenstand dieser Empfehlung.

Für Spannungsmessungen mittels Schlitzentlastungs- und Druckkissenbelastungsversuchen wird auf Empfehlung Nr. 7 und bei Überbohr-Entlastungsversuchen auf Empfehlung Nr. 14 verwiesen.

2 Grundlagen und Begriffe

Primärer Spannungszustand

Der Spannungszustand des unverritzten Gebirges wird als primärer Spannungszustand bezeichnet. Er kann mit den hier beschriebenen Messverfahren in der Regel nicht bestimmt werden.

Sekundärer Spannungszustand

Im Zuge einer Felsbaumaßnahme ändern sich die Spannungen im umgebenden Gebirge. Als Ergebnis der Spannungsänderungen stellt sich im Gebirge ein sekundärer Spannungszustand ein. Die Entwicklung und das Ausmaß der Spannungsänderun-

Empfehlungen des Arbeitskreises Versuchstechnik Fels, 1. Auflage. Arbeitskreis 3.3 „Versuchstechnik Fels“.

gen sind im hohen Maße von der Art des Bauwerkes, den Eigenschaften des Gebirges sowie vom Baugeschehen abhängig.

In der Fachliteratur werden darüber hinaus auch tertiäre und quartäre Spannungszustände unterschieden.

Gebirgsspannungen

Die im Gebirge herrschenden Spannungen werden allgemein als „Gebirgsspannungen" bezeichnet. Der vollständige räumliche Spannungszustand des Gebirges besitzt drei Normal- und drei Schubspannungskomponenten. Druckkissen können grundsätzlich nur Normalspannungskomponenten messen. Bei vertikaler oder horizontaler Anordnung von Druckkissen im Gebirge kann die Änderung der horizontalen oder vertikalen Normalspannungskomponente gemessen werden. In der Nähe von Felshohlraumbauten werden Druckkissen auch so angeordnet, dass die tangential zur Ausbruchfläche wirksame Spannungskomponente normal auf das Druckkissen wirkt und so ihre Änderung gemessen wird (s. Bild 1a).

Kontakt- und Radialspannungen

Als Kontaktspannung wird im Felsbau die Spannungskomponente bezeichnet, die normal zu einer Kontaktfläche (z. B. einer Gründungsfuge) wirkt. Die in der Kontaktfläche wirkenden Schubspannungen werden dabei nicht betrachtet. Bei gewölbter Kontaktfläche (z. B. zwischen Gebirge und Spritzbetonaußenschale) entspricht die Kontaktspannung der Radialspannung (Bild 1a). Insbesondere im Tunnelbau ist dieser Begriff üblich.

Beton- und Tangentialspannungen

Die innerhalb einer Betonauskleidung auftretenden Spannungen werden im Felshohlraumbau allgemein als Betonspannungen bezeichnet. Bei gewölbten Betonkör-

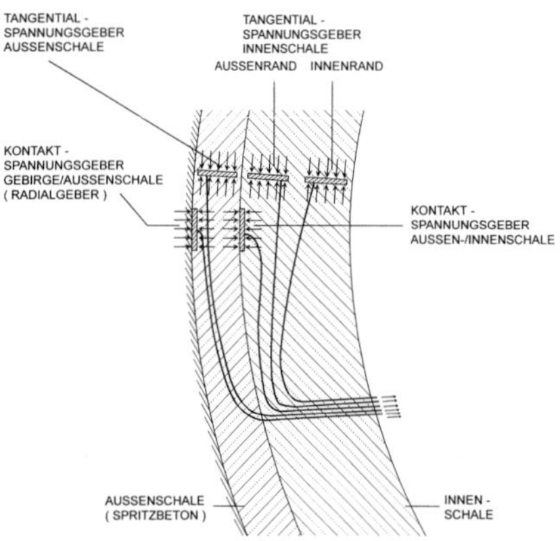

(a)

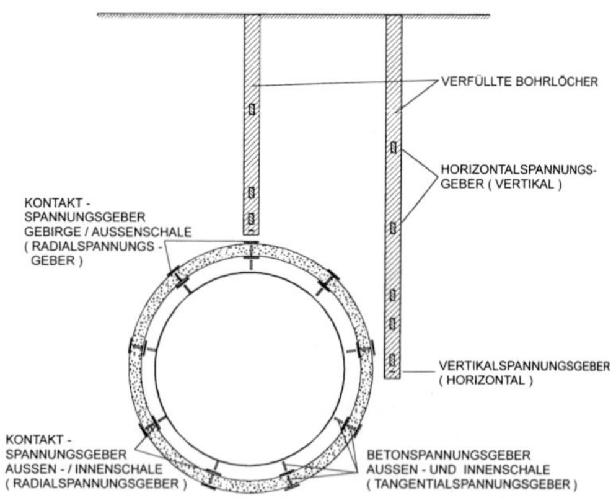

(b)

Bild 1 Anordnung von Spannungsgebern im Tunnelbau: (a) Prinzip, (b) Beispiel.

pern entspricht die tangential zur Hohlraumform wirkende Betonspannung einer Tangentialspannung. Dieser Begriff ist besonders im Tunnelbau üblich (z. B. Tangentialspannung innerhalb der Außen- oder Innenschale; s. Bild 1b).

Spannungsgeber – Druckkissen – Druckmessdosen

Im Sinne dieser Empfehlung sind Spannungsgeber mit Flüssigkeit gefüllte, nur wenige Millimeter dicke Druckkissen und die zugehörigen Druckmesseinheiten. Spannungsgeber werden in das Gebirge oder in Betonkörper stationär und nicht rückgewinnbar eingebaut. Dabei muss der Geber vollständig eingeschlossen werden. Kleine Druckkissen (Länge und Breite bis 250 mm) werden auch als Druckmessdose bezeichnet.

3 Messprinzip

3.1 Allgemeines

Ein Spannungsgeber besteht aus einem Druckkissen und einer Druckmesseinheit (s. Bild 2). Damit die Spannungen am Druckkissen nicht durch die meist gedrungen ausgebildete Druckmesseinheit beeinflusst werden, ist diese nicht unmittelbar an das Druckkissen angeschlossen, sondern über eine kurze Druckleitung mit ihm verbunden.

Die Druckmesseinheit besteht in der Regel aus einer inneren und einer äußeren Kammer, die eine elastische Membran trennt. Druckkissen, Druckleitung und innere Kammer sind vollkommen mit einer den Druck übertragenden Flüssigkeit (Druckflüssigkeit) gefüllt und bilden ein geschlossenes System. Wird das Druckkis-

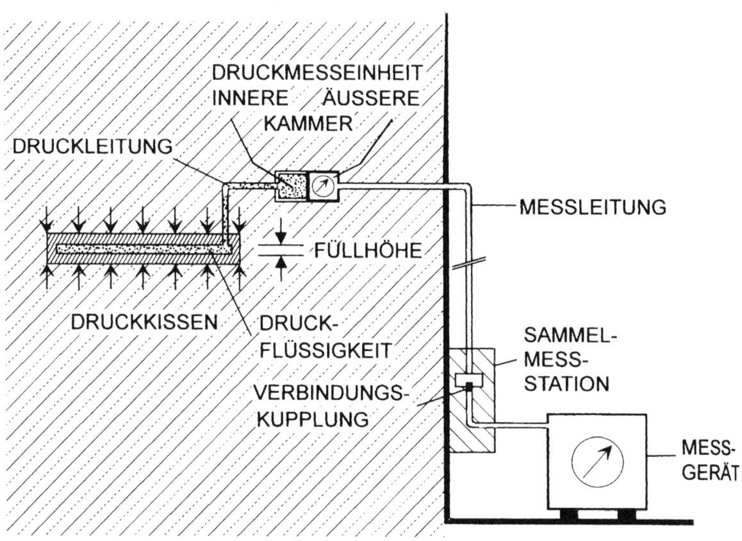

Bild 2 Messprinzip der Spannungsgeber.

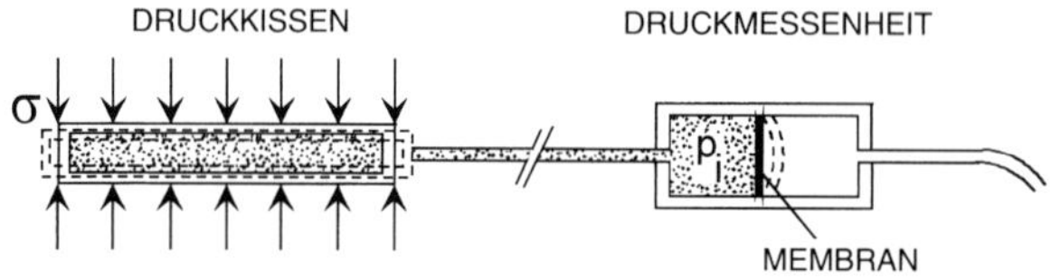

Bild 3 Spannungsgeber mit Deformationsmessprinzip.

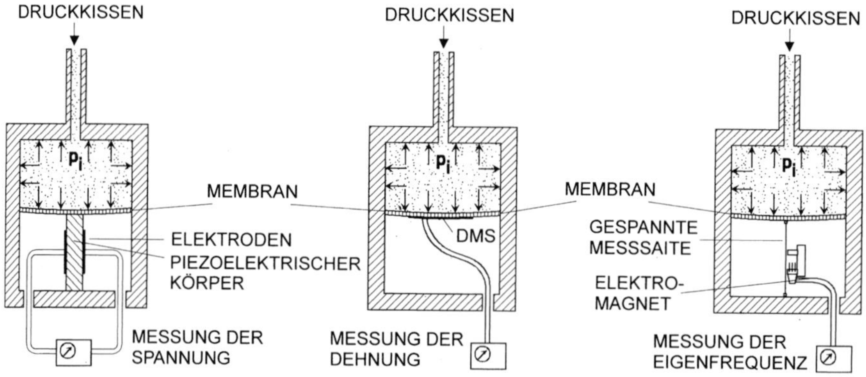

Bild 4 Druckmesseinheiten nach dem Deformationsmessprinzip (Typ-Beispiele).

sen von außen mit einer Druckspannung belastet, so baut sich im geschlossenen System ein Innendruck auf, der gemessen wird. Dabei können zwei verschiedene Messprinzipien (Deformations- bzw. Kompensationsprinzip) unterschieden werden.

3.2 Spannungsgeber nach dem Deformationsmessprinzip

In Spannungsgebern nach dem Deformationsmessprinzip wird bei Spannungserhöhung Flüssigkeit aus dem Druckkissen in die Druckmesseinheit verdrängt, wo sie die elastische Membran in Richtung der äußeren Kammer verformt (s. Bild 3).

Das Ausmaß dieser Verformung wird von der Druckänderung, dem Volumen und der Kompressibilität der Druckflüssigkeit sowie der Steifigkeit der Membran bestimmt. Die Volumenänderung des geschlossenen Drucksystems (Leitung und Messeinheit) ist dagegen vernachlässigbar gering.

Die Verformung der Membran wird mit verschiedenen Verfahren gemessen (s. Bild 4). Das eingesetzte Messverfahren bestimmt die Genauigkeit, Langzeitstabilität und Temperaturempfindlichkeit der Geber. Die elektrischen Messgrößen von Spannungsgebern nach dem Deformationsprinzip werden vor ihrer Verwendung in ihrer Relation zum Innendruck p_i kalibriert.

3.3 Spannungsgeber nach dem Kompensationsmessprinzip

Bei der Messung mit Spannungsgebern nach dem Kompensationsprinzip wird die in Abschn. 3.2 beschriebene Verformung der elastischen Membran durch geeignete Maßnahmen von außen kompensiert (s. Bild 5). In der Praxis wird hierzu meist

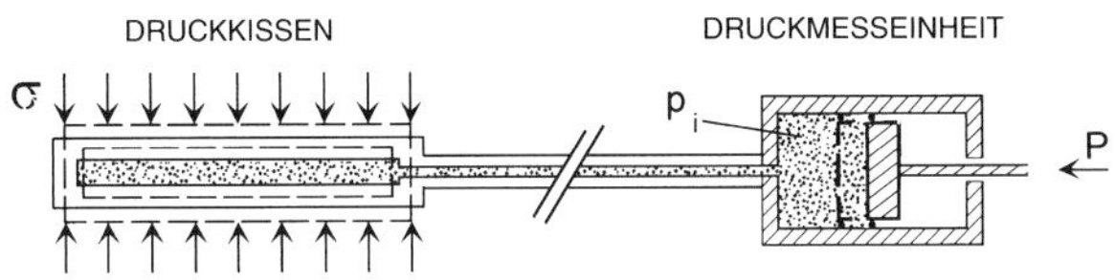

Bild 5 Spannungsgeber nach dem Kompensationsmessprinzip.

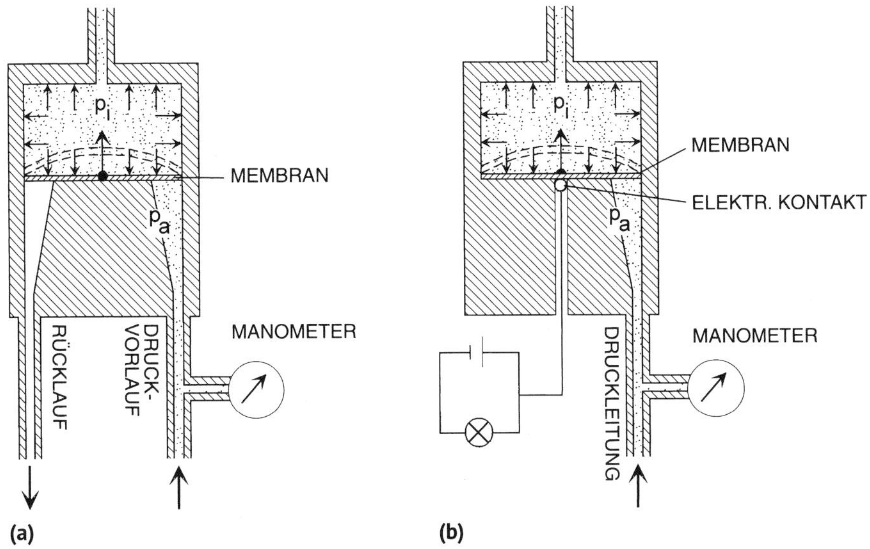

Bild 6 Geber mit Druckkompensation an der Membran der Messeinheit: (a) Geber mit Überdruckventil, (b) Geber mit Membranschalter.

der Druck in der äußeren Kammer der Messeinheit hydraulisch oder pneumatisch erhöht und dann mit einem geeigneten Gerät gemessen.

Das eingesetzte Messverfahren bestimmt die Genauigkeit dieser Spannungsgeber. Nach dem Messverfahren werden verschiedene Gebertypen unterschieden.

Bei dem in Bild 6a dargestellten Gebertyp liegt z. B. eine Membran auf der starren perforierten Trennwand zwischen innerer und äußerer Kammer auf. Beim Kompensationsdruck hebt die Membran von der Trennwand ab und gibt den Rücklauf frei. Der Kompensationsdruck ist erreicht, wenn Druckkonstanz und Rückfluss beobachtet werden. In der Praxis beträgt dabei der Abstand zwischen Membran und Trennwand je nach Gebertyp zwischen 2 und 40 μm.

Bei dem in Bild 6b dargestellten Gebertyp unterbricht die abhebende Membran beim Kompensationsdruck ihren elektrischen Kontakt zur Trennwand. Dies wird an der Messstation angezeigt.

Bei Spannungsgebern, die im Druckkissen die Kompensation der Zusammendrückung ermöglichen, sind die Zentren beider Kissenseiten mit elektrischen Kontakten ausgestattet (s. Bild 7). An zwei Kontakten (1a und 1b) liegt eine elektrische Gleichspannung an und zwischen zwei weiteren Kontakten (2a und 2b) wird die Spannungsdifferenz gemessen. Beim Erreichen des Kompensationsdrucks lässt die

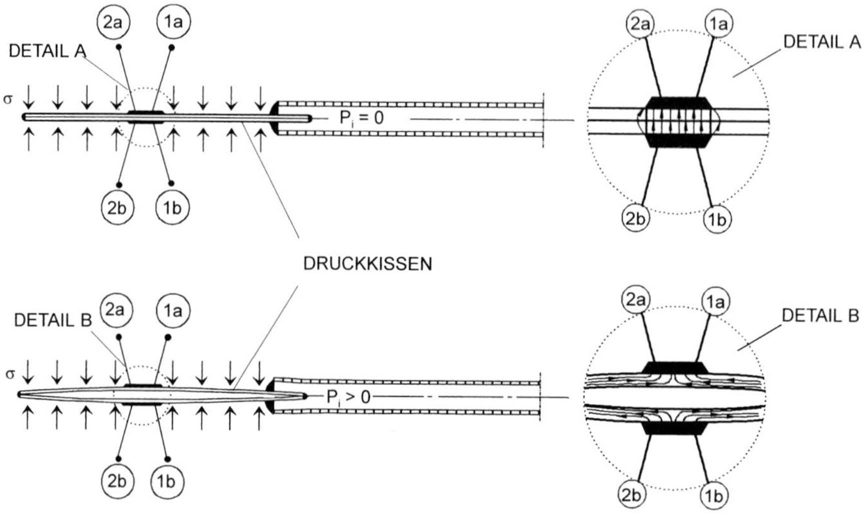

Bild 7 Spannungsgeber mit Kompensation im Druckkissen [2].

Kissenaufweitung zwischen den Kontakten beider Seiten einen Spalt entstehen, der durch eine stark vergrößerte Spannungsdifferenz erkannt wird.

3.4 Steifigkeit der Spannungsgeber

Der Spannungszustand eines Mediums wird von dem eingebauten Druckkissen umso weniger gestört, je geringer das Höhen- zu Breitenverhältnis der Kissen ist. An den Rändern und Ecken der Druckkissen sind Spannungskonzentrationen nicht zu vermeiden; sie können jedoch durch ein geeignetes Design der Kissen minimiert werden.

Die Spannungsgeber sowie ggf. notwendiges Ausgleichs- und Verfüllmaterial sollten in ihrer Steifigkeit dem umgebenden Medium entsprechen. Besitzt ein eingebauter Geber eine höhere Steifigkeit als das umgebende Medium (s. Bild 8), so konzentrieren sich die Spannungen auf ihn (steifer Einschluss); ist ein Geber dagegen weicher als das umgebende Medium, so muss dieses höhere Spannungen übertragen (weicher Einschluss). Im ersten Fall werden so zu große, im zweiten Fall zu kleine Spannungen beobachtet.

Die Verformbarkeit eines Spannungsgebers ist durch seine auf die Kissenfläche bezogene Normalsteifigkeit gekennzeichnet. Diese wird durch

- das Messprinzip und die Größe des Gebers,
- die Füllhöhe, das Volumen und die Kompressibilität der Druckflüssigkeit sowie
- die Verformbarkeit der Wandung des geschlossenen Drucksystems bestimmt.

Bei Spannungsgebern mit geschlossenem Drucksystem wird eine hohe Systemsteifigkeit angestrebt.

Für Kissen zum Einsatz in steifen Prüfmedien (Elastizitätsmodul > 30 GPa) kann als Druckflüssigkeit das gering kompressible Quecksilber verwendet werden. Hier-

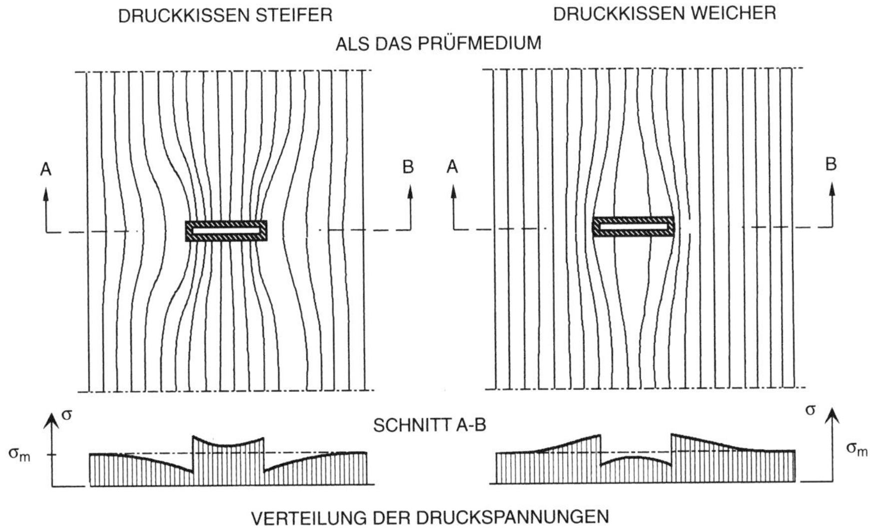

Bild 8 Spannungsverteilungen im Bereich eingebauter Spannungsgeber [3].

bei sind jedoch die Belange des Umweltschutzes zu beachten. Verschmutzung kann besonders dann eintreten, wenn die Geber am Ende der Messzeit nicht ausgebaut oder entleert werden. Ist die Verwendung von Quecksilber nicht zugelassen, so muss Hydrauliköl, das eine höhere Kompressibilität aufweist, verwendet und der Spannungsgeber vorgespannt werden.

Bei Prüfmedien geringer bis mittlerer Steifigkeit (Elastizitätsmodul < 30 GPa) ist generell Hydrauliköl als Druckflüssigkeit zu verwenden. Die Systemsteifigkeit kann dann mittels Vorspannung in geringem Umfang erhöht werden. Bei kriechfähigen Prüfmedien wirkt sich eine geringe Steifigkeit des Spannungsgebers kaum auf das Messergebnis aus.

Bei Spannungsgebern mit geschlossenem Drucksystem muss gewährleistet sein, dass die beiden Kissenbleche stets vollständig durch die Druckflüssigkeit getrennt sind. Bei Spannungsgebern, die unmittelbar im Druckkissen die Kompensation ermöglichen, liegen die beiden Stahlbleche des Druckkissens im Einbau- und Normalzustand unmittelbar aufeinander. Die Steifigkeit solcher Kissen entspricht damit der von Stahl. Zur Vermeidung eines steifen Einschlusses sollten sie deshalb bevorzugt in steife oder kriechfähige Prüfmedien eingebaut werden.

4 Druckkissen

Im Folgenden werden die Messgeräte und ihre Bauteile soweit beschrieben, wie es zum Verständnis der Messprinzipien, der Fehlerquellen und der verschiedenen Anwendungsmöglichkeiten von Bedeutung ist.

Druckkissen bestehen aus zwei Stahlblechen, die an den Rändern druckdicht miteinander verbunden sind. Die Form der Druckkissen kann rechteckig, eckengerun-

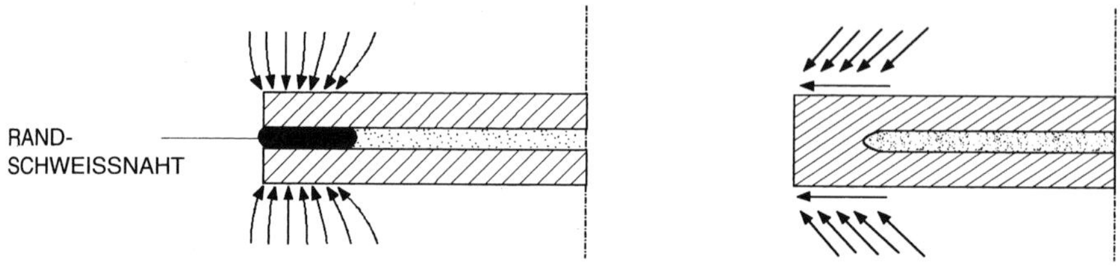

Bild 9 Schematische Darstellung der Spannungsverteilung an einem Druckkissen, (a) Spannungskonzentration, (b) Gewölbebewirkung am Rand eines Druckkissens.

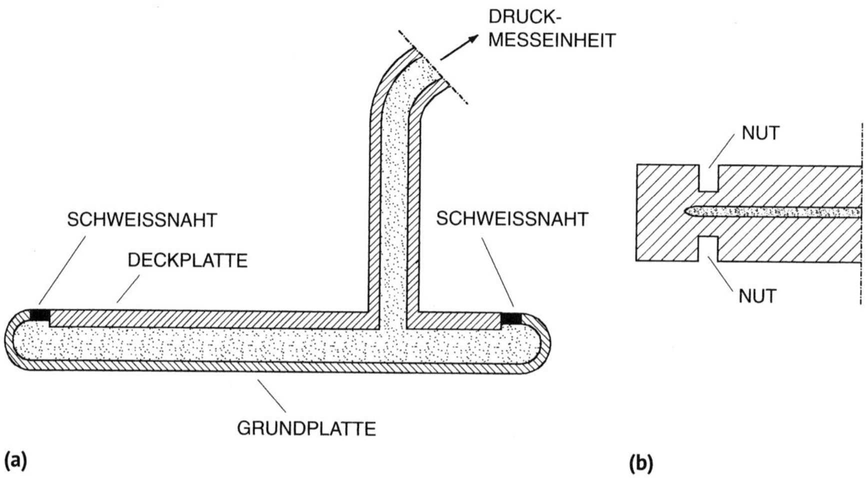

Bild 10 Beispiele von Druckkissen (a) ohne Randschweißnaht und (b) mit einer Randnut.

det, oval oder rund sein. Die üblicherweise zur Messung von Spannungsänderungen eingesetzten Druckkissen sind je nach Anwendungszweck zwischen 5 und 12 mm hoch und haben Kantenlängen bzw. Durchmesser von 100 bis 400 mm. Spannungsgeber, die unmittelbar im Druckkissen die Kompensation ermöglichen, sind meist nur etwa 0,5 mm hoch und haben ca. 50 mm Durchmesser.

Am Kissenrand stellen Ecken und Schweißnähte vergleichsweise steife Elemente dar. Nach dem Einbau können an diesen Stellen deshalb erhöhte Spannungen auftreten (s. Bild 9a). Besonders bei kleinen Druckkissen können so Spannungen durch Gewölbewirkung auf den steifen Kissenrand abgetragen werden (s. Bild 9b).

Beide Phänomene haben zur Folge, dass die zu erfassende Spannung nicht in vollem Maße auf die sensitive Kissenmitte wirkt. Bei kleinen Druckkissen sind deshalb abgerundete den eckigen Formen sowie Druckkissen ohne Randschweißnaht denjenigen mit Randschweißnaht vorzuziehen (s. Bild 10a). Es werden vorwiegend Kissen mit einer Randnut eingesetzt. Diese reduziert den Einflussbereich des Kissenrands (s. Bild 10b).

Um den Einfluss der Spannungskonzentration und der Gewölbewirkung auf Druckkissen ausreichend zu verringern, sollte deren Verhältnis von Breite (bzw. Durchmesser) zu Höhe den Wert von 25 : 1 nicht unterschreiten. Je größer dieses Verhältnis wird, desto geringer werden die beschriebenen Störeffekte. Die Größe

Tab. 1 Erforderliche minimale Prüfspannung (Vorspanndruck p_V).

Elastizitätsmodul des Prüfmediums [MPa]	Minimale Prüfspannung (Vorspanndruck) [MPa]
Gering (< 5 000)	0,05
Mittel (5 000–30 000)	0,10
Hoch (> 30 000)	0,50

der Druckkissen wird jedoch andererseits durch die Abmessungen der Prüfkörper (z. B. Dicke der Spritzbetonschale) und die Handhabung beim Einbau (z. B. Einbau von Kontaktspannungsgebern über Kopf) begrenzt. Auch die Heterogenität des Prüfmediums (z. B. Größe und Form von Kluftkörpern, Öffnungsweite von Klüften und Fugen) kann die Kissengröße bestimmen.

Die Kontaktspannungen an der Grenzfläche Fels/Beton werden meist mit Kissen von 200 bis 300 mm Länge bzw. Breite beobachtet. In bindigen Lockergesteinen und in feinkörnigen Sanden haben sich Spannungsgeber mit 120–250 mm Durchmesser bewährt. Zur Messung von Spannungsänderungen in Spritzbetonschalen werden üblicherweise Kissen mit Breiten von 100 bis 150 mm und Längen von 200 bis 250 mm verwendet.

In aggressiven Medien (z. B. sulfathaltige Gesteine und Salzgesteine) oder bei langfristigem Einsatz sind Spannungsgeber aus korrosionsbeständigem Stahl zu verwenden.

5 Messgenauigkeit

Die mit Spannungsgebern erzielbare Messgenauigkeit hängt von dem verwendeten Typ, einer geeignet gewählten Normalsteifigkeit, der Einbauqualität, den Einbaubedingungen, der Steifigkeit des Prüfmediums, der Kalibrierung und dem Betrag der zu messenden Spannungsänderung ab.

Der Messbereich eines Spannungsgebers ist nach unten durch die minimale Prüfspannung (Vorspanndruck p_V) und nach oben durch die Lastkapazität des Gebers (Gebernenndruck) bzw. die Maximalspannung begrenzt. Der Vorspanndruck ist in Abhängigkeit vom Typ des Spannungsgebers und der Steifigkeit des Prüfmediums zu wählen (s. Tab. 1 und Abschn. 7).

Zwischen ca. 20 und 80 % des Gebernenndrucks können Spannungsänderungen erfahrungsgemäß mit einem Fehler von < 5 % des Gebernenndrucks gemessen werden. Jenseits dieser Grenzen ist die Messgenauigkeit geringer.

6 Einbau der Spannungsgeber

6.1 Gebirgsspannungsgeber

Sollen Spannungsänderungen im Gebirge gemessen werden, so werden die Spannungsgeber je nach Festigkeit des Gesteins entweder eingedrückt oder in Bohrlöchern installiert. Die Bohrlöcher sind möglichst gebirgsschonend herzustellen. Der Bohrdurchmesser ist auf die Größe des Gebers abzustimmen. Die Spannungsgeber werden zentriert und mithilfe eines Gestänges richtungs- und tiefenorientiert eingebaut. Der Raum zwischen den Spannungsgebern und der Bohrlochwand wird bei Fels hoher Steifigkeit vollständig mit fließfähigem Zementmörtel oder mit Zementsuspension verfüllt. Zum Erzielen eines möglichst guten Formschlusses kann dabei ein expandierender Stoff zugesetzt oder eine Nachverpressung durchgeführt werden. Bei vergleichsweise weichen Druckkissen kann ein guter Formschluss nach dem Einbau auch durch Aufweitung erreicht werden.

Bei Fels mittlerer oder geringer Steifigkeit kann auch Gips, Ton-Bindemittel-Gemisch oder Kunststoff als Verfüllstoff verwendet werden. Es ist dabei jedoch zu gewährleisten, dass die Steifigkeit des erhärteten Verfüllmaterials nicht geringer als die Steifigkeit des ungestörten Gebirges ist.

Sollen Spannungsgeber in das Gebirge eingedrückt werden, so müssen sie mit einer Eindringschneide versehen sein und eine besonders hohe Formstabilität besitzen. Bei diesem Einbauverfahren wird auch ohne Verfüllstoff meist ein guter Formschluss erzielt.

6.2 Kontaktspannungsgeber

Kontaktspannungsgeber werden möglichst formschlüssig auf die vorhandene Kontaktfläche (Auflagermedium) montiert. In der Regel ist hierzu eine Ausgleichsschicht aus Zementmörtel oder Ähnlichem erforderlich. Danach wird das zweite Medium (meist Beton) gleichmäßig und formschlüssig auf das Druckkissen aufgebracht (s. Bild 11). Damit der Spannungsgeber dabei seine Lage nicht verändert, ist er vorher mit einzementierten Stahlstäben oder Nägeln etc. zu fixieren. Hinweise zum Einbau finden sich in den Bedienungsanleitungen der Herstellerfirmen.

Wird Spritzbeton aufgetragen, so ist darauf zu achten, dass die Spannungsgeber nicht durch den Spritzstrahl verschoben und Spritzschatten vermieden werden. Vom Düsenführer erfordert dies eine erhöhte Aufmerksamkeit; er sollte diesbezüglich erfahren oder besonders eingewiesen sein.

6.3 Betonspannungsgeber

Beim Einbringen des Betons ist eine lagestabile formschlüssige Einbettung der Betonspannungsgeber sicherzustellen (s. Abschn. 6.2). Hierzu werden sie an den Stahlbögen, der Bewehrung oder an Montageelementen (z. B. Stahlstäben) befestigt, die ihrerseits ins Auflagermedium zementiert oder mit den Stahlbögen verbunden sind. In Spritzbetonschalen können Schwingungen der Baustahlmatten die formschlüssige Einbettung beeinträchtigen. Deshalb ist auch dort eine gesonderte Befestigung der Spannungsgeber zu empfehlen. Genauere Einbauhinweise sind den Bedienungsanleitungen der Herstellerfirmen zu entnehmen. Für Betonspannungsmessungen werden in der Regel Spannungsgeber mit Nachspannröhrchen verwendet (s. Bild 12). Das Nachspannröhrchen muss so verlegt werden, dass es vor Beschädigung geschützt und zum Nachspannen zugänglich ist.

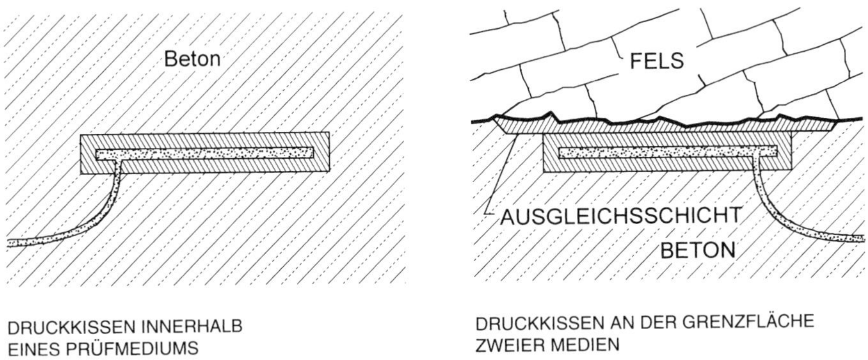

Bild 11 Einbau von Spannungsgebern.

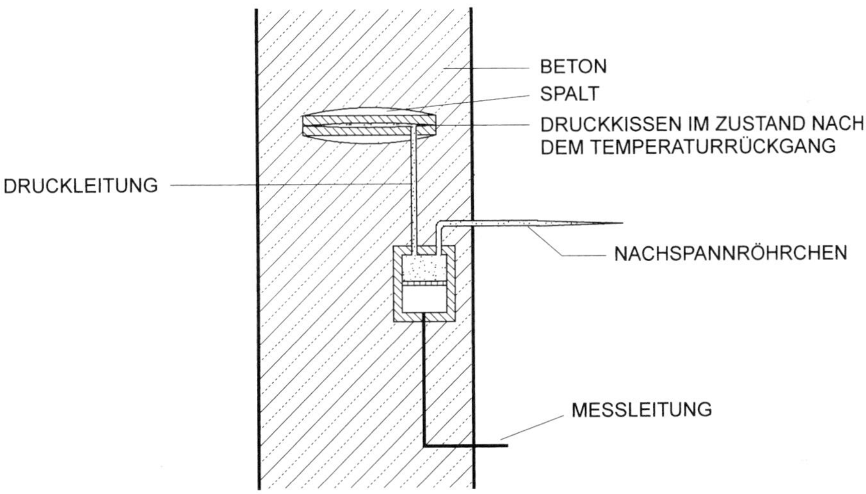

Bild 12 Betonspannungsgeber mit Nachspannröhrchen.

Beim Abbinden des Betons tritt stets Hydratationswärme auf, die auch auf das Druckkissen wirkt. Dieses weitet sich auf und verformt den noch nicht ausgehärteten Beton plastisch. Mit fortschreitendem Abbinden geht die Temperatur zurück und die Höhe des Druckkissens verringert sich. Es bleibt meist ein Schrumpfspalt zurück. Dieser muss durch Nachspannen des Druckkissens geschlossen werden.

Wenn Spannungsgeber in dickwandige Betonteile eingebaut wurden und diese bereits soweit abgebunden haben, dass ein Messvorgang sie nicht bleibend verformt, kann das weitere Abbinden des Betons durch Messungen beobachtet werden. Fällt der Messwert des Gebers deutlich ab und kann dies nicht mit Besonderheiten des Baugeschehens erklärt werden, so ist davon auszugehen, dass sich zwischen dem Druckkissen und dem Beton ein Schrumpfspalt ausgebildet hat und der Spannungsgeber nachgespannt werden sollte (s. Abschn. 7). Eine Wiederholung des Nachspannens kann erforderlich sein.

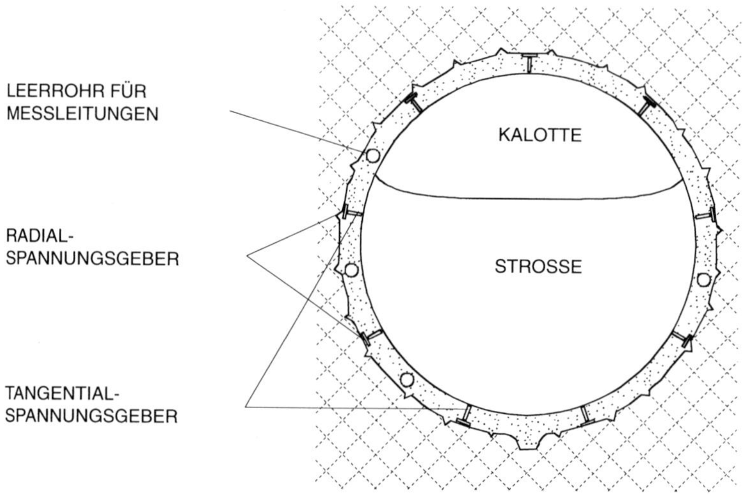

Bild 13 Tunnelmessquerschnitt mit Radial- und Tangentialspannungsgebern.

6.4 Herstellung von Spannungsmessquerschnitten

Im Felshohlraumbau werden Spannungsmessquerschnitte meist mit einer Vielzahl von Spannungsgebern eingerichtet. Diese dienen, z. B. in der Auskleidung von Hohlraumquerschnitten, der Beobachtung von Spannungsverteilungen (s. Bild 13).

Die Messleitungen von den Spannungsgebern zur Sammelmessstation müssen vor mechanischer Beschädigung geschützt werden. So ist bei der Planung und Ausführung von Messquerschnitten zu bedenken, dass der Ausbruch und die Sicherung von Felshohlräumen meist im Teilvortrieb erfolgen (z. B. vorauseilender Kalottenvortrieb, nachfolgender Strossenvortrieb). Die Messleitungen müssen deshalb so verlegt werden, dass sie durch die Vortriebsarbeiten nicht beschädigt werden können. Innerhalb der Betonauskleidung können die Messleitungen in Leerrohren verlaufen.

Bei benachbarten Ausbauabschnitten unterschiedlicher Steifigkeit, z. B. beim Wechsel von Stahlbogenbewehrung zu Mattenbewehrung oder bei Querschnittsänderungen, kann es zur Konzentration der Spannungen auf die steiferen Querschnitte kommen. Allgemein sollten Messquerschnitte daher in ausreichendem Abstand von solchen Übergängen angeordnet werden. Bei Abständen von mehr als zwei Ausbruchsdurchmessern ist die Beeinflussung vernachlässigbar gering.

7 Durchführung der Messungen

Unmittelbar nach dem Einbau der Spannungsgeber, d. h. noch vor dem Auftragen bzw. Einbringen des Betons ist eine Funktionsprüfung aller eingebauten Geber durchzuführen. Hierbei ist festzustellen, ob der Messwert des Gebers p_G, unter Berücksichtigung der hydrostatischen Druckdifferenz zwischen der Einbau- und der

Messstelle p_H sowie dem Druckverlust in der Leitung p_L, dem Vorspanndruck p_V, des geschlossenen Systems entspricht (s. Abschn. 5 und Tab. 1).

$$p_G = p_V + p_H + p_L \tag{1}$$

Nachdem der Beton soweit abgebunden hat, dass er beim Messvorgang durch die geringfügige Aufweitung des Druckkissens keine bleibende Verformung erleidet, kann die Referenzmessung durchgeführt werden. Der dabei ermittelte Referenzdruck, p_0, ist der erste, mit dem vollständig eingebauten Spannungsgeber gemessene Wert. In den Folgemessungen werden die Drücke p_i bestimmt. Die zu ermittelnde Spannungsänderung $\Delta\sigma$ ergibt sich aus der Druckdifferenz als

$$\Delta\sigma = p_i - p_0 \tag{2}$$

Spannungen sind in der Dimension MPa entsprechend MN/m^2 anzugeben. Es sind Spannungsänderungen $\Delta\sigma < 0$ möglich; sie weisen auf eine verminderte Einspannung des Druckkissens hin.

Zur Nachspannung von Betonspannungsgebern wird das Nachspannröhrchen mit einer Abquetschzange vom äußeren Ende her schrittweise gequetscht und die jeweilige Spannungsänderung gemessen. Dies wird fortgeführt, bis aus den Messergebnissen ein linearer Druckanstieg erkennbar ist und zumindest der Referenzdruck p_0 erreicht ist. Der nach dem Nachspannen gemessene Geberdruck stellt für die Folgemessungen den korrigierten Referenzdruck $p_{0\ korr}$ dar.

In der Regel wird bereits bei der Planung die zeitliche Abfolge der Messungen festgelegt. Sie richtet sich nach dem Ablauf der Bauarbeiten und orientiert sich am Messzweck. Die Messungen sind möglichst immer von derselben mit der Messtechnik vertrauten Person und entsprechend den Anweisungen des Geräteherstellers durchzuführen. Die Messgeräte müssen im zeitlichen Abstand von ca. 12 Monaten kalibriert werden. Vor jedem Messzyklus ist das Messgerät zu überprüfen.

Die Messungen können manuell oder automatisch erfolgen. Zum manuellen Messen wird ein tragbares Gerät an eine Sammelmessstation angeschlossen. Die Drücke der verschiedenen Spannungsgeber können dann nacheinander gemessen werden (s. Anwendungsbeispiel). Automatische Messsysteme, die ständig mit einer oder mehreren Sammelmessstationen verbunden sind, erlauben Fernabfragen mit kurzen Messintervallen, elektronische Datenerfassung und Alarmfunktionen.

Nach jeder Messung ist zu überprüfen, ob gegenüber der vorherigen Messung signifikante Veränderungen der Messwerte eingetreten sind bzw. die gemessenen Werte aus dem Bauablauf erklärlich sind. Falls an der Richtigkeit der Messung Zweifel bestehen, ist der technische Zustand der Messgeräte zu prüfen (z. B. Verschmutzung von Leitungen) und die Messung zu wiederholen.

Bei Handmessungen sind die Messergebnisse vor Ort in vorbereitete Protokolle einzutragen. Bei Tunnelbauten ist in jedem Messquerschnitt auch die Gesteins- bzw. die Betontemperatur zu messen und zu protokollieren. Ferner ist der Bauzustand in Stichworten im Messprotokoll anzugeben. Zur Interpretation der Ergebnisse von Spannungsänderungsmessungen sind im Tunnelbau auch noch folgende Angaben wertvoll:

- Öffnung von Trennflächen, Verschiebung in Scherzonen sowie andere geotechnische Besonderheiten, die auf Spannungsänderungen im Gebirge schließen lassen
- Beobachtung von Unterprofilen, Auflockerungs- und Störungszonen
- Risse in Betonauskleidungen (Rissbreite, Risslänge, Relativbewegungen)
- Überbeanspruchung von Sicherungsmitteln, z. B. Felsnägeln oder -ankern, Stahlbögen, Keilen, Verzugsblechen o. Ä.
- Veränderungen in der Bergwasserführung

8 Auswertung und Darstellung der Ergebnisse

Unmittelbar nach den Messungen sollte noch auf der Baustelle eine erste Auswertung erfolgen. Diese Sofortauswertung ist so zu gestalten, dass eine Plausibilitätsprüfung möglich ist. Werden Unstimmigkeiten oder Fehler festgestellt, so sind die Messungen umgehend zu wiederholen.

Die Sofortauswertung beinhaltet die Ermittlung der Spannungsänderung $\Delta\sigma$ gemäß Gl. (2), die Eintragung dieser Werte in Tabellen sowie ihre Darstellung in Diagrammen. Hierbei sind für jeden Spannungsgeber die Spannungsänderungen in Abhängigkeit von der Zeit aufzutragen. Zusätzlich sind in den Tabellen und Diagrammen die Besonderheiten des Bauablaufs (z. B. Strossenvortrieb durchfährt Messquerschnitt) in Stichworten zu vermerken. Werden Spannungsänderungen in vergleichbaren Positionen eines Messquerschnitts gemessen, so sind alle an einem Termin gemessenen Spannungsänderungen in einem Diagramm aufzutragen. Bei Felshohlraumbauten hat sich z. B. die in den Bildern 15a und 15b dargestellte Form bewährt [3].

Baubegleitende Messungen von Spannungsänderungen sind besonders nützlich, wenn sie entsprechend dem vorgesehenen zeitlichen Ablauf des Messprogramms regelmäßig und zuverlässig durchgeführt, formgerecht protokolliert und so rasch als möglich ausgewertet werden. Während der Laufzeit des Messprogramms sollten stets baubegleitende Ingenieurleistungen vorgesehen werden, damit eine sachverständige Auswertung und Interpretation der Messergebnisse, insbesondere für eventuell notwendige Sofortmaßnahmen gewährleistet ist.

9 Dokumentation

Spannungsänderungsmessungen im Fels oder an Felsbauwerken werden üblicherweise in mehreren Schritten dokumentiert. Nach dem Einbau der Spannungsgeber erfolgt zunächst kurzfristig die erste Teildokumentation. Sie sollte von demjenigen erstellt werden, der die Messungen durchgeführt bzw. verantwortlich betreut hat. Sie beinhaltet eine genaue Beschreibung der eingebauten Gebertypen und Messwerterfassungsgeräte, einen Bericht über die Installation der Spannungsgeber, einschließlich ihrer Raumlage und Orientierung, eine Beschreibung des Auflagermediums und der verwendeten Abgleichmittel, Angaben zur Befestigung der Spannungsgeber sowie eine Dokumentation eventueller Nachspannungen.

Im Tunnelbau hat sich die Erstellung von Teildokumentationen für jeden Messquerschnitt bewährt.

Im Rahmen des Schlussberichts ist die Lage aller eingebauten Spannungsgeber in Übersichts- und Querschnittsplänen darzustellen. Ferner umfasst diese Dokumentation eine vollständige Zusammenfassung aller Messprotokolle sowie die tabellarische und grafische Darstellung der Ergebnisse.

10 Anwendungsbeispiel

10.1 Einbauprotokoll

Baumaßnahme:	Erneuerung Sohlgewölbe Wagenburgtunnel Stuttgart, 1986
Messzweck:	Dauermessprogramm zur Erfassung schwellbedingter Spannungen
Eingebaute Geberarten:	Kontaktspannungsgeber Sohlgewölbe/Gebirge (Radialspannung) Betonspannungsgeber (Tangentialspannung)
Gebertyp:	Ventilgeber, System Glötzl
Messprinzip:	Kompensation an der Membran der Druckmesseinheit
Spannungsgeber:	150 x 250 mm Radialspannungen 100 x 200 mm Betonspannungen (mit Nachspannrohr)
Kissenfüllung:	Hydrauliköl
Messquerschnitte:	Stationen 375 und 409
Lage der Geber:	s. Bilder 14.1 und 14.2
Gebirge:	Sulfatgestein (Gipskeuper), mittelhart, dicht, weitständig geklüftet
Ausgleichsmittel:	Zementmörtel (Radialspannungsgeber)
Geberbefestigung:	Nägel, in Bohrlöcher einzementiert (Radialspannungsgeber), Stahlstäbe, in Bohrlöcher einzementiert (Tangentialgeber)
Betonart und -einbringung:	B 45 (HOZ), Ortbeton, Vibrationsverdichtung
Nullmessungen:	18.11.1986
Nachspannung:	

10.2 Ergebnisse: Station 409

Die Bilder 14 und 15 zeigen die Ergebnisse der Station 409.

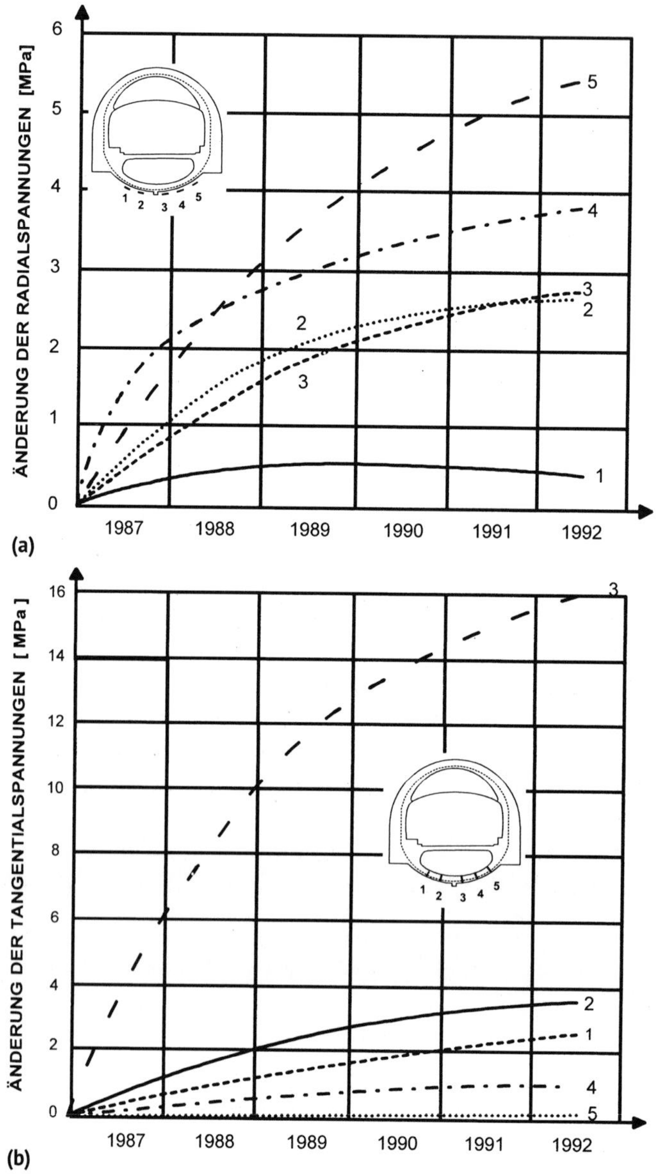

Bild 14 Zeitliche Änderung (a) der Radialspannungen, (b) der Tangentialspannungen im Sohlgewölbe.

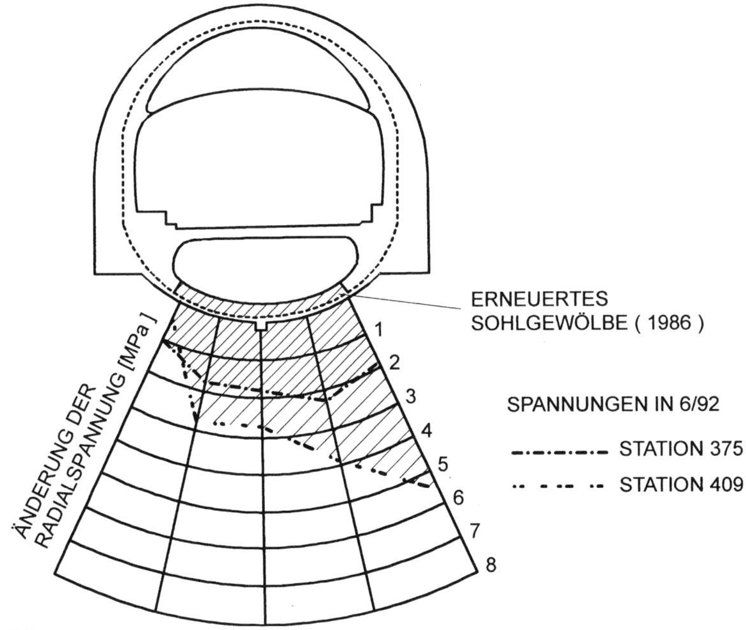

(a)

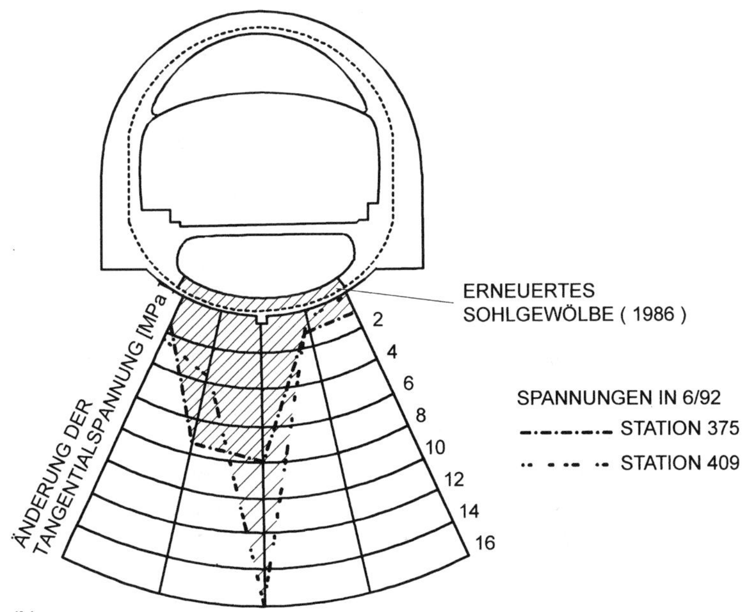

(b)

Bild 15 Räumliche Verteilung (a) der radialen Spannungsänderungen, (b) der tangentialen Spannungsänderungen.

Weiterführende Literatur

1 Kessels, W. (1986). Operational principle, testing, and applications of the AWID-flat jack for absolute stress determinations using voltage measurements. *Rock Mechanics and Rock Engineering* 19: 165–183.
2 Franz, G. (1958). Unmittelbare Spannungsmessung in Beton und Baugrund. *Der Bauingenieur* 33 (5): 190–195.
3 Paul, A. und Wichter, L. (1993). Das Langzeitverhalten von Tunnelbauwerken im quellenden Gebirge – Neuere Meßergebnisse vom Stuttgarter Wagenburgtunnel. Beitrag 10. *Nat. Felsmechanik Symposium*, Aachen. Veröff.: Sonderheft *Geotechnik* 1993, 1–15.

Empfehlung Nr. 20: Zerfallsbeständigkeit von Gestein – Siebtrommelversuch

Peter Herzel

1 Zweck

Der Zerfallsbeständigkeitsversuch dient zur Klassifizierung eines Gesteins hinsichtlich seiner Resistenz gegen mechanischen Abrieb sowie Wassergehalts- und Temperaturänderungen. Mit seiner Hilfe ist eine Prognose des Verhaltens freigelegter Felsflächen (Abwittern von Felsböschungen) und Aussagen zur Veränderung des Gesteins bei Gewinnung, Transport und Ablagerung möglich.

Die vorliegende Empfehlung wurde auf der Basis der von der Internationalen Gesellschaft für Felsmechanik (ISRM) herausgegebenen Empfehlung: „Suggested Methods for Determining Water Content, Porosity, Density, Absorption and Related Properties and Swelling and Slake-Durability Index Properties“ [1, 3] und der ASTM-Norm D4644-87 [9] erarbeitet. Versuchsgerät, Versuchsablauf und Auswertungsverfahren sind identisch.

2 Begriffe

2.1 Verwitterung

Die Verwitterung ist eine Gesteinsveränderung aufgrund verschiedener Einflussfaktoren wie:

- Temperaturänderungen
- Änderung des Wassergehalts
- chemische Einflüsse
- UV-Licht
- biologische Einflüsse

Sie ist für geotechnische Fragestellungen oft von großer Bedeutung, da mit ihr Veränderungen von Gesteinseigenschaften wie Verminderung der Festigkeit oder Erhöhung der Durchlässigkeit verbunden sind. Aufgrund der Vielzahl von Einflüssen ist es nicht möglich, den Prozess der Verwitterung in nur einem Versuch zu modellieren, zumal die in der Natur sehr langsam ablaufenden Prozesse im Labor

Empfehlungen des Arbeitskreises Versuchstechnik Fels, 1. Auflage. Arbeitskreis 3.3 „Versuchstechnik Fels“.

Tab. 1 Überblick über Prüfverfahren und wesentliche Einflussfaktoren auf die Verwitterung von Gestein.

Verwitterungseinfluss/ Laborversuch	Temperatur-änderung	Wechselnde Wassergehalte	Chemische Einflüsse	Mechanischer Abrieb	Frost
Wasserlagerung (DIN 4022-1) [4]		×			
Trocknungs-Befeuch-tungs-Zyklen	×	×			
Zerfallsbeständigkeit E20 AK 3.3	×	×		×	
Frost-Tau-Wechsel mit Tausalz* (DIN 52104) [6]	×		×*		×
Kristallisationsversuch (DIN 52111) [8]			×		
Sonnenbrand-untersuchung (DIN 52106) [7]	×	×			

deutlich beschleunigt werden müssen. Einen Überblick über die wichtigsten Einflussfaktoren der Verwitterung und die Zuordnung zu Untersuchungsverfahren gibt Tab. 1.

2.2 Zerfallsbeständigkeit

Zerfallsbeständigkeit im Sinne dieser Empfehlung ist die Resistenz eines Gesteins gegenüber den Faktoren

- mechanischer Abrieb,
- wechselnde Wassergehalte und
- Temperaturänderung.

Sie wird durch den Index der Zerfallsbeständigkeit I_d ausgedrückt.

3 Prüfeinrichtung

Die Apparatur zur Untersuchung der Zerfallsbeständigkeit besteht aus einer Trommel, einem Trog und einem Motorantrieb (siehe Bild 1).

Die Trommel, mit einem Durchmesser von 140 mm und einer Länge von 100 mm, ist an ihrer Mantelfläche als Maschensieb mit einer Öffnungsweite von 2 mm, gemäß DIN ISO 3310/1 [10], ausgebildet. Sie muss temperaturbeständig (105 °C) und aus abriebfestem Material gefertigt sein.

Der Trog, in den die Trommel eingehängt wird, muss ihre freie Drehbarkeit um die horizontale Achse erlauben. Dabei muss zwischen Trommel und Trogboden ein

Bild 1 Apparatur zum Siebtrommelversuch.

Freiraum von 40 mm sein, und der Trog muss sich bis 20 mm unter die Trommelachse mit Wasser befüllen lassen. Die Drehzahl des Motorantriebs muss 20 Umdrehungen pro Minute betragen und über einen Zeitraum von 10 min auf 5 % genau eingehalten werden.

Außerdem wird eine Waage mit einer Kapazität von 3000 g und einer Messgenauigkeit von +0,25 g benötigt. Der Ofen zum Trocknen der Probe muss den Anforderungen aus DIN 18121 [5] genügen.

4 Proben

4.1 Prüfbare Gesteine

Die Untersuchungen eignen sich für alle Gesteinsarten, insbesondere jedoch solche mit mäßiger bis schlechter Kornbindung oder starker Entfestigung (z. B. Tonsteine, Tonschiefer, Sandsteine). Ungeeignet ist der Versuch für gut wasserlösliche Gesteine (z. B. Salzgestein). Sollte die Korngröße im Gesteinsverband 2 mm überschreiten, so ist dies im Versuchsprotokoll zu vermerken.

4.2 Probenvorbereitung

Das Probenmaterial für den Zerfallsbeständigkeitsversuch kann aus Schürfen oder Kernbohrungen stammen. Die entnommene Probe ist bei 105 °C bis zur Massenkonstanz zu trocknen. Danach werden zehn repräsentative Einzelstücke mit mehr oder weniger runder Form und einer Masse von 40 bis 60 g sowie einer Gesamtmasse von 450 bis 550 g entnommen. Sollten derartige Stücke nicht vorhanden sein, so können sie durch Zerkleinern mittels Hammer hergestellt werden. Besitzen Gesteinsstücke scharfe Kanten, so sind diese vor Versuchsbeginn nach Möglichkeit abzurunden, eventuell anhaftende Staubpartikel sind mit einer geeigneten Bürste zu entfernen.

5 Versuchsdurchführung

Zunächst ist die gereinigte und getrocknete Trommel zu wiegen und die Masse m_T auf dem Prüfprotokoll (siehe Bild 2) zu vermerken. Danach werden die zehn vorbereiteten Gesteinsstücke in die Trommel gegeben, diese verschlossen und gewogen. Die Ausgangsmasse $m_{d0} + m_T$ ist zu ermitteln und ebenfalls auf dem Protokoll zu vermerken. Die so vorbereitete Trommel wird in den Trog gehängt und mit dem Antrieb verbunden. Danach wird der Trog bis 20 mm unter die Trommelachse mit Was-

Zerfallsbeständigkeit nach E20 (AK 3.3 DGGT)	Labor Nr.: ________

Datum ___.___._____ Name ____________ Bauvorhaben ____________

Gestein: __________ Behälter Nr.: ______ Farbe: __________

m_T [g] : _____.___ $m_{do}+m_T$ [g] : _____.___ m_{do} [g] : _ _____.___

Zyklus (i)	Datum Tag.Mon.	Uhrzeit h. min.	$m_{di}+m_T$ [g]	m_{di} [g]	$I_{di} = \frac{m_{di}}{m_{do}} \cdot 100$ [%]
1	__.__	__.__			
2	__.__	__.__			
3	__.__	__.__			
4	__.__	__.__			
5	__.__	__.__			
6	__.__	__.__			

visuelle Beurteilung der Gesteinsstücke nach dem Versuch:

1 ☐ Gesteinsstücke unverändert
2 ☐ Gesteinsstücke gerundet
3 ☐ Gesteinsstücke teilweise zerfallen
4 ☐ Gesteinsstücke völlig zerfallen

Wasser:

☐ Deionat
☐ Leitungswasser
☐ Bergwasser

Bemerkung: ________________________

Bild 2 Prüfprotokoll.

ser (üblicherweise Deionat mit einer Temperatur von $T = 20\,°C$) gefüllt. Die Art des verwendeten Wassers ist im Prüfprotokoll zu vermerken. Die Trommel muss nun 200-mal innerhalb von 10 min rotieren. Die Zeit ist auf 0,5 min genau einzuhalten. Nach der Entnahme der Trommel aus dem Trog wird diese bis zur Massenkonstanz getrocknet. Durch erneutes Wiegen wird die Masse $m_{d1} + m_T$ ermittelt und in das Prüfprotokoll eingetragen. Nach dem Austausch des Wassers im Trog kann mit dem Einhängen der Trommel der nächste Zyklus beginnen. In der Regel sind sechs Zyklen durchzuführen. Nach dem letzten Zyklus ist die Trommel zu reinigen und zu Kontrollzwecken zu wiegen.

Sollte eine Probe aufgrund ihrer äußerst geringen Zerfallsbeständigkeit schon nach weniger als sechs Zyklen einen Massenverlust von $\geq 70\,\%$ erleiden, so kann der Versuch abgebrochen werden.

Nach Beendigung des Versuchs sind die in der Trommel verbliebenen Gesteinsstücke einer visuellen Beurteilung zu unterziehen. Dabei ist die folgende Klassifizierung vorzunehmen (s. Protokoll):

1. unverändert
2. abgerundet
3. teilweise zerfallen
4. völlig zerfallen

6 Versuchsauswertung, Darstellung und Bewertung der Ergebnisse

6.1 Auswertung

Aus den nach den einzelnen Zyklen i aufgezeichneten Gesamtmassen der Trommel mit Probe $m_{di} + m_T$ ist durch Abzug der Trommelmasse m_T die Trockenmasse der Gesteinsprobe m_{di} zu ermitteln. Der Index der Zerfallsbeständigkeit I_{di} für die einzelnen Zyklen ergibt sich aus

$$I_{di} = \frac{m_{di}}{m_{d0}} \cdot 100 \quad [\%]$$

mit

m_{di} Trockenmasse der Gesteinsprobe nach Zyklus i
m_{d0} Trockenmasse der Gesteinsprobe vor Versuchsbeginn

6.2 Darstellung und Bewertung der Ergebnisse

Zur Bewertung von Gesteinen hinsichtlich ihrer Zerfallsbeständigkeit wird in der Regel der Index nach dem zweiten Zyklus herangezogen. Dieser wird als Zerfallsbeständigkeitsindex I_d angegeben. Im Falle von Gestein mit geringer Zerfallsbeständigkeit, bei dem I_{d2} nicht mehr bestimmbar ist, kann auch I_{d1} benutzt werden. Bei extrem zerfallsbeständigem Material kann zur Bewertung I_{d6} herangezogen werden.

Tab. 2 Zerfallsbeständigkeit in Anlehnung an *Gamble* (1971) [2].

Zerfallsbeständigkeitsindex I_d [%]	**Zerfallsbeständigkeit**
> 98	Zerfallsresistent
95–98	Sehr hoch
85–95	Hoch
60–85	Mittel
30–60	Niedrig
< 30	Sehr niedrig

Jede Abweichung von der Regel muss bei der Ergebnisangabe besonders vermerkt werden.

Die Darstellung der Versuchsergebnisse erfolgt in einem Diagramm. Der Zerfallsbeständigkeitsindex wird über der Zyklenzahl aufgetragen. Mit dem Ergebnis sind folgende Angaben zu liefern:

- eventuelle Abweichung von Empfehlung
- Daten der Probenahme
- Gesteinsansprache
- Art der Probe

Für die Klassifikation von Gestein anhand des Zerfallsbeständigkeitsindex I_d empfiehlt sich das in [2] von *Gamble* vorgestellte Schema (siehe Tab. 2).

7 Anwendungsbeispiel

Bei der Erkundung einer Tunneltrasse sollen die anstehenden mesozoischen Sedimentgesteine (Kalk- und Sandsteine aus dem unteren Muschelkalk bzw. dem oberen Buntsandstein) hinsichtlich ihrer Veränderung durch Gewinnung und Transport im Hinblick auf eine Verwendung als Dammschüttstoff bewertet werden. Dazu wurden Zerfallsbeständigkeitsversuche durchgeführt. Die Ergebnisse sind in Bild 3 (Ergebnis für vier Proben) dargestellt.

Labornummer/Symbol	A07017 / ⊕	A49017 / +	A49062 / X	A70536 / Y
Bohrung - Schurf	BK 15	8737.00	8740.00	6011.09
Tiefe (m) von	75.00	7.00	5.80	75.20
bis	75.30	7.20	5.90	76.00
Probenart	Kernstück	Kernstück	Kernstück	Kernstück
Gestein	KST/DST	f-mSST,t	SST,t	f-mSST
Farbe	beige	hellgrau	gelbgrau	hellgrau
Zerfallsbeständigkeitsindex				
I_{D1} (%)	99.2	54.0	74.7	79.2
I_{D2} (%)	**98.9**	**21.0**	**47.3**	**61.6**
I_{D3} (%)	98.6	.4	27.3	46.0
I_{D4} (%)	98.4		14.0	33.2
I_{D5} (%)	98.2		4.5	24.1
I_{D6} (%)	98.0			

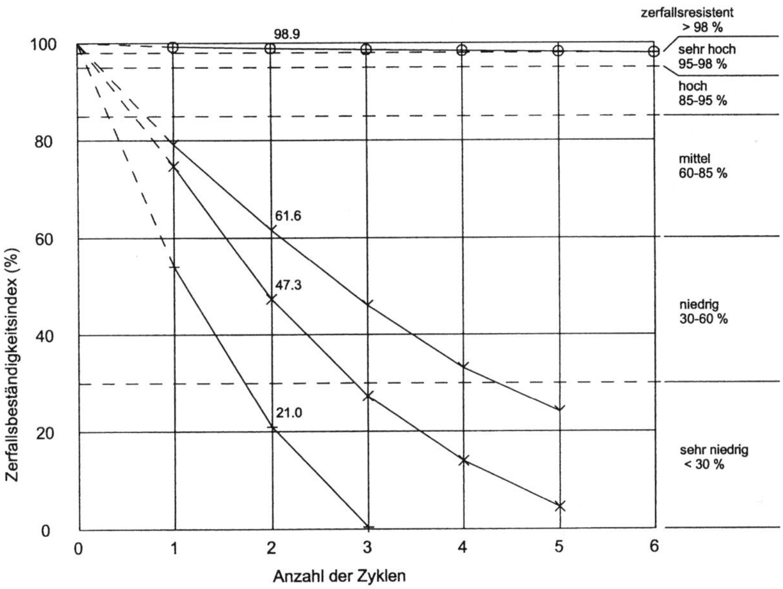

visuelle Beurteilung der Gesteinsstücke nach dem Versuch:

unverändert:	☒	☐	☐	☐
gerundet:	☐	☐	☐	☒
teilweise zerfallen:	☐	☐	☒	☐
völlig zerfallen:	☐	☒	☐	☐

NBS Erfurt - Leipzig/Halle

Bibratunnel

Bild 3 Zerfallsbeständigkeit nach Empfehlung Nr. 20 DGGT.

Literatur

1 ISRM (1979). Suggested Methods for Determining Water Content, Porosity, Density, Absorption and Related Properties and Swelling and Slake-Durability Index Properties, *International Journal of Rock Mechanics & Mining Sciences & Geomechnical Abstracts*, Vol. 16, No. 2, S. 141–156.

2 Gamble, J.C. (1971). *Durability-plasticity classification of shales and other argillaceous rocks*. Dissertation. University of Illinois.

3 Franklin, I.A. und Chandra, R. (1972). The Slake – Durability Test. *Int. J. Rock Mech. Min. Sci.* 9: 325–341.

4 DIN 4022, Teil 1, 1987-09 (1987). *Baugrund und Grundwasser, Benennen und Beschreiben von Boden und Fels.*

5 DIN 18121-1, Teil 1, 1998-04 (1998). *Untersuchung von Bodenproben – Wassergehalt – Bestimmung durch Ofentrocknung.*

6 DIN 52104, Teil 1, 1982-11 (1982). *Prüfung von Naturstein, Frost-Tau-Wechsel-Versuch, Verfahren A bis Q.*

7 DIN 52106, 1994-08 (1994). *Prüfung von Naturstein und Gesteinskörnungen, Untersuchungsverfahren zur Beurteilung der Verwitterungsbeständigkeit.*

8 DIN 52111, 1990-03 (1990). *Prüfung von Naturstein, Kristallisationsversuch.*

9 ASTM D4644-87 (1998). *Standard Test Method for Slake Durability of Shales and Similar Weak Rock*, (Reproved 1998).

10 ISO 3310-1, 2000-07 (2000). *Analysensiebe – Anforderungen und Prüfungen – Teil 1: Analysensiebe mit Metalldrahtgewebe.*

Empfehlung Nr. 21: Verschiebungsmessungen quer zur Bohrlochachse – Inklinometer- und Deflektometermessungen

Helmut Bock und Axel Paul

1 Zweck und Anwendungsgebiet

Inklinometer und Deflektometer sind Messgeräte, mit denen die *quer* zur Achse eines Bohrlochs gerichteten Komponenten der Gebirgsverschiebungen gemessen werden. Sie ergänzen damit das Extensometer, das für die Messung der Verschiebungskomponente *längs* einer Bohrlochachse konzipiert ist (s. Empfehlung Nr. 15). Durch den kombinierten Einsatz von Extensometern und Inklinometern bzw. Deflektometern können ebene und räumliche Verschiebungen des Gebirges erfasst werden.

Die Messergebnisse dienen der Überwachung des Verformungszustands und der Standsicherheit von Felsbauwerken während und nach dem Bau, der Überprüfung geotechnischer Annahmen und der Ergebnisse von Standsicherheitsberechnungen sowie in besonderen Fällen auch der Ermittlung von Gebirgskennwerten. Beispiele hierfür sind die Messung von Verschiebungen im Verformungsbereich von Felsböschungen, von Felsgründungen und von Felshohlraumbauten sowie von Verbau- und Sicherungsmitteln wie Betonpfählen und Stützwänden. Inklinometer- und Deflektometermessungen werden fernerhin zur Qualitätssicherung von Bohrarbeiten durchgeführt. Beispiele hierfür sind Vertikalitätsprüfungen von Pendellotbohrungen im Talsperrenbau, die Vermessung von Horizontalbohrungen im Gefriertunnelbau sowie die Verlaufsmessung von Ankerbohrungen.

Zweck dieser Empfehlung ist es, das Messprinzip und die verschiedenen Messgeräte zu beschreiben und die Kriterien hinsichtlich Einsatzmöglichkeiten, Auswertung und Messgenauigkeit darzustellen. Die Empfehlung bezieht sich auf einen Einsatz in Bohrlöchern im Fels. Die sinngemäße Anwendung der Empfehlung auf Bohrlöcher im Lockergestein, auf Bauwerksteile und auf Oberflächenbereiche ist möglich, sollte im Einzelfall aber überprüft und ggf. ausdrücklich vereinbart werden.

Empfehlungen des Arbeitskreises Versuchstechnik Fels, 1. Auflage. Arbeitskreis 3.3 „Versuchstechnik Fels".

2 Grundlagen, Begriffe und Messprinzip

2.1 Mechanische Grundlagen und Bezugssystem

Verschiebungen können als vektorielle Größen dargestellt werden. Ein Verschiebungsvektor lässt sich in einem gewählten Koordinatensystem eindeutig in seine Komponenten zerlegen. Umgekehrt kann aus der Bestimmung einzelner Komponenten der Verschiebungsvektor eindeutig bestimmt werden. Letzteres ist die Vorgehensweise bei der allgemeinen Bestimmung der Gebirgsverschiebungen durch Bohrlochmessungen. Dabei wird ein rechtshändiges kartesisches Koordinatensystem gewählt, dessen Ursprung im Bohrlochmund liegt und dessen Koordinatenachsen x, y und z durch die Raumstellung des Bohrlochs vorgegeben und entsprechend Bild 1 definiert sind.

In Tab. 1 sind die verschiedenen Messgeräte zusammengestellt, mit denen die entsprechenden Verschiebungskomponenten u, v und w des Bohrloch-Koordinatensystems bestimmt werden können.

Für Verschiebungsmessungen quer zu Bohrlochachse werden demnach Inklinometer und Deflektometer eingesetzt. Andere für Bohrlochverlaufsmessungen konzipierte Messgeräte (z. B. Kreiselkompass-, Magnet- und Multishotsonden) sind für Verschiebungsmessungen in der Regel nicht ausreichend genau und werden im Rahmen dieser Empfehlung nicht behandelt.

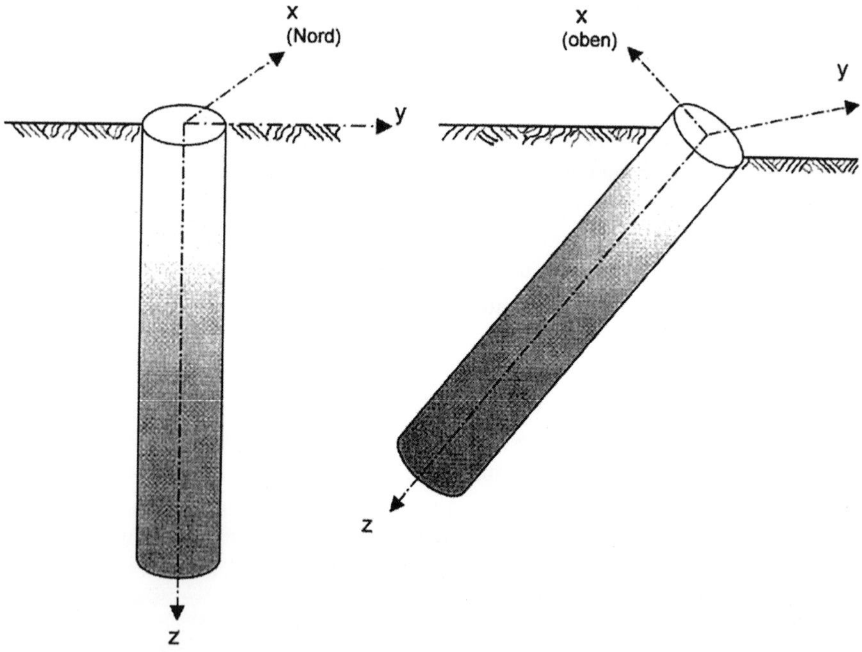

Bild 1 Definition des Bohrloch-Koordinatensystems bei einer Vertikalbohrung (links) und bei einer Horizontal- oder Schrägbohrung (rechts).

Tab. 1 Messgrößen und Messgeräte zur Ermittlung von Gebirgsverschiebungskomponenten in Bohrlöchern.

A Für Vertikalbohrungen

Bohrlochkoordinate Achse Richtung (+)		Verschiebungskomponente	Bezug zur B.L.-Achse	Messgröße … … zur Ermittlung der Verschiebungskomponenten	Übliches Messgerät …
x	Geodätisch Nord	u	Quer	Neigungsänderung einer Bohrloch-Referenzlänge	Vertikal-Inklinometer
y	Osten (E)	v	Quer	Neigungsänderung einer Bohrloch-Referenzlänge	Vertikal-Inklinometer
z	Bohrlochfuß	w	Längs	Abstandsänderung von zwei Messpunkten	Extensometer

B Für Horizontal- und Schrägbohrungen

Bohrlochkoordinate Achse Richtung (+)		Verschiebungskomponente	Bezug zur B.L.-Achse	Messgröße … … zur Ermittlung der Verschiebungskomponenten	Übliches Messgerät …
x	Oben	u	Quer	Neigungsänderung einer Bohrloch-Referenzlänge	Horizontal-Inklinometer Deflektometer
y	Horizontal	v	Quer	Richtungsänderung einer Bohrloch-Referenzlänge	Deflektometer
z	Bohrlochfuß	w	Längs	Abstandsänderung von zwei Messpunkten	Extensometer

Aus Tab. 1 ist ersichtlich, dass die Verschiebungen quer zur Bohrlochachse durch die zwei Komponenten u und v bestimmt sind. Bei ihrer Bestimmung ist es aus messtechnischen Gründen erforderlich, zwischen einer Vertikalbohrung und einer Horizontal- oder Schrägbohrung zu unterscheiden.

2.2 Begriffe

Wie beim Extensometer, so kann auch beim Inklinometer und Deflektometer zwischen stationären (= fest in das Bohrloch eingebauten) und mobilen Messgeräten (= *Bohrlochsonden*) unterschieden werden. Dabei werden jedoch die mobilen Messgeräte mit der Kurzbezeichnung gekennzeichnet („Inklinometer" bzw. „Deflektometer"). Die im Bohrloch eingebauten Versionen gelten als Sonderformen und werden üblicherweise mit dem Zusatzbegriff „Messkette" charakterisiert (s. dazu Bild 3).

Im Folgenden sind einige Begriffe zusammengestellt, die für die vorliegende Empfehlung von Bedeutung sind.

Deflektometer
Bohrlochsonde, bestehend aus zwei Stangen, die über ein Kugelgelenk miteinander verbunden sind (oft auch als *Knickwinkelsonde* bezeichnet).

Das Deflektometer dient der zweiachsigen Vermessung von Schräg- und Horizontalbohrungen. Messgrößen sind die Winkel γ und δ der zwei Deflektometerstangen zueinander. Der Winkel γ wird in der xz-Ebene (Vertikalebene), der Winkel δ in der yz-Ebene des Bohrlochs gemessen (s. Bild 1; rechts). Durch Wiederholungsmessungen können die Änderungen der Winkel bestimmt und daraus die relativen Verschiebungen quer zur Bohrlochachse ermittelt werden. In vertikalen Bohrungen wird statt eines Deflektometers üblicherweise ein → Vertikalinklinometer verwendet.

Deflektometermesskette
Kettenförmig aneinandergereihte Deflektometer-Messelemente, die in ein Bohrloch eingebracht und in ihm verspannt werden (stationäres Messgerät).

Jedes Messelement i misst die Winkel γ_i und δ_i zwischen den beiden unmittelbar angrenzenden Deflektometerstangen.

Einachsiges Inklinometer
→ Inklinometer mit nur einem eingebauten elektrischen → Neigungsgeber.

Einachsige Inklinometer sind bei → Horizontalinklinometern, nicht jedoch bei → Vertikalinklinometern üblich.

Horizontalinklinometer
Sonde zur einachsigen Vermessung von Horizontal- und Schrägbohrungen.

Bestimmungsgröße ist die Neigung der Bohrlochachse. Eine Vermessung der Richtung der Bohrlochachse ist mithilfe des Horizontalinklinometers grundsätzlich nicht möglich. Durch Wiederholungsmessungen werden die Änderungen der Neigung bestimmt sowie die in der Vertikalebene auftretende Verschiebungskomponente quer zur Bohrlochachse ermittelt.

Inklinometer
Bohrlochsonde mit einem oder zwei elektrischen → Neigungsgebern.

Das Inklinometer dient der Bestimmung des Neigungsverlaufs von Bohrungen. Je nach Ausrichtung der in der Sonde installierten Neigungsgeber unterscheidet man zwischen einem → Vertikal- und → Horizontalinklinometer. Im engeren Sinne wird unter dem Begriff „Inklinometer" eine Sonde zur zweiachsigen Vermessung von Vertikalbohrungen verstanden (→ Vertikalinklinometer).

Inklinometermesskette
Kettenförmig aneinandergereihte Neigungsmesselemente, die in ein Bohrloch eingebracht und in ihm verspannt werden (stationäres Messgerät).

Jedes Messelement misst die in seinem Bereich auftretende Änderung der Neigung der Bohrlochachse. Zweiachsige Inklinometermessketten sind für Vertikalbohrungen, einachsige Messketten für beliebig geneigte Bohrungen geeignet.

Inklinometernutrohr
Spezielle Bohrlochverrohrung zur hochgenauen, reproduzierbaren Ausrichtung von Bohrlochsonden, insbesondere von → Inklinometern.

Inklinometernutrohre weisen auf ihrer Innenseite üblicherweise vier Laufnuten zur Führung von Bohrlochsonden auf. Sie sind in verschiedenen Ausführungen (Material, geometrische Abmessungen, Art der Übergänge und Muffen etc.) erhältlich.

Knickwinkelsonde
Alternative Bezeichnung für ein → Deflektometer.

Neigungsgeber
Elektrischer Aufnehmer nach Art eines geführten Pendels.

Messgröße ist die Winkelabweichung gegenüber der Lotrechten. Bei Inklinometersonden werden als Neigungsgeber in der Regel hochwertige Beschleunigungsaufnehmer verwendet. Diese sind mit ihrer Pendelachse bei → Vertikalinklinometern parallel zur Sondenachse, bei → Horizontalinklinometern normal zur Sondenachse fest eingebaut.

Vertikalinklinometer
Sonde zur zweiachsigen Vermessung von Vertikalbohrungen.

Bestimmungsgrößen sind die Neigungen der Bohrlochachse in zwei normal zueinanderstehenden Ebenen. Durch Wiederholungsmessungen werden die Änderungen der Neigungen bestimmt sowie die Verschiebungskomponenten quer zur Bohrlochachse (also die horizontal gerichteten Verschiebungskomponenten) ermittelt.

Zweiachsiges Inklinometer
→ Inklinometer mit zwei in zueinander senkrechten Ebenen eingebauten elektrischen → Neigungsgebern. Üblich bei → Vertikalinklinometern; unüblich bei → Horizontalinklinometern.

2.3 Messprinzip

Die Messprinzipien unterscheiden sich je nach Art der Messaufgabe.

2.3.1 Messung des Verlaufs von Bohrungen

Zur Vermessung des Verlaufs von Bohrungen werden mobile Inklinometer bzw. Deflektometer eingesetzt. Dabei wird die Bohrung mit der jeweiligen Sonde schrittweise abgefahren, wobei jeder Messschritt der Messlänge L des Instruments (auch als „Messbasis" bezeichnet) entspricht. In der Praxis sind Messlängen von $L = 0{,}5\,\mathrm{m}$

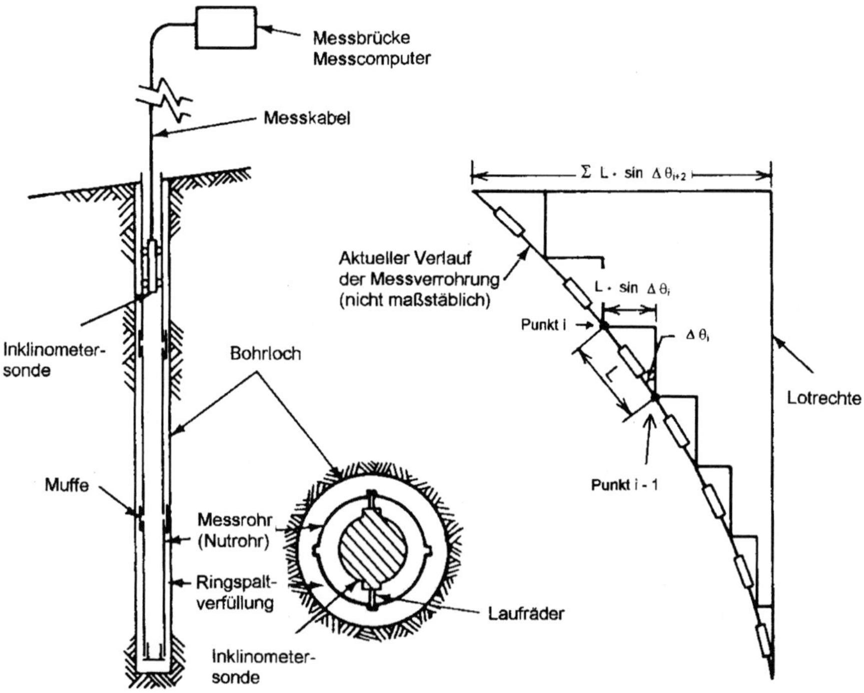

Bild 2 Messsystem (links) und Auswerteprinzip (rechts) eines Vertikalinklinometers (nach ISRM, 1981).

und $L = 1{,}0\,\text{m}$ üblich. Bei jedem Messschritt werden folgende Winkelmessungen durchgeführt:

a) bei der Bohrlochvermessung mit dem Inklinometer
   - Neigungswinkel α der Sonde (Sondenlage A; s. dazu auch Bild 5)
   - Neigungswinkel β der Sonde (Sondenlage B) (nur bei → zweiachsigen Inklinometern)

b) bei der Bohrlochvermessung mit dem Deflektometer
   - Winkel γ der zwei Gelenkstangen zueinander (in xz-Ebene; s. Bild 1, rechts)
   - Winkel δ der zwei Gelenkstangen zueinander (in yz-Ebene; s. Bild 1, rechts)

Die jeweiligen, mit jedem Messschritt gemessenen Winkel werden als Polygonzug von einem Referenzpunkt unter Berücksichtigung der Messlänge L aufgetragen (Bild 2). Dabei wird üblicherweise entweder der Bohrlochmund oder der Bohrlochfuß als Referenzpunkt gewählt. Als Bezugsrichtung des Polygonzugs dient die Anfangsrichtung des Bohrlochs. Beim Vertikalinklinometer ist diese Anfangsrichtung durch die Art der Messung (Neigungsmessung mit Bezug zur Lotrechten) eindeutig vorbestimmt. Beim Deflektometer jedoch ist dies nicht der Fall. Der mittels Deflektometermesssungen ermittelte Verlauf des Bohrlochs kann demzufolge nur *relativ zur Anfangsrichtung* sein, es sei denn, dass diese anderweitig (z. B. geodätisch) bestimmt wird.

2.3.2 Messung von Gebirgsverschiebungen

Zur Ermittlung von Gebirgsverschiebungen quer zur Bohrlochachse werden sowohl mobile als auch stationäre Inklinometer bzw. Deflektometer eingesetzt. Im Prinzip werden *relative Querverschiebungen* benachbarter Messpunkte mithilfe von Winkeländerungsmessungen bestimmt. Dabei ergeben sich die zwischen zwei benachbarten Punkten i und $i-1$ auftretenden relativen Querverschiebungskomponenten Δu_i bzw. Δv_i aus der jeweiligen Winkeldifferenz $\Delta\theta_i$ bzw. $\Delta\rho_i$ der Folgemessung i_{F} zur Nullmessung i_0 (Bild 2):

$$\Delta \mathrm{u}_i = \mathrm{l}_i \cdot \sin \Delta\theta_i \qquad (1)$$

$$\Delta \mathrm{v}_i = \mathrm{l}_i \cdot \sin \Delta\rho_i \qquad (2)$$

mit:

l_i gegenseitiger Abstand der Messpunkte i und $i-1$

Für mobile Sonden gilt:

$$l_i = l_{i-1} = l_{i-2} = \cdots = l_1 = \text{„Messbasis“ } L \qquad (3)$$

$$\Delta\theta_i = \theta_{i\mathrm{F}} - \theta_{i0} \qquad (4)$$

θ entweder Inklinometerrichtung α oder Deflektometerrichtung γ

$$\Delta\rho_i = \rho_{i\mathrm{F}} - \rho_{i0} \qquad (5)$$

ρ entweder Inklinometerrichtung β oder Deflektometerrichtung δ
Index „0“ = Nullmessung bzw. Bezugsmessung
Index „F“ = Folgemessung

Die *absoluten* Querverschiebungskomponenten u_i und v_i der einzelnen Messpunkte i werden durch Aufsummierung der relativen Querverschiebungskomponenten Δu_i und Δv_i bestimmt. Dabei wird der Punkt, von dem aus die Aufsummierung erfolgt, „Referenzpunkt“ genannt. Es gilt:

$$u_i = \Delta \mathrm{u}_i + \Delta \mathrm{u}_{i-1} + \Delta \mathrm{u}_{i-2} + \cdots \Delta \mathrm{u}_1 + \mathrm{u}_0 = \Sigma\Delta u_i + \mathrm{u}_0 \qquad (6)$$

$$v_i = \Delta \mathrm{v}_i + \Delta \mathrm{v}_{i-1} + \Delta \mathrm{v}_{i-2} + \cdots \Delta \mathrm{v}_1 + \mathrm{v}_0 = \Sigma\Delta v_i + v_0 \qquad (7)$$

mit:

u_0 bzw. v_0 Komponenten der Verschiebung des Referenzpunkts in x- bzw. y-Richtung

Die Ermittlung von u_0 und v_0 des Referenzpunkts ist eine notwendige Voraussetzung zur Bestimmung der absoluten Gebirgsverschiebungen quer zur Bohrlochachse. Wird beispielsweise der Bohrlochfuß als Referenzpunkt gewählt und liegt dieser außerhalb des Einflussbereichs der Gebirgsbewegungen, so ist $u_0 = v_0 = 0$. In diesem Falle wird der Referenzpunkt auch als „Fixpunkt" bezeichnet. Eine zusätzlich durchgeführte geodätische Vermessung des Bohrlochmunds ermöglicht dann eine Kontrolle der Messergebnisse.

Die Ermittlung von u_0 bzw. v_0 des Referenzpunkts ist hinreichend zur Bestimmung der absoluten Querverschiebungen mittels Inklinometermessungen, nicht jedoch für Messungen mit dem Deflektometer. Für Letztere ist die Spezifikation einer weiteren Randbedingung erforderlich. Dazu wird üblicherweise die *Richtung* der Bohrlochachse im Referenzpunkt betrachtet. Ist der Bohrlochmund der Referenzpunkt, werden die erforderlichen Randbedingungen (Anfangsverschiebung sowie ggf. auch Anfangsrichtung im Bohrlochmund) geodätisch bestimmt.

3 Messgeräte

3.1 Allgemeines

Im Folgenden werden die Messgeräte und ihre Bauteile soweit beschrieben, wie es zum Verständnis der Messprinzipien, der Fehlerquellen und der verschiedenen Anwendungsmöglichkeiten von Bedeutung ist.

3.2 Stationäre Messgeräte

Die Hauptbestandteile eines stationären Inklinometer- bzw. Deflektometermesssystems sind:

- Messelement
- Verbindungselement
- Führung und Verspannvorrichtung
- Kabel für Messwertaufnehmer
- Messwerterfassungsgerät
- Erfassungs- und Auswertesoftware

Beim stationären Inklinometer besteht das *Messelement* aus einem Gehäuse, in dem ein oder zwei elektrische Neigungsgeber fest eingebaut sind. Bei zwei Neigungsgebern sind diese in zueinander senkrechten Ebenen angeordnet. Zum Erreichen einer größtmöglichen Genauigkeit sind die Neigungsgeber so einzustellen, dass sie nach dem Einbau der Messelemente in das Bohrloch einen möglichst kleinen Winkelmesswert, keineswegs jedoch einen Wert $> 45°$, anzeigen. Es wird empfohlen, Neigung, Durchmesser und Teufe des mit einem stationären Inklinometer zu bestückenden Bohrlochs beim Hersteller zu spezifizieren.

Beim stationären Deflektometer besteht das Messelement aus einem wasserdicht gekapselten Kugelgelenk, das zwei Distanzrohre miteinander verbindet (Bild 3). Am Kugelgelenk treten zwei voneinander unabhängige Rotationsbewegungen auf. Die damit einhergehenden Winkeländerungen zwischen den Distanzrohren werden durch geeignete elektrische Messwertaufnehmer erfasst (s. Abschn. 3.3.2).

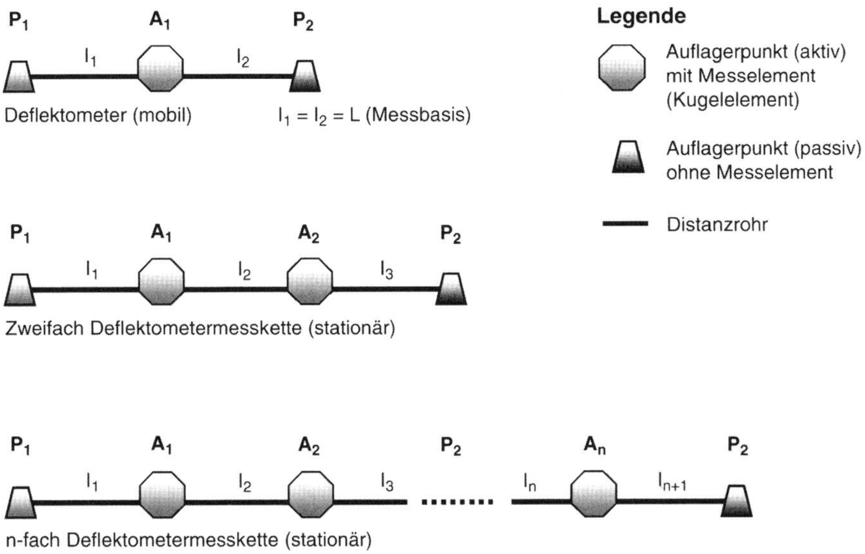

Bild 3 Prinzipieller Aufbau eines mobilen Deflektometers und einer Deflektometermesskette.

Da stationäre Inklinometer und Deflektometer in der Regel über längere Überwachungszeiträume hinweg eingesetzt werden, ist eine angemessene Langzeitstabilität der Gebersignale nachzuweisen. Wird das Gebersignal im Bohrloch digitalisiert, so ist die dazugehörige Elektronik in die Langzeituntersuchung einzubeziehen. Von der Möglichkeit, stationäre Inklinometer oder Deflektometer zu Zwecken der Rekalibrierung zwischenzeitlich wieder auszubauen, sollte nur in Ausnahmefällen Gebrauch gemacht werden.

Beim stationären Inklinometer ist das Verbindungselement auf der einen Seite starr mit dem Gehäuse des Messelements und auf der anderen Seite über ein Gelenk mit dem Gehäuse des nächsten Messelements verbunden. Beim stationären Deflektometer haben die Distanzrohre zugleich auch die Funktion von Verbindungselementen. Verbindungselemente und Messgehäuse müssen korrosionsbeständig und steif ausgelegt sein. An den Gelenken ist jeweils eine Zentrier- und Führungsvorrichtung angebracht, wobei Auflagerpunkte und zugehöriges Gelenk in einer Ebene normal zur Bohrlochachse liegen müssen. In der Praxis haben sich gefederte Wippen, Zentrierkörbe aus Federstahl und statisch bestimmte Auflagerpunkte bewährt. Der axiale Abstand zwischen zwei benachbarten Auflagern ist die Messbasis L. Üblich sind Messbasislängen von 1,0, 2,0 und 3,0 m. Größere Basislängen bereiten zunehmend logistische und technische Schwierigkeiten (z. B. beim Einbau; Richtungstoleranz des Bohrlochs; Durchhängen und Aufliegen der Verbindungselemente an der Bohrlochwandung).

Die Kabel für die Messwertaufnehmer müssen robust und witterungsbeständig sein. Sie verbinden die einzelnen Messelemente mit einer tragbaren Messbrücke oder mit einer stationären automatischen Messwerterfassungsanlage. In Oberflächennähe ist besonderer Wert auf einen angemessenen Überspannungsschutz (Blitzschutz) der gesamten Messanlage zu legen.

3.3 Mobile Messgeräte

Die Hauptbestandteile eines mobilen Inklinometer- bzw. Deflektometermesssystems sind:

- Messsonde
- Führung der Messsonde im Bohrloch bzw. Messrohr
- Messrohr
- Messkabel
- Messwerterfassungsgerät
- Erfassungs- und Auswertesoftware

Von den im Folgenden gegebenen Mindestanforderungen an das Messsystem kann nur in Ausnahmefällen abgewichen werden, wobei Abweichungen für jeden Einzelfall zu begründen sind.

3.3.1 Inklinometer

Das Inklinometermesssystem ist in den Bildern 2 und 4 schematisch dargestellt.

Das Messelement der Inklinometersonde besteht – wie bei den stationären Geräten (s. Abschn. 3.2) – aus einem Gehäuse, in dem ein oder zwei elektrische Neigungsgeber in zueinander senkrechten Ebenen fest eingebaut sind. Beide Einbauebenen liegen in der Sondenlängsachse. Sie werden als Sondenebenen „A" und „B" (streng genommen: „*Az*"- und „*Bz*"-Ebenen) bezeichnet. Die Sondenebenen und die Richtungskonvention der Sondenkoordinaten müssen am Sondenkörper in eindeutiger Weise gekennzeichnet sein (z. B. durch eine abriebfeste Markierung „A^+"). Aus

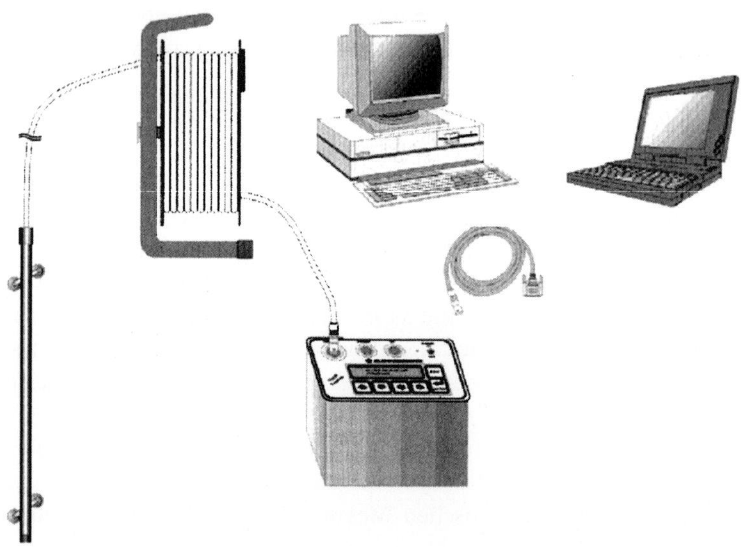

Bild 4 Prinzipieller Aufbau eines Inklinometermesssystems.

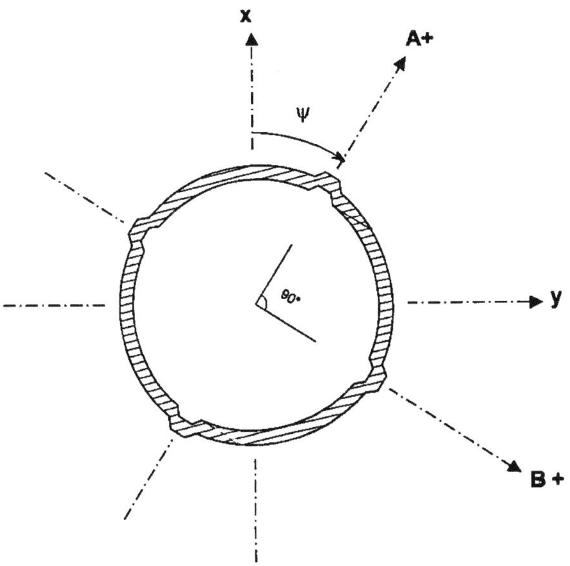

Bild 5 Zur Umrechnung von Gebirgsverschiebungen für den allgemeinen Fall unterschiedlich gerichteter Sonden- und Bohrlochachsen.

den Verschiebungskomponenten a_i und b_i der Messrichtungen A^+ bzw. B^+ können die Verschiebungskomponenten u_i und v_i des allgemeinen Bohrlochkoordinatensystems entsprechend den Gln. (8) und (9) berechnet werden (Bild 5).

$$u_i = \cos\psi \cdot a_i + \sin\psi \cdot b_i \tag{8}$$

$$v_i = \cos\psi \cdot b_i + \sin\psi \cdot a_i \tag{9}$$

mit:

ψ Winkel zwischen der Bohrlochkoordinate x (z. B. geod. Nord) und der Sondenrichtung A+

a_i; b_i Verschiebungskomponenten in den Messrichtungen A^+ bzw. B^+ im Messpunkt i

Eine Bestimmung von Gebirgsverschiebungen mittels Inklinometer erfolgt – wie in Abschn. 2 gezeigt – über eine *Differenzbildung von Neigungsmesswerten*, die in zeitlich versetzten Bohrlochbefahrungen (Null- und Folgemessungen) gewonnen werden. Voraussetzungen zur möglichst genauen Erfüllung einer derartigen Messaufgabe sind eine besonders hohe Qualität des Messsystems und eine sehr gute Reproduzierbarkeit der Sondenmesspositionen im Bohrloch. Hieraus ergeben sich folgende messtechnische Anforderungen:

- Die Inklinometersonde muss mit hochwertigen Neigungsgebern bestückt sein. Bewährt haben sich sogenannte Servo-Beschleunigungsaufnehmer.
- Das Bohrloch ist mit einer speziellen Messverrohrung („Inklinometernutrohre") auszurüsten. Zum Einbau der Nutrohre wird auf Abschn. 4.4 verwiesen. Bewährt

haben sich Kunststoffnutrohre aus ABS oder PVC. Bei der Verwendung von Nutrohren aus Aluminium ist die Korrosionsgefahr zu beachten.

- Die Messsonde muss mit einer Präzisionsführung ausgestattet sein, die der Messverrohrung angepasst ist. Bewährt haben sich Federwippen mit Laufrädern, die in der Sondenebene „A" angeordnet sind. Jedes Inklinometer muss mit zwei derartigen Wippen versehen sein. Ihr Abstand definiert die Messbasis L. Auf die Fertigungsqualität der Federwippen mit einer, auch über längere Zeiträume hinweg konstanten Anpresskraft sowie auf Lauf- und Spielfreiheit der Räder ist besonders zu achten.
- Dient das Aufnehmerkabel zugleich auch als Teufenmaß für die Sonde (sogenanntes „Messkabel"; bei Vertikalinklinometern üblich), so ist auf Längenstabilität und Zugentlastung des Kabels zu achten. Das Kabel muss zudem mit rutsch- und verschleißfesten Teufenmarken mit einem Abstand entsprechend der Messbasis versehen sein. Bewährt hat sich ein stahlgeflechtbewehrtes Neoprenkabel mit aufvulkanisierten Messmarken.

3.3.2 Deflektometer

Zusätzlich zu den in Abschn. 3.2 genannten Winkeländerungsaufnehmern sind Deflektometersonden mit einer Vorrichtung zu versehen, die eine Kontrolle der Sondenrotation um ihre Längsachse ermöglicht. Bei sehr flachen Bohrungen kann diese Kontrolle über ein torsionssteifes Setzgestänge erfolgen. Bei größeren Bohrlochteufen (> 10 m) muss das Deflektometer mit einem geeigneten elektrischen Geber ausgerüstet sein. Mithilfe dieses Gebers und des in Schräg- und Horizontalbohrungen ohnehin notwendigen Setzgestänges ist es auch bei größeren Messteufen möglich, die Messebenen der Deflektometersonde richtungsorientiert entsprechend der Bohrlochkoordinaten (s. Tab. 1) zu positionieren. In diesem Falle erübrigen sich Umrechnungen entsprechend den Gln. (8) und (9).

Auch für das Deflektometer ist die genaue Positionierung der Sonde in den einzelnen Messpunkten und die damit verbundene Reproduzierbarkeit der Messpositionen von ausschlaggebender Bedeutung für die Qualität der Messung. In diesem Zusammenhang sind folgende messtechnische Mindestanforderungen zu berücksichtigen:

- Das Deflektometer muss mit hochwertigen Winkeländerungsaufnehmern bestückt sein. Bewährt haben sich elektro-optische Sensoren, induktive Wegaufnehmer sowie Präzisions-Drehpotenziometer, weniger jedoch Messaufnehmer mittels Dehnmessstreifen und Messdrähte mit kombiniertem induktiven Schrittmotor.
- Als Messverrohrung ist außer einem Inklinometernutrohr auch ein Stahl- oder Kunststoffrohr mit Kreisquerschnitt geeignet, sofern dieses auf seiner Innenseite glatt ausgebildet ist. Als Sondenführungen für innen glatte Messrohre eignen sich statisch bestimmte Dreipunktauflager.

3.4 Genauigkeitsanforderungen und Kalibrierung

Grundsätzlich ist davon auszugehen, dass stationäre Messgeräte höhere Systemgenauigkeiten aufweisen als mobile Messgeräte. Dies ist vor allem darauf zurückzuführen, dass bei den mobilen Messgeräten bei jeder Folgemessung mit der jeweils notwendigen Repositionierung der Sonde in den einzelnen Messpunkten Ungenauigkeiten auftreten. Voraussetzung für die höhere Systemgenauigkeit stationärer Messgeräte ist jedoch, dass deren Messaufnehmer eine hohe Langzeitstabilität aufweisen.

Die Inklinometer- und Deflektometermesssysteme und die Durchführung der Messungen müssen hinsichtlich ihrer Genauigkeit folgenden Mindestanforderungen genügen:

- Auflösung des Messsignals: 0,1 mm/m,
- Genauigkeit der Positionierung einer Teufenmessmarke am Bohrlochmund (und implizit der Messsonde in einem Teufenpunkt): ±5 mm,
- Reproduzierbarkeit des Messsignals bei wiederholter Positionierung in einem Teufenpunkt: ±0,1 mm/L (mit L = Basislänge in m),
- Reproduzierbarkeit einer Messreihe: maximale Abweichung einer integrierten Querverschiebungskomponente in einer 30 m tiefen Bohrung bezogen auf Referenzpunkt:
  a) für Inklinometer ±2 mm,
  b) für Deflektometer ±15 mm.
- Die Reproduzierbarkeit einer Messreihe ist im Zuge der Nullmessung und der Sicherung einer zuverlässigen Referenzbasis (s. Abschn. 5) nachzuweisen.

Zum Nachweis einer ausreichenden Systemgenauigkeit empfiehlt sich eine geodätische Überprüfung der am Bohrlochmund ermittelten integrierten Querverschiebungen, wobei jedoch sichergestellt sein muss, dass das Bohrlochtiefste ein Fixpunkt ist (s. Abschn. 2.3.2). Bei Horizontalinklinometern und Deflektometern kann alternativ ein Strang der Messverrohrung an der Oberfläche ausgelegt werden. Dabei ist auf eine gute Fixierung der Messverrohrung zu achten. Die Überprüfung der durch die Messsonde ermittelten Lage- und Höhenabweichung wird ebenfalls geodätisch vorgenommen.

Stationäre und mobile Messgeräte müssen vor der Auslieferung vom Hersteller kalibriert worden sein. Entsprechende Kalibrierzertifikate sind Teil der erforderlichen Auslieferungsdokumente. Kopien der Kalibrierunterlagen müssen am Einbauort bzw. am Ort der Messdurchführung vorgehalten werden. Mobile Messgeräte müssen in regelmäßigen Abständen rekalibriert werden. Es wird empfohlen, die Kalibrierung entsprechend dem Qualitätssicherungssystem des Herstellers, mindestens jedoch alle zwei Jahre vorzunehmen. Werden vor Ablauf des vorgeschriebenen Wiederholungszeitraums der Kalibrierung einzelne Gerätekomponenten repariert oder ausgetauscht, so ist eine Kalibrierung unmittelbar im Anschluss hieran durchzuführen.

4 Bohrungen für den Einbau der Messketten bzw. der Messverrohrung

4.1 Allgemeines

Die Herstellung von Inklinometer- bzw. Deflektometerbohrungen und der Einbau der entsprechenden stationären Geräte oder Messverrohrungen (für mobile Geräte) sollten nur von erfahrenem und zuverlässigem Personal ausgeführt werden.

4.2 Herstellen des Bohrlochs

Der Durchmesser des Bohrlochs ist abhängig von der Anzahl, Art und Ausführung der stationären Messelemente bzw. vom Durchmesser des zu installierenden Messrohres. Letzterer hängt nicht nur vom Kaliber der einzusetzenden Sonden, sondern auch von geotechnischen Vorgaben wie Betrag, Verteilung und Geschwindigkeit der erwarteten Querverschiebungen ab. Je großkalibriger das Messrohr gewählt wird, umso geringer ist die Gefahr einer frühzeitigen Blockierung der Messverrohrung bei größerer Gebirgsverschiebung. Auf jeden Fall ist der Durchmesser des Bohrlochs mit dem Lieferanten der Messgeräte und Messrohre abzustimmen.

Die Bohrmethode ist im Einzelfall festzulegen. Wenn das Gebirge bereits vorher sehr genau erkundet wurde, können Vollkronenbohrungen ohne Kerngewinn genügen. In der Regel sind jedoch Bohrungen mit durchgehender Gewinnung gekernter Proben vorzuziehen, da sie einen guten Baugrundaufschluss entlang der zu überwachenden Messstrecke ermöglichen und Gebirgsbereiche größerer Verformbarkeit besser identifiziert werden können. Die Bohrungen sind dann nach DIN 4021 auszuführen und zu protokollieren.

Vor dem Einbau der Messgeräte bzw. der Messverrohrung ist das Bohrloch sorgfältig mittels Luft- oder Wasserspülung zu reinigen. Bohrlöcher in nicht standfestem Gebirge müssen ganz oder teilweise verrohrt werden. Die Verrohrung ist beim Einbau der stationären Messgeräte bzw. der Messverrohrung abschnittsweise zu ziehen.

4.3 Einbau der stationären Messgeräte

Der Einbau stationärer Geräte wird in der Regel mithilfe eines leichten, spiel- und torsionsarmen Setzgestänges vorgenommen. Über das Setzgestänge wird das Messgerät im Bohrloch nach Teufe und Richtung positioniert und anschließend fixiert. Letzteres kann entweder durch ein Festklemmen des Setzgestänges am Bohrlochmund oder aber über das Auslösen einer Arretiervorrichtung am Messgerät selbst erfolgen.

Bei Messketten geschieht der Einbau Zug um Zug, wobei in der Regel die einzelnen Messglieder erst während der Einbauarbeiten aneinandergehängt werden. Dabei ist auf eine saubere und möglichst spielfreie Verbindung der einzelnen Messglieder zu achten. Das dem Bohrlochmund nächste Messglied wird über Kugelgelenke mit einem Setzgestänge verbunden, das direkt bis zum Bohrlochmund reicht.

Von hier aus wird die Messkette nach Teufe und Lage positioniert und anschließend durch Verspannen des Gestänges am Bohrlochmund fixiert.

4.4 Wahl und Einbau der Messverrohrung für mobile Sonden

Die Wahl und der Einbau der Messverrohrung sind für die Qualität der Inklinometer- und Deflektometermesssungen von entscheidender Bedeutung. Erfahrungen haben gezeigt, dass Messprobleme häufig auf die Wahl der falschen Messverrohrung und ihren nicht fachgerechten Einbau zurückzuführen sind. Ausführliche Einbaubeschreibungen finden sich in den Herstellerunterlagen sowie in [1]. Diese ersetzen jedoch keineswegs die Notwendigkeit, den Einbau der Messverrohrung mit erfahrenem und zuverlässigem Personal durchzuführen.

Die Messverrohrung wird zunächst in die Bohrung bzw. in die Bohrlochverrohrung eingeführt, wobei bei Vertikalbohrungen ein Einbauseil, bei Horizontal- und Schrägbohrungen Zentrierkörbe aus Kunststoff den Einbau erleichtern. Beim Einbringen von Nutrohren wird üblicherweise versucht, die Richtung einer Nut in Übereinstimmung mit der Referenzrichtung zu bringen („Referenznut"). Bei Vertikalbohrungen ist diese Richtung entweder die allgemeine Referenzrichtung „geodätisch N" oder eine lokal ausgezeichnete Richtung, etwa die Fallrichtung eines Rutschhangs oder generell die Richtung, in der die größten Bewegungen erwartet werden. Bei Horizontal- und Schrägbohrungen ist die Referenznut in Richtung der Bohrlochkoordinatenachse x, also nach „oben" (Bild 1) zu richten. Die genaue Richtung der Referenznut ist geodätisch oder mithilfe eines Kompasses oder Klinometers auf $\pm 3°$ zu bestimmen. Dabei ist zu beachten, dass die Referenzrichtung schon beim Einbau des ersten Rohrschusses eingestellt und im weiteren Verlauf des Einbaus fortlaufend eingehalten wird. Der Versuch, ein eingebautes Messrohr in der Bohrung zu drehen, ist unstatthaft. Bei größeren Messrohrlängen wird empfohlen, die Richtungsgenauigkeit des Nutrohrstrangs messtechnisch zu überprüfen. Dazu können spezielle Kompass- oder Spiralsonden eingesetzt werden.

Der Ringspalt zwischen der Bohrlochwandung und dem Messrohr ist vollständig zu verfüllen. Je nach den jeweils vorliegenden geotechnischen und messtechnischen Bedingungen kommen als Verfüllmaterialien geringfeste Zementmörtel (z. B. „Dämmer" oder Flugaschezement), Zement-Bentonit-Mischungen oder gewaschene Sand-Kies-Gemische in Betracht. Dabei muss das Verfüllmaterial (einschließlich der Messverrohrung) generell biegeweicher als das umgebende Gebirge sein. Mit dem Einbringen der Ringspaltverfüllung ist, soweit vorhanden, die Verrohrung in dem Maße zu ziehen, wie die Höhe der Ringspaltverfüllung ansteigt. Durch eine geeignete Kappe ist sicherzustellen, dass dabei kein Schmutz, Gesteinspartikel oder dergleichen in die Messverrohrung fällt. Einem Aufschwimmen der Messverrohrung wird durch eine Wasserfüllung der Messrohre vorgebeugt. Nach Abschluss der Ringspaltverfüllung ist der Kopf der Messverrohrung zu schützen und durch eine Abschlusskappe zu sichern. Die Referenznut ist gesondert zu kennzeichnen (z. B. durch Einkerbung oder durch eine wasser- und abriebfeste Markierung).

Bei der Wahl und dem Einbau der Messverrohrung ist darauf zu achten, dass insbesondere folgende Maßnahmen ergriffen und damit potenzielle Fehlerquellen vermieden werden.

Ausreichende Abdichtung der gemufften Übergangsstellen der einzelnen Messrohrzüge, einschließlich des Endkappenverschlusses
Andernfalls: Verfüllmaterial kann in das Innere des Messrohrs gelangen und sich auf seiner Innenseite, insbesondere in den Rillen der Nutrohre absetzen. Dies beeinträchtigt die erforderliche hochgenaue Reproduzierbarkeit der Sondenpositionen und macht oft die gesamte Messverrohrung unbrauchbar.

Mögliche Maßnahmen:

a) Mehrmalige und saubere Umwicklung der Muffennähte und Endkappe mit einem Dichtungsband sowie Verkleben der Muffenverbindungen (soweit aus Kunststoff)
b) Wahl von muffenlosen Kunststoffmessrohren mit O-Ring gedichteten Übergängen

Vollständigkeit der Verfüllung des Ringraums zwischen Bohrlochwandung und Messrohr
Andernfalls: Messrohr verbleibt, zumindest bereichsweise, in instabiler Lage, was zu Zufallsergebnissen bei der Sondenmessung führt.

Mögliche Maßnahmen:

a) Aufstellen einer Volumenbilanz zwischen Ringspaltvolumen und Verfüllmaterial
b) Bei Verfüllung mit gering-festem Zementmörtel im aufgelockerten und verkarsteten Gebirge: Einbringen eines Geotextilstrumpfs zur Vermeidung von Zementmörtelverlusten

Der geotechnischen Situation angepasstes Material der Messverrohrung
Andernfalls: Mögliche Korrosionsprobleme bei Aluminiummessrohren durch Einwirkung aggressiver Wässer und durch Kurzschließen von Bodenschichten mit unterschiedlichen elektrischen Potenzialen. Mögliche Maßnahmen:

a) Schutzüberzug über Alu-Messrohre (nicht immer zuverlässig wirksam)
b) Wahl korrosionsbeständiger Kunststoffmessrohre (vorzugsweise aus ABS)

Ausreichende Dimensionierung des Messrohrs bei vergleichsweise großen (> 30 m) Teufen
Andernfalls: Dünnwandige Kunststoffnutrohre können unter dem Druck der im Ringspalt eingebrachten Zementverfüllung kollabieren. Die gesamte Messverrohrung wird unbrauchbar.

Mögliche Maßnahmen:

a) Wahl eines entsprechend dimensionierten Messrohres
b) Abschnittsweises Einbringen und Aushärten der Zementverfüllung in Zügen < 30 m

Ausreichende Verdichtung einer Sand-Kies-Verfüllung
Andernfalls: Nachsacken der Ringspaltverfüllung, insbesondere bei Erschütterungen (z. B. bei nahe gelegenen Sprengarbeiten), verbunden mit einem Aufhängen des nachsackenden Verfüllmaterials an den Muffen, was zum ungewollten Durchbiegen der Messrohre führen kann.

Mögliche Maßnahmen:

a) Bei trockenen Bohrlöchern: während des Verfüllens Durchführung wiederholter Wasserspülungen des Ringspaltes
b) Verwendung von muffenlosen Messrohren
c) Prüfung, ob Verfüllung mit Alternativmaterialien angezeigt ist
   Anmerkung: Es wird empfohlen, eine Sand-Kies-Verfüllung nur in besonderen Fällen (z. B. bei großen Karsthohlräumen im Baugrund) in Betracht zu ziehen.

5 Durchführung der Messungen

In der Regel ist bereits bei der Planung des Messprogramms die zeitliche Folge der Ablesungen festzulegen. Sie wird sich z. B. nach dem Ablauf der Bauarbeiten richten und am Zweck der speziellen Messung orientieren. Insbesondere bei den mobilen Messgeräten sind nach Möglichkeit die Messungen immer von derselben Person und mit derselben Messausrüstung durchzuführen. Die mit der Messung betraute Person sollte über den Zweck der Messungen informiert sein und in Grundzügen die Vorgänge im Gebirge, die mit der Baumaßnahme einhergehen, verstehen. Nach Reparaturen oder Neukalibrierungen ist eine Vergleichsmessung durchzuführen.

Das Messkonzept für stationäre Inklinometer- und Deflektometermessketten beinhaltet in der Regel eine automatische Datenerfassung. Die Messdurchführung beschränkt sich dann im Wesentlichen auf eine kritische Überprüfung der ersten Messdatenreihen bei Inbetriebnahme der Anlage sowie auf eine regelmäßige Plausibilitätsprüfung der Messdaten im Zuge der Auswertung und Darstellung der Ergebnisse.

Bei Messungen mit mobilen Inklinometern und Deflektometern sind aufgrund zahlreicher Fehlermöglichkeiten erhöhte Anforderungen an die Qualität und Zuverlässigkeit des Messpersonals zu stellen. Zu Beginn einer Messung wird die Messsonde so in die Messverrohrung eingebracht, dass die Sondenrichtung A+ mit der Richtung der Referenznut übereinstimmt. Bei jedem Messdurchgang ist die Messverrohrung mindestens zweimal entsprechend den Herstellerrichtlinien zu durchfahren. Eine Ausnahme bildet die Nullmessung, die zur Sicherung einer zuverlässigen Referenzbasis mindestens zwei Messdurchfahrungen, jeweils bestehend aus einer Normal- und Umschlagmessung, umfassen muss. Auf das in Abschn. 2.3.1 beschriebene Erfordernis, wonach jeder Messschritt der Messbasis L entsprechen muss, wird nochmals hingewiesen.

Wie bei geodätischen Präzisionsmessungen ist auch bei Inklinometern und Deflektometern das Umschlagen zur Eliminierung von Nullpunktfehlern der eingebauten elektrischen Aufnehmer unabdingbar. Zwischen den Messdurchgängen ist die Sonde daher in bestimmter Weise zu drehen („umzuschlagen"). Die Art des Umschlagens hängt vom eingesetzten Sondentyp ab. Während das Vertikalinklinometer 180° um seine eigene Längsachse gedreht wird, sind beim Horizontalinklinometer und Deflektometer die jeweiligen Kopf- und Fußpunkte der Sonde zu vertauschen, ohne dabei die Sonde um ihre Längsachse zu drehen („oben" bleibt „oben"). Konstruktiv drückt sich dies in der Weise aus, dass das Vertikalinklinometer üblicherweise mit einem einzigen Stecker für das Messkabel ausgerüstet ist, während Horizontalinklinometer und Deflektometer mit je einem Stecker am Kopf- und Fußpunkt ausgerüstet sind.

Die einzelnen Messpositionen müssen auf ±5 mm genau angefahren werden. Eine Kontrolle der Messposition erfolgt bei Vertikalinklinometern mithilfe des Messkabels, bei Horizontalinklinometern und Deflektometern mithilfe eines Positionierungsgestänges.

Zur Durchführung einer Messung gehört das Führen eines Messprotokolls. Als Basis hierzu können die mit den Benutzerhandbüchern und Software gelieferten Vorlagen der einschlägigen Herstellerfirmen benutzt werden.

6 Auswertung und Darstellung der Ergebnisse

Eine Auswertung der Messung sollte unmittelbar nach der Messung bzw. nach der automatischen Datenerfassung erfolgen. Bei Messungen mit Sonden ist nach jedem Messdurchgang zumindest eine Plausibilitätsprüfung der Messergebnisse und eine Vorauswertung noch auf der Baustelle erforderlich. Hierzu gehört, dass für jeden Messpunkt und jede Messreihe die Einzelwerte von Normal- und Umschlagsmessung addiert werden. Die sich ergebenden Summenwerte („Prüfsumme"; im englischen Sprachgebrauch „Checksums") ermöglichen eine erste Einschätzung der Qualität der durchgeführten Messreihe. Üblicherweise sind die Summenwerte aller Messpunkte einer Messreihe annähernd gleich groß, jedoch in der Regel in systematischer Weise von null verschieden. Größere Abweichungen einzelner Werte deuten auf fehlerhafte Messungen hin, woraufhin die Messreihe umgehend zu wiederholen ist. Das Protokoll oder die elektronischen Datenträger, auf denen die einzelnen Messwerte niedergelegt sind, sind über die gesamte Projektlaufzeit, mindestens jedoch über einen Zeitraum von fünf Jahren aufzubewahren.

Die Auswertung der Messwerte erfolgt sowohl in tabellarischer als auch in grafischer Form. Dabei sind folgende Mindestangaben erforderlich:

a) Für jede Messreihe
   - Projekt (Kurzbezeichnung) und Bezeichnung der Messbohrung
   - Nummer der Messreihe (üblicherweise aufsteigend nummeriert mit jeder Folgemessung)
   - Datum der Messreihe
   - Spezifikation der Referenzmessreihe (üblicherweise Nullmessung) für die Differenzbildung
   - Spezifikation des Referenzpunkts (Bezugsteufe) und seiner Randbedingungen für die Summenbildung
   - Bezug der A+-Richtung zur x-Achse des Bohrlochs
   - Wasserstand im Bohrloch (nur, wenn gleichzeitig als GW-Pegel ausgelegt)

b) Für jeden Messpunkt:
   - Messteufe
   - relative Querverschiebungskomponenten Δu_i und Δv_i entsprechend den Gln. (1) und (2) (Häufig gebrauchte Bezeichnungen: „Differenzbildung" oder „differenzielle Verschiebungen".)
   - absolute Querverschiebungskomponenten u_i und v_i entsprechend den Gln. (6) und (7) und, soweit erforderlich, unter Berücksichtigung der Gln. (8) und (9) (Häufig gebrauchte Bezeichnungen: „Summenbildung" oder „integrierte Verschiebungen".)
   - Betrag und Richtung des Querverschiebungsvektors (= Vektorsumme von u_i und v_i)
   - Summe von Normal- und Umschlagmessung („Prüfsumme")

Anwendungsbeispiele hierzu finden sich in Abschn. 8.

Die Ergebnisse von Inklinometermessungen können durch eine Diagnose und Korrektur systematischer Messfehler mitunter deutlich verbessert werden. Nach [3] werden derartige Messfehler im Wesentlichen durch eine Nullpunktdrift des Neigungsgebers, eine Änderung der Achsenrichtung des Neigungsgebers sowie eine Änderung des scheinbaren Teufenmaßes (z. B. infolge fortschreitender Verkrümmung von Inklinometernutrohren oder Längung/Schrumpfung des Teufenkabels) verursacht. Die Durchführung einer Fehlerdiagnose und Korrektur der Messdaten stellt eine hochwertige Ingenieurleistung dar.

Inklinometer- und Deflektometermesssungen sind für Verschiebungsmessungen quer zur Bohrlochachse nur dann von Nutzen, wenn sie entsprechend dem vorgesehenen zeitlichen Ablauf des Messprogramms regelmäßig und zuverlässig durchgeführt, formgerecht protokolliert und so rasch wie möglich ausgewertet werden. Während der Laufzeit des Messprogramms sollten daher stets baubegleitende Ingenieurleistungen vorgesehen werden und im Leistungsverzeichnis ausgewiesen sein, damit eine sachverständige Auswertung und Interpretation der Messergebnisse, insbesondere für eventuell notwendige Sofortentscheidungen bei kritischen Situationen, gewährleistet ist.

7 Dokumentation

Jedes Inklinometer- und Deflektometermessprogramm ist zu dokumentieren. Zur Dokumentation gehören der Bericht über die Installation der Geräte bzw. der Messverrohrung, die Bohrprotokolle sowie die Beschreibung, technischen Daten und Kalibrierprotokolle der eingesetzten Messgeräte. Die Dokumentation umfasst die vollständige Zusammenstellung der Messprotokolle sowie aller tabellarischen und grafischen Ergebnisdarstellungen. Schließlich sollte im Bericht noch auf Sachverhalte und Beobachtungen hingewiesen werden, die zur Interpretation der Messergebnisse in Abhängigkeit von der Geologie, dem Baugeschehen und den eingesetzten Sicherungsmitteln von Bedeutung sein könnten. Die Dokumentation sollte im Rahmen eines Schlussberichts von demjenigen erstellt werden, der die Messungen verantwortlich betreut hat. In Abstimmung aller Beteiligten kann die Dokumentation teilweise oder vollständig auf elektronischen Datenträgern erfolgen.

8 Anwendungsbeispiele

8.1 Verlaufsmessung einer Vertikalbohrung: Vertikalitätsprüfung einer Schwimmlotbohrung bei einer Talsperre (Bild 6)

Messzweck:	Qualitätssicherung einer Vertikalbohrung. Hat der einzuhängende Lotdraht auch bei Berücksichtigung der zu erwartenden Bewegungen der Talsperre immer einen ausreichenden Abstand zur Bohrlochwandung?
Messgerät:	zweiachsiges Vertikalinklinometer mit Zentrierkörben; $L = 1{,}0$ m, Gerätenummer: 5030 2510-0032.
Bohrlochherstellung:	Kernbohrung, ∅ 146 mm, mit Wasserspülung ohne Verrohrung.
Messverrohrung:	PVC-Verrohrung $\varnothing_i$ 136 mm.
Koordinatenrichtung:	Sondenrichtung A+ in Richtung Wasserseite Talsperre.
Messdurchführung:	4 Messdurchgänge mit jeweils zwei normalen und zwei 180°-Umschlagsmessungen mit automatischer Aufzeichnung. Führung der Sonde mittels torsionssteifem Orientierungsgestänge.
Messauswertung:	grafische Darstellung der Messergebnisse. Dargestellt ist der Verlauf der Bohrlochwandung ② in Bezug zum Lotdraht ①: a) Profilschnitte: *AZ*-Ebene (Bild 6; links) und *BZ*-Ebene (Bild 6; rechts), b) Lageplan (Bild 6; unten): Auslenkung der Bohrlochachse aus der Vertikalen. Dargestellt ist die Lage des Bohrlochs in Teufenabständen von 1,0 m.
Referenzpunkt:	Bohrlochmund im Kontrollgang auf Teufe 25 m.

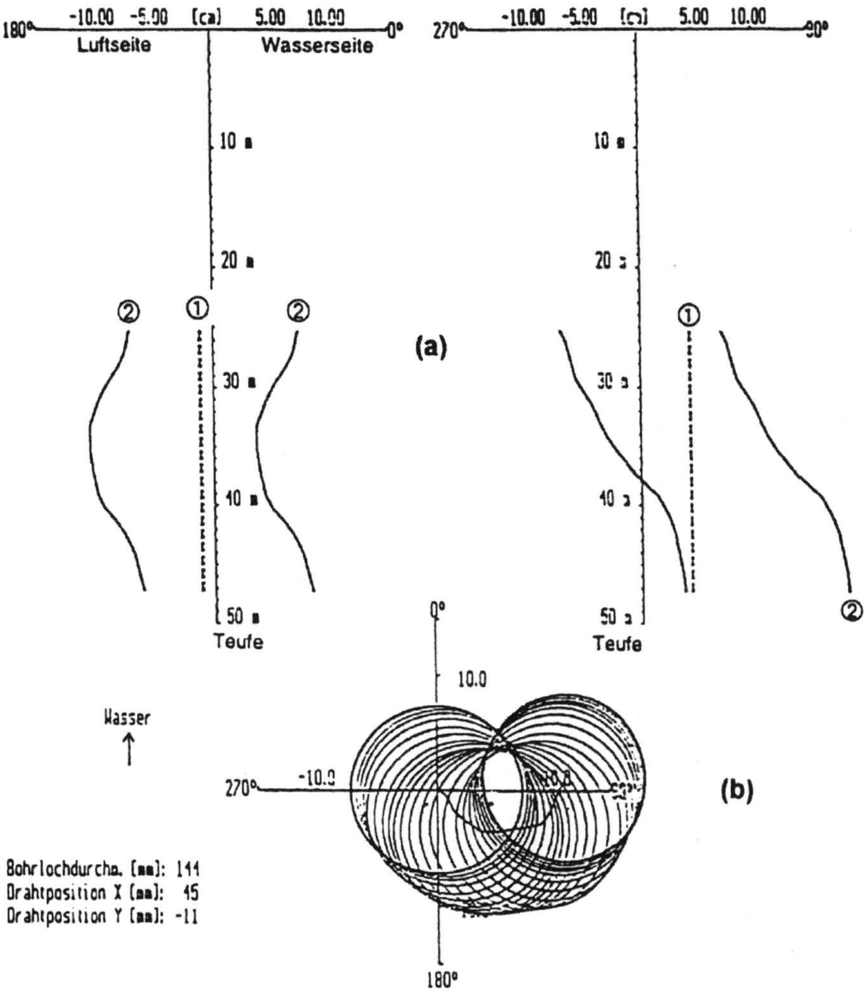

Bild 6 Vermessung einer Schwimmlotbohrung mittels Vertikalinklinometersonde.

8.2 Verlaufsmessung einer Schrägbohrung: Überprüfung der Richtungsgenauigkeit einer Ankerbohrung (Bild 7)

Messzweck:	Qualitätssicherung der Bohrarbeiten zu einer mit 20° aus der Horizontalen nach unten geneigten 56 m tiefen Ankerbohrung. Ist die Forderung einer Ablenkung der Bohrrichtung < 0,5 % eingehalten?
Messgerät:	Deflektometersonde mit Dreipunktauflager; Gerätenummer: 223.1000-002.
Bohrlochherstellung:	Kernbohrung, ∅ 116 mm, mit Luftspülung mit Verrohrung $\varnothing_i$ 104 mm.
Messverrohrung:	Futterrohre $\varnothing_i$ 104 mm; glatte Innenflächen.

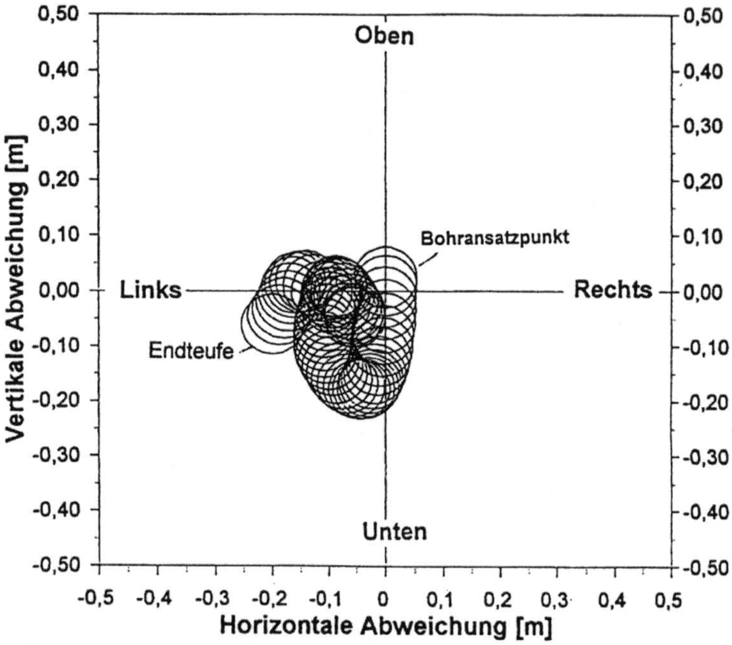

Bild 7 Richtungsabweichung einer 56 m tiefen Ankerbohrung. Bestimmung mittels Deflektometer (Aufsicht auf Bohrlochmund; Messteufenschritte = 1,0 m).

Koordinatenachsen:	Sondenrichtung A+ nach „oben“ Sondenrichtung B+ horizontal nach rechts (vom Bohrlochmund aus gesehen).
Messdurchführung:	Relativmessung in Bezug zur Anfangsrichtung ohne geodätische Einmessung der Koordinaten und der Richtung des Bohrlochmundes. Normaler Messdurchgang mit angeschlossener Umschlagsmessung. Automatische Datenerfassung mittels Messbrücke und Notebook.
Messauswertung:	grafische Darstellung des Verlaufs der Bohrung in Schnitten (nicht dargestellt) und in Aufsicht auf die Bohrung (Bild 7). Dargestellt ist die Lage der Bohrlochverrohrung in Messabständen von 1,0 m.
Referenzpunkt:	Bohrlochmund (Bohransatzpunkt).
Referenzrichtung:	Anfangsrichtung am Bohrlochmund.

8.3 Bestimmung der Horizontalverschiebungen eines Gebirges vor einer Tunnelortsbrust (Bilder 8 und 9)

Messzweck:	Ermittlung der vorauseilenden Gebirgsverschiebungen vor der Ortsbrust eines zwischen zwei bereits bestehenden Tunneln neu aufzufahrenden Tunnels. Gegenseitiger Abstand der bestehenden Tunnel: ca. 15 m.

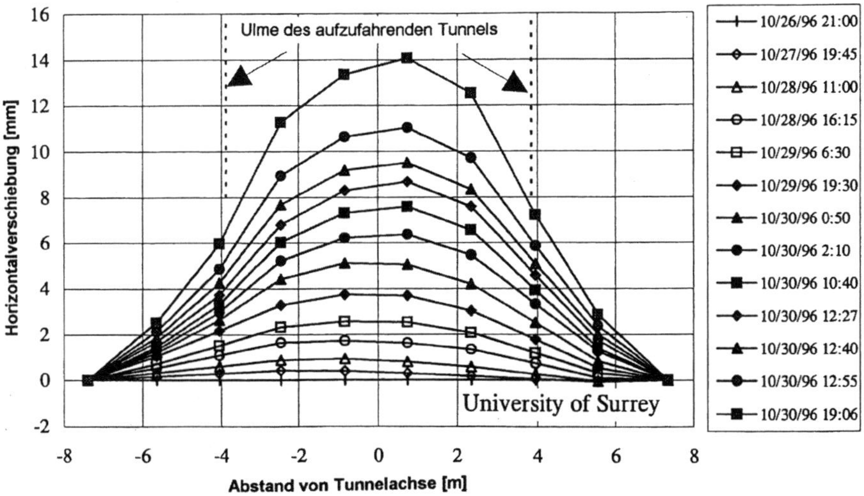

Bild 8 Lageplan mit Darstellung der horizontalen Verschiebungen im Gebirge vor der Ortsbrust eines herannahenden Tunnels. Verschiebungsprofile für verschiedene Zeitpunkte der Annäherung des Tunnels.

Messgerät: neungliedrige Deflektometermesskette; Länge der Messglieder = 1,6 m.
Messaufnehmer: Präzisions-Drehpotenziometer.

Bohrlochherstellung: Horizontalbohrung zwischen den bestehenden Tunneln, ∅ 101 mm (Luftspülung) mit Verrohrung $\varnothing_i$ 89 mm.

Messverrohrung: dünnwandige Messverrohrung (Kreisprofil) $\varnothing_i$ 82 mm; glatte Innenflächen.

Koordinatenachsen: Sondenrichtung A+ nach „oben“, Sondenrichtung B+ horizontal.

Messdurchführung: Absolutmessung der horizontalen und vertikalen Verschiebungsvektoren durch geodätische Einmessung beider Bohrlochmünder. Automatische Datenerfassung.

Messauswertung und Darstellung: Ermittlung der Gebirgsbewegungskomponenten im Verlauf der Annäherung der Tunnelortsbrust an den Messquerschnitt. Grafische Darstellung des Gebirgsbewegungsprofils in Längsschnitten (nicht dargestellt) und im Lageplan (Bild 8). Darstellung der Gebirgsverschiebungen an ausgewählten Punkten in Abhängigkeit von der Zeit und den Tunnelausbruchsphasen (Bild 9).

Referenzpunkte: Bohrlochmund und Bohrlochende

Referenzrichtung: Nicht erforderlich, da Lage der Messkette durch zwei Absolutpunkte (Bohrlochmund und -ende) eindeutig festgelegt ist.

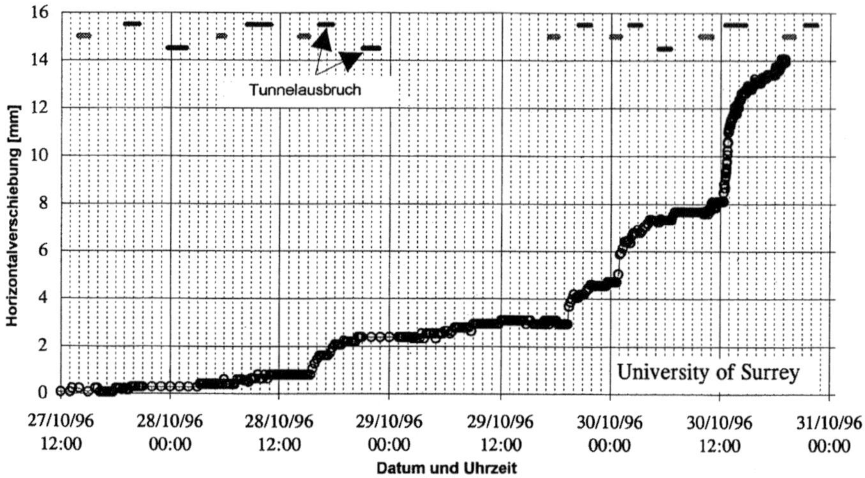

Bild 9 Horizontalverschiebung des in der Tunnelachse gelegenen Messpunkts in Abhängigkeit von der Zeit. Tunnelausbruchsphasen bezogen auf Kalotte (oben), Strosse (Mitte) und Sohle (unten). Die größten Einflüsse gehen vom Kalottenvortrieb aus.

8.4 Verschiebungsmessungen in einem Kriechhang (Bild 10)

Messzweck: Überwachung eines Kriechhangs. Identifizierung von Scherflächen und Ermittlung der Scherverschiebungsgeschwindigkeit.

Messgerät: zweiachsiges Vertikalinklinometer mit Rollenführung; L = 0,5 m,
Gerätenummer: 2097.

Bohrlochherstellung: nach unten geneigte Vertikalbohrung: Kernbohrung, ∅ 146 mm mit Wasserspülung, Verrohrung $\varnothing_i$ 136 mm.

Messverrohrung: ABS Inklinometernutrohre mit Muffen, $\varnothing_i$ 74 mm, $\varnothing_a$ 82 mm.

Endteufe: 18,5 m.

Koordinatenachsen: Sondenrichtung A+ in Fallrichtung des Kriechhangs.

Messdurchführung: Durchführung mehrerer Folgemessungen in Abständen von ca. 2 Wochen. Jede Folgemessung bestand aus je einer normalen und einer Umschlagsmessung. Automatische Datenerfassung.

Messauswertung und Darstellung: Ermittlung der horizontalen Gebirgsverschiebungskomponenten durch Vergleich der Messwerte von Folgemessung und Nullmessung. Grafische Darstellung der relativen („differenziellen“; nicht in Bild 10 dargestellt) und der absoluten („integrierten“) Gebirgsverschiebungen in Schnitten (Profil A = links und Profil B = in Mitte von Bild 10) sowie in Aufsicht (= Lageplan; rechts in Bild 10).

Referenzpunkt: Bohrlochfuß („Fixpunkt“) 16,55 m.

Referenzrichtung: Lotrechte.

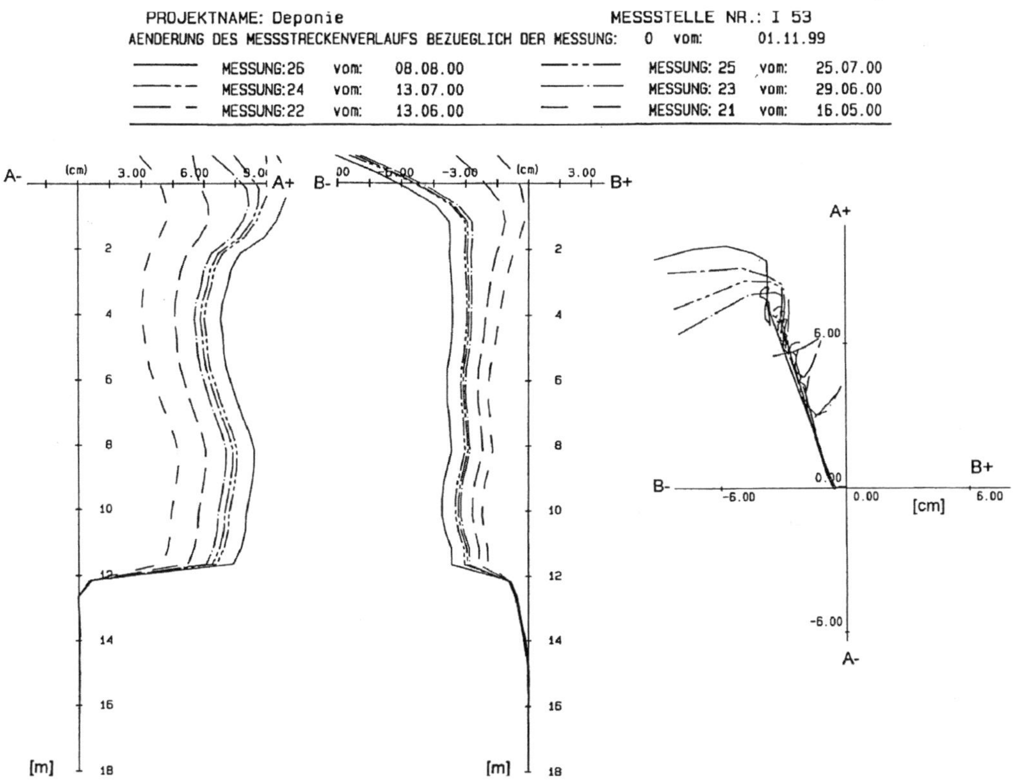

Bild 10 Verschiebungsprofile eines Kriechhangs in Schnitten (Ebene A und B) und im Lageplan (rechts).

Weiterführende Literatur

1. Dunnicliff, J. (1993). *Geotechnical Instrumentation for Monitoring Field Performance.* 2. Aufl. New York: John Wiley.
2. ISRM (1981). Suggested Methods for monitoring rock movements using a probe inclinometer. In: *Rock Characterization Testing and Monitoring; ISRM Suggested Methods* (Hrsg. E.T. Brown). Oxford: Pergamon Press.
3. Mikkelsen, P.E. (2000). Factors influencing accuracy of inclinometer surveys. Proceed. ASCE Geotech. Field Seminar 2000, Seattle (Dept. Civil Eng. Univ. Washington).

Empfehlung Nr. 22: Schlitzentlastungs- und Kompensationsmethode zur Messung der Druckspannungen im Randbereich geotechnischer Bauwerke

Bernhard Fröhlich† *und Michael Schlebusch*

1 Zweck

Zweck dieser Empfehlung ist es, Verfahren und Geräte zur Messung von Druckspannungen in Randbereichen des anstehenden Gebirges oder in Bauteilen so festzulegen, dass Messergebnisse miteinander vergleichbar sind.

Die Messergebnisse dienen der Ermittlung von Spannungen und damit von Belastungskennwerten bei geotechnischen Fragestellungen.

Die vorliegende Empfehlung ersetzt nicht die Empfehlungen Nr. 7 (1984) „Schlitzentlastungs- und Druckkissenbelastungsversuche“ [1] und Nr. 19 (2004) „Messung der Spannungsänderung im Fels und an Felsbauwerken mit Druckkissen“ [2] des AK 3.3 der DGGT und ist auch in der Zielsetzung und Durchführung nicht sinngemäß auf die Empfehlungen Nr. 7 und Nr. 19 übertragbar.

2 Kurzbeschreibung des Verfahrens

Das anstehende Gebirge oder ein Bauteil wird durch die Herstellung eines Sägeschlitzes lokal entlastet. Die Entlastungsverschiebungen werden gemessen. In den Sägeschlitz wird ein formschlüssiges Druckkissen eingebaut, das stufenweise mit Druck beaufschlagt wird und auf diese Weise die Entlastungsverschiebungen kompensiert. Bei einer vollständigen Kompensation ist der Innendruck des Druckkissens ein Maß für die Randnormalspannung am Sägeschlitz.

3 Grundlagen und Begriffe

3.1 Messprinzip

Das Messprinzip beruht auf der Annahme, dass Verformungen, die bei einer lokalen Entlastung eines unter äußeren Druckspannungen stehenden Körpers entstehen, durch eine gleich große lokale Wiederbelastung kompensiert werden. Nahe der Stelle im Körper, an der die Randspannungen gemessen werden sollen, wer-

Empfehlungen des Arbeitskreises Versuchstechnik Fels, 1. Auflage. Arbeitskreis 3.3 „Versuchstechnik Fels“.

den Messstifte angebracht und vor dem Versuchsbeginn wird der Abstand zwischen den Messstiften gemessen. Anschließend wird zwischen den Messstiften ein Sägeschlitz hergestellt und damit der Spannungszustand im Körper verändert (Schlitzentlastung). Die damit verbundenen Verschiebungen werden als Abstandsänderungen zwischen den Messstiften gemessen. In den Sägeschlitz wird ein passgenaues Druckkissen eingeschoben, das durch Innendruck stufenweise belastet und aufgeweitet wird. Die dabei entstehenden Verschiebungen der Messstifte werden gemessen. Der Kissendruck, bei dem der ursprüngliche Abstand der Messstifte wieder erreicht ist (Kompensationsdruck), entspricht der ursprünglichen Randnormalspannung.

3.2 Begriffe

3.2.1 Randspannungen

Als Randspannungen werden oberflächenparallele Spannungen in einem Körper bezeichnet. Sie setzen sich aus zwei Randnormalspannungskomponenten und zwei Randschubspannungskomponenten zusammen, die jeweils richtungsabhängig sind. Randspannungen parallel zu den Hauptspannungsachsen werden als Randhauptnormalspannung bezeichnet.

3.2.2 Entlastungs- und Wiederbelastungsverschiebungen

Wenn ein mit Druckspannungen belasteter Körper durch einen Sägeschlitz entlastet wird, verschieben sich Punkte beiderseits des Schlitzes. Die Entlastungsverschiebungen normal zum Schlitz können zwischen beiderseits des Schlitzes gelegenen Messpunkten bestimmt werden. Bei der Wiederbelastung durch ein Druckkissen im Schlitz entstehen Wiederbelastungsverschiebungen, welche die Entlastungsverschiebungen normal zum Schlitz kompensieren.

3.2.3 Kompensationsdruck

Der Kompensationsdruck ist der Druck, der im Druckkissen herrscht, wenn die Entlastungsverschiebungen im Nahbereich des Sägeschlitzes rückgängig gemacht sind. Im Rahmen dieser Empfehlung haben Druckspannungen und Verkürzungen ein positives Vorzeichen.

4 Versuchseinrichtung

4.1 Druckkissen und Pumpe

Druckkissen bestehen aus zwei Stahlblechen, die an den Rändern druckdicht miteinander verbunden sind und eine Befüllungs- und eine Entlüftungsleitung haben (s. Bild 5). Die hier verwendeten Druckkissen haben die Form eines Kreissegmentes. Ihre Höhe beträgt wenige Millimeter und ist somit sehr gering im Vergleich zu ihrer Länge und Breite. Die Druckkissen werden mit einem dünnflüssigen Hydrauliköl gefüllt.

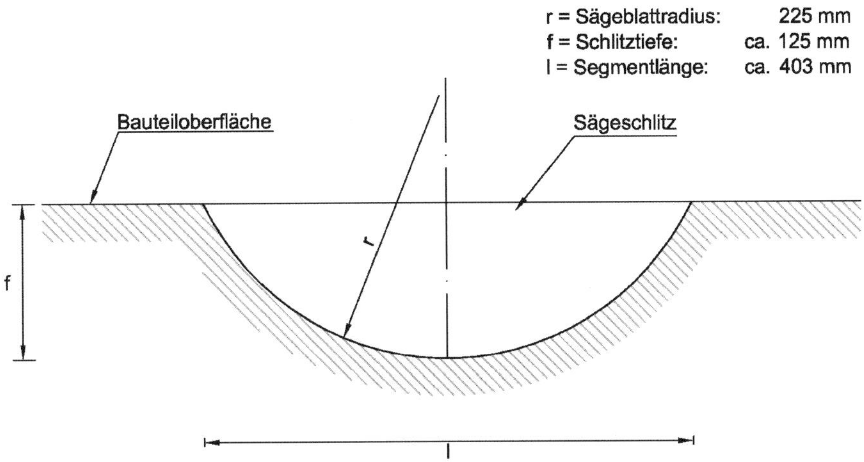

Bild 1 Schnitt durch den Sägeschlitz.

Die Form und die Abmessungen des Druckkissens müssen mit denen des Schlitzes übereinstimmen (siehe Abschn. 5.4). Die Wiederverwendung eines Druckkissens ist nur zulässig, wenn die Abmessungen noch maßhaltig sind und den Vorgaben entsprechen. Eine Anpassung der Öffnungsweite des Sägeschlitzes an ein ausgebauchtes Druckkissen ist nicht zulässig.

Da die Spannungsverteilung im Querschnitt eines Bauteils in der Regel nicht konstant ist, wird angestrebt, nur die Randnormalspannung über eine begrenzte Tiefe zu messen. Hieraus ergibt sich die Forderung nach einem möglichst kleinen Druckkissen. Zur Überbrückung von Inhomogenitäten im Bauteil (z. B. Stein und Mörtel im Mauerwerk, offene Stoßfugen, grobkörniger Beton etc.) wird jedoch ein möglichst großes Druckkissen angestrebt.

Die Abmessungen des Druckkissens werden im Rahmen dieser Empfehlung nicht festgelegt. Für Untersuchungen in Tunnelausbauten haben sich folgende Abmessungen bei Messungen in Mauerwerk und Beton bewährt: Radius des Kreissegmentes: 225 mm; die Segmentlänge an der Oberfläche: 403 mm, die Höhe des Druckkissens: 5,0 mm (s. Bild 1).

Der Kissendruck wird mit einer Pumpe stufenweise aufgebracht. Die Messung des Drucks muss mindestens der Genauigkeitsklasse 1,0 [3] genügen. Die Kapazität des Druckkissens und der Messbereich des Druckaufnehmers sind den zu erwartenden Drücken anzupassen.

4.2 Verschiebungsmesseinrichtung

Die Verschiebungsmesseinrichtung besteht aus Messstiften, die im Bauteil fixiert werden, und einem Abstandsmessgerät.

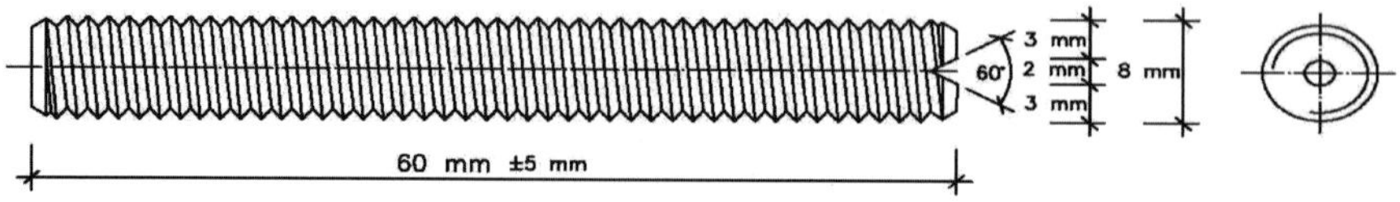

Bild 2 Beispiel für die Geometrie eines Messstifts (z. B. Gewindestab).

4.2.1 Messstifte

Messstifte müssen so ausgebildet sein, dass sie unverschieblich am Messort installiert werden können und das Aufsetzen des Abstandsmessgeräts reproduzierbar erfolgen kann. Folgende Messstiftausführung hat sich bewährt (s. Bild 2):

- Material: Stahl, bei Dauermessstellen mit Korrosionsschutz oder korrosionsbeständig;
- Durchmesser: 8 mm;
- Länge: 60 mm;
- Zentrierbohrung nach [4] am luftseitigen Ende des Stifts, damit das Abstandsmessgerät reproduzierbar aufgesetzt werden kann.

Die Stifte werden ca. 50 mm tief in das Bauteil eingesetzt und ragen somit nur ca. 10 mm heraus. Beim Sägen sowie als Schutz gegen Korrosion, Verschmutzung und mechanische Beschädigung der Zentrierbohrung ist das luftseitige Ende mit einer Kappe zu schützen (s. Bild 5).

4.2.2 Abstandsmessgerät

Als Abstandsmessgerät können elektronische Schieblehren bzw. Setzdehnungsgeber mit einer Ablesegenauigkeit von 1 µm verwendet werden. Ansatzpunkte der Geräte in Form einer Kugel (1,6 mm Durchmesser) gewährleisten ein reproduzierbares Aufsetzen an den Zentrierbohrungen der Messstifte.

Zu Beginn der Messungen sind die Abstandsmessgeräte mittels Invarstäben mit Messpunktabständen entsprechend den Abständen der Messstifte am Bauteil – von z. B. 100 bzw. 250 mm – zu kalibrieren (s. Bild 3). Die Kalibrierung [5] ist nach Abschluss der Messungen zu überprüfen und zu dokumentieren.

5 Versuchsdurchführung

5.1 Anforderungen an den Messort

Zusätzlich zu den in Abschn. 3.1 genannten Anforderungen an das Materialverhalten des Bauteils muss die Messstelle im Bauteil hinsichtlich der Zielvorgabe für die Untersuchungen repräsentativ sein. Die Oberfläche muss im Sinne eines homogenen Spannungsflusses eben sein. Die auf der Oberfläche vorhandenen, lokalen Unebenheiten sollen das Maß von 1 cm nicht übersteigen. Darüber hinaus gehende Abweichungen, soweit sie bauwerksbedingt nicht vermieden werden können, sind bei der Dokumentation der Messungen besonders hervorzuheben.

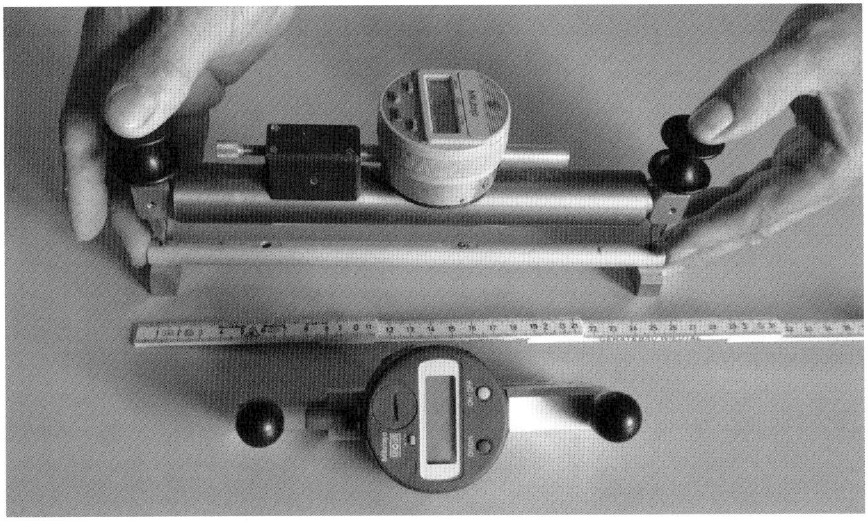

Bild 3 Abstandsmessgeräte und Invar-Kalibrierstab (Quelle: Geotechnisches Ingenieurbüro Prof. Fecker und Partner GmbH).

Messstellen, in deren Einflussbereich erkennbare Fehlstellen (z. B. lokal offene Fugen in Mauerwerk, ausgewaschene Bereiche in Beton etc.) liegen, sind zu meiden. In geringem Umfang lokal unvollständig vermörtelte Stoßfugen im Mauerwerk normal zum Sägeschlitz (z. B. Ziegelsteinmauerwerk) sind bei der empfohlenen Größe der Druckkissen zulässig. Messstellen in hohl klingenden und abschalenden Bereichen sind ungeeignet.

Der Messort und die Orientierung des Sägeschlitzes sind nach dem im Bauteil zu erwartenden Spannungszustand zu wählen. Erforderlichenfalls sind Versuche mit variierten Orientierungen durchzuführen.

5.2 Vorbereitung des Messorts

Am Messort werden beidseitig des späteren Sägeschlitzes sowohl in der Mitte als auch an den Enden insgesamt 4 Messstiftpaare (1a-1b, 2a-2b, 3a-3b, 4a-4b in Bild 4) gesetzt. Die Abstände der Messstifte von 100 bzw. 250 mm haben sich bei den Abmessungen des Druckkissens gemäß Abschn. 4.1 bewährt. Die Anordnung und die Toleranzen sind in Bild 4 angegeben. Die Messstifte werden in das Bauteil fest eingebaut. Werden andere Abmessungen gewählt, dann sollte Strecke 1a-1b etwa 2/3 der Segmentlänge entsprechen.

5.3 Nullmessung

Die Nullmessung des Abstandes der Messstiftpaare erfolgt nach vollständiger Aushärtung der Messstiftfixierung und unmittelbar vor dem Herstellen des Sägeschlitzes.

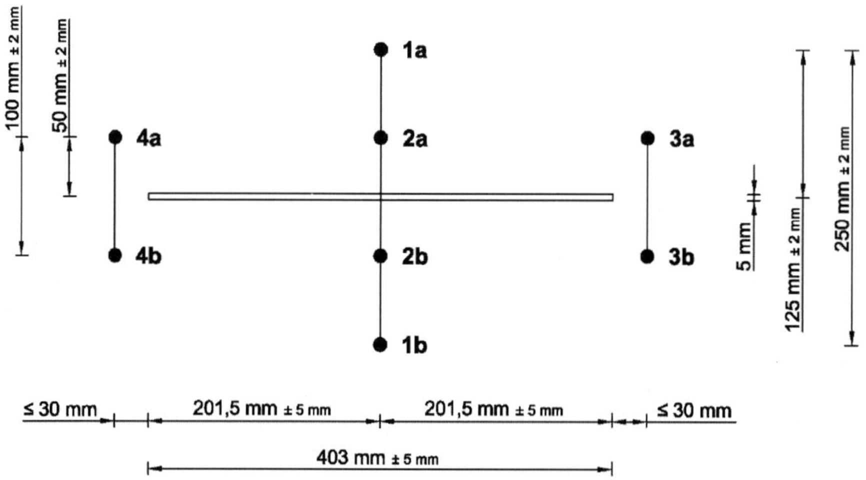

Bild 4 Beispiel einer Messstreckenanordnung.

5.4 Herstellung des Sägeschlitzes

Zur Entlastung des Bauteils ist mittels eines diamantbesetzten Sägeblatts ein kreissegmentförmiger Schlitz herzustellen. Um u. a. die Erwärmung des Bauteils am Schlitzrand gering zu halten, ist möglichst mit Wasser zu spülen.

Der Schlitz muss mittig zwischen den Messstiften liegen und möglichst genau mit den Druckkissenabmessungen übereinstimmen. Hierfür ist es notwendig, dass das Sägeblatt durch eine am Bauteil fixierte Führung normal zur Bauteiloberfläche eingestochen wird (s. Bild 6), ein „Einschwenken“ der Säge ist nicht zulässig.

Bei der Herstellung des Schlitzes ist darauf zu achten, dass die im Bauteil befestigten Messstifte nicht beschädigt werden.

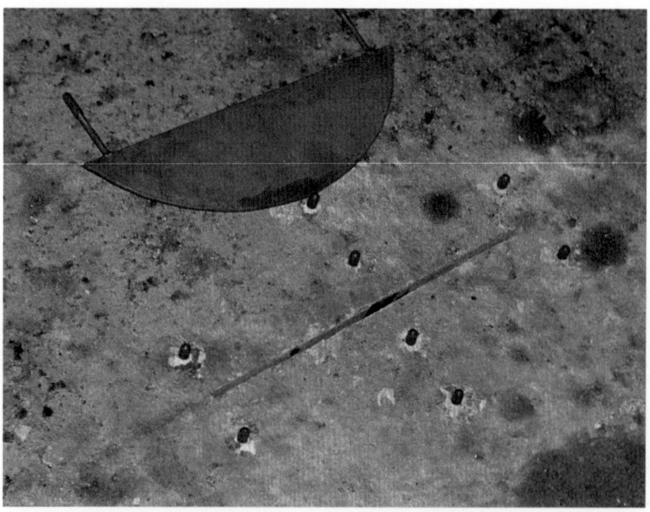

Bild 5 Sägeschlitz, Druckkissen und Messstiftanordnung.

Bild 6 Vorrichtung zum Einstechen des Sägeblatts normal zur Bauteiloberfläche.

5.5 Temperaturmessungen

Vor dem Sägen des Schlitzes und nach Beendigung der Messungen ist die Lufttemperatur im Bereich der Messstelle auf 1 °C Ablesegenauigkeit zu bestimmen und zu dokumentieren.

5.6 Phasen der Messung

Die Messungen nach dieser Empfehlung erfordern folgende Ablesegenauigkeiten:

- Abstände der Messstiftpaare auf 1 µm,
- Längenabmessungen des Sägeschlitzes auf 1 mm,
- Dicke des Druckkissens auf 0,1 mm,
- Kissendrücke auf 0,1 MPa (1 bar) und
- Temperaturen auf 1 °C.

Abweichungen hiervon bedürfen einer Begründung und müssen für Dritte nachvollziehbar dokumentiert werden.

Die Messung gliedert sich prinzipiell in die drei Phasen 0 bis 2 (s. Bild 7).

Phase 0:

0-1: Zunächst werden am ausgewählten Messort vier Messstiftpaare gesetzt. Die Orientierung der Messstiftpaare ist jeweils normal zur Sägeschlitzfläche (s. Bild 4).
Die in Bild 4 dargestellte Messstreckenanordnung enthält jeweils eine Messstrecke von 250 mm (1a-1b) und 100 mm Länge (2a-2b) in der Mitte des Sägeschlitzes und zwei Messstrecken von jeweils 100 mm Länge (3a-3b, 4a-4b) seitlich des Schlitzes.

0-2: Die Lufttemperatur wird gemessen und protokolliert.

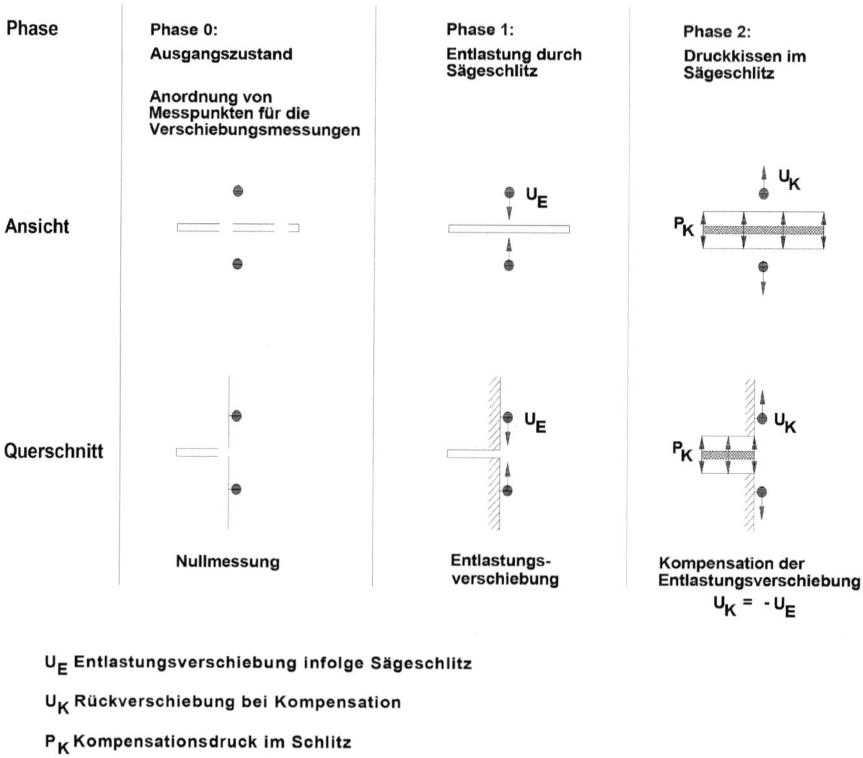

Bild 7 Schematischer Ablauf der Spannungsmessung nach dem Kompensationsverfahren (Quelle: [6] bearbeitet durch Geotechnisches Ingenieurbüro Prof. Fecker und Partner GmbH).

0-3: Die Abstände zwischen den einzelnen Messstiftpaaren werden dreimal gemessen und protokolliert. Mutmaßliche Fehlmessungen sind durch zwei Wiederholungsmessungen zu ersetzen. Das Messergebnis ist als Mittelwert der gültigen Einzelmessungen anzugeben (s. Bild 12). Das Messgerät ist vor und nach diesen Messungen zu kalibrieren (s. Abschn. 4.2).

0-4: Die Messstifte werden durch Abdeckkappen geschützt.

Phase 1:

1-1: Die Sägenhalterung wird angebracht und die Säge wird montiert. Der Sägeschlitz wird durch Einstechen hergestellt und die Säge wird wieder demontiert. Bei hohen Spannungen muss ausreichend langsam gesägt werden, damit es zu keinem Verklemmen des Sägeblattes im Sägeschlitz kommt.

1-2: Die Abstände der Messstiftpaare werden gemessen. Mutmaßliche Fehlmessungen sind durch einen Mittelwert aus zwei Wiederholungsmessungen zu ersetzen.

Das Messgerät ist vor und nach diesen Messungen zu kalibrieren (s. Abschn. 4.2).

1-3: Die Schlitztiefe und die Segmentlänge werden gemessen und dokumentiert.

Phase 2:

2-1: Das Druckkissen wird eingebaut und zur Erzeugung des Kissendrucks an die Pumpe angeschlossen.

2-2: Der erforderliche Kompensationsdruck wird anfänglich in kleinen Stufen bis zum Erreichen der Kompensation aufgebracht. In jeder Druckstufe werden die Abstände der Messstiftpaare bei konstant gehaltenem Druck einmal gemessen und mit dem zugehörigen Druck dokumentiert. Anhand der gemessenen Verschiebungen sind die weiteren Druckstufen bis zur vollständigen Kompensation sinnvoll anzupassen. Wenn die Entlastungsverschiebungen der Messstrecken 1a-1b und 2a-2b kompensiert oder überschritten sind, wird der Kissendruck in ca. 5 Stufen auf ca. 10 % des Kompensationsdrucks reduziert und in annähernd gleichen Druckstufen wieder erhöht. Abschließend wird das Druckkissen vollständig entlastet. Bei jeder Druckstufe werden die Abstände der Messstiftpaare einmal gemessen und dokumentiert. Auffällige Messwerte werden durch den Mittelwert von zwei Wiederholungsmessungen ersetzt. Das Abstandsmessgerät ist nach den Vorgaben von Abschn. 4.2 zu kalibrieren bzw. zu überprüfen.

6 Versuchsauswertung und Darstellung der Ergebnisse

6.1 Versuchsauswertung

Für alle Druckstufen wird der gemessene Kissendruck über der jeweiligen Verschiebung aufgetragen (s. Bild 8). In diesem Druck-Verschiebungsdiagramm wird ebenfalls der Betrag der Entlastungsverschiebung aufgetragen. Der Kompensationsdruck ist derjenige Druck, bei dem der Betrag der gemessenen Verschiebung dem der ursprünglichen Entlastungsverschiebung entspricht.

Änderungen der Temperatur des Bauteiles (z. B. durch Sonneneinstrahlung) während des Versuchs sind zu vermeiden (z. B. Abschattung, zügige Versuchsdurchführung).

Die Auswirkungen nicht vermeidbarer Temperaturänderungen sind zu bewerten.

Für die Versuchsdurchführung und -auswertung werden i. d. R. die gemessenen Verschiebungen der Messstrecke 1a-1b (s. Bild 4) als maßgebend zugrunde gelegt. Durch den Vergleich der erreichten Kompensationsdrücke bei den Messstrecken 1a-1b und 2a-2b können Aussagen über die Zuverlässigkeit der Einzelmessungen und der Homogenität des Bauteils abgeleitet werden. Tritt z. B. eine Auflockerung in einer Mauerwerksfuge neben dem Sägeschlitz auf, so erfordert die Messstrecke 2a-2b ggf. einen höheren Kompensationsdruck. Aus den Verschiebungen an den Messstrecken 3a-3b und 4a-4b können Hinweise auf ggf. irreversible Verformungen bei der Schlitzherstellung infolge Festigkeitsüberschreitungen am Schlitzrand gewonnen werden.

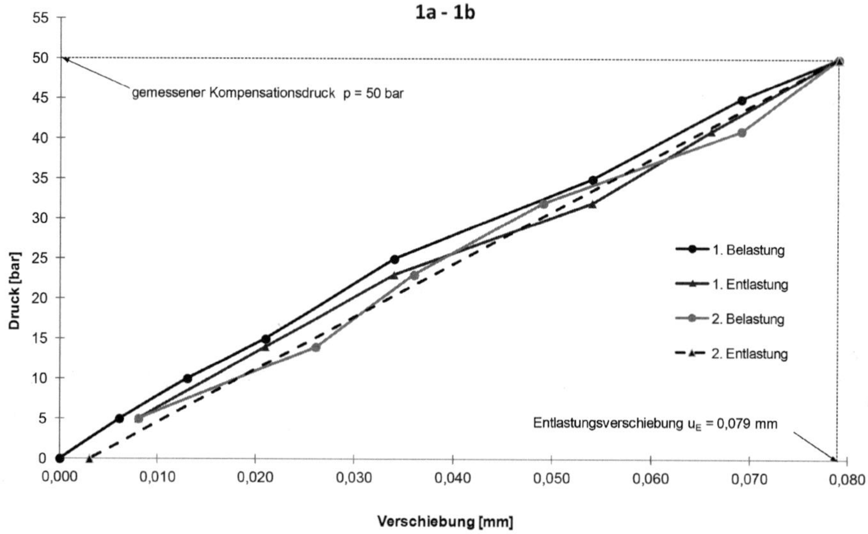

Bild 8 Druck-Verschiebungsdiagramm eines Schlitz-Kompensationsversuchs.

Der Auswertung der Versuchsergebnisse nach der Kompensationsmethode wird Gl. (1) zugrunde gelegt:

$$\sigma_n = p \cdot K_m \cdot K_a \tag{1}$$

mit

σ_n Randnormalspannung im Bauteil
p Kompensationsdruck
K_m Formbeiwert des verwendeten Druckkissens ($K_m \leq 1$)
K_a A_J/A_C (Verhältnis zwischen Kissenfläche A_J und Schlitzfläche A_C, $K_a \leq 1$)

Kalibrierversuche zur Bestimmung des Formbeiwerts K_m für unterschiedliche Druckkissen wurden von [7] durchgeführt. Die Ergebnisse für kreissegmentförmige Druckkissen mit einer Segmentlänge von 32,5 cm und einer Schlitztiefe von 12 cm sind in Bild 9 dargestellt. Diese Formbeiwerte K_m lassen sich auf die hier empfohlene Größe von kreissegmentförmigen Druckkissen anwenden, da die Abstände der Messstifte im Verhältnis zur Segmentlänge angepasst wurden.

Verschiedene Faktoren können das Versuchsergebnis beeinflussen. Bei der Schlitzherstellung kann es zu anelastischem Spannungs-Dehnungsverhalten des Bauteils in der Zone um den Rand des Sägeschlitzes kommen.

Der Anteil dieser anelastischen Verformung zeigt sich im Diagramm als irreversible Verschiebung Δu entlang der x-Achse (s. Bild 10). Die Messstrecken 3a-3b und 4a-4b (s. Bild 4) seitlich des Schlitzes können Hinweise auf diesen Effekt liefern. Sind die Verschiebungen der seitlichen Messstrecken größer als 30 % der Verschiebung der Messstrecke 2a-2b, dann ist nach bislang vorliegender Erfahrung der irreversible Verschiebungsanteil ggf. von starkem Einfluss und die Messergebnisse sind diesbezüglich zu bewerten.

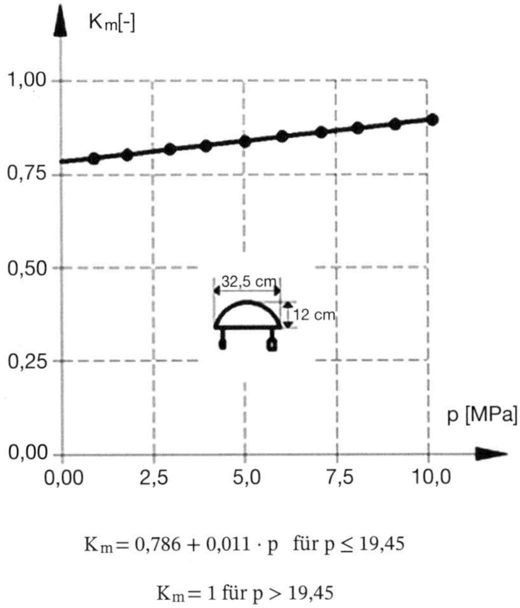

Bild 9 Formbeiwert K_m für Druckkissen mit kreissegmentförmigem Querschnitt in Abhängigkeit vom Kompensationsdruck *p* (nach [7]).

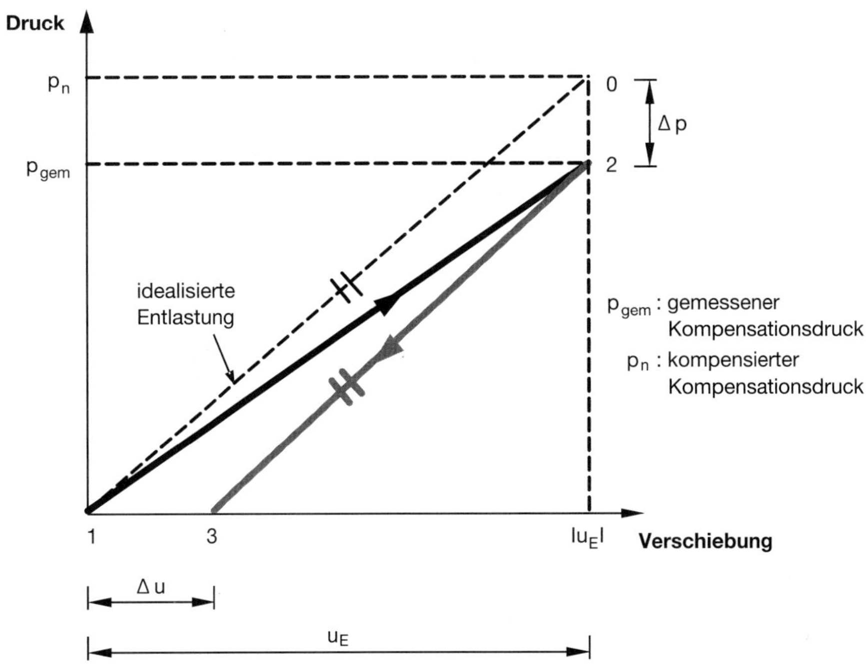

Bild 10 Schematische Darstellung einer Versuchskurve mit irreversibler Verformung bei Wiederbelastung (Parallelverschiebung der Entlastungslinie).

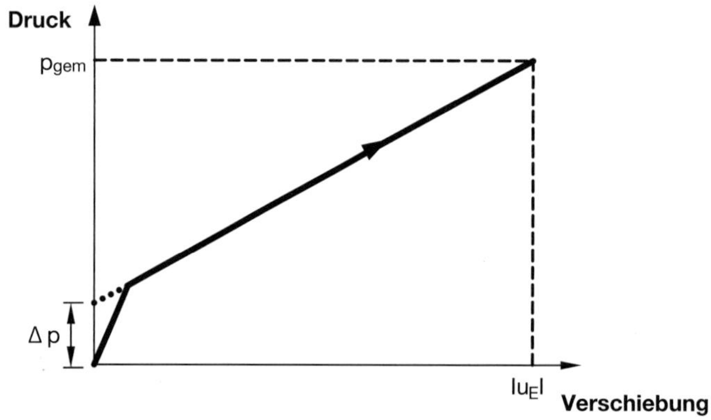

Bild 11 Schematische Darstellung einer Versuchskurve mit unvollständigem Formschluss des Druckkissens.

Der in Bild 10 skizzierte Zusammenhang zwischen Druck und Verschiebung zeigt eine idealisierte Versuchskurve für eine Messstrecke. Ausgehend von einem zunächst unbekannten Punkt 0 erfolgt durch den Sägeschlitz eine Entlastung des Drucks p_n bis zum Punkt 1. Dabei tritt die Verschiebung u_E ein. Sollte bei der Wiederbelastung (von Pkt. 1 nach Pkt. 2) die Kurve flacher verlaufen, d. h. ein geringerer Kissendruck p_{gem} erforderlich sein, um die Entlastungsverformung zu kompensieren, so wird der Druck am Rand p_n um den Betrag Δp (Differenz zwischen Pkt. 0 und Pkt. 2) unterschätzt. Einen Hinweis für diesen Effekt liefern bleibende Verschiebungen Δu nach der erneuten Entlastung von Punkt 2 nach 3. Eine Korrektur des gemessenen Kompensationsdrucks erfolgt derart, dass die Steigung der Entlastungskurve von Punkt 2 nach Punkt 3 für die Wiederbelastung angenommen und die Gerade parallel durch den Punkt 1 verschoben wird.

Grundsätzlich ist der Zusammenhang zwischen der Kraftübertragungsfläche und dem Kissendruck durch den Formbeiwert K_m erfasst. Eine Beeinflussung der Versuchsergebnisse kann außerdem aus einem zu Beginn der Belastung noch unvollständigen Formschluss zwischen Druckkissen und Bauwerk resultieren. Ein Anhaltspunkt für diesen Effekt ist ein Knick in der Versuchskurve (vgl. Bild 11). Die Kurve weist anfänglich einen sehr steilen Verlauf auf, da ein Druckanstieg nur teilweise eine Verschiebungszunahme im Bauteil bewirkt. Eine mögliche Fehleinschätzung des gemessenen Kompensationsdrucks kann, wie in Bild 11 dargestellt, bei der Versuchsauswertung nachträglich erfasst werden. Der gemessene Kompensationsdruck p_{gem} wird um einen Betrag Δp reduziert.

6.2 Darstellung der Ergebnisse

Die Darstellung der Ergebnisse muss Folgendes enthalten:

- ausführendes Unternehmen, Bearbeiter
- Zeitpunkt der Messung
- Beschreibung, Skizze und Fotodokumentation des Messorts (Lage, Material und Geometrie des Bauwerks, Orientierung des Sägeschlitzes)

- Angaben zur Versuchseinrichtung (Größe des Druckkissens, Messeinrichtung für Druck, Weg und Temperatur)
- Temperatur zum Versuchszeitpunkt
- Ergebnis der Kalibrierung der Abstandsmessgeräte vor und deren Überprüfungen nach dem Versuch
- tabellarische Darstellung der Messwerte
- grafische Darstellung der Messwerte (Druck vs. Verschiebung)
- Angaben zur Auswertung ggf. mit Korrekturen und deren Ergebnis
- eventuelle Abweichungen von den hier gegebenen Festlegungen

In Absch. 8 ist ein Beispiel für die Dokumentation eines Versuches auszugsweise dargestellt.

7 Ergänzende Hinweise

7.1 Erweiterte Versuchsdurchführung zur Abschätzung der Festigkeit

Da für die Beurteilung der Standsicherheit die Ausnutzung der Tragfähigkeit ein wesentliches Kriterium ist, kann es nach der Durchführung der Spannungsmessung sinnvoll sein, den Innendruck des Druckkissens stufenweise so weit zu steigern, bis ein lokales Versagen des Bauteilrandes eintritt. Über Rückrechnung kann auf die Festigkeit des Materials geschlossen werden. Details hierzu sind nicht Gegenstand dieser Empfehlung.

Druckkissen sind nach derartigen Beanspruchungen in der Regel so weit aufgeweitet, dass sie für weitere Versuche zur Spannungsmessung nach der Kompensationsmethode nicht mehr geeignet sind.

7.2 Dauermesseinrichtung zur Messung von Spannungen und deren Änderungen

Zur Erfassung von Spannungen und Spannungsänderungen in einem Bauteil über einen längeren Zeitraum kann eine Messstelle als Dauermessstelle weiterverwendet werden.

Hierzu verbleibt das Druckkissen im Sägeschlitz. Der Kissendruck wird zu Beginn der Dauermessphase auf den Kompensationsdruck eingestellt und die Druckänderung im Kissen wird kontinuierlich gemessen. Siehe hierzu auch Empfehlung Nr. 19 des AK 3.3 der DGGT [2].

8 Anwendungsbeispiel

Das nachstehende Anwendungsbeispiel verdeutlicht die Auswertung einer Spannungsmessung auf der Grundlage der aufgezeichneten Messdaten.

Im Bild 12 ist das Formblatt für die Dokumentation (vgl. Abschn. 6.2) einer Versuchsdurchführung mit beispielhaften Messwerten ersichtlich.

Spannungsmessung nach der Kompensationsmethode Projekt: Tunnel Messquerschnitt: MQ1 Position: 1	Projekt Nr: Blatt Nr.: 1 Datum: 12.11.1996

Prüfmittel- Nr.:
Auftraggeber:
Bearbeiter: *Mark Mustermann*
Temperatur: *8°*
Lage der Schlitze: *r.d.B., 1 m über SO*
Kissengröße:
Messeinrichtung:
Justierung ausgeführt: Ja / ~~Nein~~
Material in der Schlitzumgebung: *Ziegelmauerwerk*

Tunnelprofil: *Hufeisen*
(Schlitzposition einzeichnen und bemaßen!)

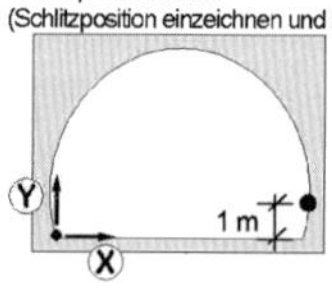

Blickrichtung: *in Richtung der Kilometrierung*

Schlitzgeometrie: *Kreissegment*

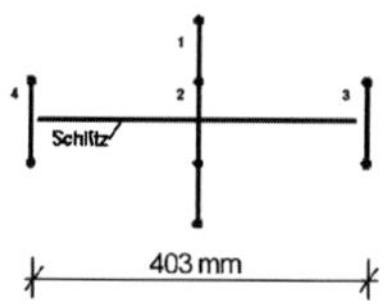

Zeit	Druck [bar]	lange Strecke [250mm] Strecke 1 [mm]	kurze Strecken [100mm] Strecke4 [mm]	Strecke 2 [mm]	Strecke 3 [mm]	Bemerkung
	---	0,084	0,017	0,099	0,106	Vor Sägen
	---	0,084	0,018	0,098	0,107	Vor Sägen
	---	0,086	0,018	0,098	0,105	Vor Sägen
	---	0,085	0,018	0,098	0,106	Mittelwert I.
	---	-0,032	0,001	-0,057	0,085	Nach Sägen
	---	-0,030	0,001	-0,058	0,086	Nach Sägen
	---	-0,031	0,002	-0,056	0,084	Nach Sägen
	---	-0,031	0,001	-0,057	0,085	Mittelwert II.
	---	0,116	0,016	0,155	0,021	Δ-Wert=I. -II.
	0	0,000	0,000	0,000	0,000	
	5	0,008	0,006	0,018	0,002	
	10	0,015	0,005	0,030	0,003	
	15	0,021	0,008	0,045	0,005	
	25	0,036	0,011	0,071	0,007	
	35	0,055	0,012	0,099	0,011	
	45	0,070	0,015	0,125	0,015	
	55	0,089	0,019	0,156	0,019	
	60	0,094	0,019	0,166	0,020	
	65	0,107	0,023	0,185	0,023	
	70	0,116	0,025	0,200	0,027	
	65	0,108	0,021	0,186	0,020	
	55	0,086	0,015	0,157	0,015	
	50	0,077	0,012	0,141	0,011	
	40	0,064	0,015	0,119	0,014	
	20	0,030	0,003	0,058	0,002	
	0	0,001	0,005	0,011	0,002	
	20	0,034	0,006	0,061	0,004	
	40	0,060	0,011	0,115	0,009	
	50	0,079	0,013	0,143	0,013	
	55	0,088	0,017	0,159	0,016	
	65	0,106	0,019	0,184	0,019	
	70	0,116	0,022	0,199	0,021	
	0	0,000	0,004	0,008	0,000	

Bild 12 Formblatt mit Messwerten aus Spannungsmessungen.

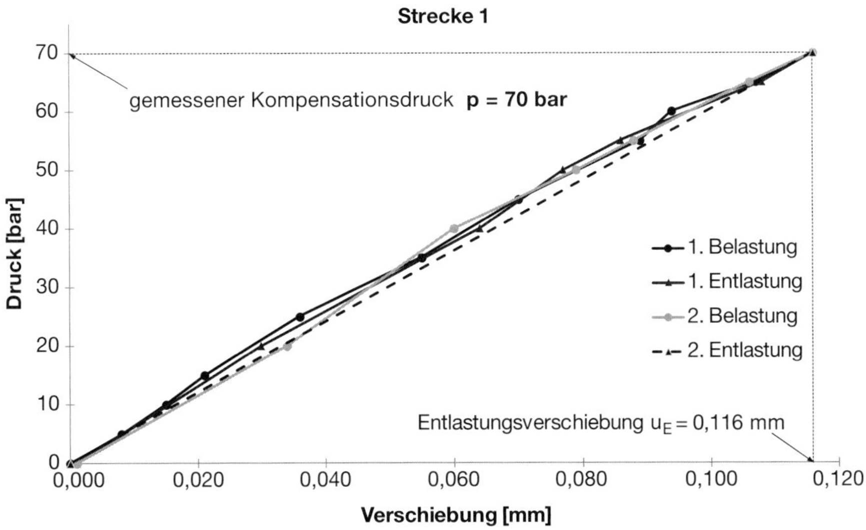

Bild 13 Druck-Verschiebungsdiagramm.

Strecke 1 im Bild 12 ist maßgebend für die Auswertung der Spannungsmessung. Bei Strecke 1 wird die Verschiebung von 0,116 mm (Differenz zwischen Nullmessung und Messung nach der Schlitzherstellung) bei dem Kissendruck von 70 bar erreicht. Der gemessene Kompensationsdruck entspricht demzufolge 70 bar (7,0 MPa).

Die zugehörige Grafik mit der Versuchskurve ist in Bild 13 ersichtlich.

8.1 Auswertung des Anwendungsbeispiels:

Grundlagen für die Auswertung sind die in Bilder 12 und 13 dargelegten Messdaten. Effekte hinsichtlich irreversibler Verformungen bei der Wiederbelastung (vgl. Bild 10) und unvollständigem Formschluss des Druckkissens (vgl. Bild 11) sind bei dem Anwendungsbeispiel nicht zu verzeichnen. Eine dahingehende Korrektur ist demzufolge nicht erforderlich.

Anhand des bei Strecke 1 gemessenen Kompensationsdrucks $p = 70$ bar (vgl. Bilder 12 und 13) kann abschließend die Randnormalspannung unter Berücksichtigung der Formbeiwerte K_m und K_a mit der Gl. (1) berechnet werden.

$K_m = 0{,}86$ (Formbeiwert des verwendeten Druckkissens vgl. Bild 9, bzw. 14)
$K_a = 1{,}0$ (Verhältnis zwischen Kissenfläche A_J und Schlitzfläche A_C)

Die Randnormalspannung im Bauteil berechnet sich für das Anwendungsbeispiel wie folgt:

$$\sigma_n = p \cdot K_m \cdot K_a = 7{,}0\,\text{MPa} \cdot 0{,}86 \cdot 1{,}0 = 6{,}0\,\text{MPa}$$

Weitere Anwendungsbeispiele können den Literaturzitaten [9–13] entnommen werden.

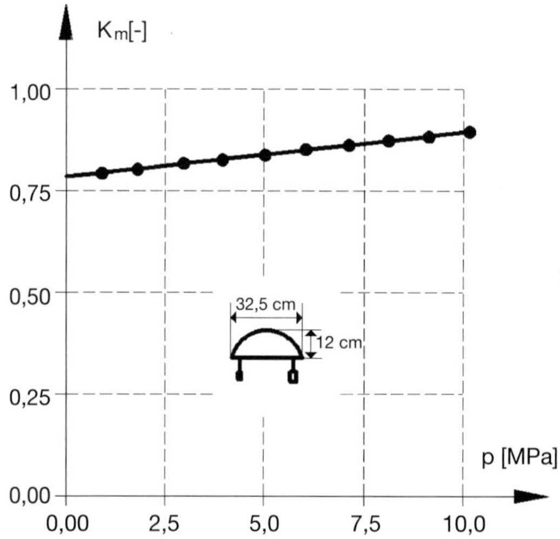

$$\mathbf{K_m} = 0{,}786 + 0{,}011 \cdot 7{,}0 = \mathbf{0{,}86}$$

Bild 14 Formbeiwert K_m (vgl. Bild 9) für 70 bar ≈ 7,0 MPa.

Literatur

1 Leichnitz, W. und Müller, G. (1984). Empfehlung des AK 19 der DGGT, Nr. 7 „Schlitzentlastungs- und Druckkissenbelastungsversuche“. *Bautechnik* 61 (3): 89–93.

2 Paul, A. und Walter, F. (2004). Empfehlung des AK 3.3 der DGGT, Nr. 19 „Messung der Spannungsänderung im Fels und an Felsbauwerken mit Druckkissen“. *Bautechnik* 81 (8): 639–647.

3 DIN EN 837-3 (2019). *Druckmessgeräte mit Platten- und Kapselfedern; Maße, Messtechnik, Anforderungen und Prüfung; Deutsche Fassung EN 837-3:1996*

4 DIN 332-1 (1986). *Zentrierbohrungen 60°; Form R, A, B und C.*

5 DIN 1319-1 (1995). *Grundlagen der Messtechnik – Teil 1: Grundbegriffe*

6 Schuck, W. und Wullschläger, D. (1994). Spannungsmessungen im Mauerwerksausbau von Eisenbahn tunneln. *Felsbau* 12 (3): 175–181.

7 Rossi, P.P. (1987). Recent developments of the jack test on masonry structures. workshop Italy – USA: Evaluation and retrofit of masonry structures, Bergamo, I Quaderni dell'Ismes 231.

8 Fröhlich, B. (1996). Belastung alter Tunnel: Schadensbilder – Untersuchungen – Interpretation. *Geotechnik* 19 (3): 183–187.

9 Fröhlich, B. (1999). Belastungsmodelle von Tunnelausbauten auf der Basis von Spannungsmessungen. In: *Proc. Geotechnical Measurements and Modelling* (Hrsg.: Natau, Fecker, Pimentel), 53–58.

10 Fröhlich, B., Schlebusch, M., Berwanger, W. und Pape, H. (1999). Tunnelinstandsetzung im unterschnittenen Hangbereich des Rheintals. *Felsbau* 17 (6): 560–573.

11 Rustemeier, A., Weishäupl, S., Fröhlich, B. und Schlebusch, M. (1999). Vom Schadensbild bis zur Instandsetzungsmaßnahme Beispiel Ramholz- und Ziegenberg-Tunnel. *Felsbau* 17 (6): 548–558.

12 Schuck, W. und Fecker, E. (1998). Geotechnische Messungen in bestehenden Eisenbahntunneln. *Taschenbuch für den Tunnelbau* 22: S. 44–84.

13 Wullschläger, D. und Fröhlich, B. (1999). Die Erneuerung des Tüllinger Tunnels – geologische Situation, ingenieurgeologische Analyse und bautechnische Lösung. 12. Nationale Tagung für Ingenieurgeologie, Halle, 306–325.

Empfehlung Nr. 23: Bestimmung der Abrasivität von Gesteinen mit dem CERCHAR-Versuch

Heiko Käsling und Ralf J. Plinninger

1 Zweck

Zweck dieser Empfehlung ist es, Verfahren und Geräte zur Bestimmung der Abrasivität von Festgesteinsproben mit dem CERCHAR-Verfahren so zu vereinheitlichen, dass Versuchsergebnisse miteinander vergleichbar sind. Die Versuchsergebnisse dienen der Charakterisierung und Klassifizierung von Festgesteinen, insbesondere Abschätzungen und Prognosen zum Verschleiß von zur Gebirgslösung eingesetzten Werkzeugen (z. B. Bohrkronen, Rundschaftmeißeln, Disken- oder Rollenmeißeln).

Die vorliegende Empfehlung berücksichtigt die internationalen Normen NF P 94-430-1 [1] sowie D7625-10 [2], geht jedoch hinsichtlich Versuchsdurchführung und -auswertung über diese hinaus. Die Empfehlung ist hinsichtlich Versuchsdurchführung und der Klassifikation konform mit den Angaben in der Empfehlung der International Society for Rock Mechanics [3].

2 Kurzbeschreibung des Verfahrens

Bei dem vorgestellten Verfahren handelt es sich um einen Abrasions-Modellversuch mit einem vereinfachten Versuchskörper (hier: Stahlstift).

Eine Festgesteinsprobe mit bruchrauer (Regelfall) oder sägerauer (Sonderfall, siehe Abschn. 5 und 8) Oberfläche wird im Testgerät fixiert. Ein mit einer Kraft von 70 N belasteter Stahlstift definierter Geometrie und Qualität wird über eine Strecke von 10 mm über die Oberfläche dieser Probe bewegt. Durch den gleitenden Kontakt zwischen Gesteinsoberfläche und Prüfstift wird sowohl an der Gesteinsoberfläche als auch an der kegelförmigen Spitze des Prüfstifts Material abgetragen. Der Materialabtrag (Verschleiß) am Prüfstift wird als Durchmesser der rechtwinklig zur Prüfstiftachse entstandenen Verschleißfase bestimmt und in den CERCHAR-Abrasivitäts-Index (CAI) umgerechnet.

Empfehlungen des Arbeitskreises Versuchstechnik Fels, 1. Auflage. Arbeitskreis 3.3 „Versuchstechnik Fels".

3 Begriffe

Der CERCHAR-Abrasivitäts-Index (CAI) ist der zehnfache Durchmesser des Kegelstumpfs (Verschleißfase), der nach Durchführung eines CERCHAR-Versuchs an der Spitze des Prüfstifts entstanden ist (Bild 1).

Ein Einzelmesswert des Durchmessers der Verschleißfase wird mit d_i (wobei $i = 1, 2, \ldots, n$) bezeichnet. Aus den n Einzelmesswerten (d_i) errechnet sich nach Gl. (1) die mittlere Prüfstiftabnutzung als arithmetischer Mittelwert D_j:

$$D_j = \frac{\sum_{i=1}^{n} d_i}{n} \tag{1}$$

Aus den Ergebnissen aller m Einzelversuche errechnet sich nach Gl. (2) die mittlere Abnutzung aller m Prüfstifte D_m als arithmetischer Mittelwert der mittleren Prüfstiftabnutzung D_j (mit $j = 1, 2, \ldots, m$):

$$D_\mathrm{m} = \frac{\sum_{j=1}^{m} D_j}{m} \tag{2}$$

Bei Versuchen auf sägerauen Oberflächen kann nach Gl. (3) der Einfluss gegenüber bruchrauen Oberflächen durch einen Korrekturfaktor f_s berücksichtigt werden (siehe Abschn. 8):

$$D_\mathrm{m} = f_\mathrm{s} \times D_{\mathrm{m}^*} \tag{3}$$

mit

D_{m^*} mittlere Abnutzung aller m Prüfstifte bei Versuchen auf sägerauer Oberfläche

Mithilfe des Normierungswerts k ($k = 10\,\mathrm{mm}^{-1}$) errechnet sich nach Gl. (4) der CERCHAR-Abrasivitäts-Index (CAI):

$$\mathrm{CAI} = k \times D_\mathrm{m} \tag{4}$$

Die Standardabweichung SD (engl.: standard deviation) des CERCHAR-Abrasivitäts-Index wird nach Gl. (5) berechnet:

$$\mathrm{SD} = \sqrt{\frac{1}{m} \times \sum_{i=1}^{m} (D_j - D_\mathrm{m})^2} \times k \tag{5}$$

Der Standardfehler SEM (engl.: standard error of the mean) des CERCHAR-Abrasivitäts-Index berechnet sich nach Gl. (6):

$$\mathrm{SEM} = \frac{\mathrm{SD}}{\sqrt{m}} \tag{6}$$

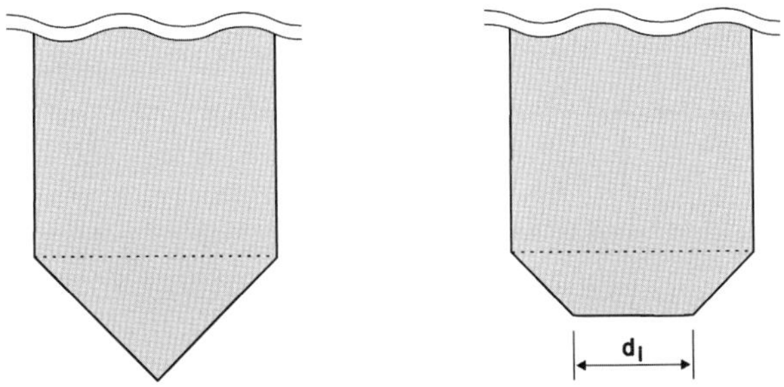

Bild 1 Links: Prüfspitze vor der Versuchsdurchführung; rechts: Durchmesser d_l der Verschleißfase der Prüfspitze nach der Durchführung des CERCHAR-Versuchs.

4 Prüfeinrichtung

4.1 Prüfgeräte

Folgende technische Eigenschaften der Prüfgeräte sind für die korrekte Durchführung des Versuchs sicherzustellen:

1. Der Prüfstift ist so zu führen, dass ein Ausweichen des Stifts (maximal ±0,5 mm) während der Versuchsdurchführung verhindert wird.
2. Es ist sicherzustellen, dass der Prüfstift während des Versuchs eine konstante Kraft von 70 N ± 3,5 N normal zur Probekörperoberfläche ausübt.
3. Der Probekörper ist so zu fixieren, dass die Probekörperoberfläche während der Versuchsdurchführung normal zur Prüfstiftachse geführt wird.
4. Eine Prüfstrecke von 10 ± 0,5 mm ist einzuhalten.

Anmerkung: Zwei Konstruktionsprinzipien haben sich bewährt. Das ursprüngliche Prüfgerät Typ 1 (Bild 2, links) mit bewegtem Prüfstift [4] besteht aus einem Schraubstock zur Aufnahme des Probekörpers sowie einem Hebelarm, an dessen Ende die Prüfstiftaufnahme mit dem Prüfstift befestigt ist. Bei Prüfgerät Typ 2 (Bild 2, rechts) mit bewegtem Probekörper [5] wird der auf einem Schlitten eingespannte Probekörper mittels Spindel unter dem fixierten Prüfstift hindurchgezogen.

4.2 Prüfstifte

Die Prüfstifte sind aus Werkzeugstahl 115CrV4 (Werkstoff-Nr. 1.2210 nach [6]) herzustellen und müssen eine Härte von HRC 55 ± 1 aufweisen. Da die beim Härtungsvorgang erzielten Härtegrade innerhalb einer Charge von Prüfstiften variieren können, ist die tatsächliche Härte eines jeden Prüfstifts mindestens einmal vor der ersten Benutzung zu bestimmen und zu dokumentieren.

Anmerkung: Die hier geforderte Stifthärte stimmt mit der ursprünglichen Empfehlung nach [4] überein. International werden auch davon abweichende Stiftqualitäten mit Härten von rd. HRC 40 verwendet [7, 8].

Der Kegelwinkel der unbenutzten Prüfspitze muss 90 ± 1° betragen. Bild 3 zeigt die empfohlene Geometrie eines Prüfstifts. Zum besseren Anspitzen kann der Prüfstift hinter der Prüfspitze beispielsweise mit 60° angeschrägt sein (Bild 3, rechts).

Prüfgerät Typ 1 (Cerchar 1986)	Prüfgerät Typ 2 (West 1989)
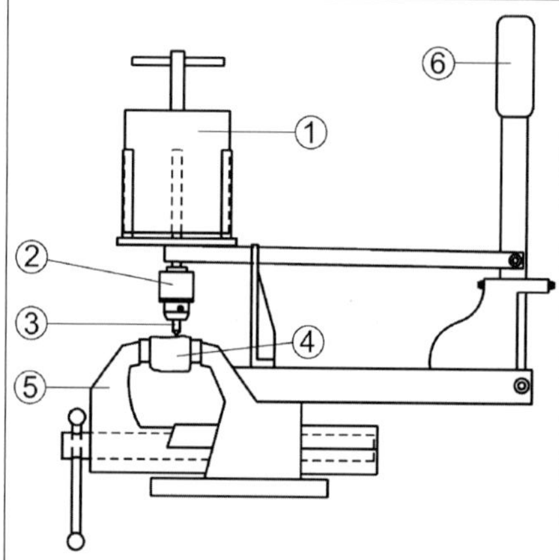	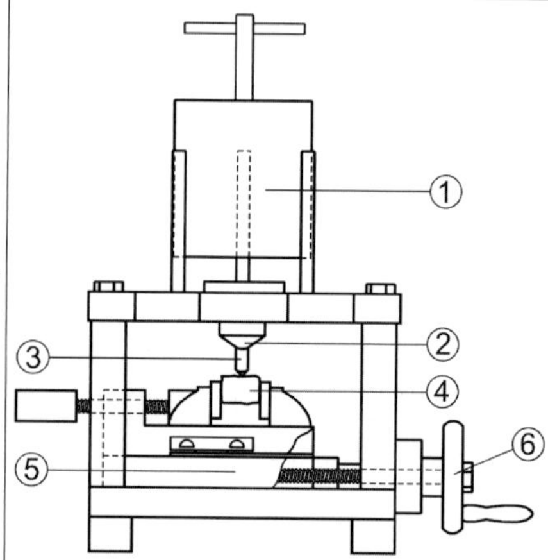
1 Gewicht; 2 Prüfstiftaufnahme; 3 Prüfstift; 4 Probekörper; 5 Schraubstock als Probekörperhalterung; 6 Handgriff	1 Gewicht; 2 Prüfstiftaufnahme; 3 Prüfstift; 4 Probekörper; 5 Schlitten mit Probekörperhalterung; 6 Handkurbel

Bild 2 Prüfgeräte zur Ermittlung des CERCHAR-Abrasivitäts-Index. Links: Prüfgerät CERCHAR-Typ 1 nach [4]; rechts: Prüfgerät Typ 2 nach [5].

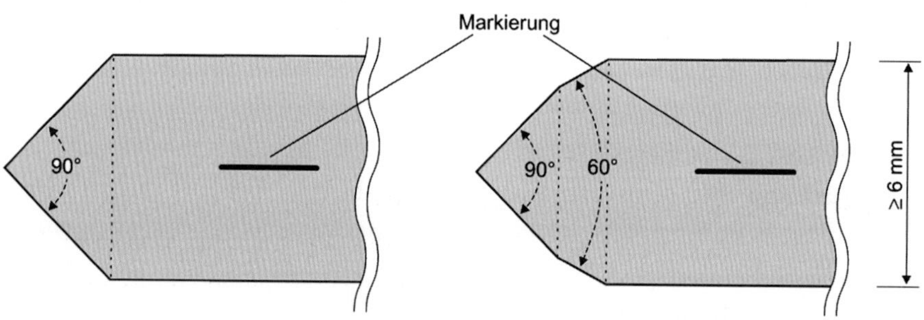

Bild 3 Geometrie des Prüfstifts beim CERCHAR-Versuch; rechts: modifizierter Prüfstift mit abgeschrägter Spitze zur Erleichterung des Anspitzvorgangs.

Der Durchmesser eines Prüfstifts muss mindestens 6 mm betragen. Auf dem Prüfstift ist eine dauerhafte Markierung anzubringen (z. B. Gravur), anhand derer die Orientierung des Prüfstifts beim Versuch vorgegeben wird (Bild 3).

Zur erneuten Benutzung müssen die Prüfspitzen unter Einhaltung der eingangs dargestellten Winkeltoleranzen angespitzt werden. Beim Anspitzen ist eine Veränderung der Härte der Prüfspitzen durch eventuelles „Ausglühen" des Stahls unbedingt zu vermeiden. Dies kann im gekühlten Schleifvorgang mithilfe einer Drehbank erfolgen.

4.3 Messeinrichtung

Als Messeinrichtung für die Bestimmung von d_i ist ein Lichtmikroskop mit einer mindestens 30-Fachen Vergrößerung zu verwenden. Die Ablesung hat mit einem

Messokular oder mit einem entsprechenden computergestützten Verfahren mit einer Auflösung von mindestens 0,01 mm zu erfolgen.

Eine rein mechanische Messung der Verschleißfase oder eine Bestimmung der Abnutzung mittels Wägung ist nicht zulässig.

5 Probekörper

5.1 Bearbeitung der Probekörper

Der Standardversuch wird auf einer künstlich erstellten, bruchrauen und möglichst ebenen Oberfläche durchgeführt. Bezüglich der Ebenheit der Oberfläche ist sicherzustellen, dass innerhalb eines Einzelversuchs ein Höhenunterschied von maximal 1 mm nicht überschritten wird.

In Sonderfällen sind auch Versuche auf sägerauen Oberflächen zulässig. Die Art der Bearbeitung der Probekörperoberfläche ist im Versuchsprotokoll anzugeben.

Bruchraue Oberflächen können durch Spalten hergestellt werden. Beispielsweise kann eine geeignete bruchraue Oberfläche eines Probekörpers aus einem vorangehenden Punktlast- oder Spaltzugversuch verwendet werden.

Sägeraue Oberfläche: Da bei einer ganzen Reihe inhomogener oder ausgeprägt anisotroper Gesteine (z. B. Schiefer, Gneise oder Konglomerate) durch Spalten oftmals keine ausreichend ebenen Oberflächen zu erzielen sind, können sägeraue Gesteinsoberflächen mithilfe einer Gesteinssäge hergestellt werden.

5.2 Probekörperabmessungen

Der Probekörper muss eine ausreichende Fläche für die gewählte Anzahl an Einzelversuchen und die empfohlenen Abstände bieten. Die Mindest- und Maximalabmessungen des Probekörpers hängen darüber hinaus von der jeweiligen Einspannvorrichtung des eingesetzten Prüfgeräts ab.

5.3 Anzahl und Anordnung der Prüfstrecken

Beim Standardversuch werden fünf Einzelversuche je Probekörper durchgeführt.

Bei grobkörnigen (Einzelkorngröße > 2 mm) oder besonders inhomogenen Gesteinen (z. B. porphyrische Textur) ist es sinnvoll, die Anzahl der Einzelversuche auf 10 zu erhöhen.

Anmerkung: Bei bestimmten Gesteinen, z. B. bei Konglomeraten oder Brekzien kann es sinnvoll sein, die unterschiedlichen Komponenten einzeln zu testen. Einzelheiten können der Arbeit von [9] entnommen werden.

Um störende Einflüsse von Probekörperkanten oder vorhergehenden Einzelversuchen zu verhindern, sollte bei jeder Prüfstrecke ein Abstand von mindestens 5 mm in alle Richtungen eingehalten werden.

Werden Gesteine getestet, die im Probekörpermaßstab anisotrope Eigenschaften aufweisen (z. B. Schichtung, Schieferung, Einregelung von Einzelmineralen), so

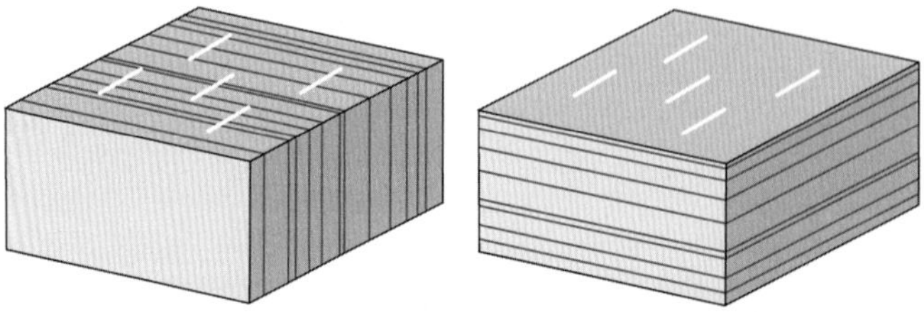

Bild 4 Prüfstrecken auf einem anisotropen Gestein (links: rechtwinklig zum Gefüge; rechts: auf der Gefügefläche).

sollten die Prüfstrecken so gewählt werden, dass für alle Einzelversuche gleiche und definierte Orientierungen zu den Gefügeelementen (z. B. rechtwinklig zum Gefüge (Bild 4 links) oder auf der Gefügefläche (Bild 4 rechts)) eingehalten werden. Um den Einfluss von Anisotropie-Effekten quantifizieren zu können, empfiehlt es sich darüber hinaus, verschieden orientierte Versuchsserien auf einem Probekörper durchzuführen.

6 Versuchsdurchführung

Vor Versuchsdurchführung ist die Spitze der Prüfstifte unter dem Lichtmikroskop bei mindestens 30-Facher Vergrößerung zu kontrollieren. Prüfstifte mit abgenutzter oder deformierter Spitze dürfen nicht zur Versuchsdurchführung herangezogen werden.

Die zu prüfende Oberfläche des Probekörpers ist von losen Gesteinspartikeln und Verunreinigungen (z. B. mittels Druckluft) zu befreien.

Der Probekörper ist so in der Einspannvorrichtung zu befestigen, dass die zu prüfende Oberfläche möglichst horizontal und damit normal zur Prüfspitze orientiert ist.

Der Prüfstift ist so in die Prüfstiftaufnahme bzw. -führung einzusetzen, dass die Markierung in Prüfrichtung zeigt.

Nach dem behutsamen Aufsetzen und Belasten des Prüfstifts wird der Einzelversuch je nach Prüfgerät durch Ziehen des Handgriffs oder Drehen der Handkurbel durchgeführt. Die Prüfstrecke muss dabei $10 \pm 0{,}5$ mm betragen. Der Prüfstift sollte stetig und bei einer Versuchsdauer von ca. 2–10 s über die Probekörperoberfläche bewegt werden, wobei über die gesamte Prüfstrecke ein ständiger Kontakt zwischen Gesteinsoberfläche und Prüfstift bestehen muss. Nach Versuchsdurchführung wird der Prüfstift vorsichtig aus dem Prüfgerät entfernt. Es ist sicherzustellen, dass zwischen dem Versuch und der Auswertung des Prüfstifts keine weitere Beschädigung oder Abnutzung an dem Stift stattfindet.

Anmerkung: Konstruktionsbedingt wird die Versuchsdurchführung mit dem Gerät nach Typ 1 rascher erfolgen, als mit dem Gerät nach Typ 2. Bei Einhaltung der unter Abschn. 4.1 beschriebenen Geräteanforderungen werden jedoch erfahrungsgemäß mit beiden Gerätetypen im Rahmen der natürlichen Streuung gleiche Ergebnisse erzielt.

7 Versuchsauswertung und Darstellung der Ergebnisse

Nach Versuchsdurchführung wird die Abnutzung der Prüfstiftspitze bestimmt. Der Durchmesser d_i der Verschleißfase wird bei mindestens 30-Facher Vergrößerung mithilfe eines Mikroskops auf 0,01 mm genau gemessen.

Die Messung kann auf zwei unterschiedliche Arten erfolgen, die in Bild 5 als „Seitenansicht" und „Aufsicht" bezeichnet werden. Bei der Auswertung in *Seitenansicht* sind insgesamt vier Messungen (d_1 bis d_4) erforderlich, die parallel und senkrecht zur markierten Prüfrichtung erfolgen. Beginnend bei der Markierung wird der Prüfstift dazu nach jeder Messung 90° um seine Achse gedreht.

Bei der Auswertung in *Aufsicht* sind lediglich zwei Messungen (d_1 und d_2) senkrecht zueinander erforderlich. Eine Messung muss in Richtung der Markierung erfolgen.

Anmerkung: Lediglich eine Messung der Abnutzung des Prüfstifts ist nicht zulässig, da sich während des Versuchs oftmals ein asymmetrischer Kegelstumpf ausbildet. Lediglich bei Verwendung von digitalen Bildauswerteprogrammen und Messung in Aufsicht kann mithilfe einer äquivalenten Kreisfläche der Durchmesser d der Verschleißfase direkt bestimmt werden [3].

Als Ergebnis des Einzelversuchs ist aus den Messungen (d_1 bis d_i) die mittlere Prüfstiftabnutzung D_j nach Gl. (1) zu berechnen. Aus den Ergebnissen aller Einzelversuche errechnet sich nach Gl. (2) die mittlere Abnutzung aller Prüfstifte D_{m}. Der CAI des Probekörpers errechnet sich nach Gl. (4).

In Tab. 1 sind gültige und ungültige Versuche mit den zugehörigen Verschleißformen der Prüfspitzen dargestellt. Bei einer sehr unscharf abgegrenzten Verschleißfase (Tab. 1: C) ist es erforderlich, den Durchmesser über zwei Teilmessungen zu mitteln [3]. Zur exakten Bestimmung von $d_{i'}$ und $d_{i''}$ muss in diesem Fall entweder eine Formlehre oder eine computergestützte Methode verwendet werden. Der Durchmesser der Verschleißfase d_i errechnet sich dabei nach Gl. (7):

$$d_i = \frac{d_i' + d_i''}{2} \tag{7}$$

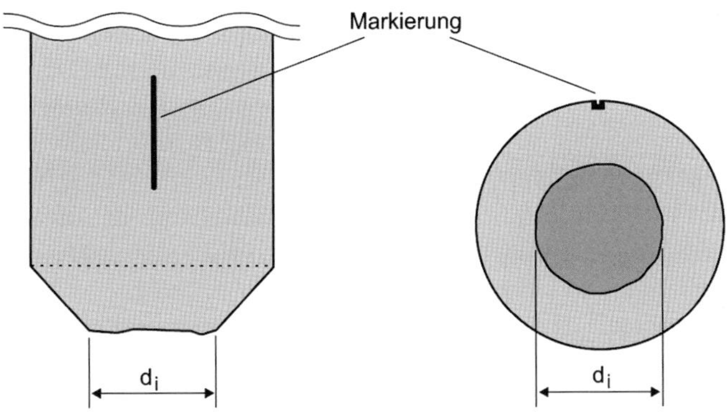

Bild 5 Verschiedene Ansichten bei der Messung der Prüfstiftabnutzung (links: Seitenansicht; rechts: Aufsicht auf den Stahlstift; d_i: Durchmesser der Verschleißfase).

Tab. 1 Gültige und ungültige Versuche mit zugehörigen Verschleißfasen der Prüfstifte.

A **Gültiger Versuch**	**B** **Gültiger Versuch**	**C** **Gültiger Versuch**	**D** **Ungültiger Versuch**
Ideale, ebene und nahezu kreisförmige Verschleißfase mit klarer Abgrenzung	Weniger gut abgegrenzte Verschleißfase	Sehr unscharf abgegrenzte Verschleißfase	Asymmetrische Verschleißfase
Messung gut möglich	Messung bedingt möglich	Messung bedingt möglich	Messung nicht möglich
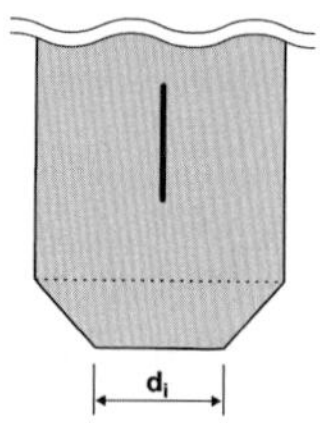	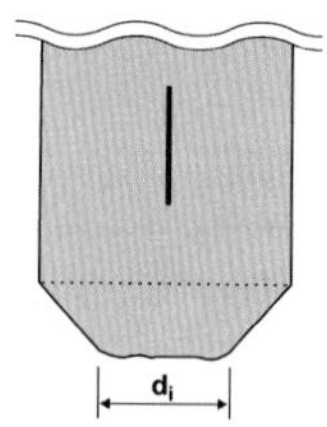	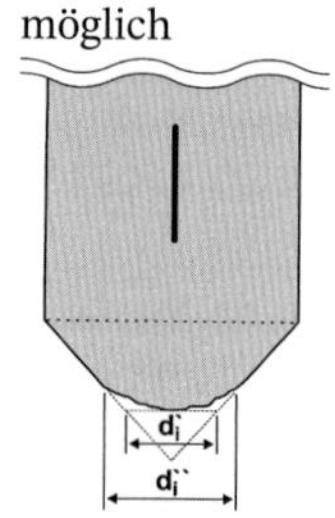	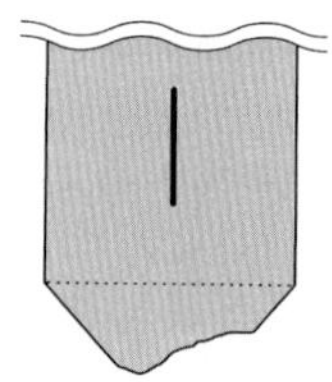

Versuche sind dann als ungültig zu verwerfen, wenn durch eine sehr unscharf abgegrenzte Abnutzung oder eine stark asymmetrische Abnutzung eine genaue Bestimmung der Verschleißfase nicht möglich ist (Tab. 1: D).

Mit dem Ergebnis des CERCHAR-Versuchs sind folgende Angaben zu protokollieren (Bild 6):

- Herkunft der Probe, z. B. Bohrung und Entnahmetiefe oder Entnahmestelle
- Beschreibung der Probe bzw. der Probekörper, Ansprache der Korngröße, Besonderheiten sind mitzuteilen
- eventuell vorhandene Schieferung, Schichtung oder sonstige erkennbare Anisotropie und Inhomogenitäten und deren Lage zur Prüfstrecke (gegebenenfalls Skizzen, Fotos der Prüfoberfläche)
- Probenlagerungsbedingungen und -dauer
- qualitative Angaben zum Wassergehalt ohne Messung (z. B. gewässert, annähernd natürlich, luft- oder ofentrocken)
- Zeitpunkt der Versuchsdurchführung
- Angaben zur Art des Prüfgeräts und der Prüfspitzen (Stahlsorte und Rockwell-Härte)
- Art der Oberflächenherstellung (bruchrau oder sägerau)
- Einzelmessungen der Verschleißfase (d_i), Ergebnisse und Mittelwerte der Einzelversuche (D_j), Mittelwert aller Einzelversuche (D_{M}), CERCHAR-Abrasivitäts-Index (CAI) sowie Standardabweichung (SD) und Standardfehler (SEM)
- eventuelle Abweichungen von den hier gegebenen Empfehlungen
- Angaben zur Prüfstelle und zum Ausführenden

Eine Klassifizierung des CERCHAR-Abrasivitäts-Index kann nach Tab. 2 erfolgen.

Cerchar-Abrasivitätsversuch

zur Bestimmung der Abrasivität von Festgesteinen

Projekt:	Prüfempfehlung CAI	**Gestein:**	Quarzsandstein
Entnahmeort:	Stbr. Gut Weißenborn	**Proben-Nr.:**	Q-1
Entnahmedatum:	07.03.2008	**Datum des Tests:**	30.09.2013
Entnahme durch:	H. Käsling	**Bearbeiter:**	H. Käsling

Proben-Nr.: Q-1 — **Zustand der Prüfoberfläche** rau x gesägt o — **Schichtung/ Schieferung:** senkrecht: x parallel: o

Gesteinsbeschreibung: hellroter, feinkörniger Quarzsandstein mit deutlich erkennbarer Schichtung im mm-Bereich; durchschnittliche Korngröße ca. 1,2 mm; quarzitisch gebunden; gut gerundete Quarzkörner mit dünnen, rotbraunen Fe/Mn-oxiden bzw. -hydroxiden umgeben

Lagerung der Prüfkörper: Probenlager TUM — **Wassergehalt:** lufttrocken

Einzelversuch-Nr.	1	2	3	4	5
Prüfstift-Nr.	138	40	4	160	117
Ablesung d_1 [mm]	0,30	0,24	0,26	0,22	0,24
Ablesung d_2 [mm]	0,28	0,20	0,26	0,24	0,24
Ablesung d_3 [mm]	0,28	0,26	0,28	0,24	0,32
Ablesung d_4 [mm]	0,30	0,22	0,24	0,26	0,26
Prüfstiftabnutzung D_j [mm]	**0,29**	**0,23**	**0,26**	**0,24**	**0,27**

mittlere Prüfstiftabnutzung D_m [mm] : **0,26**

Cerchar-Abrasivitäts-Index (CAI) [ ] : **2,6** **Klassifizierung: mittel**

Standardabweichung (SD) = 0,21 Standardfehler (SEM) = 0,09

Fotodokumentation:

Gerätespezifikation: Prüfgerät Typ 2 nach West (1989)
Prüfspitzen: HRC 55±1; 115CrV3

Bild 6 Beispiel eines Laborformblatts für den CERCHAR-Versuch.

Tab. 2 Klassifizierung der Abrasivität beim CERCHAR-Versuch.

CAI	Klassifizierung
0,1 – < 0,5	Extrem niedrig
0,5 – < 1,0	Sehr niedrig
1,0 – < 2,0	Niedrig
2,0 – < 3,0	Mittel
3,0 – < 4,0	Hoch
4,0 – < 5,0	Sehr hoch
≥ 5,0	Extrem hoch

8 Einfluss sägerauer Oberflächen

In Sonderfällen kann der CERCHAR-Versuch an Probekörpern mit sägerauer Oberfläche durchgeführt werden. Für die Anwendung der Klassifizierung nach Tab. 2 ist es notwendig, den Einfluss der Oberflächenrauheit zu berücksichtigen. Der Einfluss einer sägerauen Oberfläche kann durch einen Korrekturfaktor f_s berücksichtigt werden:

$$D_m = f_s \times D_{m^*} \quad (8)$$

mit

f_s Korrekturfaktor für den Einfluss der Rauigkeit der Probekörperoberfläche
D_{m^*} durchschnittlicher Durchmesser der Verschleißfase bei Versuchen auf sägerauer Oberfläche

Nach [9] kann für den Korrekturfaktor ein Wert von $f_s = 1{,}1$ angesetzt werden.

Literatur

1 AFNOR NF P 94-430-1 (2000). *Roches – Détermination du pouvoir abrasive d'une roche – Partie 1: Essai de rayure avec une pointe.* Paris (AFNOR), Octobre 2000.

2 ASTM D 7625-10 (2010). *Standard Test Method for Laboratory Determination of Abrasiveness of Rock Using the CERCHAR Method.* West Conshohocken (ASTM).

3 Alber, M., Yarali, O., Dahl, F., Bruland, A., Käsling, H., Michalakopoulos, T.N., Cardu, M., Hagan, P., Aydin, H. und Ozarslan, A. (2014). ISRM suggested method for determining the abrasivity of rock by the CERCHAR abrasivity test. *Rock Mechanics and Rock Engineering* 47: 261–266.

4 CERCHAR – Centre d'Études et Recherches de Charbonnages de France (1986). *The Cerchar Abrasiveness Index.* Verneuil: Eigenverlag.

5 West, G. (1989). Technical note – Rock abrasiveness testing for tunnelling. *International Journal of Rock Mechanics and Mining Sciences & Geomechanics Abstracts* 26 (2): 151–160.

6 DIN EN 10027-2 (2015). *Bezeichnungssysteme für Stähle, Teil 2: Nummernsystem.* Beuth: Berlin.

7 Michalakopoulos, T.N., Anagnostou, V.G., Bassanou, M.E. und Panagiotou, G.N. (2005). The influence of steel styli hardness on the Cerchar abrasiveness index value. *International Journal of Rock Mechanics and Mining Sciences & Geomechanics Abstracts* 43: 321–327.

8 Sanford, J. und Hagan, P. (2009). An Assessment of the impact of stylus metallurgy on the CERCHAR abrasiveness index value. Coal operators' conference, University of Wollongong (12.–13. Feb. 2009). 347–355.

9 Käsling, H. und Thuro, K. (2010). Determining rock abrasivity in the laboratory. Proceedings of the European Rock Mechanics Symposium EUROCK 2010, Lausanne, Schweiz (15.–18. Juni 2010). 425–428.

Empfehlung Nr. 24: Bestimmung der Abrasivität von Festgesteinen mit dem LCPC-Versuch

Heiko Käsling, Jan Düllmann und Ralf J. Plinninger

1 Zweck

Zweck der vorliegenden Empfehlung ist es, Verfahren und Geräte zur labormäßigen Durchführung von LCPC-Versuchen so zu vereinheitlichen, dass Versuchsergebnisse miteinander vergleichbar sind. Die Versuchsergebnisse dienen der Charakterisierung und Klassifizierung von Festgestein, insbesondere Abschätzungen und Prognosen zum Verschleiß von zur Gebirgslösung eingesetzten Werkzeugen, sowie der Ableitung von Kennwerten für geotechnische und verfahrenstechnische Einschätzungen. Die Anwendung des LCPC-Verfahrens für die Untersuchung von Lockergestein ist nicht Gegenstand der vorliegenden Empfehlung.

2 Kurzbeschreibung des Verfahrens

Bei dem vorgestellten Verfahren handelt es sich um einen Abrasions-Modellversuch, bei dem ein vereinfachter Versuchskörper (hier: Prüfflügel aus Stahl) durch eine granulare Gesteinsprobe definierter Körnung bewegt wird.

Die vorliegende Versuchsempfehlung bezieht sich auf die Prüfung von Festgestein, welches für den Versuch gebrochen und in eine Versuchsprobe überführt werden muss. Die Versuchsprobe besteht aus der durch Siebung abgetrennten Fraktion der Körnung 4,0–6,3 mm.

Beim Versuch werden 500 g des Gesteinsgranulats der Körnung 4,0–6,3 mm in einen Behälter eingefüllt und dort für eine Dauer von 5 min bei konstanter Rotationsgeschwindigkeit (4500 $\pm$ 50 U/min) von einem Prüfflügel mit definierter Geometrie und Materialeigenschaften durchmengt. Der Prüfflügel erleidet dabei einen Masseverlust durch Abrasion, aus dem ein Indexwert für die Abrasivität der Gesteinsprobe ermittelt wird. Gleichzeitig kommt es während des Versuchs zu Abrieb an den Gesteinspartikeln, sodass sich auch die Korngrößenverteilung der Gesteinsprobe verändert. Aus der Masse der dabei entstandenen Fraktion mit $d < 1{,}6$ mm wird ein Indexwert für die Brechbarkeit der Versuchsprobe errechnet.

Empfehlungen des Arbeitskreises Versuchstechnik Fels, 1. Auflage. Arbeitskreis 3.3 „Versuchstechnik Fels".

3 Begriffe

3.1 Ausgangsprobe

Unter Ausgangsprobe wird in dieser Empfehlung eine Festgesteinsprobe verstanden, die in Form eines oder mehrerer Gesteinsblöcke mit ausreichender Masse von insgesamt ca. 2,5 kg (vgl. Abschn. 5.1) für die Versuchsdurchführung vorliegen muss. Vorgaben zur Probenahme oder zur Gewährleistung der Repräsentativität der Probe sind nicht Bestandteil dieser Empfehlung.

3.2 Versuchsprobe

Da beim LCPC-Versuch entsprechend der vorliegenden Empfehlung lediglich eine Fraktion zwischen 4,0 und 6,3 mm Korngröße verwendet werden kann, muss die Ausgangsprobe zu einer Versuchsprobe aufbereitet werden. Dies geschieht durch das Zerkleinern der Ausgangsprobe mithilfe eines Backenbrechers und mit anschließendem Siebvorgang (vgl. Abschn. 5.2).

3.3 Abrasivitätsindex

Der Abrasivitätsindex A_{BR} ist das Verhältnis des Masseverlusts W am Prüfflügel in Relation zur Versuchsprobenmasse M. Der Abrasivitätsindex A_{BR} wird in der Einheit [g/t] nach Gl. (1) angegeben.

$$A_{BR} = \frac{W}{M} \tag{1}$$

3.4 Brechbarkeit

Die Brechbarkeit B_R ist das Verhältnis der Masse m_3 des Korngrößenanteils $\leq$ 1,6 mm nach Versuchsdurchführung zur Versuchsprobenmasse M nach Gl. (2):

$$B_R = \frac{m_3}{M} \tag{2}$$

4 Prüfeinrichtung

4.1 Geräte zur Probenvorbereitung

Für die Herstellung einer Versuchsprobe und die Versuchsauswertung werden die folgenden Geräte benötigt:

- Analysensiebe mit Metalldrahtgewebe nach DIN ISO 3310-1:2017-11 [2] mit Maschenweiten von 1,6, 4,0 und 6,3 mm;
- Feinwaage mit einer Genauigkeit von 0,001 g und einer Kapazität bis mindestens 100 g für die Wägung des Prüfflügels;
- Waage mit einer Genauigkeit von 0,1 g und einer Kapazität bis mindestens 1000 g für die Wägung der Proben;

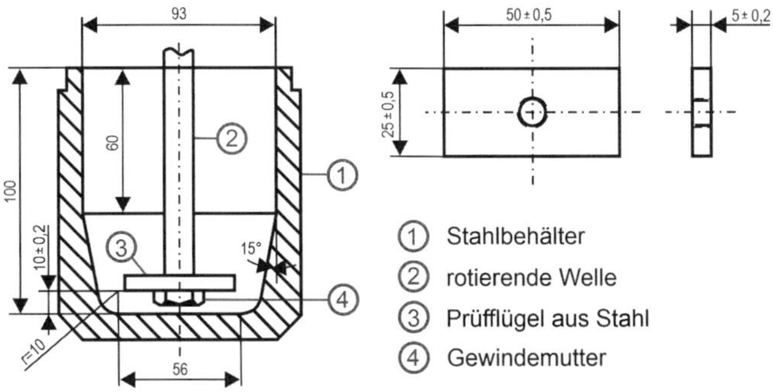

Bild 1 Abmessungen von Behälter, der rotierenden Welle sowie dem Prüfflügel entsprechend den Vorgaben in NF P 18-579:2013-02 [1] (Maßangaben in [mm]).

- Trockenschrank, der den Anforderungen der DIN EN ISO 17892-1 [3] genügt;
- Laborbackenbrecher.

4.2 Versuchsgerät

Das Versuchsgerät besteht aus den folgenden Teilen:

- Stahlbehälter mit Abmessungen gemäß Bild 1 und einer verschließbaren Öffnung (Bild 2) zum Einfüllen der Versuchsprobe;
- elektrisches Antriebssystem, mit dem eine Welle um die vertikale Achse mit 4500 U/min und einer Genauigkeit von ±50 U/min gedreht werden kann.

Die Welle soll einen Durchmesser von 14 bis 18 mm aufweisen. Die Welle besitzt am unteren Ende ein Gewinde und eine passende Gewindemutter, mit der ein austauschbarer Stahlflügel auf der Welle fixiert wird. Diese Welle muss in der Achse des Stahlbehälters angeordnet sein.

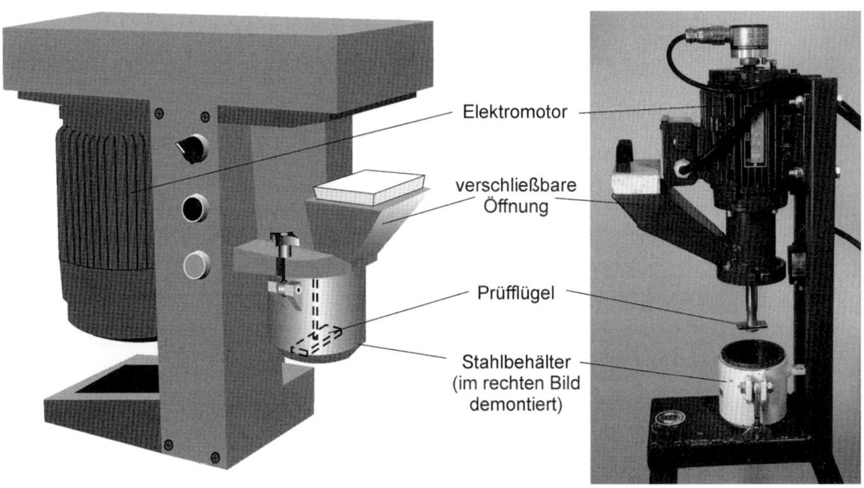

Bild 2 Beispiele für LCPC-Versuchsgeräte (links nach [4], rechts nach [5]).

Tab. 1 Eigenschaften des Prüfflügels.

Stahlgüte nach DIN EN 10027-2 [6]	Härte (HRB)	Länge *l* [mm]	Breite *b* [mm]	Dicke *d* [mm]
1.0401	60–75	$50 \pm 0{,}5$	$25 \pm 0{,}5$	$5 \pm 0{,}2$

Zum Lösen des Stahlflügels muss eine Vorrichtung zur Fixierung der Achse vorhanden sein. Zudem hat sich bewährt, die Achse austauschbar zu gestalten, da sie während des Versuches einem Verschleiß unterliegt.

4.3 Prüfflügel

Als Versuchskörper, an dem der Materialabtrag gemessen wird, dient ein Prüfflügel aus Stahl. Dieser muss den in Tab. 1 gelisteten Eigenschaften und Abmessungen entsprechen.

Die Prüfflügel sind dabei aus dem entsprechenden Stahl (Werkstoffnummer 1.0401 nach DIN EN 10027-2:2015-07 [6]) durch Fräsen zu fertigen und auf die entsprechende Härte weichzuglühen. Die geforderte Härte ist mittels einer Chargen-Stichprobenprüfung zu belegen. Die Oberfläche des Prüfflügels muss metallisch blank und frei von Anhaftungen sein. Insbesondere ist eine Oxidschicht (Zunderschicht) auf der Oberfläche nicht zulässig.

5 Zu prüfendes Material

5.1 Probenmasse

Die für einen einzelnen LCPC-Versuch benötigte Versuchsprobenmasse M einer granularen Versuchsprobe beträgt $500{,}0 \pm 2{,}0$ g. Für die Herstellung dieser Probenmasse wird erfahrungsgemäß eine Ausgangsprobe mit einer Masse von ca. 2,5 kg benötigt.

5.2 Probenvorbereitung

Die Geräte, die für die Zerkleinerung der zu untersuchenden Gesteinsproben bei der Herstellung der Versuchsprobe verwendet werden, können einen Einfluss auf das Versuchsergebnis haben. Die bei der Herstellung der Versuchsprobe angewendeten Verfahren und Geräte sind daher auf dem Versuchsprotokoll zu vermerken.

Die zu untersuchenden Gesteinsproben werden ganz oder in repräsentativen Teilstücken in einem handelsüblichen Laborbackenbrecher zerkleinert und anschließend durch Siebung separiert. Es werden nacheinander folgende Arbeitsschritte ausgeführt:

1. Zerkleinerung (mittels handelsüblichem Laborbackenbrecher);
2. Abtrennung der Komponenten > 6,3 mm durch Trockensiebung und weitere Zerkleinerung, bis alle Partikel eine Größe von ≤ 6,3 mm haben;
3. Absieben der Fraktion 4,0–6,3 mm;
4. Trocknung der erhaltenen Teilprobe der Fraktion 4,0–6,3 mm nach DIN EN ISO 17892-1 [3] bei einer Temperatur von 105 bis 110 °C. Bei Gesteinen mit veränderlichen Eigenschaften ist die Trocknungstemperatur auf 50 °C zu begrenzen.

6 Versuchsdurchführung

6.1 Montieren des Prüfflügels

Der Prüfflügel wird von eventuellen Anhaftungen gereinigt und entfettet (z. B. mit Ethanol oder Isopropanol) und danach auf 1/1000 g genau gewogen. Anschließend wird er am unteren Ende der Welle der Antriebseinheit aufgeschraubt und mit einer Gewindemutter gesichert. Dann wird der Stahlbehälter montiert. Dabei ist sicherzustellen, dass der Abstand zwischen der Unterkante des Prüfflügels und dem Boden des Stahlbehälters 10 ± 0,2 mm beträgt (Bild 1).

6.2 Einbau der Versuchsprobe

Aus der vorbereiteten Versuchsprobe in der Korngrößenfraktion 4,0–6,3 mm wird die Masse M von 500 ± 2 g abgewogen und durch eine verschließbare Öffnung in den Stahlbehälter eingebracht. Die Masse der Versuchsprobe ist auf 1/10 g genau zu bestimmen.

6.3 Versuchsdurchführung

Der Prüfflügel wird 5 min mit einer Geschwindigkeit von 4500 ± 50 U/min in der Versuchsprobe gedreht. Der Kontakt zwischen Versuchsprobe und Prüfflügel führt dabei zu zwei Resultaten:

- Der Prüfflügel (Grundkörper) erfährt einen Materialverlust durch Abrasion.
- Die Versuchsprobe (Gegenkörper) erfährt eine Korngrößenveränderung hin zu einem höheren Feinkornanteil.

Nach dem Versuch wird der Prüfflügel von der Welle getrennt, von Staub und Anhaftungen gereinigt und seine Masse wird auf 1/1000 g genau bestimmt. Jeder Prüfflügel darf nur einmal verwendet werden. Eine Wiederverwendung ist wegen der Veränderung der Ausgangsgeometrie nicht zulässig.

Bei der Demontage des Prüfflügels ist darauf zu achten, dass kein Material aus dem Stahlbehälter entfernt wird, insbesondere keine Anteile > 1,6 mm.

6.4 Siebung der verwendeten Versuchsprobe

Aus der Versuchsprobe wird nach dem Versuch mithilfe eines Siebes die Fraktion > 1,6 mm abgetrennt. Deren Masse m_2 wird auf 1/10 g genau bestimmt und dokumentiert.

7 Versuchsauswertung

7.1 Abrasivitätsindex A_{BR}

Der Abrasivitätsindex A_{BR} in [g/t] wird aus der Differenz der Massen des Prüfflügels vor dem Versuch m_0 in [g] und nach dem Versuch m_1 in [g] und der Versuchsprobenmasse M in [g] gemäß der nachstehenden Gl. (3) berechnet:

$$A_{BR} = \frac{m_0 - m_1}{M} \times 10^6 \quad (3)$$

7.2 Brechbarkeit B_R

Die Brechbarkeit B_R in [%] errechnet sich aus der Masse m_3 in [g] der Fraktion < 1,6 mm im Verhältnis zur gesamten Versuchsprobenmasse M in [g] gemäß Gl. (4):

$$B_R = \frac{m_3}{M} \times 100 = \frac{M - m_2}{M} \times 100 \quad (4)$$

8 Darstellung der Ergebnisse

Mit den Ergebnissen des LCPC-Versuchs sind folgende Angaben zu protokollieren:

- Herkunft der Ausgangsprobe, z. B. Bohrung und Entnahmetiefe oder Entnahmestelle;
- Beschreibung der Ausgangsprobe bzw. Ausgangsprobekörper, Besonderheiten sind mitzuteilen;
- Zeitpunkt der Versuchsdurchführung;
- Stahlsorte und -härte des verwendeten Stahlflügels;
- Angaben zum verwendeten Backenbrecher (Hersteller, Typenbezeichnung);
- Masse M der verwendeten Versuchsprobe, Masse m_0 des Prüfflügels vor dem Versuch, Masse m_1 des Prüfflügels nach dem Versuch, Masse m_2 der Fraktion > 1,6 mm nach dem Versuch, errechnete Masse m_3 der Fraktion ≤ 1,6 mm nach dem Versuch, der Abrasivitätsindex A_{BR} sowie die Brechbarkeit B_R;
- eventuelle Abweichungen von den hier gegebenen Empfehlungen;
- Angaben zur Prüfstelle und zum Ausführenden.

9 Klassifizierung

Die Bewertung der Abrasivität von Gestein und Gebirge sowie die Verschleißprognose für bei der Gebirgslösung eingesetzte Werkzeuge stellen gutachterliche Tätigkeiten dar, die Spezialwissen erfordern. Hierbei sind die Aussagegrenzen der verschiedenen Indizes und vielfältige weitere geologische und maschinentechnische Einflussfaktoren im tribologischen System in Betracht zu ziehen. Derartige Einschätzungen sind nicht Gegenstand der vorliegenden Empfehlung.

Es kann dennoch sinnvoll sein, die Höhe des Abrasivitätsindex A_{BR} sowie der Brechbarkeit B_R von Gesteinen auf Basis des in dieser Empfehlung beschriebenen Verfahrens verbal einzuordnen. Auf Basis der Arbeiten von [4, 7] sowie unter Berücksichtigung der Klassifizierung in der DGGT-Empfehlung Nr. 23 [8] können die nachstehenden Einteilungen herangezogen werden.

Eine Klassifizierung des Abrasivitätsindex A_{BR} kann nach Tab. 2 erfolgen.

Eine Klassifizierung der Brechbarkeit B_R kann nach Tab. 3 erfolgen.

Tab. 2 Klassifizierung des Abrasivitätsindex A_{BR}.

A_{BR} [g/t]	Klassifizierung
< 150	Extrem niedrig
150 – < 250	Sehr niedrig
250 – < 550	Niedrig
550 – < 800	Mittel
800 – < 1100	Hoch
1100 – < 1400	Sehr hoch
> 1400	Extrem hoch

Tab. 3 Klassifizierung der Brechbarkeit B_R nach [7].

B_R [%]	Klassifizierung
< 25	Niedrig
25 – < 50	Mittel
50 – < 75	Hoch
> 75	Sehr hoch

10 Anwendungsbeispiel

Name der durchführenden Institution

LCPC-Abrasivitätsversuch

zur Bestimmung der Abrasivität von Gesteinen
nach Empfehlung Nr. 24 des Arbeitskreises 3.3 der DGGT e.V.

Projekt:	Bauvorhaben	**Gestein:**	Sandstein
Entnahmeort:	KB 10/2020 (18,9 - 19,3 m)	**Proben-Nr.:**	KRK-01-03
Entnahmedatum:	01.12.2020	**Datum des Tests:**	11.12.2020
Entnahme durch:	Projektmitarbeiter xy	**Bearbeiter:**	Labormitarbeiter xy

Einwaage:		500,0 g			
Metallflügel **vor** Versuch:	m_v:	43,151 g	Gebrochenes Korn	4-6,3 mm	
Metallflügel **nach** Versuch:	m_n:	42,887 g			
Abrieb:	Δm:	0,264 g	A_{BR}:	**528 g/t**	**Abrasivität: niedrig**
Siebrückstand > 1,6 mm:		98,2 g			
Siebrückstand < 1,6 mm:		401,8 g	B_R:	**80,4 %**	**Brechbarkeit: sehr hoch**

Anmerkungen:
Prüfflügel aus Werkstoff-Nr. 1.0401
Härte laut Prüfprotokoll Lieferant vom 17.09.2018: HRB 62-70
Backenbrecher: Fritsch Pulverisette® 1

Bild 3 Beispiel eines Laborformblatts für den LCPC-Versuch.

Literatur

1 NF P 18-579:2013-02 (2013). *Granulats: Détermination des coefficients d'abrasivité et de broyabilité, – Gesteinskörnungen – Bestimmung der Koeffizienten der Abrasivität und Mahlbarkeit.* Paris: AFNOR.

2 DIN ISO 3310-1:2017-11 (2017). *Analysensiebe – Technische Anforderungen und Prüfung – Teil 1: Analysensiebe mit Metalldrahtgewebe.* Berlin: Beuth Verlag.

3 DIN EN ISO 17892-1:2015-03 (2015). *Geotechnische Erkundung und Untersuchung – Laborversuche an Bodenproben – Teil 1: Bestimmung des Wassergehalts.* Berlin: Beuth Verlag.

4 Plinninger, R.J. und Alber, M. (2016). Abrasivitätsuntersuchung von Boden und Fels im Kontext der neuen VOB/C. *Bauingenieur* 91 (5): 200–207. https://doi.org/10.37544/0005-6650-2016-05-60

5 Thuro, K. und Käsling, H. (2009). Klassifikation der Abrasivität von Boden und Fels. *Geomechanik & Tunnelbau* 2 (2): 179–188. https://doi.org/10.1002/geot.200900012

6 DIN EN 10027-2:2015-07 (2015). *Bezeichnungssysteme für Stähle – Teil 2: Nummernsystem*, Deutsche Fassung EN 10027-2:2015. Berlin: Beuth Verlag.

7 Käsling, H. (2009). Bestimmung der Gesteinsabrasivität – Grundlagen, Anwendung und Einsatzgrenzen bei maschinellen Tunnelvortrieben. Dissertation. Technische Universität München.

8 Käsling, H. und Plinninger, R.J. (2016). Bestimmung der Abrasivität von Gesteinen mit dem CERCHAR-Versuch – Empfehlung Nr. 23 des Arbeitskreises 3.3 „Versuchstechnik Fels" der Deutschen Gesellschaft für Geotechnik e. V. *Bautechnik* 93 (6): 409–415. https://doi.org/10.1002/bate.201600029

Empfehlung Nr. 25: Bestimmung der Abrasivität von Gesteinen mit mineralogisch-petrografischen Verfahren

Ralf J. Plinninger, Heiko Käsling und Till Popp

1 Zweck

Zweck dieser Empfehlung ist es, Verfahren und Geräte für mineralogisch-petrografische Gesteinsanalysen so zu vereinheitlichen, dass darauf beruhende Gesteinskennwerte miteinander vergleichbar sind.

Die Versuchsergebnisse dienen der Charakterisierung und Klassifizierung von Festgesteinen, insbesondere Abschätzungen und Prognosen zum Verschleiß von zur Gebirgslösung eingesetzten Werkzeugen (z. B. Bohrkronen, Rundschaftmeißeln, Disken- oder Rollenmeißeln). Die beschriebenen Verfahren sind dabei auf eine Quantifizierung der bautechnisch relevanten Haupt- und Nebengemengteile eines Gesteins ausgerichtet. Die Quantifizierung von akzessorischen Mineralen mit geringen Volumenanteilen (< 1 %) ist mit den hier beschriebenen Methoden unter Umständen nicht hinreichend genau möglich.

Die vorliegende Empfehlung berücksichtigt die für die Anwendung im Steinkohlenbergbau eingeführte DIN 22021 [1], die für die Anwendung in der Natursteinindustrie vorgesehene DIN EN 12407 [2] sowie die internationale ISRM Suggested Method [3], weicht aber in Details der Versuchsdurchführung und -auswertung von diesen Normen und Empfehlungen ab bzw. geht über diese hinaus.

2 Kurzbeschreibung der Verfahren

Die vorgestellten Verfahren dienen der Ermittlung von Gesteinskennwerten auf Basis mineralogisch-petrografischer Untersuchungsverfahren. Als Analyseverfahren werden die beiden Verfahren Dünnschliff-Analyse und röntgendiffraktometrische Pulveranalyse berücksichtigt.

Zur Dünnschliff-Analyse (DS) werden etwa 25 μm dicke Gesteins-Dünnschliffe hergestellt. Die Bestimmung des modalen Mineralbestands und der Gefügeeigenschaften beruht auf der optischen Analyse mit einem petrografischen Mikroskop. Hierbei werden die Minerale anhand ihrer spezifischen Ausbildung und optischen Eigenschaften identifiziert sowie deren Ausbildung und Raumanordnung beschrieben (sogenannte „qualitative Analyse“). Unter Verwendung zusätzlicher Verfahren

Empfehlungen des Arbeitskreises Versuchstechnik Fels, 1. Auflage. Arbeitskreis 3.3 „Versuchstechnik Fels“.

und Geräte können darüber hinaus der Mineralbestand quantitativ und die Korngrößen der Komponenten bestimmt werden.

Die röntgendiffraktometrische Mineralbestimmung (XRD) beruht auf dem Effekt der Beugung von Röntgenstrahlung beim Auftreffen auf die Einzelkristalle eines texturfreien Pulverpräparats. Die vom Diffraktometer aufgezeichneten Reflexe können für qualitative und quantitative Auswertungen herangezogen werden.

3 Begriffe

3.1 Messgrößen

Der **Volumenanteil** V_i [%] einer Mineralart *i* wird mit dem im Dünnschliff ermittelten **Flächenanteil** A_i [%] gleichgesetzt. Mit dem Röntgendiffraktometer ermittelte Mineralgehalte sind ebenfalls als Volumenanteil anzugeben, wobei Massenanteile über die spezifische Mineraldichte in Volumenanteile umzurechnen sind. Ergebnisse semiquantitativer Bestimmungen sind als Schätzwerte $\boldsymbol{V_i^*}$ [%] anzugeben. Die **Mineralkorngröße** d_i [mm] einer Mineralart *i* wird im Dünnschliff als „scheinbare Mineralkorngröße" D_i [mm] bestimmt und unter Verwendung eines empirischen Korrekturfaktors von 1,5 näherungsweise gemäß Gl. (1) ermittelt.

$$d_i = D_i \cdot 1{,}5 \tag{1}$$

Anmerkung: Der Wert des Korrekturfaktors entspricht damit dem in DIN 22021 [1] referenzierten Korrekturfaktor für ideal kugelförmige Mineralkörner.

3.2 Abrasivitätsindizes

Bei der petrografischen Analyse werden Informationen über Gefügeeigenschaften des Gesteins sowie Art und Anteile des Mineralinhalts erhoben. Diese Informationen können entweder direkt (z. B. Quarzgehalt) oder in Form abgeleiteter Abrasivitätsindizes zur Charakterisierung der Gesteinsabrasivität herangezogen werden. Im Folgenden werden mit dem *Äquivalenten Quarzgehalt*, der *Vickers Hardness Number of the Rock (VHNR)*, dem *Schimazek-Verschleißindex* (F_{Schim}) und dem *Rock Abrasivity Index (RAI)* vier der gebräuchlichsten Indexwerte für Festgesteine beschrieben.

Der **Quarzanteil** V_{Qz} [%] entspricht dem spezifischen Volumenanteil des Minerals Quarz (SiO_2) im untersuchten Gestein.

Der **Äquivalente Quarzanteil,** $F_{\mathrm{Äqu}}$ [4] wird als Summe aller Mineralanteile V_i unter Berücksichtigung ihrer jeweiligen, auf Quarz bezogenen Rosiwal-Schleifhärten $H_{\mathrm{R}(i)}$ gemäß Gl. (2) ermittelt. Der Indexwert wird in Prozent [%] angegeben. Vorschläge für entsprechende auf Rosiwal-Schleifhärten beruhende Wichtungsfaktoren sind in Abschn. 9 dieser Empfehlung dargestellt.

$$F_{\mathrm{äqu}} = \sum_{i=1}^{n} V_i \cdot H_{\mathrm{R}(i)} \tag{2}$$

Die **Vickers Hardness Number of the Rock, VHNR** [5] wird als Summe aller Mineralanteile V_i unter Berücksichtigung ihrer jeweiligen Vickers-Härte $H_{\mathrm{V}(i)}$ gemäß

Gl. (3) ermittelt. Der Indexwert ist dimensionslos. Vorschläge für entsprechende auf Vickers-Härten beruhende Wichtungsfaktoren sind in Abschn. 9 dieser Empfehlung dargestellt.

$$\mathrm{VHNR} = \sum_{i=1}^{n} V_i \cdot H_{\mathrm{V}(i)} \tag{3}$$

Der **Rock Abrasivity Index, RAI** [6] wird durch Multiplikation des Äquivalenten Quarzgehalts $F_{\text{äqu}}$ [%] mit der gemäß DIN EN ISO 18141-1 [7] bestimmten einaxialen Druckfestigkeit σ_{u} [MPa] des Gesteins errechnet. Der gemäß Gl. (4) ermittelte Indexwert ist dimensionslos.

$$\mathrm{RAI} = F_{\text{Äqu}} \cdot \sigma_{\mathrm{u}} = \left(\sum_{i=1}^{n} V_i \cdot H_{\mathrm{R}(i)} \right) \cdot \sigma_{\mathrm{u}} \tag{4}$$

Der **Schimazek-Index** F_{Schim} [8, 9] wird in einer auf alle Minerale angepassten Form unter Einbeziehung des spezifischen Mineraldurchmessers d_i und der gemäß DGGT-Empfehlung Nr. 10 [10] bestimmten Spaltzugfestigkeit $\sigma_{\mathrm{t,sp}}$ [MPa] des Gesteins errechnet. Der gemäß Gl. (5) ermittelte Indexwert ist dimensionslos.

$$F_{\mathrm{Schim}} = \left(\sum_{i=1}^{n} V_i \cdot H_{\mathrm{R}(i)} \cdot d_i \right) \cdot \sigma_{\mathrm{t,sp}} \tag{5}$$

4 Versuchsoptionen

Vor Festlegung des bzw. der anzuwendenden Untersuchungsverfahren sollte das zu untersuchende Gestein gemäß DIN EN ISO 14689 [11] makroskopisch unter Zuhilfenahme der dort beschriebenen Feldmethoden angesprochen werden. Je nach vorherrschender Korngröße bzw. Kristallgröße des Gesteins werden die Analyseverfahren gemäß Tab. 1 empfohlen. Es kann auch eine Kombination mehrerer Analyseverfahren (z. B. DS + XRD) sinnvoll sein.

Für bautechnische Zwecke werden im Zuge der vorliegenden Empfehlung folgende 6 Standard-Versuchsoptionen definiert (Tab. 2).

5 Prüfeinrichtungen

5.1 Geräte zur Herstellung von Dünnschliffen

Für die Herstellung von Dünnschliffen ist folgende technische Mindestausstattung erforderlich:

- Polarisationsmikroskop
- wassergekühlte Gesteinssäge mit Schlittenführung
- automatische oder manuelle Schleifmaschine mit Gusseisenschleifer
- ggf. elektrische Heizplatte
- Glasplatte, ca. 300 × 400 × 10 mm

Tab. 1 Übersicht über mineralogisch-petrografische Analyseverfahren und den empfohlenen Anwendungsbereich.

Korn-/Kristallgrößen-Bereich	Vorherrschende Korn-/Kristallgröße *d*	Typische Beispiele	Empfohlenes Analyseverfahren
Feinkörnig und krypto-kristallin	< Ca. 0,5 mm	Tonstein, Schluffstein, Mergelstein, Tonschiefer, Phyllit, Mylonit, feinkörnige Vulkanite	Pulverröntgendiffraktometer-Analyse (XRD)
Fein- bis mittelkörnig	Ca. 0,5 mm–ca. 5 mm	Kalkstein, Sandstein, Quarzit, Glimmerschiefer, Gneis, Granit	Dünnschliff-Analyse (DS)
Grobkörnig	> 5 mm	Konglomerat, Brekzie, Pegmatit	Makroskopische Bestimmung, ggf. unter Zuhilfenahme von Lupe oder Auflichtmikroskop[a)]

a) Nicht Gegenstand dieser Empfehlung.

Tab. 2 Versuchsoptionen für mineralogisch-petrografische Untersuchungen.

Versuchsoption Nr.	Kürzel	Beschreibung	Kennwerte
1	DS1	Qualitative mikroskopische Untersuchung eines Gesteinsdünnschliffs	Mineralarten i
2	DS2	Qualitative mikroskopische Untersuchung eines Gesteinsdünnschliffs sowie Modalanalyse der Haupt- und Nebengemengteile	Mineralarten i, Anteile $A_i = V_i$
3	DS3	Qualitative mikroskopische Untersuchung eines Gesteinsdünnschliffs, Modalanalyse der Haupt- und Nebengemengteile und Bestimmung der mittleren Mineralkorndurchmesser	Mineralarten i, Anteile $A_i = V_i$, Korngrößen D_i
4	XRD1	Qualitative Pulverröntgendiffraktometer-Analyse zur Bestimmung des Mineralbestands	Mineralarten i
5	XRD2	Pulverröntgendiffraktometer-Analyse mit semiquantitativer Bestimmung des Mineralbestands	Mineralarten i, Anteile V_i^*
6	XRD3	Pulverröntgendiffraktometer-Analyse mit quantitativer Bestimmung des Mineralbestands, inkl. Rietveld-Verfeinerung	Mineralarten i, Anteile V_i

- Ultraschallreinigungsgerät
- Schleifmittel (z. B. Siliziumcarbid) mit variierender Korngröße, Bereich 185 μm (FEPA F80) bis 3 μm (FEPA F1200)
- Objektträger aus Glas (Natronkalkglas, Brechungsindex ca. 1,5), Standardgröße 48 × 28 mm („Gießener Format") nach DIN ISO 8037-1 [12] und passendes Deckglas (z. B. 24 × 32 mm) nach ISO 8255-1 [13]
- Einbettungsmittel mit zum Objektträger passenden Brechungsindex, z. B. Epoxidharz, Kanada-Balsam, o. Ä.
- Reinigungsmittel, wie z. B. Ethanol, Isopropanol, Aceton, o. Ä.

5.2 Durchlichtmikroskop

Für die Dünnschliff-Analyse (Versuchsoption DS1 bis DS3) ist folgende technische Mindestausstattung erforderlich:

- Polarisationsmikroskop (monokular oder binokular) zur Betrachtung der Eigen- und Interferenzfarben der Minerale mit einem Vergrößerungsbereich, der mindestens den Bereich von ca. 10-Facher bis 500-Facher Vergrößerung abdeckt,
- in ihrer Helligkeit regelbare, elektrische Beleuchtungseinheit zur Durchlichtbetrachtung

Sofern neben einer rein qualitativen Dünnschliffuntersuchung auch eine Dünnschliffmodalanalyse (Versuchsoption DS2 und DS3) durchgeführt werden soll, ist zusätzlich folgende technische Mindestausstattung erforderlich:

- Messokular mit Punktgitter in einer Zwischenbildebene
- oder Einrichtung für Point-Counter-Auswertungen, z. B. rastbarer Kreuztisch mit Punktzählgerät
- oder Einrichtung zur Durchführung von Linienmessverfahren
- oder Digitalkamera und Bildverarbeitungssoftware

Sofern zusätzlich zur Modalanalyse auch die Korngrößen der Minerale bestimmt werden sollen (Versuchsoption DS3) sind folgende Einrichtungen und Geräte erforderlich:

- Messokular
- oder Digitalkamera und Bildverarbeitungssoftware

5.3 Geräte zur Herstellung von Röntgen-Pulverpräparaten

Für die Herstellung texturfreier Pulverpräparate für Röntgendiffraktometer-Analysen ist folgende technische Mindestausstattung erforderlich:

- geeignete Geräte zur Probenzerkleinerung/Grobaufbereitung, z. B. Backenbrecher
- geeignete Geräte zur Feinaufbereitung, z. B. McCrone-Mühle
- geeignete Probenträger

5.4 Pulverröntgendiffraktometer

Für die Erstellung von Pulverröntgendiffraktometer-Aufnahmen sind Diffraktometer gemäß DIN EN 13925-3 [14] zu verwenden. Zur Auswertung der erhaltenen Aufnahmen ist entsprechende Software einzusetzen, die die Identifizierung und Quantifizierung der enthaltenen Mineralphasen erlaubt. Angaben zum Analysegerät und zur verwendeten Analysesoftware sind mit dem Versuchsergebnis mitzuteilen.

6 Herstellung der Probekörper

6.1 Anforderungen an das Probenmaterial

Die Auswahl des anzuwendenden Prüfverfahrens sollte unter Berücksichtigung der vorherrschenden Korngröße erfolgen. Eine entsprechende Empfehlung ist in Abschn. 4 dargestellt.

Für die Herstellung von Gesteinsdünnschliffen eignen sich Proben mit einer Mindestgröße von ca. $L \times B \times H = 50 \times 30 \times 10\,\mathrm{mm}$. Für die Untersuchung von Dünnschliffen sind die makroskopisch erkennbaren Gefüge-Inhomogenitäten bei der Entnahme der Probestücke und bei der Festlegung der Dünnschliffe zu erfassen und zu dokumentieren.

Als Probekörper für die Herstellung eines Pulverpräparats für die Röntgendiffraktometrie eignen sich Proben mit einer Mindestmasse von rd. 50 g.

Anmerkung: Bei heterogenen Gesteinen kann es erforderlich sein, repräsentative Teilproben aus entsprechend größeren Ausgangsproben herzustellen, z. B. mittels Schlitzprobe oder Probenteiler.

6.2 Dünnschliffherstellung

Als Dünnschliff wird eine auf einem Objektträger befestigte Gesteinsprobe bezeichnet, die zu einem dünnen Plättchen mit einer Dicke von rd. $25 \pm 5\,\mu\mathrm{m}$ geschliffen wurde und die üblicherweise mit einem Deckglas geschützt ist. Im Regelfall betragen die Maße des Schliffes etwa 36 mm × 24 mm.

Die Anzahl der für die Analyse erforderlichen Dünnschliffe ist der Körnigkeit sowie der Textur des Gesteins anzupassen und muss die Erfassung einer ausreichenden Anzahl an Mineralkörner der jeweiligen Mineralspezies (siehe Abschn. 7.1.2) ermöglichen. Bei anisotropen Gesteinen mit nicht statistischer Verteilung der Komponenten (Mineralkörner) ist es erforderlich, die Dünnschliffe in Abhängigkeit der vorherrschenden Gefügeelemente (z. B. Schichtung, Schieferung) mit definierter Schnittorientierung herzustellen (Bild 1). Für eine vollständige Gefügebeschreibung und korrekte Mineralbestandsanalyse kann es dabei erforderlich sein, mehrere Schliffe in drei aufeinander senkrecht stehenden Schnittorientierungen herzustellen. Für viele Fragestellungen ist ein senkrecht zum Gefüge orientierter Schliff (Bild 1, links) ausreichend zur Erfassung repräsentativer Mineralanteile geeignet.

Bei dauerhaft festen Gesteinen wird ein prismatischer Gesteinsprobekörper der Abmessung 36 mm x 24 mm und rd. 10 mm Höhe mit einer Gesteinssäge formatiert.

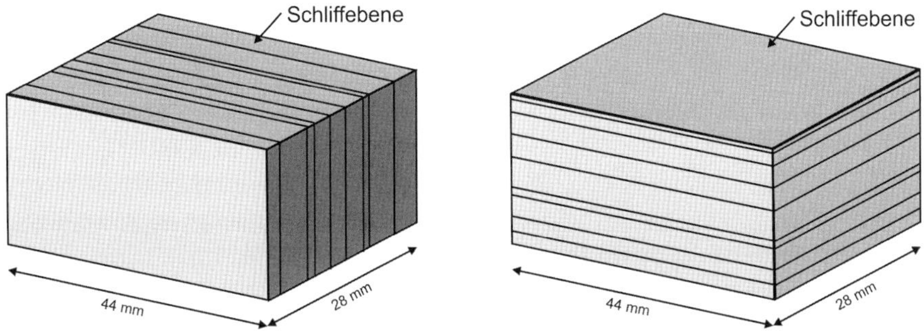

Bild 1 Anordnung von Dünnschliffen bei anisotropem Gestein (links: rechtwinklig zum Gefüge; rechts: in der Gefügeebene).

Die Unterseite (Kontaktfläche) wird stufenweise mit zunehmend feinerem Schleifkorn plangeschliffen („Läppen") und das Schliffklötzchen wird mit einem geeigneten Einbettungsmittel auf den Objektträger aufgeklebt. Durch erneutes Absägen und stufenweises Abschleifen unter Wasser mit zunehmend feineren Schleifmitteln (in der Regel Siliziumcarbidpulver mit Abstufungen von 100 μm – fein – zu 5 μm – sehr fein) wird die Gesteinsprobe auf die erforderliche Dicke reduziert. Der Vorgang wird beendet, wenn die nach der Michel-Lévy-Tafel festgelegten Farben erreicht sind, z. B. Weiß und Grau erster Ordnung für Quarz und Feldspat, was einer Schliffdicke von ca. 25 μm entspricht.

Erforderlichenfalls können bei der Präparation Sonderverfahren, u. a. zur Gefügestabilisierung oder verbesserten Mineralidentifikation, angewendet werden, wie z. B.:

- Vakuumimprägnierung mit Kunstharz zur Stabilisierung von Gesteinen mit schlechter oder mäßiger Kornbindung oder mit veränderlichen Eigenschaften
- Vakuumimprägnierung mit gefärbten bzw. fluoreszierenden Kunstharzen zur Sichtbarmachung von Hohlräumen, Porenraum bzw. von Rissen im Gestein
- ganz- oder teilweises differenzielles Anfärben des Dünnschliffs mit speziellen Reagenzien über mikrochemische Reaktionen, z. B. 1,2-Dihydroxyanthrachinon („Alizarin S") zur Unterscheidung verschiedener Karbonatminerale. Einen Überblick über die gängigen Anfärbungsverfahren mit unterschiedlichen Reagenzien für verschiedene Minerale (Dolomit/Calcit, Magnesit, Kalifeldspat/Quarz, Foide) ist z. B. Ney [15] zu entnehmen

Bei der Präparation ist insbesondere darauf zu achten, dass die Schliffoberfläche plan ist, die Dicke des Schliffes (25 ± 5 μm) durchgehend gleich ist und der Schliff keine Zerrungen oder Kratzer enthält. Zur Abdeckung des Schliffs sind passende Deckgläser zu verwenden.

Anmerkung: Insbesondere für die Analyse von Erzen kann es sinnvoll sein, zusätzlich zu Analysen im Durchlicht auch Auflichtanalysen an ungedeckten Dünnschliffen bzw. Rasterelektronenmikroskop- bzw. Mikrosonden-Untersuchungen durchzuführen. Präparations- und Analyseverfahren für derartige Spezialanalysen sind nicht Gegenstand der vorliegenden Empfehlung.

Es wird empfohlen, zwischen Auftraggeber und Untersuchungsinstitut (Auftragnehmer) Vereinbarungen bezüglich der Übergabe oder Aufbewahrung von Dünnschliffpräparaten nach Abschluss der Untersuchungen zu treffen, um sicherzustellen, dass die untersuchten Präparate für spätere Nachuntersuchungen oder zusätzliche Analysen zur Verfügung stehen.

6.3 Probenherstellung für Pulverröntgendiffraktometrie

Für die Analyse wird aus der Gesteinsprobe ein texturfreies Pulverpräparat hergestellt. Dazu wird der Gesteinsprobekörper z. B. mittels Backenbrecher zunächst grob gebrochen und nach Teilung in einem Probenteiler aufgemahlen. Die Korngröße des Präparats muss den Anforderungen des jeweiligen Analysegeräts genügen. Meist werden Korngrößen von $< 20\,\mu m$ gefordert. Danach wird das Pulver in einen zum jeweiligen Analysegerät passenden Präparatträger eingebracht. Zur Herstellung eines texturfreien Präparats ist dabei auf den Einsatz von Tablettenpressen, o. Ä. unbedingt zu verzichten.

Eine Verunreinigung des Pulverpräparats während der Herstellung durch eventuelle Reste vorangegangener Proben ist zu vermeiden. Hierzu sind die eingesetzten Aufbereitungsgeräte zwischen jeder Probenbearbeitung gründlich zu reinigen.

Anmerkung: Für spezielle Untersuchungen zur Tonmineralogie sind umfangreichere und aufwendigere Probenvorbereitungen erforderlich. Präparations- und Analyseverfahren für derartige Spezialanalysen sind nicht Gegenstand der vorliegenden Empfehlung.

7 Versuchsdurchführung

Die Mineralidentifizierung im Dünnschliff und mittels Röntgendiffraktometrie erfordert Expertenwissen. Das Erlernen der hierfür angewandten Methoden ist Bestandteil der Ausbildung einschlägiger geowissenschaftlicher Berufe (z. B. Geologen und Mineralogen) und wird in der vorliegenden Empfehlung vorausgesetzt.

7.1 Dünnschliffmikroskopie

7.1.1 Qualitative mikroskopische Untersuchung (Versuchsoption DS1)

Die Mineralidentifizierung im Mikroskop erfolgt anhand der spezifischen optischen Eigenschaften der Minerale bei Betrachtung im Durchlicht (z. B. Kornform, Symmetrie, Farbe, Pleochroismus, Zwillingslamellierung, Spaltbarkeit und Lichtbrechung) und unter polarisiertem Licht (z. B. Doppelbrechung, optischer Charakter und Auslöschung). Details der anzuwenden mineraloptischen Verfahren sind in einschlägigen Lehrbüchern, z. B. [16, 17] oder [18] dargestellt.

Das Gefüge des Gesteins wird traditionell mit den Begriffen Textur (Anordnung der Mineralkörner im Raum) und Struktur (Ausbildung der Mineralkörner nach Größe und Form) beschrieben. Dabei werden unter anderem folgende Parameter benutzt:

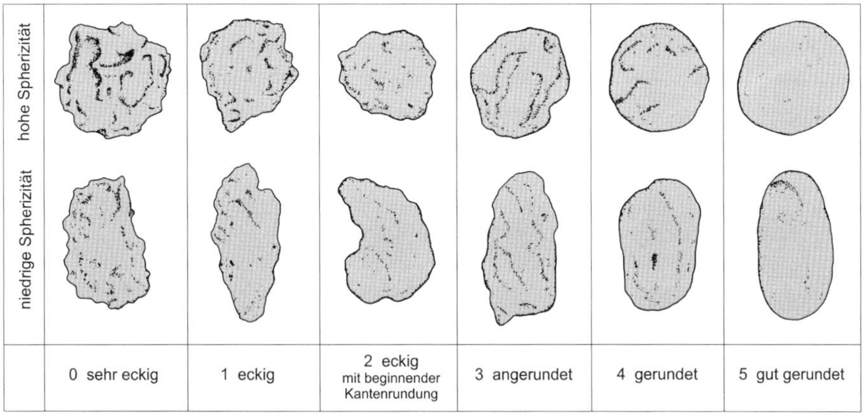

Bild 2 Klassifizierung des Kornrundungsgrades klastischer Komponenten (nach [19]).

- Schichtung (gut geschichtet, undeutlich geschichtet, ungeschichtet)
- Bänderung (mehr oder weniger rhythmischer Materialwechsel)
- Deformationsstrukturen (z. B. Riss- und Fugenbildung, mechanische Zwillinge, Rekristallisation)
- Porosität (grob, fein, stark, schwach, dichtes Gefüge)
- Mineralverteilung (homogen, inhomogen)
- Kornform von Mineralkörnern (eckig-länglich bis rundlich-isometrisch)
- Kornrundung von Mineralkomponenten gemäß Bild 2
- Korngrößen (grob-, mittel-, feinkörnig)
- Korngrößenverteilung (eng gestuft, weit gestuft)
- Kornbindung (z. B. phyllosilikatisch, karbonatisch, kieselig, Korn-an-Korn)
- Kornumwandlung (z. B. Serizitisierung und Kaolinisierung von Feldspäten)

Die Ergebnisse der qualitativen Dünnschliff-Analyse sollten gemäß den in Abschn. 8 dargestellten Anforderungen in Textform und mit Fotos dokumentiert werden.

7.1.2 Quantitative mikroskopische Untersuchung (Versuchsoption DS2)

Es wird empfohlen, einer quantitativen Gesteinsanalyse (auch als „Modalanalyse" bezeichnet) stets eine qualitative Analyse und Dünnschliffdokumentation gemäß Abschn. 7.1.1 voranzustellen.

Die Quantifizierung des Mineralinhalts erfolgt über die Bestimmung des jeweiligen Flächenanteils A_i [%] einer Mineralart i an der gemessenen Fläche des Dünnschliffs. Zur Durchführung der Teilflächenmessung (Schliffausschnitte) oder Integrationsanalyse (über mehrere Schliffe) sind grundsätzlich verschiedene Methoden in Gebrauch: das Flächenmessverfahren, das Linienmessverfahren und das Punktzählverfahren:

1. Bei der *Analyse mittels Flächenmessverfahren* werden die Anschnittsflächen der Einzelminerale in Schliffebene planimetrisch ermittelt, für die jeweiligen Mineralarten addiert und ins Verhältnis zur ausgewerteten Gesamtfläche gesetzt

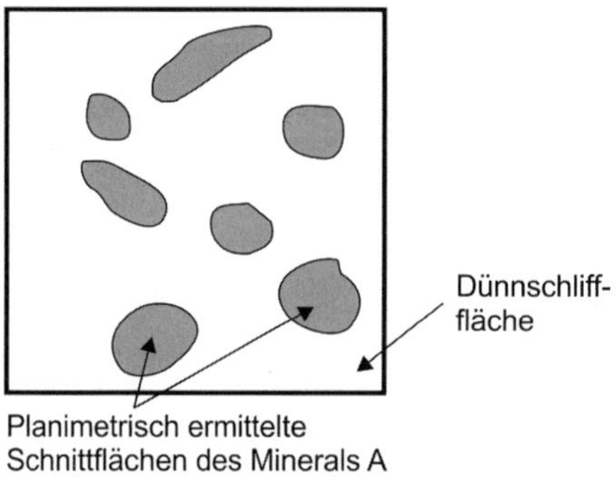

Bild 3 Schematische Darstellung des Flächenmessverfahrens: Mittels planimetrischer Verfahren werden die Flächen a_A des Minerals A bestimmt. Aus der Summe aller Einzelflächen a_A wird im Verhältnis zur Gesamtfläche der Flächenanteil A_A des Minerals A errechnet.

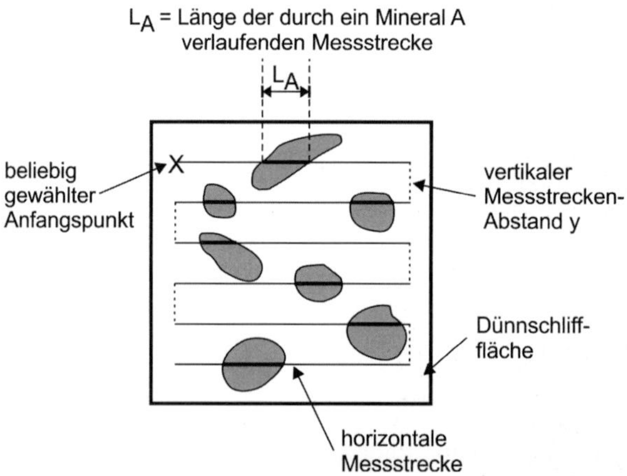

Bild 4 Schematische Darstellung von Linienmessverfahren: An einem Netz parallel verlaufender Messstrecken werden die Längen L_A der im Mineral A verlaufenden Teile der Messstrecke bestimmt. Aus der Summe aller Strecken L_A wird im Verhältnis zur Länge der Gesamtstrecke der Flächenanteil A_A des Minerals A errechnet.

(Bild 3). Üblicherweise werden hierfür Digitalaufnahmen des Schliffs in Verbindung mit Bildauswerte-Programmen verwendet.

2. Bei der *Analyse mittels Linienschnittverfahren* werden die Längen der jeweiligen Mineralanschnitte entlang mehrerer, statistisch verteilter Messstrecken bestimmt und daraus der Flächenanteil ermittelt (Bild 4). Üblicherweise werden dazu ein Messokular und ein in zwei Achsen mittels Mikrometerschrauben beweglicher Messtisch verwendet. Modernere Verfahren bedienen sich der computergestützten Bildauswertung.
3. Bei der *Analyse mittels Punktzählverfahren* („Point-Counter-Verfahren") wird entweder auf den Dünnschliff ein Gitternetz projiziert, an dessen Kreuzungspunkten die Minerale bestimmt werden (Bild 5) oder der Schliff wird schrittweise entlang eines Punktrasters mechanisch verschoben (Bild 6). Das Zählgitter muss während der gesamten Zählung unverändert bleiben. Die Längen- und Breitendistanz zwischen aufeinanderfolgenden Punkten muss derselbe Schritt

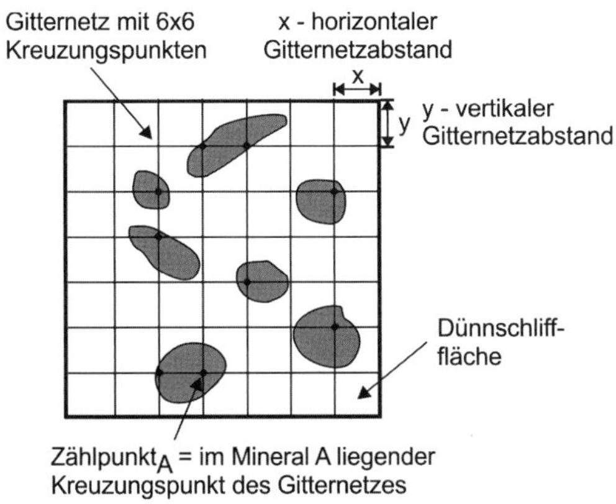

Bild 5 Schematische Darstellung von Punktzählverfahren: An den Kreuzungspunkten eines über den Schliff projizierten, symmetrischen Gitternetzes werden die Minerale bestimmt.

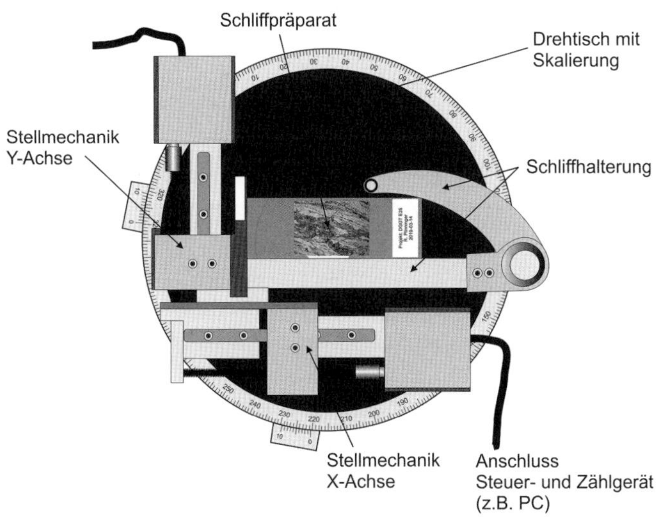

Bild 6 Beispielzeichnung eines auf dem drehbaren Objekttisch aufgesetzten Point-Counter-Geräts.

sein. Zur Durchführung sind am Markt elektro-mechanische Hilfsgeräte zur Schliffführung und Mineralzählung verfügbar (Bild 6).

Unabhängig von der Art des eingesetzten Verfahrens muss die Repräsentativität der Ermittlung durch die Wahl eines repräsentativen Bestimmungsbereichs und eine ausreichende Anzahl von Einzelbestimmungen sichergestellt werden. Als Richtwert kann hierbei eine Mindestanzahl von nicht unter 500 Zählpunkten dienen.

Anmerkung: Die hier empfohlene Zählpunktanzahl entspricht den Vorgaben der im Steinkohlenbergbau eingeführten DIN 22021 [1], liegt zugunsten einer wirtschaftlicheren Durchführung jedoch unterhalb der im Anhang C der DIN EN 12407 [2] empfohlenen Zählpunktanzahl von 4000 Punkten bei feingekörnten Natursteinen bzw. 2000 Punkten bei grobgekörnten Natursteinen.

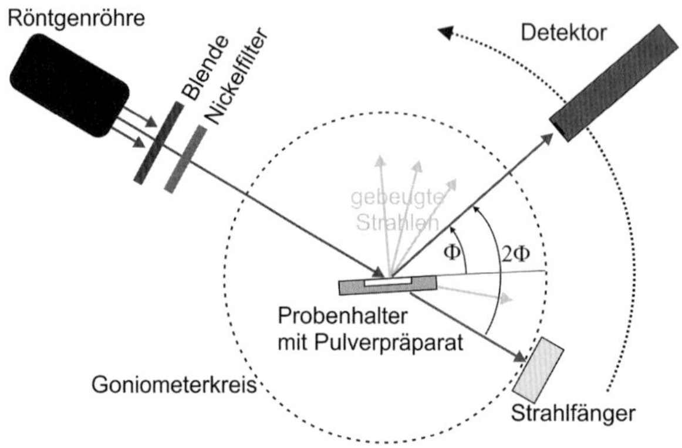

Bild 7 Schematische Darstellung einer häufig eingesetzten Strahlgeometrie (nach *Bragg* und *Brentano*) für die Pulverdiffraktometrie.

7.1.3 Modalanalyse mit Bestimmung der mittleren Mineralkorngröße (Versuchsoption DS3)

Es wird empfohlen, einer quantitativen Gesteinsanalyse mit Bestimmung der mittleren Korngrößen stets eine qualitative Analyse und Dünnschliffdokumentation gemäß Abschn. 7.1.1 voranzustellen.

Die Bestimmung der Mineralkorngrößen erfolgt durch die Messung des scheinbaren Durchmessers D_i einer ausreichenden Anzahl repräsentativer Mineralkörnern einer Mineralart, z. B. mittels Messokular oder EDV-gestützter Bildauswerteverfahren. Als Mindestanzahl werden nicht unter 50 Messungen je Mineralart empfohlen. Um zu vermeiden, dass eine selektive Messung (z. B. nur große Körner) erfolgt, sollte z. B. angestrebt werden, alle Körner einer Mineralart in einem gewissen Bildausschnitt zu erfassen.

Die Messergebnisse von D_i sollen für jede Mineralart tabellarisch erfasst und über den Korrekturfaktor von 1,5 gemäß Gl. (1) in Korngrößen d_i umgerechnet werden. Im Versuchsprotokoll sind für jede Mineralart Minimum, Maximum und arithmetischer Mittelwert für d_i darzustellen.

7.2 Pulverröntgendiffraktometrie

Bei der Pulverröntgendiffraktometrie handelt es sich eine Röntgenmethode zur Untersuchung von Zusammensetzung und Struktur von kristallinen Stoffen. Ausgehend von einer fein zermahlenen, möglichst texturfreien Pulverprobe erfolgt die qualitative Bestimmung der gesteinsbildenden Minerale gemäß DIN EN 13925-1 [20] bzw. DIN EN 13925-2 [21] in einem geeigneten Pulverröntgendiffraktometer. In Bild 7 ist ein typischer Aufbau schematisch dargestellt. Die Probe reflektiert die von der Röntgenröhre ausgesandte Strahlung unter ganz bestimmten Bragg-Winkeln. Der Detektor fährt alle Winkel ab und nimmt bei jedem die Intensität der reflektierten Strahlung auf.

Es entsteht eine vom Messwinkel 2Θ abhängige Intensitätsverteilung – das sogenannte Diffraktogramm – dessen Maxima als Reflexe bezeichnet werden (Bild 8). Das Pulverdiffraktogramm ist für jede Probe charakteristisch und kann daher, ähn-

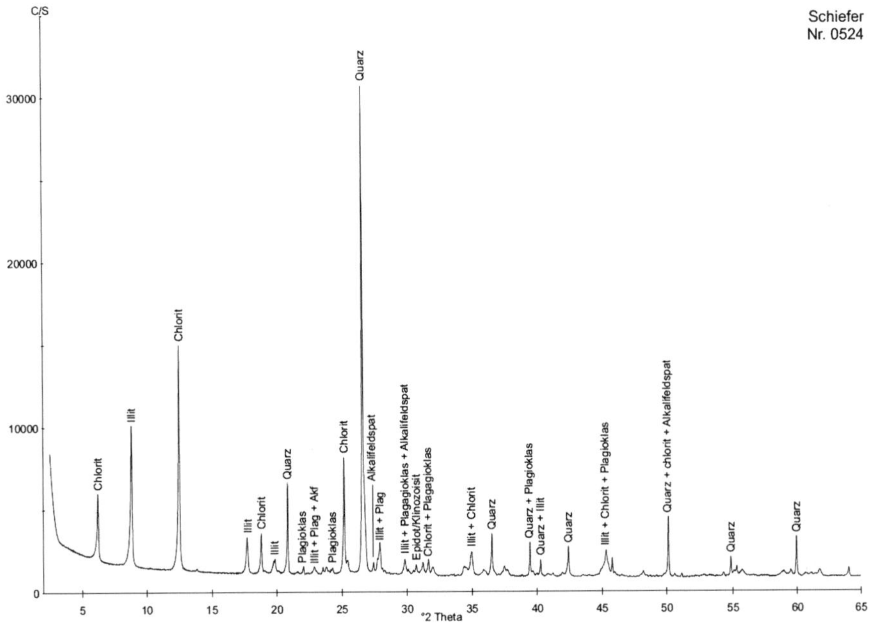

Bild 8 Beispiel für ein Pulverdiffraktogramm (Quelle: *Montanuniversität Leoben*).

lich wie ein Fingerabdruck, für die Identifizierung von Mineralphasen verwendet werden. Auch in Gemischen behält jedes Mineral seine charakteristischen Reflexe, wobei Reflexe verschiedener Minerale zusammenfallen und sich aufaddieren können.

Die Indizierung der verschiedenen Peaks des erhaltenen Diffraktogramms mithilfe einer Pulverdiffraktionsdatenbank, z. B. der ICDD Pulverdiffraktionsdatenbank (PDF-2 oder -4), führt zu einer rein qualitativen Auswertung des Mineralbestands (Versuchsoption XRD1).

Eine semiquantitative Bestimmung der Mineralanteile (Versuchsoption XRD2) kann man durch Vergleich der Intensitäten der Hauptreflexe der Pulverdiffraktogramme durchführen, da ein Zusammenhang zwischen der Intensität eines Peaks und der Konzentration der kristallinen Phase in der Probe besteht. Dafür gibt es mehrere Methoden, u. a.:

- „Innerer" Standard (Zugabe eines bestimmten Standards und Messung der „neuen" Mischung); ermittelt wird nur der Phasengehalt des hinzugegebenen Standards,
- „Äußerer" Standard (Die Standardprobe ist eine Probe mit bekannter Zusammensetzung, welche die gleichen Phasen enthält),
- Zugabe von gesuchter Phase (Erhöhung der Anteile der gesuchten Phasen in dem Gemenge).

Mineralanteile, die aus solchen Untersuchungsverfahren abgeleitet werden, sind aufgrund der erheblichen Messunsicherheit und, weil möglicherweise nicht alle Phasen gleich bestimmt werden können, als Schätzwerte der Mineralanteile V_i^* zu kennzeichnen.

Zur quantitativen Phasenanalyse, also zur quantitativen Bestimmung der identifizierten kristallinen Komponenten der pulverförmigen Probe wird zumeist die Rietveld-Methode eingesetzt (Versuchsoption XRD3). Als entscheidender Vorteil gegenüber konventionellen quantitativen Methoden werden keinerlei Standards benötigt, um für die vorliegende Anwendung ausreichend präzise Ergebnisse zu erhalten.

Das gemessene Pulverdiffraktogramm wird als mathematische Funktion des Beugungswinkels angesehen, die auch von strukturellen Parametern (z. B. räumliche Anordnung der Atome = Kristallstruktur) abhängig ist. Ausgehend von der Kenntnis der Kristallstrukturen (kristallografische Daten) der zu analysierenden Phasen werden die gemessenen Intensitätsverteilungen über Verfeinerung der strukturellen und zusätzlich noch der instrumentellen Geräteparameter immer weiter angepasst. Als Verfahren findet hierbei meist die mathematische Methode der kleinsten Fehlerquadrate Anwendung. Diese Verfeinerungsschritte werden so lange wiederholt, bis im Idealfall zwischen dem berechneten und dem gefunden Röntgendiagramm keine signifikanten Unterschiede mehr bestehen.

Anmerkung: Abhängig von der durchgeführten Normierung werden die Phasenanteile bei der Rietveld-Analyse standardmäßig als gew.%, ma.%, mol%,... ausgegeben. Für die Umrechnung in Volumenanteile [Vol.-%] sind die jeweiligen Mineraldichten zu berücksichtigen.

8 Versuchsauswertung und Darstellung der Ergebnisse

Für jede Analyse sind folgende Angaben zu protokollieren:

- Herkunft der Probe, z. B. Bohrung und Entnahmetiefe oder Entnahmestelle
- Beschreibung der Probe bzw. der Probekörper, Ansprache der Korngröße, Besonderheiten sind mitzuteilen
- Eventuell vorhandene Schieferung, Schichtung oder sonstige erkennbare Anisotropie und Inhomogenitäten und deren Lage zur Dünnschliffebene (gegebenenfalls Skizzen, Fotos der Prüfoberfläche)
- Zeitpunkt der Versuchsdurchführung
- eventuelle Abweichungen von den hier gegebenen Empfehlungen
- Angaben zur Prüfstelle und zu den Ausführenden

Abhängig von den eingesetzten Analyseverfahren sind zusätzlich folgende Angaben und Versuchsergebnisse im Prüfbericht bzw. Prüfprotokoll mitzuteilen:

Bei *qualitativer Dünnschliff-Analyse (Versuchsoption DS1)*:

- Beschreibung des verwendeten Analysegeräts und der angewendeten Vergrößerungsbereiche
- Auflistung des Mineralbestands
- Beschreibung des Gefüges gemäß Abschn. 7.1.1
- eine Auswahl aussagekräftiger Übersichts- und Detailfotos im Durchlicht bzw. unter polarisiertem Licht

Bei *qualitativer Pulverröntgendiffraktometer-Analyse (Versuchsoption XRD1)*:

- Benennung des verwendeten Analysegeräts und der Analysesoftware
- Auflistung des Mineralbestands

Bei *quantitativen Mineralbestandsanalyse im Dünnschliff (Versuchsoption DS2)*:

- Angaben gemäß Versuchsoption DS1
- Beschreibung des zur Bestimmung des Modalbestands verwendeten Verfahrens und der verwendeten Zusatzgeräte
- tabellarische Auflistung der identifizieren Haupt- und Nebengemengteile und ihrer Anteile A_i
- Angabe der Summe aller Einzelanteile. Abweichungen von 100 % aufgrund von Rundungsfehlern sind dabei möglich und sollen nicht korrigiert werden

Bei *quantitativer Pulverröntgendiffraktometer-Analyse (Versuchsoptionen XRD2 und XRD3)*:

- Angaben gemäß Versuchsoption XRD1
- tabellarische Auflistung der identifizieren Haupt- und Nebengemengteile und ihrer Anteile V_i
- Angabe der Summe aller Einzelanteile; Abweichungen von 100 % aufgrund Rundungsfehlern sind dabei möglich und sollen nicht korrigiert werden
- Angabe der zur Umrechnung von Massenanteilen auf Volumenanteile verwendete Mineraldichten
- Dokumentation der vom Prüflabor angegebenen Fehlergrenzen bzw. Standardabweichung

Bei *quantitativer Mineralbestands- und Korngrößenanalyse im Dünnschliff (Versuchsoption DS3)*:

- Angaben gemäß Versuchsoption DS1 und DS2
- Beschreibung des zur Bestimmung der Korngrößen verwendeten Verfahrens und der verwendeten Zusatzgeräte
- tabellarische Auflistung der gemessenen „scheinbaren Mineralkorngrößen" D_i und der daraus abgeleiteten Mineralkorngrößen d_i
- Darstellung der für jedes Mineral errechneten Minima, Maxima und arithmetischen Mittelwerte

9 Härtekennwerte zur Ableitung von Indexwerten

Sollen aus den Versuchsergebnissen Indexwerte, wie z. B. der Äquivalente Quarzgehalt, VHNR oder RAI abgeleitet werden, so ist eine Wichtung der ermittelten Mineralanteile entsprechend der jeweiligen Mineralhärte erforderlich. Hierbei werden u. a. die auf Quarz bezogene Rosiwal-Schleifhärte oder die aus einem Eindringversuch ermittelte, ebenfalls auf Quarz bezogene Vickers-Härte verwendet. Sofern keine anderen projekt- bzw. gesteinsspezifischen Mineralhärten vorliegen, sollen die in Tab. 3 dargestellten Faktoren verwendet werden.

Anmerkung: Es handelt sich hierbei um mittlere Werte ohne Berücksichtigung einer lithologischen Streuung (z. B. bei Mischkristallen) oder Kristallanisotropie.

Tab. 3 Rosiwal- und Vickers-Härten sowie daraus abgeleitete Faktoren (bezogen auf Quarz) für einige häufig auftretende, gesteinsbildende Minerale. Die Kennwerte gelten für frische, unverwitterte Minerale.

Mineral	Rosiwal-Härte		Vickers-Härte	
	Härte	Faktor	Härte	Faktor
Anhydrit	2	0,02	980	0,09
Apatit	5	0,05	5 200	0,47
Calcit	3	0,03	1 200	0,11
Dolomit	3	0,03	3 900	0,35
Epidot	62	0,62	6 700	0,61
Feldspäte	30	0,30	7 500	0,68
Fluorit	4	0,04	1 300	0,12
Gips	0,5	0,01	350	0,03
Glimmerminerale	4	0,04	800	0,07
Granat	205	2,05	11 400	1,04
Hornblende	25	0,25	6 500	0,59
Korund	1 050	10,50	22 000	2,00
Olivin	80	0,80	9 000	0,82
Pyrit	55	0,55	11 800	1,07
Pyroxene	45	0,45	6 900	0,63
Quarz	100	1,00	11 000	1,00
Serpentin	4	0,04	1 700	0,15
Staurolith	80	0,80	13 000	1,18
Talk	0,03	0,00	250	0,02
Tonminerale	1	0,01	500	0,05
Topas	120	1,20	18 150	1,65
Turmalin	100	1,00	12 600	1,15

10 Klassifizierung von Abrasivitätsindizes

Die Bewertung der Abrasivität von Gestein und Gebirge sowie die Verschleißprognose für bei der Gebirgslösung eingesetzte Werkzeuge stellen gutachterliche Tätigkeiten dar, die Spezialwissen erfordern. Hierbei sind die Aussagegrenzen der verschiedenen Indizes und vielfältige weitere geologische und maschinentechnische Einflussfaktoren im tribologischen System in Betracht zu ziehen. Derartige Einschätzungen sind nicht Gegenstand der vorliegenden Empfehlung.

Es kann dennoch sinnvoll sein, die Abrasivität von Gesteinen auf Basis der in dieser Empfehlung beschriebenen Verfahren verbal einzuordnen. Auf Basis der Arbeit von [6] können die nachstehenden Einteilungen herangezogen werden.

Eine Klassifizierung der Abrasivität nach dem Rock Abrasivity Index (RAI) kann nach Tab. 4 erfolgen.

Eine Klassifizierung der Abrasivität nach der Vickers Hardness Number of the Rock (VHNR) kann nach Tab. 5 erfolgen.

Tab. 4 Klassifizierung der Gesteinsabrasivität nach dem RAI.

RAI	Klassifizierung
0–10	Nicht abrasiv
10–30	Schwach abrasiv
30–60	Abrasiv
60–120	Sehr abrasiv
> 120	Wxtrem abrasiv

Tab. 5 Klassifizierung der Gesteinsabrasivität nach dem VHNR.

VHNR	Klassifizierung
0–100	Nicht abrasiv
100–400	Schwach abrasiv
400–700	Abrasiv
700–1000	Sehr abrasiv
> 1000	Extrem abrasiv

Tab. 6 Klassifizierung der Gesteinsabrasivität nach dem F_{Schim}.

F_{Schim}	Klassifizierung
< 0,5	Nicht abrasiv
0,5–3	Schwach abrasiv
3–7	Abrasiv
7–11	Sehr abrasiv
> 11	Extrem abrasiv

Tab. 7 Begriffe zur Klassifizierung des $F_{Äqu}$.

$F_{Äqu}$	Klassifizierung
< 10 %	Sehr gering
> 10–25 %	Gering
> 25–50 %	Mittel
> 50–75 %	Hoch
> 75 %	Sehr hoch

Eine Klassifizierung der Abrasivität nach dem Schimazek-Index (F_{Schim}) kann nach Tab. 6 erfolgen.

Eine verbale Klassifizierung des Äquivalenten Quarzgehalts ($F_{Äqu}$) kann gemäß Tab. 7 vorgenommen werden. Eine Klassifizierung der Abrasivität von Festgesteinen alleine über den Äquivalenten Quarzgehalt ($F_{Äqu}$) wird nicht empfohlen.

11 Beispiel für einen Untersuchungsbericht

Name der durchführenden Institution
Projekt Nr.: Bauvorhaben
Petrografische Beschreibung
Versuchsoption DS2 gemäß DGGT-Empfehlung Nr. 25 (+Auflichtanalyse)

Probenbezeichnung:	AUT P04
Probenherkunft:	KB 10/2019, 18,9–19,5 m
Gesteinsbeschreibung	
Makroskopisch P04_1 - P04_4	Nahezu reinweißer, leicht grünstichiger, relativ grobkörniger (Korngrößen bis zu 6 mm) Metamorphit, feldspatdominiert, hellglimmerführend, biotitfrei, akzessorisch Granat; eine den Bohrkern durchschlagende Scherzone
Mineralbestand (Durchlicht) P04_5 - P04_22	Haupt- und Nebengemengteile: Quarz, Feldspäte der Alkalifeldspat- und Plagioklasreihe, Muskovit, Magnetkies Akzessorien: Karbonat, Epidot/Zoisit, Chlorit Quarz: mittel- bis grobkörnig, wasserklar, oft stark undulös Feldspat: durch Entmischungsvorgänge bzw. beginnende Serizitisierung leicht getrübte, grobblockige Individuen aus der Alkalifeldspatreihe, stellenweise mit perthitischen Flecken und Mikroklingitterung; polysynthetisch verzwillingte Feldspat-Glieder aus der Plagioklasreihe i. d. R. gespickt mit Mikrolithen aus Hellglimmer, Epidot/Zoisit, Karbonat (Saussuritisierung) Muskovit: grobblättrige Bildungen, kaum Regelungsmuster
Mineralbestand (Auflicht)	Sulfide (Magnetkies): in kleinen diskreten Körnern
Gefüge	Grobkörniges Feldspat-Quarz-Pflastergefüge mit vereinzelten Muskovit-Scheiter ohne bevorzugte Orientierung, massig; eine geringmächtige mylonitische Scherzone durchschlägt den Schliff in Querrichtung und äußert sich in feinblättrig geregelten Seriziten und Quarz-Subkörnern
Alteration	Primär Ca-führende Plagioklas-Feldspäte sind saussuritisiert

Modaler Mineralbestand und Ermittlung des Äquivalenten Quarzgehalts

Mineral	Vol.-%	Faktor[a)]	Gewichteter Anteil
Quarz	42,9 %	1,00	42,90
Feldspat, frisch (v. a. Alkalifeldspat)	36,4 %	0,30	10,92
Feldspat, alteriert (Plagioklas)	10,9 %	*0,20*	2,18
Glimmerminerale (Muskowit)	7,6 %	0,04	0,30
Glimmerminerale (Chlorit)	0,2 %	0,04	0,00
Karbonate (Calcit, Dolomit)	0,4 %	0,03	0,01
Epidot/Zoisit	0,4 %	0,62	0,25
Opake (Magnetkies)	1,1 %	*0,50*	0,55
Summe:	99,9 %	—	57,11
Äquivalenter Quarzgehalt $F_{Äqu}$:			**57,1 %**

a) Wichtungsfaktoren für die auf Quarz bezogene Rosiwal-Härte gemäß DGGT-Empfehlung Nr. 25, Tab. 3 sowie eigenen Erfahrungen (kursiv).

Gesteinsprobe P04

P04_1

P04_2

Bild 9 Beispiel eines Laborformblattes für die Dünnschliffauswertung. Hier: Fotodokumentation der Ausgangsprobe.

Petrographische Beschreibung des Dünnschliffs P04

Schliffbilder im Durchlicht

P04_9

Leicht getrübtes Alkalifeldspat-Korn im Zentrum des Bildes

Bb: 4mm

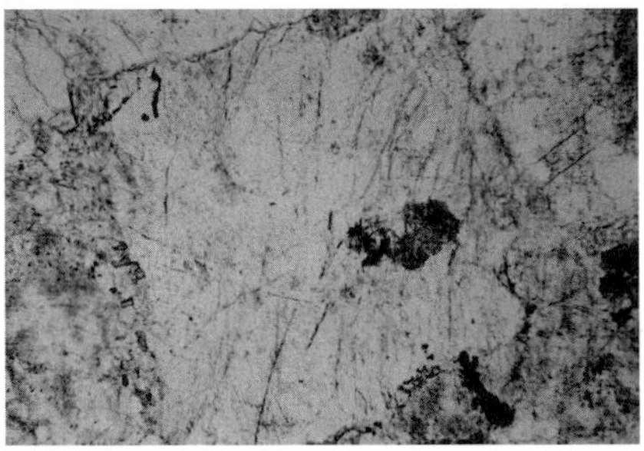

P04_10

Feldspat mit geringer Doppelbrechung (dunkelgraue Interferenzfarbe), im Bild oben hellgraue bis gelbliche Quarzkörner (Schliff ist geringfügig zu dick)

+ Nicols

P04_11

Granoblastische Quarz- (klare Korn-Aggregate) und Feldspat-Aggregate (leicht getrübte Bereiche)

Bb: 4mm

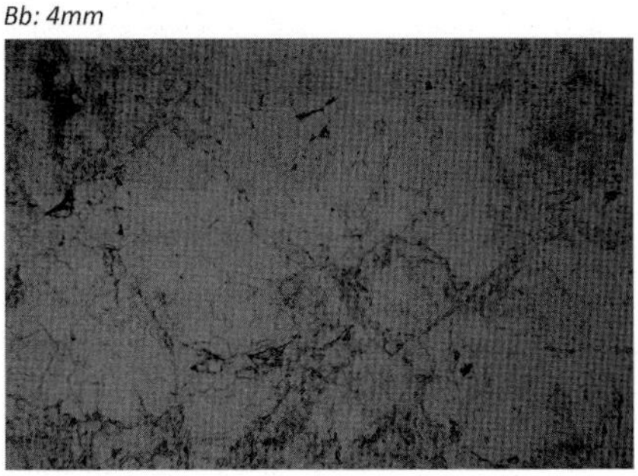

P04_12

Wie P04_17 unter gekreuzten Polarisatoren

+ Nicols

Bild 10 Beispiel eines Laborformblattes für die Dünnschliffauswertung. Hier: Fotodokumentation der Dünnschliffanalyse.

Literatur

1 DIN 22021:1985-07 (1985). *Rohstoffuntersuchungen im Steinkohlenbergbau; Unterteilung der Nebengesteine aufgrund mikroskopischer Untersuchungen zur Kennzeichnung technologischer Eigenschaften*. Berlin: Beuth-Verlag.

2 DIN EN 12407:2019-12 (2019). *Prüfverfahren für Naturstein – Petrographische Prüfung*. Deutsche Fassung EN 12407:2019. Berlin: Beuth-Verlag.

3 ISRM – International Society for Rock Mechanics (1978). Suggested method for petrographic description of rocks. *International Journal of Rock Mechanics and Mining Sciences & Geomechanics Abstracts* 15 (2): 41–45.

4 Thuro, K. (1996). Bohrbarkeit beim konventionellen Sprengvortrieb. Geologisch-felsmechanische Untersuchungen anhand sieben ausgewählter Tunnelprojekte. *Münchner Geologische Hefte, Reihe B, Angewandte Geologie*, B1: 145 S. München: Hieronymus.

5 Bruland, A. (1998). *Project Report 13A-98 – Hard Rock Tunnel Boring: Drillability Test Methods*. Trondheim: NTNU.

6 Plinninger, R.J. (2002). Klassifizierung und Prognose von Werkzeugverschleiß bei konventionellen Gebirgslösungsverfahren im Festgestein. *Münchner Geologische Hefte, Reihe B, Angewandte Geologie* B17: 146 S. München: Hieronymus.

7 DIN 18141-1:2014-05 (2014). *Baugrund – Untersuchung von Gesteinsproben – Teil 1: Bestimmung der einaxialen Druckfestigkeit*. Berlin: Beuth-Verlag.

8 Schimazek, J. und Knatz, H. (1970). Der Einfluss des Gesteinsaufbaus auf die Schnittgeschwindigkeit und den Meißelverschleiß von Streckenvortriebsmaschinen. *Glückauf* 106 (6): 274–278.

9 Schimazek, J. und Knatz, H. (1976). Die Beurteilung der Bearbeitbarkeit von Gesteinen durch Schneid- und Rollenbohrwerkzeuge. *Erzmetall* 29 (3): 113–119.

10 Lepique, M. (2010). Empfehlung Nr. 10 des Arbeitskreises 3.3 „Versuchstechnik Fels" der Deutschen Gesellschaft für Geotechnik e. V.: Indirekter Zugversuch an Gesteinsproben – Spaltzugversuch. *Bautechnik* 85 (9): 623–627.

11 DIN EN ISO 14689:2018-05 (2018). *Geotechnische Erkundung und Untersuchung – Benennung, Beschreibung und Klassifizierung von Fels* (ISO 14689:2017); Deutsche Fassung EN ISO 14689:2018. Berlin: Beuth-Verlag.

12 DIN ISO 8037-1:2003-05 (2003). *Optik und optische Instrumente – Mikroskope; Objektträger – Teil 1: Maße, optische Eigenschaften und Kennzeichnung*; Deutsche Fassung ISO 8037-1:1986. Berlin: Beuth-Verlag.

13 ISO 8255-1:2017-06 (2017). *Mikroskope – Deckgläser – Teil 1: Maßtoleranzen, Dicke und optische Eigenschaften*. Berlin: Beuth-Verlag.

14 DIN EN 13925-3:2005-07 (2005). *Zerstörungsfreie Prüfung – Röntgendiffraktometrie von polykristallinen und amorphen Materialien – Teil 3: Geräte*; Deutsche Fassung EN 13925-3:2005. Berlin: Beuth-Verlag.

15 Ney, P. (1986). *Gesteinsaufbereitung im Labor*. Stuttgart: Enke.

16 Tröger, W.E. (2017). *Optische Bestimmung der gesteinsbildenden Minerale, Teil 1: Bestimmungstabellen*. 5. neu bearbeitete Aufl., 188 S., Stuttgart: Schweizerbart.

17 Tröger, W.E. (1969). *Optische Bestimmung der gesteinsbildenden Minerale, Teil 2: Textband*. 2. Aufl., 822 S., Stuttgart: Schweizerbart.

18 Raith, M.M., Raase, P. und Reinhardt, J. (2011). *Leitfaden zur Dünnschliffmikroskopie*. 125 S. ISBN 978-3-00-036420-4 (PDF via Internet frei verfügbar).

19 Pettijohn, F.J., Potter, P.E. und Siever, R. (1987). *Sand and Sandstone*, 553 S. Springer, New York: Springer.

20 DIN EN 13925-1:2003-07 (2003). *Zerstörungsfreie Prüfung – Röntgendiffraktometrie von polykristallinen und amorphen Materialien – Teil 1: Allgemeine Grundlagen*; Deutsche Fassung EN 13925-1:2003. Berlin: Beuth-Verlag.

21 DIN EN 13925-2:2003-07 (2003). *Zerstörungsfreie Prüfung – Röntgendiffraktometrie von polykristallinen und amorphen Materialien – Teil 2: Verfahrensabläufe*; Deutsche Fassung EN 13925-2:2003. Berlin: Beuth-Verlag.

Projektbeispiele

▶ **Tunnel Bad Bergzabern B427**
Bad Bergzabern/D

2x 1,5 km konventioneller Vortrieb (Rettungsstollen & Haupttunnel)

Ingenieurgeologische Dokumentation und Vortriebsbegleitung im Auftrag der bauausführenden Firma, 2021/2022

▶ **Kramertunnel B23**
Garmisch-Partenkirchen/D

3,6 km konventioneller Vortrieb (Baggervortrieb, Sprengvortrieb)

Ingenieurgeologische Dokumentation und Vortriebsbegleitung im Auftrag der bauausführenden ARGE, 2020–2022

▶ **Semmering-Basistunnel neu**
Baulos SBT2.1 Tunnel Fröschnitzgraben
Steinhaus am Semmering/A

2x 8,6 km maschineller Vortrieb mit Hartgesteins-Einfachschild-TVM

Ingenieurgeologische Dokumentation und Vortriebsbegleitung im Auftrag der bauausführenden ARGE, 2018–2022

▶ **A4 Förbifart / FSE613 Akalla Tunnel**
Stockholm/S

2x 2,5 km Sprengvortrieb

Ingenieurgeologische Dokumentation und Vortriebsbegleitung im Auftrag der bauausführenden Firma, 2018–2021

▶ **Koralmtunnel, Baulos KAT2**
Deutschlandsberg/A

2x 19 km maschineller Vortrieb mit Hartgesteins-Doppelschild-TVM

Ingenieurgeologische Dokumentation und Vortriebsbegleitung im Auftrag der bauausführenden ARGE, 2013–2018